2판

무기 및 방사성 의약품학

2판

무기 및 방사성 의약품학

초판 발행 2013년 2월 20일
2판 발행 2023년 2월 24일

지은이 무기 및 방사성의약품학 분과학회
펴낸이 류원식
펴낸곳 교문사

편집팀장 김경수 | **책임진행** 심승화 | **디자인** 신나리 | **본문편집** 홍익m&b

주소 10881, 경기도 파주시 문발로 116
대표전화 031-955-6111 | **팩스** 031-955-0955
홈페이지 www.gyomoon.com | **이메일** genie@gyomoon.com
등록번호 1968.10.28. 제406-2006-000035호

ISBN 978-89-363-2424-7 (93510)
정가 27,000원

INORGANIC AND NUCLEAR PHARMACY

2판

무기 및 방사성 의약품학

무기 및 방사성의약품학 분과학회

교문사

참여 교수진 목록

[학교명 가나다순으로]

학교	이름
가천대학교 약학대학	서승용
가톨릭대학교 약학대학	서재홍
강원대학교 약학대학	김석호
경북대학교 약학대학	정종화
경상국립대학교 약학대학	김동연
경성대학교 약학대학	이현지
경희대학교 약학대학	이용섭
계명대학교 약학대학	육심명
고려대학교 약학대학	변영주
대구가톨릭대학교 약학대학	이수진
덕성여자대학교 약학대학	이상협
동국대학교 약학대학	김영우
동덕여자대학교 약학대학	이종현
목포대학교 약학대학	윤 구
부산대학교 약학대학	윤인수
삼육대학교 약학대학	강진양
성균관대학교 약학대학	정영훈
순천대학교 약학대학	장동조
아주대학교 약학대학	윤태종
우석대학교 약학대학	이원웅
원광대학교 약학대학	오현철
이화여자대학교 약학대학	신동해
인제대학교 약학대학	박요한
전남대학교 약학대학	김규동
전북대학교 의과대학	김희권
조선대학교 약학대학	김은애
중앙대학교 약학대학	오경택
차의과학대학교 약학대학	나영화
충남대학교 약학대학	송규용
충북대학교 약학대학	박일영
한양대학교 약학대학	남태규

약학대학 학제가 통합 6년제로 개편되면서 약학의 교육과정에 많은 변화가 발생하고 있다. 우리나라 약학교육의 초창기에 필수과목으로 시작되었던 무기화학과 무기약품제조학 강의는 약학대학의 교과과정이 '화학' 중심에서 '의약품' 중심으로 바뀌면서 많은 약학대학에서 선택과목으로 진행되고 있다. 그럼에도 불구하고, 무기화학과 무기의약품에 기초를 둔 방사성의약품의 사용 빈도가 점점 커지고 있다. 이에 따라 방사성의약품학의 내용을 확대 개편하여 약학대학 학생들이 의료현장에서 사용되고 있는 진단 및 치료 방사성의약품을 이해하고 접근할 수 있는 발판을 제공하고자 하였다.

무기의약품은 역사적으로 인류에게 커다란 기여를 해 왔으나, 과학이 발전하면서 그동안 사용되던 많은 무기의약품이 새로이 개발된 유기의약품으로 대체되어 왔다. 무기의약품은 그 적용범위와 사용량이 과거에 비해서 많이 줄어든 것이 사실이지만, 대한민국 약전에는 100여 종의 무기의약품이 수재되어 있다. 무기물질은 생체의 기능과 항상성을 유지하는데 매우 중요한 역할을 담당하고 있기에, 이러한 기능조절을 돕는 무기물질들은 앞으로도 중요한 의약품으로 계속 사용될 것이며, 의약품의 전문가인 약사들은 이들의 구조, 작용기전 및 임상적용 등을 이해하고 있어야 함은 당연하다. 따라서 무기의약품의 생리활성을 이해하기 위한 특성과 기초개념들을 1부의 총론에 기술하였고, 각론에는 현재 사용되고 있는 의약품들을 설명하였다.

방사성동위원소 또는 이를 표지화한 방사성의약품은 환자에게 투여한 후 발생되는 방사선을 체외계측함으로써 환부를 절개하지 않은 상태로 질병과 병소부위를 진단할 수 있어 미래에 환자맞춤형 의료에서 중요한 역할을 담당할 것이다. 의료현장에서 난치성 질환의 진단과 치료의 예후 예측이 점점 중요한 현실에 비추어, 약사들이 이러한 방사성의약품에 대해서 전문적 지식과 다룰 수 있는 능력을 갖추고 있어야 함은 두말할 나위가 없다. 그동안 사용되던 '무기 및 방사성의약품학'을 기초로 하여, 무기의약품을 부분적으로 정리하고 방사성의약품학 부분의 내용을 확대하여 재집필하였다. 방사선과 방사성동위원소의 특성, 측정기술, 생체에 미치는 영향, 의약학에의 응용 등을 기술하였고, 마지막 장에는 현재 사용되고 있는 주요 방사성의약품을 설명하였다.

개편된 무기 및 방사성의약품학 교재가 우리나라 약학발전에, 특히 소홀하기 쉬운 무기의약품과 방사성의약품의 중요성을 인식하고 이들을 사용하거나 개발하는 데 유용한 자료가 되기를 바라며, 출판에 적극적으로 협조하여 주신 교문사에도 깊은 감사의 말씀을 드린다.

2023년 2월
무기 및 방사성의약품학 분과학회

PART 2 방사성의약품

PART 1
무기의약품

CHAPTER 1

인체와 무기화합물

1.1 생명의 시작과 무기염류

바다는 생명의 원천이다. 바다에서의 생명활동에는 바닷물에 녹아있는 무기염류와 바다에 쏟아지는 태양광 에너지가 그 기반이라고 할 수 있다. 오늘날의 바다에는 염화나트륨을 대표로 하는 무기염류가 약 2～3% 정도 녹아 있다. 바닷물이란 육지에 흘러내린 빗물이 흙과 암석의 표면과 틈으로 흘러들어 지표수와 지하수를 이루다가 바다에 모인 것이며, 따라서 바닷물에 녹아있는 무기염류란 토양에 존재하는 성분 중, 물에 비교적 녹기 쉬운 성분들이 빗물에 적셔지면서 녹아 흘러든 것이다.

태양열에 의해 바닷물의 수분은 다시 증발하고 이 수분이 다시 빗물이 되어 육지에 떨어져 육지의 무기염류를 반복 이송해가는 것이므로, 원시 지구로부터 현대에 이르기까지 바닷물에 축적된 무기염류의 종류와 양은, 토양 성분 중 지각 중의 존재비와 해당 물질의 수용성의 정도에 따라 결정될 것이다. 무기염류는 물에 대하여 3가 이온 < 2가 이온 < 1가 이온의 순서로 용해도가 증가하므로, 현대

바닷물의 무기염분을 분석해보면 1가 이온의 조합인 NaCl이 가장 많고, 다음으로 $MgCl_2$ > $MgSO_4$ > $CaSO_4$ > KCl > $CaCO_3$ > $MgBr_2$ 등의 순서로 그 양이 작아진다. 이외에도 철 이온 등 기타 무기 이온들이 미량 존재한다.

코아세르베이트(coacervate) 설에 의하면 생명은 지구의 원시바다에서 시작되었으며, 이 코아세르베이트라는 단세포와 같은 형태의 생명체가 진화를 거듭하여 오늘날의 생물군을 이루게 되었다고 한다. 따라서 현대 생명체의 세포 안에는 원시바다에 녹아있던 여러 무기물질들이 각자의 역할을 담당하며 생명의 특성인 항상성을 유지하여 왔다고 보는 것이 옳을 것이다. 현재 인체세포는 0.9% 염화나트륨 용액과 등장이므로 생명체가 시작된 당시의 바닷물의 무기염류의 농도도 약 0.9%가 아니었을까 추측되기도 한다.

세포가 담고 있는 원시바닷물의 무기염류는 세포의 삼투압만을 유지하는 것이 아니다. 세포 내에서 칼슘 이온은 근섬유의 수축에 필수적이며 특히 심장근육은 이 칼슘이온의 농도변화에 따라 수축과 이완을 평생 반복한다. 마그네슘 이온은 ATP의 에너지를 보존하는 데 불가결하며, 철 이온이 산소운반의 필수적이며 신경전달에서의 나트륨 이온과 칼륨 이온의 중요성은 두말할 필요도 없다. 한편 바다를 나와 육상생활을 시작한 생명체는 바다 속의 생활에서와 같이 필요한 무기물질을 주위에서 즉각 얻을 수가 없으므로 이를 몸 안에 다량 미리 보관해 둘 필요가 있었으며, 이는 골격의 형태로 무기 물질의 집합체를 생체에 지니는 방향으로 진화하였다.

골격은 인체의 형태를 유지하는 기둥이기도 하고, 한편 몸에 필요한 여러 무기물질의 저장창고이기도 하다. 뼈 속에 들어있는 여러 무기물질들은 필요한 경우 용출되어 혈액 중으로 이동하여 필요한 곳에 이송된다. 태아에게 무기물이 필요할 경우 모체의 뼈에서 필요물질을 빼내 감으로서 모체의 골격이나 치아가 약해지는 것이 대표적으로 나타나는 예라 할 수 있다.

1.2 물의 중요성

사막에 조난당한 사람에게 있어서 가장 중요한 생명줄은 물이다. 그러나 평상 시 물은 주위에 너무 흔해서 사람들은 생명활동에 있어서의 물의 중요성을 그다지 심각하게 느끼지 못한다. 어떤 이유에서든 식사를 하지 못하는 경우에도 물을 마실 수 있으면 인체는 약 1～2주일 가량 버텨낼 수 있다. 병원에 입원한 환자에게 fluid(링겔 액 등)를 기본으로 투여하는 것도 같은 이치이며, 설사를 반복하는 환자에게는 지사제보다도 오히려 수분 투여가 훨씬 더 중요하다.

성인의 몸은 약 60%가 물로 이루어져 있다. 이 중 약 1～2%만 부족해도 심한 갈증을 느끼며 이상을 일으키기 시작한다. 5% 가량 부족해진 경우 혼수상태에 빠질 수 있으며, 약 10% 이상 부족하게 되는 경우 즉시 수분보급을 하지 않으면 생명을 잃을 수 있다. 유아의 경우 물의 함량은 약 65% 정도로 조금 더 높은데 그럼에도 불구하고 유아는 성인에 비하여 탈수에 훨씬 더 민감하다. 따라서 유아가 설사를 심하게 한다면 이는 응급상황이며, 무엇보다도 우선적으로 병원으로 이송하여 fluid를 투여함으로서 모자란 수분을 보충해 주어야 한다.

체중 70 kg인 성인에서의 총 체액은 대략 체중의 60%로서 42 L 정도가 되며, 이 중 세포내액에 체중의 40%인 28 L의 체액이 존재하고 있고, 세포외액에 체중의 20%인 14 L의 체액이 존재한다. 세포외액은 다시 세포간질액과 혈장으로 나누어지는데, 이중 약 11 L는 간질액이고, 약 3 L는 혈장에 존재한다. 혈액의 약 40%는 혈구이므로 70kg 성인의 혈액의 총량은 약 5 L 정도가 되며, 체중으로 보면 체중의 약 7%가 혈액이라고 할 수 있다.

개인차가 있지만 물 섭취 하루 권장량은 약 2 L이다. 비만을 두려워하여 수분 섭취를 스스로 극도로 제한함으로서, 또는 더 심하게는 이뇨제를 장기복용함으로서 만성탈수증에 빠지는 경우가 있다. 만성탈수는 신체의 수분 비중이 1～2% 부족한 상태가 3개월 이상 지속되는 것인데, 이 경우 변비가 우선적으로 오게 되며, 피로, 관절 이상, 노화, 비만 등을 초래한다. 만성탈수 상태가 되면 갈증을 잘 느끼지 못하게 되며, 갈증을 배가 고픈 느낌과 혼동해 음식을 더 먹는 경우가 있어 오히려 비만이 더 심해지는 원인이 되기도 한다. 다이어트가 필요한 경우, 배가 고프다고 느낄 때 먼저 물을 한 잔 마시는 것이 다이어트와 건강에 더 도움이 될 수 있다.

물은 우리 몸에 필요한 여러 가지 화합물의 가장 좋은 용매이자 이들을 몸의 각 부분으로 분배, 이송해주는 운반매체이기도 하다. 따라서 이러한 물이 부족한 경우 인체 내의 어느 성분들의 용해도는 포화에 이르러 결국 침전될 수 있고, 이런 상황이 장기적으로 지속되면 조직 내에서 해당성분의 결정으로 성장하여 신장이나 요로결석 등으로 나타날 수 있다. 한편 운반매체가 부족하면 필요한 곳에 필요한 물질이 제대로 이송되지 못할 뿐 아니라 노폐물의 신진대사가 불완전해져서 정상적인 세포의 기능을 유지할 수 없을 것임은 자명하다. 이 책에 실려 있는 여러 의약품 중, 가장 중요하고 또한 현재 가장 많이 사용되는 무기의약품은 '물'이다.

1.3 전해질, 그 다양한 역할

골격에 침착되어 있는 고형질을 제외한 나머지 무기물질들은 체액에 용해된 상태, 즉 해리되어 있는 전해질로서 우리 몸에 존재한다. 이들은 인체의 항상성 유지에 중요한 여러 다양한 역할을 하고 있다.

1.3.1. 삼투압과 전해질

먼저 삼투압을 들 수 있다. 인체의 체액은 0.9% 염화나트륨 용액과 등장이며, 이는 300 mOsm의 삼투압에 해당한다. 전해질의 농도가 정상치에서 벗어나면 생체는 당장 이상반응을 나타낸다. 성인의 혈액의 총량은 약 5 L 정도이다. 성인이 1일 배출하는 수분의 양은 소변으로 약 1.5 L, 호흡 및 땀으로 약 0.7 L 정도를 배설하며, 포도당 등 영양원의 정상적인 대사과정 중 몸에서 생성되는 수분 약 0.2 L 정도는 내부 보충되므로, 성인의 경우 약 하루 2 L의 물을 섭취해야 한다. 당연히 소변과 땀에서 물과 더불어 같이 배설되는 전해질이 식이로서 같이 공급되어야 하며, 이러한 균형이 맞지 않으면 전해질 불균형에 따른 이상증상들이 나타나기 시작한다.

혈액 중 수분의 양이 줄면 체액의 삼투압이 높아짐과 더불어 위에 서술한 탈수의 증상들이 나타난다. 반면에 수분의 양이 감당할 수 없이 많아지면 전해질의 농도가 감소하여 사망에 이르기도 한다.

극단적인 예이지만, 2007년 1일 12일, 미국 캘리포니아주 새크라멘토의 한 지역 방송국의 '아침의 광란'이란 프로그램에서 진행한 '물 마시고 소변 참기'라는 엽기적인 게임에 세 아이의 엄마인 '제니퍼 스트레인지'가 참가하였다. 3시간 동안 화장실에 가지 않고 15분마다 제공되는 물을 모두 마시는 게임인데, 1등을 차지하면 가정용 게임기를 아이들에게 선물할 수 있다는 생각에 죽을 힘을 다해 7.5 L의 물을 마셨지만 안타깝게 최종 성적은 18명 중 2등이었다. 게임이 끝난 순간 그녀는 쓰러졌고, 극심한 두통을 호소하며 연신 구토를 반복하다가 결국 그날 자기 집에서 숨을 거뒀다. 혈액의 양이 5 L인데, 7.5 L의 물을 전해질 보급도 없이 단시간에 몸에 강제 투입한 결과 발생한 불행한 사건이었다.

1885년, Sidney Ringer라는 영국의 의사이자 약리학자가 개구리의 심장을 적출하여 관류시키는 실험을 하면서, 적출된 개구리의 심장이 오래 뛰도록 하기 위해서는 관류액에 일정농도의 무기염류의 조합이 들어있어야 함을 발견하였고, 이 발견을 기반으로 링겔액(Ringer's solution)을 고안한 이래 현재까지 링겔액은 중요한 수분 및 전해질 보급제로서 사용되고 있다. 링겔액은 NaCl 8.6 g, KCl 0.3 g, $CaCl_2 \cdot 2H_2O$ 0.33g을 주사용수에 녹여 최종부피 1 L로 만든 것으로서, 혈장에 녹아있는 전해질 중 농도가 높은 순서로 선택해서 그 농도비를 가장 간단하게 흉내 낸 것이라 할 수 있다.

혈액 중 농도가 가장 높은 양이온은 나트륨 이온이며, 혈장 중 나트륨 농도의 정상범위는 135~145 mEq/L이다. 이뇨제 사용, 구토, 설사, 화상, 과도한 발한, 과다한 나트륨 섭취, 항이뇨호르몬 이상 등으로 인해 혈장 나트륨 농도가 145 mEq/L 이상으로 높아진 경우를 고나트륨혈증(hypernatremia)이라 하는데, 경미할 때는 증상이 없거나 메스꺼움, 무력감, 의식 장애 등이 보일 수 있지만, 심하면 혼수상태에도 이르게 된다. 고나트륨혈증이 되면 뇌 조직 역시 수분을 뺏겨 뇌의 용적이 감소할 수 있는데, 극심한 경우 뇌가 수축하면서 뇌혈관이 파열되어 사망에 이를 수도 있다. 혈장 중 나트륨이 정상치 미만일 경우 혈액의 삼투압이 떨어져서 수분이 세포 안으로 이동하게 되고 조직이 붓기 시작하며, 뇌 조직 역시 붓게 된다. 혈액의 나트륨 농도가 125 mEq/L 미만으로 저하되면 여러 가지 다양한 신경학적인 증상을 일으키는데 가벼운 증상으로는 두통, 구역질 등이 나타나고, 심하면 정신이상, 의식 장애, 간질, 발작 등이 나타날 수 있으며 아주 심한 경우 사망에 이를 수도 있다. 이를 저나트륨혈증(hyponatremia)이라 하며, 또는 수분중독이라고도 한다.

칼륨 이온은 체내에서 세포의 전기적 활성화, 세포 내 단백질, 글리코겐의 합성 조절, 세포의 용적 변화, 산염기 평형 조절에 중요한 역할을 한다. 혈장 칼륨 농도가 정상치(3.5~5.5 mmol/L)를 초과하는 경우를 고칼륨혈증(hyperkalemia)이라고 한다. 주요 증상으로는 심계항진, 신경근육계 증상(근육 경련, 쇠약, 마비, 감각이상), 소화기 증상(구역, 구토, 복통, 장 마비), 심부정맥 등이 나타난다. 혈장 칼륨 농도가 정상치 미만인 경우를 저칼륨혈증(hypokalemia)이라 하며, 주 증상은 골격근의 근력 저하(주로 하지), 경련, 근육 과민, 테타니(tetany, 근육의 불수의적인 수축)도 드물게 나타나며, 심하게는 심전도가 변화되고 부정맥이 발생한다.

칼슘 이온은 뼈의 성분이기도 하고, 근육의 수축에 필요한 최종 신호전달자이다. 혈장 속의 칼슘 농도의 정상치는 8.8~10.4 mg/dL이다. 이보다 높은 상태를 고칼슘혈증(hypercalcemia)이라 하는데, 구토와 상복부 통증등 소화기계 이상이 나타나고 좀 더 심해지면 골격계 증상(전신적 골량의 감소), 신경근 및 신경정신계 증상, 정신병이 발생하기도 하며, 고혈압, 피부궤양이나 각막의 석회화가 발생하기도 한다. 혈중 칼슘 농도가 9 mg/dL 이하인 경우 저칼슘혈증(hypocalcemia)이라 하는데, 주요 증상으로는 경련 및 발작 등의 신경근육계 이상, 정신이상 등의 신경학적 이상, 건선, 농가진 등의 피부변화 등이 나타난다.

1.3.2. 체액의 pH

순수하게 제조하여 공기에 접촉하지 않은 순수(pure water)의 pH는 25°C에서 7.0 이어야 한다. 그러나 아무리 순수한 물이라도 공기와 접촉하면 공기 중의 이산화탄소가 녹아들어가 탄산수가 됨으로서 pH는 점점 낮아지며, 공기와 오래 접촉하여 평형이 된 후의 pH는 약 5.0 근처까지 낮아질 수 있고, 이렇게 공기 중의 이산화탄소와 평형을 이루어 pH가 충분히 낮아진 물을 평형수(equilibrated water)라고 한다.

정상적인 혈액의 pH는 7.35～7.45이다. 체내에 존재하는 효소들은 적정 pH가 있으며, 또한 수소 이온은 미토콘드리아에서 에너지 변환과정의 매개체로 쓰이므로, 체액의 pH가 7.4에서 0.2만 벗어나도 우리 몸은 큰 위험에 직면하게 된다. 따라서 혈액에는 pH 7.4를 유지하기 위한 완충제(buffer)가 필요하다. 혈액의 완충제는 탄산-중탄산 계가 가장 중요하며, 제일인산염-제이인산염 계와 단백질 등이 부가적 역할을 담당하고 있다.

호흡에 의하여 생성된 이산화탄소는 체액에 녹아 탄산이 되는데, 이는 다시 수소 이온과 중탄산 이온으로 해리 평형을 이룬다. 탄산으로부터 해리된 수소 이온의 상당량은 염소 이온과 더불어 위액으로 분비되어 위액의 pH를 1.0까지 떨어뜨리며, 남은 중탄산 이온은 남아있는 나트륨 이온과 더불어 알칼리로서의 역할을 하게 된다. 중탄산나트륨은 담즙으로 배설되어 위액을 중화시키는데 다시 사용되고 일부의 중탄산나트륨은 신장에서 소변으로 배설되기도 한다. 탄산은 폐에서 이산화탄소로 분리되어 배출되므로, 위에서의 염산 배출 조절과 폐와 신장, 간 등의 이산화탄소 및 중탄산나트륨 배출조절이 체액의 pH를 일정하게 유지시키는 중요한 요소라 할 수 있다. 즉, 혈액은 호흡으로 만들어진 이산화탄소의 배출통로임과 더불어, 이산화탄소는 혈액의 pH를 일정하게 유지하는 역할을 담당하고 있는 것이다.

혈액의 pH가 7.35 이하로 떨어지는 경우를 전신성 산성혈증이라 하는데, 여기에는 호흡의 저하로 인해 혈액 내에 이산화탄소가 축적됨으로서 pH가 낮아지는 호흡성 산성혈증(respiratory acidosis)과, 신장의 이상 등으로 산성물질이 제대로 배출되지 못하고 쌓이거나 알칼리성 물질이 과량 손실되어 나타나는 대사성 산성혈증(metabolic acidosis)이 있다. 반면 혈액의 pH가 7.45 이상으로 올라가는 경우를 조직 알칼리증이라고 하는데, 역시 호흡의 과다로 인해 혈액 내에 이산화탄소가 줄어듦으로서 발생하는 호흡성 알칼리증(respiratory alkalosis)과 위액으로의 수소 이온의 과다손실이나 중탄산염의 축적으로 인해 생기는 대사성 알칼리증(metabolic alkalosis)이 있다. 어떤 형태든 조직의 산성혈증이나 알칼리증이 발생하는 경우 적정한 약염기나 약산을 혈액에 투여하여 체액의 pH를 정상으로 되돌려주어야 한다.

위액의 pH는 약 1인데, 위액이 과다분비되거나 모자라면 둘 다 소화기관의 문제를 일으킨다. 위액이 부족한 환자에게는 염산(HCl)을 희석하여 투여하여야 하며, 위산이 과다하면 위궤양 등으로 발전하게 되므로 제산제나 위액분비 억제제의 투여가 필요하다.

1.4 미량 전이금속의 역할

칼슘과 마그네슘 뿐 아니라 철, 구리, 아연, 망간, 코발트, 몰리브덴, 셀렌, 크롬 등 중금속 이온들이 우리 몸에서 중요한 역할을 하고 있다. 전이금속 이온의 특징은 비어있는 d-오비탈(d-orbital)을 가지고 있어 착화합물을 만들기 쉽고, 산화수를 여러 개 가질 수 있으므로 산화-환원이 비교적 용이하여 생체에서 필요한 산화-환원 반응의 매개체로 쓰일 수 있다는 점이다.

산소는 우리 인체의 생명유지에 절대적으로 필요하지만, 유리된 산소는 전자 친화력이 너무 좋아 쉽게 활성산소(reactive oxygen species)로 전환되며, 이는 생체의 다른 구성성분을 직접 산화시키거나 파괴함으로써 생체의 독성물질로 분류된다. 따라서 생체는 공기 중으로부터 산소 분자를 받아 다른 구성성분과 반응하지 않고 세포 내 미토콘드리아의 호흡기구까지 안전하게 전달할 필요가 있는데, 여기에 사용되는 금속 이온이 철 이온이다. 철 이온은 헤모글로빈과 미오글로빈의 중심금속 이온이며, 6개의 배위자리 중 포르피린 환에 4개가 결합되고 아미노산 잔기에 하나가 결합한 후, 비어있는 마지막 자리에 산소 분자를 결합시켜 안전하게 산소를 운반한다.

포도당을 산화시켜 에너지를 얻는 과정에서 필히 거치게 되는 전자전달체계에도 금속 이온이 이용된다. 시토크롬 b, c, a^3 등은 모두 철을 중심금속으로 포함하고 있으며, NADH에서 전달된 전자는 이들에 포함된 철 이온의 3가 → 2가 → 3가의 환원-산화를 통하여 순차적으로 전달되고 최종적으로 산소에 전달된 후 수소 이온 두 개가 붙어 물을 생성시킨다. 이 과정에서 구리 이온도 철 이온과 보조하여 전자를 전달한다.

생체 내의 수많은 효소 중 산화-환원 반응에 관계하는 효소는 대부분 금속 이온을 보조인자(cofactor)로 가지고 있다. 산화-환원이란 전자를 주고받는 반응인데, 전술한 바와 같이 금속 이온은 여러 개의 산화상태가 가능하고, 이를 다른 말로 표현하면 비교적 쉽게 전자를 주었다가 받았다가 할 수 있기 때문에 산화-환원 반응에 필수적인 전자의 매개체가 될 수 있다.

해조류에 들어있는 요오드는 갑상선호르몬의 구성원소로 사용된다. Vit B_{12} (cyanocobalamin)에는 코발트가 들어 있으며, 기타 그 위치와 기능이 아직 분명히 밝혀지지 않았으나 우리 몸에 존재하고 있으며 꼭 필요한 미량원소들이 여러 가지 존재한다. 이 미량원소들은 말 그대로 미량이 필요하며, 중금속이므로 다량 섭취하면 오히려 독작용을 일으킨다.

1.5 인산기, 생명활동의 조절자

양이온뿐 아니라 음이온도 우리 몸의 중요한 역할을 담당하고 있다. 그 중 인산 이온(PO_4^{3-})의 예를 들어본다. 인산 이온은 칼슘 이온 등 다른 양이온과의 결합-침전이 쉬워 체액 중 높은 농도로 존재하지는 않는다. 하지만 인산기는 생체에서 매우 독보적이고 중요한 역할들을 여러 곳에서 담당하고 있다.

인산 이온은 칼슘과 더불어 뼈를 구성하는 대표적인 음이온이다. 뼈의 무기질의 85%는 인산칼슘이며, 약 10%는 탄산칼슘, 나머지는 여러 무기물질의 혼합물로 이루어져 있다. Calcium hydroxyapatite의 결정구조 형태로 단단하게 결합된 인산칼슘은 뼈에 필요한 강도를 부여하는 근원물질이다.

수용성인 DNA는 지용성인 핵막을 통과하지 못하며 따라서 핵 바깥으로 나오지 못한다. 인산기는 DNA의 일부로 DNA의 수용성은 이 인산기에서 상당부분 유래한다고 할 수 있다. 한편 인지질 이중층으로 되어 있는 세포막은 물질의 자유로운 통과를 막는 대단히 효과적인 장벽인데 내부지질의 지용성을 외부의 수용성 인산기가 둘러쌈으로서 소수성 물질은 인산기가 막고 친수성 물질은 지질층이 막는, 따라서 어느 물질의 통과도 어려운, 매우 효율적인 구조로 되어 있다.

세포 내에서 인산기는 에너지의 저장원으로 쓰인다. ADP에서 ATP로의 전환은 두 인산기에서 한 분자의 물을 탈수시키는 탈수 축합반응이다. 세포질 내부는 물이 풍부한 환경이며 이런 환경에서의 탈수반응은 주위에 많은 물을 다시 더하여 추가하는 것이고, 또한 전환된 분자는 주위의 물을 받아들여 가수분해가 되기 쉬운 조건에 놓이게 되는 것이므로, 에너지적으로 안정하지 못하고 불안정한 상태, 즉 열역학적으로 반응물보다 생성물의 에너지가 높은 상태가 된다. 따라서 에너지 저장체로 쓰일 수 있으나 주위의 물 분자와 충돌하면 자연스럽게 가수분해가 될 수 밖에 없으므로, ATP에는 마그네슘 이온이 두 번째 인산기와 세 번째 인산기에 결합하여 이들을 붙들고 있으므로 원하지 않는 가수분해를 방지하는 역할을 한다.

각종 효소나 유전자 발현 촉진인자, 억제인자 등에 인산기를 붙여주거나 떼어주는 kinase와 phosphatase에 이르면, 인산기가 세포의 생명활동에 얼마나 중요한 역할을 하고 있는 물질인지 실감할 수 있다. 세포주기를 조절하는 CDK (cyclin dependent kinase)는 대상단백질에 인산기를 붙여주어 세포의 분열을 조절한다. 외부의 성장시그널에 반응하여 세포의 성장을 유도하는 EGFR (epidermal growth factor receptor) 역시 인산화로 그 활성이 유도되는데, 이 유전자가 잘못되면 외부 시그널 없이 세포를 계속 성장, 분열시킴으로서 암을 유발한다. 그 외에도 kinase에 의하여, 즉 인산화에 의하여 그 활성이 조절되는 효소나 단백질은 대단히 많으며, 이들은 세포의 항상성과 생명유지에 필수적인 역할들을 하고 있다.

1.6 무기의약품

여러 가지의 무기물질이 생체의 생명현상에 중요하다면, 그 조절이 잘못되거나 이상이 발생하는 경우에 무기물질의 투여가 정상적인 상태로 회복되는 데 도움이 될 것임은 자명한 일이다. 그 외에도 하제와 해독제, 조울증 치료제 등의 내용제와 살균제, 소독제 및 점안제 등의 외용제 등이 무기의약품으로 이용되고 있다. 현재 대한약전에는 약 100여종의 무기의약품이 수재되어 있으며, 미국약전, 유럽약전, 영국약전, 프랑스약전, 독일약전, 유럽약전, 일본약전 등 대한민국에서 인정하는 공정서에 수재되어 있는 무기의약품을 모두 합하면 약 200여종에 가까운 무기의약품이 국내에서 유통될 수 있으며, 그 중 비교적 중요도가 높은 약 70여종의 무기의약품을 이 교재의 각론에 소개하기로 한다.

CHAPTER 2

인체의 금속 이온 및 필수원소와 미량원소

2.1 개설

생물에 대한 작용에 따라서 원소들은 크게 필수원소와 비필수원소로, 작게 필수원소, 유익원소, 오염원소 및 유해원소로 분류한다. 또, 생체 내의 함량에 따라서 다량원소와 미량원소로 구분하며, 특히 낮은 것은 초미량원소로 구분하기도 한다.

이 장에서는 인간의 생명유지에 필수적인 다량원소 중 전해질과 미량원소 전반에 대해 개관하고, 개별적으로는 지금까지 특수한 생화학적 기능을 가지는 것으로 알려진 원소에 대하여 설명하며, 각론에서 기능, 대사, 생리활성 등을 비교적 상세하게 논하고자 한다.

필수 미량원소의 대부분은 금속 원소이기 때문에 이들은 필연적으로 생물무기화학과 깊은 연관성을 가지게 되며, 따라서 생물무기화학에 대해서 먼저 개략적으로 설명하고 이를 바탕으로 생체분자와 화학결합을 통한 상호작용에 의해 역할을 하는 미량원소의 생체 내 거동과 작용에 대하여 설명하고자 한다.

2.2 생물무기화학

2.2.1. 생물무기화학의 분야

무기생화학(inorganic biochemistry)으로 불리는 생물무기화학(bioinorganic chemistry)은 "생명의 본질을 탐구하고 생명현상을 이해하기 위해 생체에서 일어나는 생물활성이 있는 생체물질 및 이와 관련된 화합물과 각종 무기 원소, 특히 금속 원소와의 상호작용이 생체에 미치는 효과를 연구하는 생명과학의 한 분야"라고 할 수 있다.

2.2.2. 생물무기화학의 영역

[1] 생화학과 관련된 영역

효소반응에 있어서의 무기성분(실제로는 금속 이온)의 역할을 규명한다. 착물화학의 적용으로 큰 발전을 가져왔는데 주로 저분자의 합성모델 화합물을 이용하여 생체 고분자의 특성을 추론하여 왔다. 비타민 B_6 효소, 즉 pyridoxal 효소의 모델과 금속 이온을 사용한 반응이 있고, Co(III)를 함유한 비타민 B_{12} 및 Fe(II)를 함유한 헤모글로빈(hemoglobin)과 미오글로빈(myoglobin)의 모델을 사용하여 생체반응의 설명에 기여하였다.

[2] 약학과 관련된 영역

생리활성 또는 약리활성을 가지는 무기의약품과 이에 관련된 물질의 역할을 규명한다. 이 영역의 범위는 대단히 넓으며 주요한 대상은 다음과 같다.

(a) 금속 함유 의약품(일반 무기의약품 외의 방사성의약품, 항암활성 또는 항균활성 화학요법제)에 의한 진단 또는 치료

(b) 필수금속 원소 결핍증의 예방과 치료

(c) 일반 의약품(항생제, 일반 화학요법제, 항암제, 중금속 중독 해독제 등)의 작용

(d) (c)의 관련문제(약물대사 및 대사산물의 작용)

(e) 보건 위생상의 문제(환경오염, 불량식품 및 농약의 공해 등)

2.2.3. 생물의 원소 이용

생물이 정상적인 생명현상을 유지하는 데 필요한 필수원소를 생원소(bioelements)라고도 하는데, 생체가 이용하는 원소는 원천적으로는 지각으로부터 유래하며, 지각 중의 존재비가 높은 것들이다. 또, 대부분의 생물에서는 그 원소의 화합물이 수용액 상태로 있는 것이 이용된다. 따라서 해수와 인체 중의 주요 원소의 분포 사이에는 유사한 점이 있는데, 지각 중의 원소의 분포와 더불어 그들을 비교하면 그림 2.1과 같다.

지각 중의 금속 원소 중에서 존재비가 높은 Mg와 Fe는 각각 식물의 엽록소(chlorophyll)와 인간 및 동물의 헤모글로빈 또는 미오글로빈에 많이 함유되어 있다. 그러나 존재비가 비교적 높은 Al, Ti, Cr 및 Ni 중 Al과 Ti는 용해도의 문제로

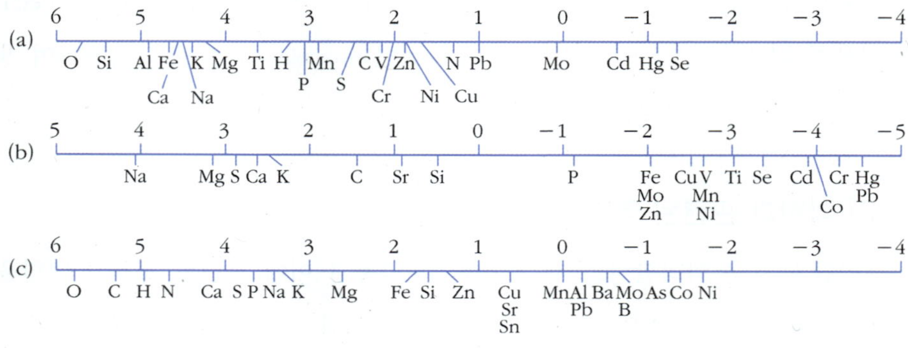

그림 2.1 **원소의 분포**

(a) 지각, (b) 해수, (c) 인체
수치는 한도(ppm 단위)의 대수이다.

생물에는 거의 함유되어 있지 않으며, Cr와 Ni는 극히 미량 함유되어 있다. 한편, 해수와 인체 중의 주요 원소에 공통점이 많다는 것은 해양이 생명의 기원이라는 가설을 가능하게 하였다. 생물은 원자번호가 비교적 낮은 원소들로 구성되어 있으며 생물이 극히 미량으로 존재하는 원소를 이용하게 되면 체내의 어떤 부분에는 다른 부분보다 혹은 외부환경보다 체내에 농축된 상태로 존재한다.

원소의 필수성의 조건들을 보면 대체로 다음과 같다.

(a) 대부분의 생물체에 존재한다.

(b) 농도범위가 생물종에 관계없이 거의 일정하다.

(c) 결핍되면 특유한 생리적 장애나 구조적 이상이 유발되며, 공급되면 회복된다.

(d) 특이한 생화학적 기능은 특정원소와 관계가 있으며, 결핍증에 따르는 특이한 생화학적 변화도 그 원소의 공급으로 회복된다. 그러므로 필수성의 증명법도 (c)에 의거한 영양학적 증명(결핍증을 유발시킨 후, 그 원소를 공급하여 회복여부 확인)과 (d)에 의거한 생화학적 증명에 의한다.

2.2.4. 인체의 필수원소와 유익원소 및 다량원소와 미량원소

인체의 필수원소는 금속 원소 12종과 비금속 원소 8종이 있으며, Mg(약 0.5 mg/g 체중)까지는 다량원소로 구분하고 Fe(약 60 μg/g 체중)부터는 미량원소로 구분된다.

금속 원소의 인체함량은 약 3%이며 금속 원소 중 Cr 이후는 Se는 제외하고는 모두가 착물을 형성하기 쉬운 전이금속 원소이고, 상대적으로 함량이 특히 많은 Fe도 보통 미량원소로 분류한다. 이상의 필수원소 외에도 현재까지 V, Ni, B, Si, F, Li, Sn, Cd, Pb 및 As는 일부 필수성이 인정되어 유해원소가 아닌 유익원소로 분류된다. 그 외에도 적어도 유익원소로 추정되는 것까지 합쳐서 주기율표상에 표시하면 표 2.1과 같다. 결국, 주요 유해원소로만 알려져 왔던 금속(Cr, Cd, Pb,

표 2.1 인체의 필수원소와 유익원소

	다량원소	미량원소
금속 원소	Na, K, Mg, Ca	Cr, Mn, Fe, Co, Cu, Zn, Se, Mo
비금속 원소	H, C, N, O, P, S, Cl	I

	1A	2A	3B	4B	5B	6B	7B	8			1B	2B	3A	4A	5A	6A	7A	0
1	H																	
2	*Li*												B	C	N	O	*F*	
3	Na	Mg											*Al*	*Si*	P	S	Cl	
4	K	Ca			*V*	Cr	Mn	Fe	Co	*Ni*	Cu	Zn		*Ge*	*As*	Se	*Br*	
5	*Rb*					Mo						*Cd*		*Sn*				
6														*Pb*				
7																		

■ 안의 원소는 다량원소(물, 유기 원소 및 전해질원소)이고 그 외는 미량원소인데 이탤릭체로 표시한 것은 필수원소로 공인되어 있지 않더라도 적어도 유익원소로 추정되는 원소임.

As, Hg) 중에 아직 유익작용이 있다는 증거의 흔적도 없는 금속은 수은(Hg)뿐이다.

2.2.5. 금속 이온과 효소

효소는 생물체의 중간대사를 구성하는 많은 생화학 반응을 촉진시키는 촉매작용을 하는데, 높은 효율과 선택성을 나타낸다. 모든 효소 중의 약 1/3은 그 활성을 나타내는 데 있어서, 대개는 특정의 금속 이온을 필요로 한다. 금속 이온과 효소의 상호작용에 따라 그들 효소는 편의상 금속효소(metalloenzymes)와 금속활성화 효소(metal-activated enzymes)로 분류된다. 금속효소로부터 금속 이온이 전부 제거된 apo 효소는 효소활성을 나타내지 않는다. 그 apo 효소에 그 금속 이온을 첨가하면 활성을 회복한다. 한편, 금속활성화 효소는 활성을 나타낼 수 있는 단백질 구조를 갖도록 관여하지만 특이성은 약하다.

효소의 촉매작용에 있어서 금속 이온의 역할은 다음 세 가지로 분류된다.

① 금속 이온이 효소단백질과 기질을 결합시킨다.

② 금속 이온이 촉매활성인 효소단백질 구조를 갖도록 관여한다.

③ 금속의 산화상태의 변화가 효소기능에 관여한다(산화환원 효소).

이 가운데 ①과 ②의 역할을 모식적으로 그림 2.2에 표시하였다. 금속 이온이 요구되는 효소의 어느 것에서나 금속 이온은 활성부위를 입체적으로 좁히는 역할을 한다. 그 때문에 기질은 한 번에 극소수만이 그 결합에 참여할 수 있다. 활성부위를 좁힌 상태를 그림 2.2 (a), (b)에 모식적으로 표시하였다. 이 경우에 금속 이온은 효소단백질의 3차 및 4차 구조를 유지하는 역할을 하고 있다. 금속 이온이 활성중심이 아닌 다른 부위에 결합하여 단백질에 변화를 일으키는 경우도 있다. 활성부위와는 떨어져 있음에도 불구하고, 금속 이온은 활성부위의 전자전이

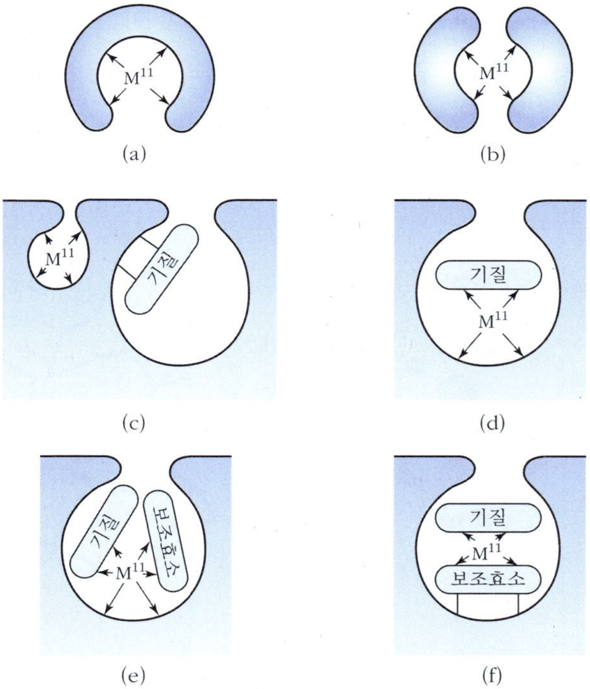

그림 2.2 금속효소의 구조와 기능과의 관계

나 구조변화를 일으켜서 기질결합이나 반응성을 바꾸게 된다. 이것을 allosteric 효과라 한다[(c)]. 다만, 금속 이온은 기질과 효소의 활성부위에 가교하여 활성 복합체를 형성하고 촉매작용을 할 수도 있다[(d)]. 이 형으로 가수분해 효소인 arginase가 Mn(II) 등에 의해서 활성화됨을 설명할 수 있는 것으로 생각된다. 보조효소가 있을 경우는 금속 이온이 그것을 기질과 더불어 활성부위에 결합시킬 수 있다[(e)와 (f)].

그림 2.3의 (A)에 carbonic anhydrase의 active site의 구조를 보여준다. Carbonic anhydrase는 혈액과 신장, 안구 등에서

$$CO_2 + H_2O \rightleftarrows H_2CO_3 \rightleftarrows H^+ + HCO_3^-$$

의 반응을 촉매하는 효소인데, 체내의 CO_2의 배설과 pH, 수분량의 조절에 매우 중요한 역할을 한다. 이 효소의 active site에는 Zn^{2+} 이온이 3개의 histidine에 배위되어 있고, 정사면체 착물구조의 나머지 한 자리에는 물 분자가 결합되어 있는데, 이 물 분자는 Zn^{2+} 이온과 주위 아미노산 환경에 의해 수소 이온을 거의 잃은 상태로 존재하여, 반응자리(pocket)에 들어온 CO_2의 탄소 원자를 공격함으로써

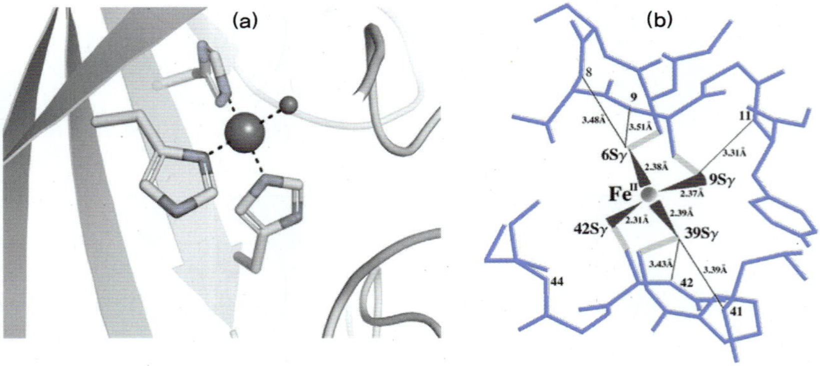

그림 2.3 (A) 이산화탄소를 물과 결합시켜 중탄산 이온으로 전환하는 carbonic anhydrase의 활성부위 (active site)의 아연 이온(1CA2, protein data bank)과, (B) 박테리아에서 활성산소를 제거하는 역할을 하는 rubredoxin의 활성 중심에 존재하는 철 이온 주위의 구조(1SMU, protein data bank)

중탄산 이온을 생성한다. 그림 2.3의 (B)에는 박테리아에서 활성산소를 제거하는 역할을 하는 rubredoxin이란 단백질의 산화-환원 중심을 보이고 있다. Rubredoxin은 아미노산 52~54개로 이루어진 작은 단백질인데, 그 활성 중심에 철 이온이 4개의 시스테인의 황 원자와 정사면체 구조의 착화합물의 상태로 결합해 있다. 환원상태(Fe^{2+})의 rubredoxin이 superoxide에 전자를 전달하고 산화상태의 철 이온(Fe^{3+})이 되면 활성 중심의 구조와 원자간 거리가 약간 변화하며 투명하던 단백질이 붉은색으로 변색된다. 전자를 받은 superoxide는 주위의 수소 이온을 흡수하여 H_2O_2가 되고 이는 다시 peroxidase 등에 의해 물과 산소 분자로 분해된다.

2.3 각론

여기서는 공인되어 있는 인체 필수원소 20종 중 다량원소 11종을 제외한 미량원소 9종에 대해서만 생물무기화학적 요소를 도입하여(요오드만 제외) 보통 생리학에서 다루지 않는 체내 거동(흡수, 대사, 분포, 생리작용 등)과, 과부족에 따른 장애 질병을 거론하고, 영양학적 측면에서 각 원소 함유식품과 의약품을 소개하기로 한다.

2.3.1. 철(Fe)

철(Fe)은 모든 생물에 필수적인 미량원소이고 인체 내에 가장 많이 함유되어 있다. Fe는 금속 치료제의 효시로 BC 1600년경에 남성의 발기부전에 처음으로 사용되었다는 기록이 있는데, Fe 결핍과 빈혈과의 관계는 의성 Hippocrates(BC 5~4세기, 고대 그리스인) 시대부터 알려져 있었으며, 이미 빈혈의 치료에 사용되었던 것으로 전해지고 있다. 17세기 이후에 Fe는 혈액의 구성성분으로서 헤모글로빈(hemoglobin) 중에 함유되어 있음이 실험적으로 밝혀졌다.

[1] 흡수와 대사

Fe의 흡수는 식품 중 Fe의 화학형에 따라 헴(heme)철 및 비헴(nonheme)철 형태로 이루어진다. 대부분 식품의 Fe은 비헴철인 Fe^{3+}으로 존재하며 일부 Fe^{2+}으로 환원된 형태가 헴과 더불어 주로 액성이 산성인 십이지장 점막으로부터 흡수된다. 헴철은 20～35% 정도가, 비헴철은 수 %만 흡수된다. 또, 식품 중 피틴산(phytic acid, 다수의 인산기를 가짐)이나 탄닌산(tannic acid, 다수의 페놀성 OH기를 가짐) 등이 있으면 Fe와 불용성 착물을 형성하여 흡수가 저해되며, 촉진인자로 작용하는 아스코르빈산(비타민 C), 아미노산 등이 있으면 가용성 착물을 형성하여 흡수가 촉진된다.

[2] 체내분포와 화학형

인체 내 Fe의 약 65%는 hemoglobin(Hb) 성분으로서, 약 30%는 간장, 골수, 비장에 저장철인 ferritin(주된 물질)과 hemosiderin으로서, 약 4%는 근육에 미오글로빈(myoglobin, Mb)으로서, 나머지는 약 1%가 Fe 함유 효소로서, 또 0.1%가 운반단백질인 transferrin에 결합하여 존재한다. 저장철 중 ferritin은 apoferritin과 콜로이드성 수산화제2철-인산제2철 복합체의 micelle로 구성된 수용성이며, 결정성인 다량의 Fe 함유 단백질이다. Ferritin 중의 Fe는 Fe^{3+}의 상태로 저장되나 Fe^{2+}의 상태로도 방출된다(다음의 '구리' 참조). 한편, hemosiderin은 물에 난용성이며 탈수 ferritin인 것으로도 생각되는 물질로 Fe을 쉽게 방출할 수 없다.

[3] 결핍증과 과잉증

Fe 결핍의 정도가 심하면 철 결핍성 빈혈이 되는데, O_2 공급의 부족과 탄산가스의 축적 때문에 극도로 피로하게 되고, 건강장애가 와서 학습능력 감퇴와 면역기능 장애도 온다. 한편, Fe 과잉증은 hemosiderin 침착증(hemosiderosis)과 혈색소증(hemochromatosis)인데, 전자는 명칭대로 조직에 hemosiderin이 침착만 하고 조직 장애는 일으키지 않는 병증이고, 후자는 유전성과 외인성(다량의 수혈, 철제과용 등의 경우)이 있으며, 어느 경우이든지 조직, 특히 간장과 췌장에 Fe가 침착할 뿐만 아니라 조직의 구조와 기능에 병적인 변화가 따른다. 그 결과 간경변, 당뇨병(췌장 침착시) 등이 발병하게 된다. 또한, Fe가 과잉이면 유리의 Fe^{3+}이나 저장철의 Fe^{3+}이 Haber-Weiss 반응으로 강력한 산화제인·OH 라디칼을 생성시켜서 조직에 손상을 주게 된다.

[4] 생리작용과 임상응용

(1) 면역기능 유지

필수 미량원소 가운데 Fe는 Zn, Se, Cu와 더불어 면역기능의 유지에 불가결한데, 결핍뿐만 아니라 과잉도 문제가 된다.

(a) Fe이 결핍되면 cytochrome 효소, Hb 및 Mb는 모두 그 활성이 저하되어 기능장애가 일어난다. 또, 호중구(neutrophil)의 살균작용 과정에서 생성되는 유해한 H_2O_2를 분해하는 효소인 catalase와 peroxidase의 활성도 저하되어, H_2O_2에 의한 세포손상이 일어난다. 그 결과 T세포의 수 감소와 기능저하와 호중구의 살균작용 저하가 일어난다.

(b) Fe 과잉도 면역기능을 저하시킨다. 이러한 상태에서는 혈청 철과 혈청 ferritin의 농도와 혈청 transferrin의 철포화도 값이 높아진다. 정상인 경우는 transferrin의 약 2/3는 불포화 상태에 있어서 Fe을 필요로 하는 미생물의 발육을 저지한다. 그러나 transferrin의 철포화도가 높아지면 유리상태의 철 이온이 증가하고 미생물의 이용이 가능하여 감염 용이성의 원인이 된다.

[5] 식품과 의약품

(1) 식품

Fe 함량이 많은 식품은 다시마류, 맥주효모, 조밀(당밀), 밀기울, 호박씨 등이다.

비타민 C제를 섭취하면 특히 비헴철의 흡수율이 높아진다.

(2) 의약품

Fe제는 철결핍성 빈혈증, 만성설사, 출혈성 소화성 궤양, 임신 등으로 Fe 요구량이 높아진 경우 빈혈증 예방의 목적으로 쓰인다. 비헴철은 헴철에 비해 생체 이용률이 낮고 오심, 고장(flatulence)과 같은 부작용이 있으나 입수상의 용이성 때문에 사용되고 있다. 거의 모든 Fe제는 2가 철이며, 소화성 궤양이나 부분 위절제용의 주사용 Fe제도 있으나 보통 내복용이 사용된다. 예외적으로 비헴철인 황산철(ferrous sulfate)이 가장 생체 이용률이 높으나 Fe^{2+}의 자극성이 상대적으로 높은 결점이 있다. 그러므로 자극성이 낮으면서 생체 이용률이 높은 유기철제인 푸마르산 철(ferrous fumarate), 글루콘산 철(ferrous gluconate)이 많이 사용되어 왔다. 최근에는 호박산 철(ferrous succinate)이 높은 평가를 받고 있다. Fe은 헤모글로빈, 여러 종류의 시토크롬에서 중요한 기능을 한다. 위장관의 자극과 낮은 흡수율 때문에 3가 철화합물은 선호되지 않는다. Ferrous fumarate, Ferrous gluconate, ferrous sulfate, 건조 ferrous sulfate가 주로 사용되어 왔다. 하지만 긴급한 경우 3가 Fe제는 주사제로 사용된다. 또한 3가 Fe제는 수렴제로도 사용된다.

2.3.2. 구리(Cu)

구리(Cu)는 중요한 미량원소로 호흡 색소인 hemocyanin과 많은 효소들에서 적은 양으로 이온의 생리학적 이용을 증진시키는 역할을 하며, 따라서 식품에서도 폭넓게 활용된다. 구리 화합물은 약의 적용에서도 매우 다양하게 사용된다. 방사성 ^{64}Cu 동위원소는 광물대사 연구에 사용되어 왔으며, 황산구리(cupuric sulfate)는 Fehling과 Benedict 용액의 주성분이다.

[1] 흡수와 대사

사람에게서 하루에 섭취하는 Cu는 위장관을 통해서 약 30%가 흡수되고 흡수분의 80%는 담즙을 통해서 분변으로, 4%는 혈액을 통하여 요로 배설되고, 16%는 장으로 되돌려져서 혈액으로 들어간다. 혈청에서는 먼저 운반단백질인 trans-cuprein과 결합하고, 이어서 평형상태에 있는 albumin과 결합하여 일부는 적혈구 등으로 이행하나, 대부분 간장으로 이행해서 Cu의 항상성 유지, Fe 대사효소에 관여하거나 Cu를 어떤 다른 조직세포의 효소로 운반하는 역할을 하는 Cu 단백질인 ceruloplasmin (Cp)의 성분이 된다.

[2] 체내분포와 존재형

Cu는 Fe, Zn 다음으로 많은 미량원소이다. 조직 분포율(%)은 골격근, 골격, 피부, 골수, 간장, 뇌의 차례로 작아진다. 혈청 Cu의 약 65%는 Cp로서, 나머지는 Cu-albumin, Cu-transcuprein, 또는 Cu-아미노산 등의 저분자 착물로서 존재하며, 적혈구 Cu는 대부분 Cu, Zn-superoxide dismutase (Cu, Zn-SOD)로 존재하면서, 유해한 활성산소의 제거에 관여한다. 그 외에 간장에는 과잉의 Cu 해독단백질인 Cu-metallothionein과 Cu 함유 효소 등으로 존재한다.

[3] 결핍증과 과잉증

(1) Cu는 Cu 함유 효소의 성분으로 필수적이므로, Cu 결핍은 사람과 많은 동물에서 Fe 동원, 골강도, 적혈구와 백혈구 성숙, 심근 수축성, cholesterol과 glucose 대사, 뇌 발육, 면역기능 등에 이상을 일으킨다. 주된 임상증상은 빈혈(Fe 동원 장애와 헴 생합성에서의 Cu 효소 활성저하 관계), 뼈나 동맥이상 등이고, 간혹 두발의 저색소증, 성장장애, 면역기능 저하, 심혈관 이상(LDL 증가 등이 원인) 등을 일으킨다. 암과 관절염 등의 질환이 있으면 혈청 Cu의 농도가 높아지고, 치료제의 효과가 있으면 낮아지는 현상을 이용해서 암 치료 효과의 척도로 이용되기도 한다. 선천성 유전질환으로서 Cu 흡수부전, Cu의 장간순환(enterohepatic circulation)

저하 등이 원인으로 추정되는 모발, 뼈, 눈, 혈관 등의 이상, 지능과 신체발육 지연 등의 증상을 나타내는 Menkes 곱슬 모발증이 있다.

(2) 과잉증으로는 Cu 분말을 흡입하면 호흡장애, 발열, 설태청변(舌苔青變) 등을 일으키고, 경구 섭취한 경우는 간장에 침착하여 간염, 간경변 등을 일으키고 용혈의 원인이 되기도 한다. 선천성 질환으로서 과잉의 Cu가 뇌, 간장, 신장 등에 침착하여 신경증상, 간경변, 당뇨병 등을 일으키는 Wilson병이 있다.

[4] 생리작용

Cu의 필수 미량원소로서의 역할에 대해서 기본적으로는 Cu가 생체에서 산화수 +1과 +2로 변환하면 산화환원 반응에 관여할 수 있고, 체내에서 생물활성 리간드와 킬레이트를 형성하여 Cu의 운반과 분포에 영향을 주는 것으로 생각되고 있다.

(1) 효소를 통한 작용

사람과 동물에서 생리적으로 중요한 역할을 하는 대표적인 Cu 효소와 그 기능은 표 2.2와 같다.

표 2.2 주요 Cu 효소와 기능

효소명	기능
Cu, Zn-SOD	superoxide 이온 라디칼($O_2^{\cdot -}$)의 분해로 항산화, 항염증 작용
lysyl 산화효소	collagen과 elastin의 교차결합
cytochrome c 산화효소	에너지 생성과 관련된 최종 전자운반(호흡사슬 말단효소)
tyrosine 산화효소	melanin 색소 생성
ceruloplasmin	ferroxidase로서 Fe^{2+}을 산화시켜 Fe 동원: 항산화/산화 작용
ferrochelatase	protoporphyrin IX를 Fe^{2+}에 결합시켜 헴 합성

SOD: superoxide dismutase

[5] 임상적 응용

Cu는 주로 심혈관 질환의 예방의 목적으로 사용되며, 드물게 최토제 또는 인(P)

중독 해독제로서 사용되기도 한다. 그 외에 과거에 관절염 치료에도 사용되었고, 민간요법으로서 아직도 사용되기도 한다. 구체적인 응용은 다음과 같다.

(1) 심혈관 질환의 예방

Cu 결핍은 죽상동맥경화성 혈관질환과 대동맥의 동맥류(動脈瘤)의 주된 인자로 간주되고 있다. 전자의 경우는 Cu, Zn-SOD의 활성저하로 LDL의 산화도가 커져서 산화형이 많이 생성되는 것인데, 직접적인 원인은 불명하나 LDL이 증가하고, 유익한 HDL은 감소하기 때문이다. 한편, 후자의 경우는 lysyl 산화효소의 활성저하에 기인한다.

(2) 최토, 인 중독 해독, 항진균 및 수렴작용

황산구리($CuSO_4$)를 내용하면 최토효과가 있으며, 잘못 섭취된 원소 인(P)을 인산 이온으로 변화시켜 독성을 없애므로 인 중독의 해독제로 사용되기도 하였다.

(3) 관절염 치료에의 응용

관절염 질환, 감염증 및 어떤 암의 경우 혈청 Cu (Cp, Cu-albumin 등의 Cu) 농도가 높음이 알려져 있다. 류머티스 관절염의 경우 혈청 Cu 농도는 높아지고, 간 Cu와 혈청 Fe, Zn 농도는 낮아짐이 알려져 있는데, 전자의 현상은 그 질병에 대한 생리적 반응으로 추정되었다.

[6] 식품 및 의약품

(1) 식품

식품 중의 Cu 함량은 전반적으로 낮지만 특수한 경우가 아니면 식품 및 조리기구로부터 충분히 섭취된다. 동물 간, 신장, 갑각류(새우, 게 등), 패류(특히 굴), 견과류, 두류, 곡류, 과일, 채소 등에 함량이 높고, 우유에는 매우 낮다.

(2) **의약품**

현재 사용되는 것은 무기염인 황산구리 외에 유기착물인데 gluconate, picolinate 및 수 종의 아미노산과의 착물이 있다. 구리는 헤모글로빈의 생성에 관여하므로 조혈 보조제로서도 사용된다.

2.3.3. 아연(Zn)

[1] 흡수와 대사

아연(Zn)은 주로 십이지장에서, 일부는 위, 소장, 대장에서도 흡수된다. 식이 중의 아미노산, 비타민 C, 많은 유기산 등에 의해서 흡수가 촉진된다. 또, 흡수기전에 있어서 Zn 결합 단백질인 metallothionein, transferrin 등도 관여한다. 사람에 있어서 흡수된 Zn의 대부분(약 93%)은 담낭, 췌장 및 장관으로부터 분변으로 배설되는데, 신장에서는 재흡수되기 때문에 요로는 거의 배설되지 않는다.

[2] 체내분포와 존재형

총량의 1/2은 혈액 중에, 1/3～1/4은 뼈, 근육, 피부에 존재한다. 그 외에 눈의 망막과 뇌에도 비교적 많고, 췌장과 췌장 호르몬인 인슐린, 전립선 및 정액 중에도 존재한다. 혈액 중의 대부분(75～80%)은 적혈구에 존재하며 혈장(12～20%), 백혈구(약 3%)의 차례로 적어진다. 적혈구 중 Zn의 대부분은 탄산 탈수효소(carbonic anhydrase)의 성분으로 존재한다.

한편, 혈청의 Zn은 거의 대부분 단백질과의 착물, 즉 albumin 착물(약 2/3)과 α_2–macroglobulin 착물(약 1/3)로써, 나머지는 아미노산(histidine, cysteine 등) 착물로서 존재한다.

[3] 결핍증과 과잉증

Zn 결핍증은 미량원소 결핍증 가운데 발생빈도가 가장 높은데, Zn 효소의 활성

감퇴 내지 소실에 연관되는 것으로 생각되고 있다. Zn 결핍증의 특징은 미각·후각의 장애와 남성 성기능 부전이 있는데, 후자의 경우 정액 중에 함유되어 정자 형성에 관여하기 때문이다. Zn 결핍 여부의 임상검사는 혈액의 백혈구 중 Zn 농도를 측정하며 이들 결핍증은 Zn제를 투여하면 상당히 개선된다. 한편, 과잉증으로는 아연 금속을 가열했을 때 생기는 산화아연의 증기를 흡입함으로써 일어나는 아연 흄(fume thermal)[발열, 진전, 흉부 불쾌감 등], 산성식품 통조림통으로부터의 Zn 용출로 인한 Zn 중독(급성증상: 발열, 오심, 복통, 설사) 외에, 졸음 피로감이 보고되어 있을 뿐이다. 근본적으로 Zn의 과잉증은 일어나기 어려운 것으로 생각되는데, 정상인의 4배의 혈장농도에서도 독성이 나타나지 않기 때문이다.

[4] 생리작용 및 임상응용

Zn은 Zn 촉매로서 당질, 지질, 단백질 및 핵산의 합성 또는 분해를 포함한 여러 가지의 대사에, 또는 Zn 단백질로서 유전물질의 전사와 번역에 관여한다. 많은 Zn 단백질은 인슐린, metallothionein 등의 일부 외에는 아직 그 기능이 알려지지 않았다.

(1) Zn 효소를 통한 작용

Zn이 나타내는 생화학 반응은 매우 다양하다. Zn이 생체에서 효소로서 다양한 기능을 나타낼 수 있는 것은 근원적으로 양성원소(兩性原素)이기 때문이며, 고루 안정한 결합을 형성할 수 있는 성질어 연유한다. 대표적인 Zn 효소로는 ① 산화환원효소(oxidoreductase)인 alcohol dehydrogenase, superoxide dismutase, ② 전이효소(transferase)인 aspartate transcarbamoylase, ③ 가수분해효소(hydrolase)인 carboxypeptidase A/B, alkaline phosphatase, ④ 절단효소(lyase)인 carbonic anhydrase, ⑤ 연결효소(ligase)인 비타민 A 대사효소가 있으며, Zn은 금속효소 및 금속 활성화 효소로 역할을 한다.

(2) 면역기능 유지

이미 각론 '철'에서 미량원소 중 Zn, Se, Fe 및 Cu가 면역기능의 유지에 불가결함과, 이들의 공통적인 기전에 대해서 기술한 바 있다. 앞의 4원소 가운데 Zn이 가장 중요한 영향을 미치는데, 이는 핵산과 단백질의 합성, 세포증식에 관여하는 DNA 중합효소와 RNA 중합효소에 Zn 단백질이 관여하기 때문이다. 또, 면역세포인 T세포의 활성화 작용을 하는 thymulin(흉선 호르몬의 하나)도 Zn^{2+}과 결합하여 활성을 나타낸다. Zn의 과잉 시에도 면역기능의 저하가 보고되어 있다.

(3) 그 밖의 여러 작용

① 세포의 대사, 성장 촉진(상처의 치유촉진, 태아의 정상적 성장), ② 흉선, 성장, 남성호르몬 작용의 활성화, ③ 인슐린의 입체구조 유지를 통한 활성화(당질, 지질 대사촉진), ④ 막의 SH기나 효소에 작용하여 막을 안정화, ⑤ collagen(결합조직의 주성분) 합성 관여(피부보전), ⑥ 중추신경의 형성과 기능에 관여(정신 안정화), ⑦ 비타민 A 대사, 눈의 망막조직 보전[망막황반(macula) 변성의 치료], ⑧ 미각과 후각 정상유지[Zn인 맛봉오리(taste bud)의 성분], ⑨ 혈중 cholesterol 농도조절, 항산화 작용[Cu, Zn-SOD로서], ⑩ 여드름(특히 심재성(深在性)) 치료효과(흡수율이 높은 유기 Zn 착물로), ⑪ 직접적 항바이러스 작용(감기증세 호전), ⑫ Zn 결핍은 Alzheimer병 발현의 보조인자, ⑬ Wilson병(각론 '구리' 참조)의 증세 개선효과가 알려져 있다.

[5] 식품 및 의약품

(1) 식품

Zn은 식물성 단백질에 있는 피틴산이나 옥살산과 불용성 착물을 형성하므로 흡수가 저해된다. 또한, lignin도 Fe, Cu와 더불어 Zn과도 결합하여 흡수를 저해한다. 주로 채식을 하면 Zn 결핍증에 걸릴 위험성이 있다. Histidine, cysteine 등의 아미노산은 Zn과 가용성 착물을 형성하므로 흡수가 향상된다. 모유의 Zn 함량은 우유보다 적지만 이용률은 훨씬 높다.

(2) 의약품

Zn제로서는 황산아연과 흡수율이 좋은 수 종의 유기산 착물, 즉 Zn-acetate, Zn-citrate, Zn-glycerate, Zn-gluconate, Zn-picolinate, Zn-methionine 및 Zn-aspartate가 주로 사용된다. 아연은 체외부의 치료와 상처의 치료, 미각의 예민함, 그리고 다양한 눈의 이상에 치료약으로 응용된다. 황화아연의 진한 용액은 최토제로 사용되는데, 최토작용은 매우 빨라서 염 형태의 아연이 몸에 전혀 흡수되지 않거나 아주 조금 흡수된다.

2.3.4. 망간(Mn)

망간(Mn)은 필수 미량원소로 pyruvate carboxylase와 같은 여러가지 효소를 활성화시키는 데 필수적이고, manganese chloride, manganese gluconate, manganese sulfate가 USP에 수록되어 있다.

[1] 흡수와 대사

식품이나 음료수로부터 섭취되어 소장에서 흡수된다. 경구 섭취된 Mn은 위에서 용해하여 Mn^{2+}이 되고, 장관세포에 의해서 Mn^{3+}으로 산화된 후 흡수되어 혈액으로 이행한다. 혈장에서 transferrin과 결합하여 곧 장기로 이행한다. 배설은 95% 이상이 간장을 거쳐 담즙으로 배출되어 분변으로 배설되고, 요 중으로의 배설은 적다.

[2] 체내분포와 존재형

쥐에서의 Mn의 장기분포는 뇌하수체, 갑상선, 부신 등의 내분비계 장기에 주로 집적되고, 간장·췌장·신장에도 비교적 많이 존재한다. 후자의 장기들에 대한 실험에서 총 Mn량에 대한 Mn^{2+}의 존재비가 매우 낮으므로, 주로 Mn^{3+}의 화학형으로 존재하는 것으로 보인다.

[3] 결핍증과 과잉증

사람에서는 Mn 결핍은 피부발진, 모발의 탈색, 뼈 이상, 손톱과 발톱의 발육지연, HDL의 감소 등을 일으킨다. 정상적인 식사를 하면 Mn 결핍이 되지 않는다. 한편, 환경오염이나 Mn광의 흡입으로 인한 과잉증은 심각한데 권태감, 쇠약·두통·폐렴·운동기능 장애 등의 호흡기 장애, 간기능 장애, 언어장애 및 혈액상의 변화를 수반한다. 이러한 증상의 일부는 신경전달물질인 catecholamine이 Mn^{3+}에 의해서 쉽게 산화되어 감소하는 결과로 운동장애·정서 불안정·수족진전(손발떨림) 등의 증상(Parkinson증)이 생긴다. 치료제로는 Ca(EDTA) 착물과 L–DOPA가 효과적이다.

[4] 생리작용과 임상응용

(1) Mn 효소를 통한 작용

대체로 산화적 인산화(ATP 합성), 지방산 및 cholesterol 합성 등의 생화학 반응에 대부분 존재형이 알려지지 않은 Mn 촉매(함유 및 활성화)로서 작용한다. Mn함유 효소로는 pyruvate carboxylase[당신생(gluconeogenesis) 관여], glutamine synthetase, Mn-SOD, Mn-catalase 등과 대단히 많은 Mn 활성화효소로서 일군의 peptidase, polymerase, arginase, 수종의 당질대사효소 등이 있다. 또, Mn^{2+}이나 주로 Mg^{2+}이 관여하는 금속 활성화효소에서 화학적으로 유사한 2가 금속 이온의 작용을 대신하거나(6-phosphogluconate dehydrogenase 등) 유사한 2가 금속 이온의 작용과 길항하기도 한다(예컨대 Ca 결합단백질인 calmodulin과 Ca^{2+}과의 결합을 Mn^{2+}이 저해).

(2) 좌상(strain), 염좌(sprain) 및 염증의 경감

염증증세에 Mn제가 투여되는 것은 아마 Mn-SOD의 함량 또는 활성을 증대시키기 때문으로 추정되고 있다.

(3) 간질(epilepsy) 억제

Mn은 신경전달물질의 조절에 중요하므로 뇌기능에 중요한데, 중추신경계가 최적의 기능을 하려면 적정한 Mn 농도가 유지되어야 한다. 실제로 간질환자는 전혈(全血)과 두발의 Mn 함량이 낮음이 알려졌으므로, 고함량 Mn 식이를 섭취시키거나 Mn제를 투여하면 발작을 억제할 수 있을 것으로 생각되고 있다.

(4) 당뇨병 억제

(1)에서 살펴본 바와 같이 Mn은 당질대사의 중요한 보조인자이다. 그럼에도 당뇨병 환자는 Mn함량이 정상인의 절반밖에 되지 않는다는 보고가 있고, 인슐린 저항성이 있는 당뇨병 환자에게 $MnCl_2$로 1일 3~5 mg의 Mn을 투여한 경우 어느 정도 효과가 있었다는 보고가 있다.

[5] 식품과 의약품

(1) 식품

식품 중의 Mn 함량은 전반적으로 낮은 편이다. 상대적으로 함량이 많은 것은 견과류, 통곡류, 건조과일 및 채소이고, 적은 것은 육류, 유제품, 가금 및 해산물이다.

(2) 의약품

황산망간, 염화망간과 같은 무기염도 있으나, 다른 필수 미량금속의 경우에 비추어 gluconate나 picolinate와의 킬레이트가 더 흡수율이 좋은 것으로 추정되고 있다. 과망간산칼륨(potassium permanganate) USP는 산화하는 형태의 국소 항감염제로 분류되어 있으며, 또한 수렴성제이고 강한 방취제, 세정제이다. 위세척에 쓰이는 과망간산칼륨 희석용액은 적은 양의 섭취에도 쉽사리 산화될 여지가 있는 여러 가지 alkaloids와 다른 독소물질에 대한 해독효과를 지닌다.

2.3.5. 코발트(Co)

코발트(Co)는 인체에서 합성되지 않는, 유일한 유기금속 화합물인 비타민 B_{12}의 성분으로 필수성의 의의가 있는 원소이다. Co와 결합한 철제제가 빈혈 치료를 위해 고안된 약물의 도입을 이끌어 왔다. Cyanocobalamin(비타민 B_{12})은 Co 화합물이며 동위원소인 ^{57}Co, ^{60}Co은 진단과 치료에 이용된다.

[1] 흡수와 대사

섭취하거나 투여된 B_{12}는 위점막에서 분비되는 당단백질인 내인자(intrinsic factor: IF)와 결합해야만 소장에서 흡수되고, 혈장의 B_{12} 운반단백질인 transcobalamin II와 결합해서 모든 다른 세포로 운반된다. 일부는 요로 배설되고, 일부는 담즙 따라 분변으로 배설되는데 일부는 재흡수된다.

[2] 체내분포와 화학형

B_{12}류로는 인공적으로 단리한 형태인 CN-B_{12}(cyanocobalamin)를 투여한 경우, 소량의 미대사 CN-B_{12} 외에 HO-B_{12}(또는 H_2O-B_{12})와 보조효소로서 작용하는 5′-deoxyadenosyl-B_{12}, CH_3-B_{12}가 존재하고, B_{12} 이외의 Co로는 어떤 효소에 활성제로써 관여하는 Co^{2+}이 있다. 또, 식물성 식품에 유래하는 B_{12}가 아니고, 구조가 미지인 여러 corrinoid류가 존재한다.

[3] 결핍증과 과잉증

섭취부족 또는 B_{12} 결합성분인 내인자나 운반단백질의 분비부족으로, 비타민 B_{12}가 결핍되면 적혈구의 생성과 성숙이 매우 저해되면서 크기는 오히려 커지게 되고, 거대적아구성빈혈(megaloblastic anemia)이라고도 불리는 악성빈혈에 걸린다. 이 빈혈증에는 위액분비 감소, 진행성 중추신경계 장애 및 뇌손상이 따른다. 근원적으로는 DNA 합성이 저해되어 모든 세포의 핵성숙과 분열에 장애가 오는데,

전반적으로 조직에 가장 빨리 발육되어 증식하는 적혈구 생성조직의 발육이 억제되기 때문이다. 아미노산 대사를 저해함으로써 결국 체중감소, 식욕감퇴도 일어난다. B_{12} 결핍증이면 methylmalonic acid가 요로 배설되므로, 이것을 진단에 이용한다. B_{12}는 수용성이므로 과잉증은 알려져 있지 않다. 다만, 사람에 있어서 무기 Co염에 의한 과잉증으로서 갑상선종, 심장병 등이 보고되어 있다.

[4] 생리작용과 임상응용

생리작용은 보조효소로서의 작용인데, 보조효소 중 5′-deoxyadenosyl-B_{12}는 전위(rearrangement) 반응으로서 C골격의 전환에 관여하며, CH_3-B_{12}는 homocysteine으로부터 methionine의 생성 등에 관여한다. Co^{2+}으로서의 작용은 transcarboxylase와 aminopeptidase 외에 적혈구 생성 자극인자인 erythropoietin을 생성하는 효소에도 역시 활성제로써 관여함이 알려졌다. 임상응용은 전적으로 비타민 B_{12}로서 B_{12} 결핍증(악성빈혈) 치료용이다.

[5] 식품 및 의약품

(1) 식품

B_{12}는 주로 쇠고기, 돼지고기, 내장(특히, 신장과 간), 달걀(난황)과 같은 동물조직 또는 우유와 유제품 등에 함유되어 있는데, 사람과 동물의 장 세균총에서 합성된다. 그러나 사람에서 합성된 것은 이용되지 않는다. 한편, 녹색식물에는 거의 또는 전혀 없다. 그러므로 사실상 동물성 식품으로부터만 섭취할 수 있다.

(2) 의약품

비타민 B_{12}를 생합성하는 세균을 배양해서 균체로부터 추출하여 얻는 CN-B_{12}이 사용된다. 체내에서 보조효소형으로 변환되어서 이용된다.

2.3.6. 몰리브덴(Mo)

[1] 흡수와 대사

몰리브덴산염으로 저섭취량에서는 Mo가 잔류하고 고농도이면 신속히 배설된다.

[2] 체내분포와 존재형

몰리브덴은 성인의 간장, 신장에 존재하고, 그 외의 장기, 조직에 미량 존재한다. 생체 내 존재형은 모든 Mo 효소(molybdoenzyme)에 Mo cofactor(일명 'Moco')의 MoO_2S_2 또는 $MoOS_3$ 부분으로 함유되어 있다. Aldehyde 산화효소(aldehyde oxidase, AO) 또는 탈수소효소(aldehyde dehydrogenase, AD) 등이 있다.

[3] 결핍증과 과잉증

결핍증은 정상적인 식사를 하는 사람에게는 없고 장기간 고영양 수액에 의존하는 환자에서 나타난다. 증상은 빈맥(tachycardia), 두통, 정신장애 및 혼수와 생화학적인 Mo 효소인 xanthine 산화효소(XO)와 아황산염(sulfite) 산화효소(SO)의 활성저하로 인한 요와 혈청 중 요산농도 또는 요중 황산염 농도의 감소이다. XO 결핍증은 비교적 영향이 적으나 SO 결핍증은 정신적 발육지연, 신경증세 등의 중증이다. Mo 섭취량이 적으면 간장에 독성이 나타날 정도로 Cu가 축적하고 거꾸로 Mo을 과잉섭취하면 Cu 결핍증이 일어난다.

[4] 생리작용과 임상응용

(1) Mo 효소로서의 작용

표 2.3 Mo 효소로서의 작용

Mo 효소의 종류	관여하는 반응	활성 저하 시 발생하는 문제
Xanthine 산화효소(XO)	핵산의 푸린염기인 xanthine을 대사해서 요산으로 변화시키는 반응	요산이 정상적으로 생성되지 않음으로써, 부반응으로 생성하는 활성산소종에 의한 산화손상
Aldehyde 산화효소(AO) 및 탈수소 효소(AD)	술의 대사에서 간장의 알코올 탈수소 효소의 작용으로 생성된 acetaldehyde를 초산으로 대사시키는 반응	생성된 유독한 acetaldehyde가 모두 초산으로 대사되지 못하고, 일부가 그대로 잔류하게 되므로 숙취현상 발생
아황산염(sulfite) 산화효소(SO)	S함유 아미노산의 대사에서 생성된 아황산염을 황산염으로 산화시키는 반응	유독한 아황산염이 일부 잔류하여, 그 자체의 독성으로 인한 감수성(빈맥, 두통, 구토, 방향감각 상실 등) 및 뇌에 존재하는 황산염화합물의 성분이 되는 황산염이 결핍하게 되어 장애 유발

(2) 아황산염 감수성의 경감

아황산염 감수성의 원인이 SO의 활성저하에 기인하므로, Mo제를 투여하면 그 감수성이 경감된다.

(3) 우식 예방효과

Mo 섭취량과 우식(dental caries) 발생률은 역상관관계가 있다는 몇 종의 연구보고가 있다. 또, Mo와 F^-를 함께 투여한 물을 마신 경우, 같은 양의 F^-만 함유한 물을 마신 경우보다 우식 발생률이 낮았다는 보고도 있으므로, Mo는 F^-의 우식 억제 효과를 증대시킴을 알 수 있다.

[5] 식품 및 의약품

(1) 식품

Mo 함량은 두류와 통곡류에 가장 많고, 그 밖에 채소, 가축 장기, 우유 등에 비교적 많이 함유되어 있다.

(2) 의약품

Mo 보급제로서 Na_2MoX_4 (X는 모두 O이거나 S)가 사용된다.

2.3.7. 셀렌(Se)

Se는 일반적으로 금속으로 분류되고 있으나, 동소체에 따라 금속성이나 비금속성을 가지고 있다. Se은 과량 사용 시 독성 때문에 문제가 될 수 있는 원소이지만 중요한 미량원소이다. 피부를 통해 매우 느리게 흡수되며, 독성은 건강한 피부에 국소적으로 사용될 경우에는 대개 문제되지 않는다. 그러나 Se을 피부에 장시간 접촉할 경우에는 피부염을 유발한다.

[1] 흡수와 대사

식품[selenomethionine (SeMet), selenocysteine (SeCys) 등의 Se 아미노산과 Se 단백질 등] 중 Se의 흡수율은 상당히 높은데, Se보급제로서의 아셀렌산염 등의 무기 Se제는 비교적 낮은 편이다. Se 화합물은 정상적인 대사로는 셀렌화물(Se^{2-})까지 환원되고, 이것이 섭취된 Se 화합물의 양에 따라 메틸화의 정도를 달리하여 배출된다.

[2] 결핍증과 과잉증

성인은 1일 섭취량이 <10 μg이면 결핍증이 나타난다. 대표적인 결핍증은 중증 심근증인 Keshan병인데, Se 함유 효소의 하나인 항산화 작용을 하는 glutathione peroxidase (GSH-Px)의 활성이 저하되고, 활성산소종에 의한 산화적 조직손상을 잘 억제하지 못한 탓으로 추정되고 있다. 한편, 과잉증은 만성중독증(selenosis)으로서 정서 불안정, 피로, 피부 황변, 관절염증, 우식, 오심, 구토 등의 증세가 나타난다. 급성중독증은 대부분 반도체 등의 Se 이용 산업에서 발생하는데, Se의 다량 섭취로 인한 독성발현은 대개의 경우 무기 Se보다 유기 Se(천연 Se)이 훨씬 낮다.

[3] 생리작용 및 임상응용

Se의 주된 효과는 항산화 작용은 GSH-Px가 결정적인 역할을 한다. 그 외에 iodothyronine deiodinase가 갑상선호르몬인 T_4(1분자 중 4개의 I원자를 가진 것) 중 상당히 많은 부분을 약 4배의 활성이 있는 T_3로 변환시켜서, 정상적인 갑상선 기능을 나타내게 한다. 또 Hg, Cd, Pb 등의 중금속의 독성에 대한 길항작용을 하는데, 앞의 두 금속과는 복합체의 형성이 알려져 있다. 임상적으로는 다양한 응용이 있으나, 중요한 몇 가지만 살펴보기로 한다.

(1) 발암억제 효과

Se의 발암억제(발암예방) 효과는 호흡기와 위장관에 대해서 가장 뚜렷하며, 상충되는 보고가 있는 유방암을 제외한 다른 많은 조직, 장기암에도 효과가 있다.

(2) 항염증 효과

GSH-Px는 염증을 일으키는 prostaglandin과 leukotriene의 생성을 억제함에 있어서 특히 중요하다. 관절 류머티스 환자에 Se만 투여하기보다 비타민 E와 함께 투여하면, 두 항산화제의 상승작용(synergism)으로 효과가 좋다고 알려져 있다.

(3) 면역증진 효과

Se는 GSH-Px의 성분으로서 백혈구의 발육과 발현을 포함하여, 면역계의 모든 성분에 영향을 미친다. 그러므로 Se가 결핍되면 면역기능이 저하되고, 보급하면 투여량에 따라 회복 내지 증강된다. 즉, 결핍시는 백혈구와 흉선의 기능장애로 감염증에 대한 저항성이 감소되고, 보급하면 그들의 기능이 항진된다.

(4) 심혈관 질환억제 효과

다른 항산화제처럼 Se를 보급하면 심혈관 질환과 뇌졸중의 발생을 억제하는 것으로 평가되고 있다. 그 상관성은 아마도 GSH-Px의 과산화물 환원분해 활성이 저하한 결과일 것으로 추정된다.

그 밖에 백내장 발현의 억제, 태아발육 관여 및 유아 급사증에 억제효과가 있는 것으로 알려지고 있다.

[4] 식품 및 의약품

(1) 식품

대표적인 Se 함유식품은 밀배아, 귀리, 통밀빵, 밀기울, 현미 등이고, 그 외에 건조효모(일명 맥주효모), 생선(특히 참치), 버섯류, 양배추, 무 등에도 상대적으로 많이 존재한다. 이들 식품 중의 Se는 모두 유기 Se 화합물로 '천연 Se'으로 불린다.

(2) 의약품

무기 Se 화합물로는 황화셀렌만이 두부(頭部) 지루성 피부염(비듬 생성)의 치료에 외용되고, 아셀렌산염이 Se 보급제로서 이용되고 있으나, 생체 이용률이 높은 천연 Se 식품인 건조효모가 더 효과적일 것으로 추정된다. 안전한 Ebselen (2-phenyl-1,2-benzisoselenazol-3(2*H*)-one)이 의약품으로 이용되고 있다.

2.3.8. 크롬(Cr)

[1] 흡수와 대사

크롬은 인체에서 glucose 내성인자(일명 내당인자, glucose tolerance factor, GTF)로서만 필수성이 있다. 식품 중의 Cr는 모두 GTF의 성분으로 +3의 산화수를 가지고 있다. Cr^{6+}의 흡수율은 Cr^{3+}보다 높고 경구, 경기도, 경피의 어느 경로로도 흡수되어, 세포막을 능동적으로 통과한다. 세포 내에서 Cr^{6+}은 glutathione, 비타민 C 등에 의해 Cr^{3+}으로 환원된다. Cr는 주로 요로, 일부는 분변으로 배설된다.

[2] 체내분포와 존재형

혈액 중으로 들어간 Cr 중 Cr^{3+}은 거의가 혈구 내로 들어가지 못하고, transferrin 등의 혈청단백질과 결합해서 Cr^{6+}은 신속히 적혈구 내로 들어가고, Cr^{3+}으로 환원되어 hemoglobin과 결합하여 존재한다.

[3] 결핍증과 과잉증

사람과 동물에서 Cr 결핍증으로 내당능이 저하되고, 지질대사 장애(고cholesterol 혈증)도 일어나서 성장과 생식 억제, 수명단축, 각막질환(시력장애 등), 죽상동맥경화증이 나타나는데, 이것은 심장발작의 원인이 된다. 영양보급 형태인 Cr^{3+}은 상대적으로 매우 안전하고, 유일한 부작용은 저녁에 1회 50 ㎍씩 섭취한 경우의 수면시간 단축 정도이다. 가장 일반적인 Cr^{6+}염은 강력한 독성을 나타낼 뿐만 아니라 Ni과 더불어 대표적인 발암금속이다. 일반적인 만성독성으로는 피부염, 코 중격(中隔) 천공성 궤양이 있고, 급성독성으로는 구강, 인후의 동통, 구토, 설사와 복통 등이 있고, 중증이면 치사하는 경우도 있다.

[4] 생리작용과 임상응용

Cr^{3+}는 내당장애로부터 회복시킬 뿐만 아니라, 지질대사와 단백질 합성에도 관여하는 것으로 추정되고 있다.

(1) 내당 효과

니코틴산 등 몇 종의 아미노산의 Cr^{3+} 착물인 GTF는 당질대사 기전의 보조인자로서 glucose의 세포 내로의 섭취를 촉진, 신속히 대사되도록 하여 핵심적인 기능을 하는 것으로 추정되고 있다. Cr의 영양상태 또는 대사가 원활하지 못하면 당뇨병이나 그 반대현상인 저혈당증이 발생하는데, Cr 투여는 어느 경우에도 정상화시키는 효과가 있다.

(2) 체중감소 촉진

Cr는 현재 체중감소 보조수단으로서 주목을 받고 있다. 그리고 체중감소를 촉진시키는 주요방법의 하나는 인슐린에 대한 신체세포의 감응도를 증대시키는 일로 추정되고 있다. Cr를 보급하면 지방 연소능이 더 커지므로 지방을 줄여서 체중을 줄이는 한편 근육은 늘리는 효과가 있다.

(3) 혈중지질 감소

Cr를 보급하면 비당뇨병 환자에서도 혈중 cholesterol과 중성지방을 감소시킨다. 그러나 원래의 체내 Cr 농도가 매우 낮지 않으면 현저한 변화가 나타나지 않는다.

[5] 식품 및 의약품

(1) 식품

많은 천연식품은 Cr를 GTF의 형태로 미량 함유하고 있는데, 가장 함량이 많은 것이 맥주효모이다. 후추, 간, 치즈, 통밀빵 및 쇠고기에도 상대적으로 많이 함유하고 있으나, 과일과 채소에는 매우 적다. 가공식품으로서 Cr 강화효모가 있다.

(2) 의약품

무기염으로 염화크롬($CrCl_3$)도 있으며 유기산의 착물로서 Cr-picolinate와 Cr-nicotinate가 사용된다.

[6] 상호작용

정제설탕, 흰 밀가루 제품을 섭취하거나 운동이 부족하면 체내 Cr 함량이 감소하며, 탄산칼슘 등의 제산제로 Cr의 흡수가 저해될 수 있다.

2.3.9. 요오드(I)

필수 미량원소 중 유일한 비금속 원소로 요오드함유 생체성분은 갑상선호르몬이 유일하다. 요오드는 효과적인 항미생물제이다. 요오드 용액은 용해도를 증가시키기 위하여 Kl 또는 NaI 용액을 포함한다. providone-iodine은 소독제로, KI와 NaI는 요오드 보급제로 사용되고 있다.

[1] 흡수, 대사, 체내분포 및 존재형

경구섭취한 무기 요오드(I^-)는 장관으로부터 혈중으로 들어가서 그대로 갑상선에 집적한다. 거기서 I^-는 I_2로 산화된 후 당단백질인 thyroglobulin의 tyrosine 잔기와 결합함으로써 3-monoiodotyrosyl 잔기(MIT)와 3,5-diiodotyrosyl 잔기(DIT)를 형성하고, MIT와 DIT 사이와 DIT와 DIT 사이에 축합하여 갑상선호르몬의 전구물질을 형성한다. 다음에 이들 thyroglobulin 유도체의 펩타이드 결합이 가수분해되어 갑상선호르몬인 thyroxine(일명 tetraiodothyronine, T_4)과 triiodothyronine(T_3)이 유리된다. 이들 호르몬은 유리상태 및 운반체인 당단백질과 결합하여 혈액을 통해 다른 장기(간장, 신장, 심장 등)로 운반된다. 각 장기에서 호르몬 활성을 발현한 후 분해되어 I^-으로 되돌아온 탈리한 I를 포함한 분해산물 중, 일부는 보통 담즙으로 배설된다. 갑상선 상피세포에는 MIT, DIT 및 I^-이 존재하며 혈중 I_2의 95% 이상이 혈장단백질과 결합한 T_3와 T_4이고 나머지는 I^-이다.

[2] 결핍증과 과잉증

요오드 결핍은 갑상선호르몬의 결핍이라 할 수 있다. 결핍증은 갑상선 기능저하증 또는 목의 갑상선이 비대하는 갑상선종(goiter)인데, 특히 임산부와 태아 및 신생아에게 유해하다.

한편, I_2의 독성은 일반적으로 1일 1000 mg까지는 나타나지 않으나 과잉섭취하면 갑상선염을 일으킨다. 그 외에도 I_2 결핍 시 나타나는 갑상선종과 갑상선

기능저하증, 때로는 갑상선호르몬의 과잉분비로 갑상선 기능항진증을 나타낸다.

[3] 생리작용 및 임상응용

(1) 갑상선호르몬을 통한 작용

기본적으로는 신진대사율의 항진작용으로 어린이의 발육촉진, 기능 및 형태의 분화촉진, 에너지대사 조절 그리고 수분 및 전해질 평형유지 등이 알려져 있다.

(2) 무기 I^-로서의 작용

대사항진의 저하(갑상선 기능항진증인 경우), 결절의 섬유조직 연화(용해) 작용, 거담작용 등을 나타낸다.

(3) I_2로서의 작용

외용하면 강력한 살균, 항바이러스 작용을 나타낸다.

[4] 식품 및 의약품

(1) 식품

해조회(海藻灰)에 I_2를 약 0.5% 함유하는 것으로 알려져 있으며, 특히 갈조류(미역, 다시마 등)의 해조를 포함한 해산물에 가장 많이 함유된다.

(2) 의약품

① 무기 요오드화물로서 요오드화칼륨이 요오드 보급제와 거담제로, 유기 요오드화물로서 요오드화레시틴도 요오드 보급제로, 요오드화티로닌 등이 갑상선호르몬제로 이용된다. 다만, 요오드를 과잉섭취하면 갑상선호르몬의 합성이 저해되므로, 보통 500 μg/d 이하의 용량이 권장된다.

② 분자상 I_2제로서 포비돈요오드(Povidone-iodine)가 매우 강력한 살균, 소독제 및 함수제로 많이 사용되며 장점은 요오드의 휘발성의 감소와 적용 시 간지러움

을 줄여주는 것이다.

③ 방사성의약품에서 방사성 요오드제(^{123}I제, ^{125}I제, ^{131}I제)가 갑상선종과 갑상선암의 진단 또는 치료(^{131}I제만)에 이용되고 있다.

④ 적절한 용량에서 거담효과가 있다.

CHAPTER 3

착화합물과 금속 과잉증의 해독

3.1 배위 화합물

중심원자나 중심이온이 여러 개의 이온, 분자 또는 리간드(ligand)와 결합한 집합체를 배위 화합물(coordination compound), 금속착물(metal complex), 또는 착물(complex)이라 한다. 배위 화합물은 화학공업에서 뿐 아니라 생활면에서도 중요한 역할을 한다. 식물의 광합성에서 중요한 엽록소(chlorophyll)가 마그네슘 착물이며, 동물세포에서 산소를 운반하는 헤모글로빈(hemoglobin)은 철 착물이다. 배위 화합물이 의학과 약학에서 특히 중요한 이유는 체내에서 의약품의 흡수와 분배가 착물의 형성과 관계가 있고, 착물의 형성이 약의 작용발현과 지속시간에 미치는 영향 때문이다.

3.1.1. 착물의 리간드와 구조

중심금속 이온에 결합하는 리간드 수와 결합형태는 착물의 구조를 결정하는 기본적인 인자이다. 예로써, Cu^{2+} 이온의 수용액은 연한 푸른색을 나타내는데, 여기에 암모니아수를 가하면 진한 파란색으로 색이 변한다. 이와 같은 색의 변화는 1개의 Cu^{2+} 이온과 4개의 NH_3 분자가 화학반응을 하기 때문이다.

$$Cu^{2+}(aq) + 4\,NH_3(aq) \longrightarrow [Cu(NH_3)_4]^{2+}(aq)$$

각 NH_3 분자의 질소 원자에는 1개의 비공유전자쌍이 존재하며, 이것이 Cu^{2+} 이온과 결합을 형성한다. 이와 같이 1개의 전자쌍이 한 원자에서 제공되어 형성되는 결합을 배위결합이라 하며 $[Cu(NH_3)_4]^{2+}$ 이온에는 이와 같은 결합이 4개 존재한다.

$[Cu(NH_3)_4]^{2+}$ 이온을 착이온이라 부르고, 이것은 금속 이온이 배위결합에 의하여 중성 분자나 음이온과 결합된 전하를 띤 화학종을 말한다.

착물에서 금속 양이온을 중심이온이라 하며, 이것에 직접 결합한 분자나 음이온을 리간드(ligand)라 한다. 중심이온의 결합의 수를 금속 이온의 배위수(coordination number)라고 한다. $[Cu(NH_3)_4]^{2+}$ 이온에서 중심이온은 Cu^{2+}, 배위수는 NH_3 분자이며, Cu^{2+} 이온은 모두 4개의 결합을 형성하므로 Cu^{2+} 이온의 배위수는 4이다.

리간드는 제공하는 전자쌍의 수에 따라 분류할 수 있다. 한 자리 리간드는 리간드 분자나 이온이 1개의 전자쌍을 제공하는 것이며 NH_3, H_2O, Cl^- 및 OH^- 등이 있다. 두 자리 리간드는 분자나 이온이 2개의 전자쌍을 제공하며, 세 자리 리간드는 3개의 전자쌍을 제공한다. 일반적으로 2개 이상의 전자쌍을 제공하는 리간드를 여러 자리 리간드(multidentate ligand)라 한다. 여러 자리 리간드에 의하여 형성된 착물을 킬레이트(chelate)라고 하며, 킬레이트를 구성하기 위한 요건으로는 환(ring)의 형성, 배위결합 및 금속 이온의 존재가 필수적이다.

3.1.2. 착물의 결합

화학결합을 기술하는데 보통 원자가결합이론(valence bond theory)과 분자궤도이론(molecular orbital theory)이 있으나, 배위결합이 중요한 역할을 하는 착물의 결합은 원자가결합이론과 결정장이론(crystal field theory)이 유효하다.

[1] 원자가결합이론

원자가결합이론(valence bond theory)은 배위화합물의 기하학적 형태를 예측하는데 도움이 된다. 이 방법에 있어서는 착물의 입체화학을 혼성궤도에 의해서 설명한다. 리간드는 Lewis 염기인 분자 또는 이온이며, 이들은 비공유전자쌍(lone pair)을 가지며, 이 전자쌍은 배위결합을 이루게 할 수 있다. 배위 화합물에서 Lewis의 산으로 작용하는 중심금속 이온(원자)은 리간드로부터 금속의 빈궤도함수로 전자쌍을 받아들인다. 또, 금속과 리간드 사이의 상호작용은 금속 이온 궤도함수의 혼성화에 의하여 더욱 증대된다. 혼성궤도함수는 특정한 공간배향을 하므로 배위권은 특정한 기하학적 형태를 나타내게 될 것이다.

먼저, 청자색의 $[Cr(H_2O)_6]^{3+}$ 이온에 대해서 생각해보자. 크롬 원자의 전자구조는

Cr	[Ar]	↑ ↑ ↑ ↑ ↑	↑	_ _ _	_ _ _ _ _
		3*d*	4*s*	4*p*	4*d*

이다. Cr^{3+}이 되면 3개의 전자를 잃고

Cr^{3+}	[Ar]	↑ ↑ ↑ _ _	_	_ _ _	_ _ _ _ _
		3*d*	4*s*	4*p*	4*d*

가 된다. 6배위구조를 취할 때 비어있는 $3d$ 궤도의 2개, $4s$ 궤도 1개와 $4p$ 궤도 3개의 궤도가 혼성궤도 d^2sp^3를 형성해서 6개의 혼성궤도를 생성한다. 거기에 H_2O 리간드의 비공유전자쌍이 들어가서 $[Cr(H_2O)_6]^{3+}$이 생성된다. 따라서 $[Cr(H_2O)]^{3+}$ 이온 중의 Cr^{3+}의 전자구조는

d^2sp^3

$[Cr(H_2O)_6]^{3+}$ ↑ ↑ ↑ ⇅ ⇅ ⇅ ⇅ ⇅ ⇅

$3d$ $4s$ $4p$

가 된다. 실제 실험에서도 3개의 부대전자(unpaired electrons)의 존재가 확인되고 있다.

[2] 결정장이론

결정장이론(crystal field theory)은 중심금속 이온과 리간드 사이의 상호작용을 순수한 정전기적인 것으로 보고, 리간드가 만드는 정전기적 장이 중심금속 이온의 전자상태에 어떠한 효과를 미치는 가를 생각한다.

결정장이론은 배위 화합물에서의 실질적 결합상태를 나타내지 않는다는 것을 우선 고려해야 한다. 실제로는 중심금속 이온과 리간드 사이의 결합은 최소한 어느 정도의 공유결합성질을 가지고 있으나, 결정장이론에서는 공유결합이 무시된다. 이 이론은 리간드의 음전하나 쌍극자가 중심금속 이온의 d 궤도 함수에 있는 전자의 에너지에 미치는 효과만을 다루고 있다. 이런 점에서 결정장 이론은 오직 하나의 형식론에 불과하지만, 배위 화합물의 전자배치에 관한 여러 가지 면을 정량적으로 취급할 수 있는 매우 간단한 방법을 제공해준다.

가장, 전형적인 8면체형 착물에 대해서 생각해보자. d 궤도형의 방향성에 대해서 그림 3.1에 나타내었다. 리간드(음의 정전하)가 중심금속 이온과 정전기적인 인력으로 결합하여 정팔면체(octahedron)의 각 정점에 위치하고 있을 때, d 궤도와 리간드의 상호작용을 생각해보자.

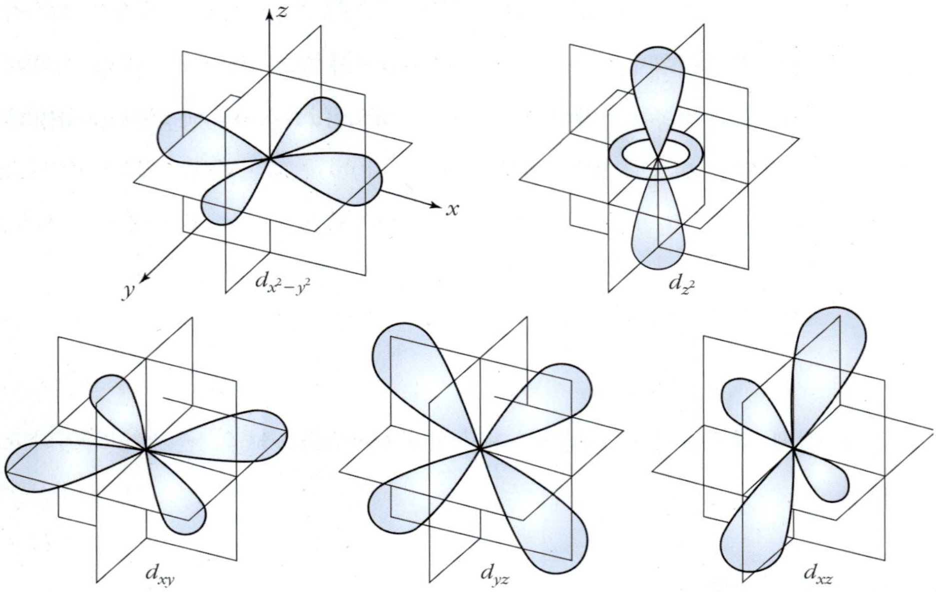

그림 3.1 정팔면체형 착물에서의 d 궤도 함수의 배향

8면체형 착물에 있어서 각 정점에 음의 전하를 가진 리간드(또는, 쌍극자의 음의 선단)가 존재하고 있으므로, $d_{x^2-y^2}$ 또는 d_{z^2} 궤도 중에 존재하는 전자는 d_{xy}, d_{yz}, d_{xz} 궤도 중의 전자보다 리간드로부터의 반발을 더 강하게 받는 것을 알 수 있다.

이 결과 5중으로 일그러져 있던 d 궤도의 에너지 준위는 분열을 일으킨다. 계산에 의하면 $d_{x^2-y^2}$ 궤도와 d_{z^2} 궤도의 에너지 준위는 같게 일그러져 있고, 나머지 d_{xy}, d_{yz}, d_{xz} 궤도도 마찬가지이다.

전자를 합쳐서 e_g 궤도라 하며 후자를 t_{2g} 궤도라 하고, 둘의 에너지 차를 Δ_0 (또는 $10Dq$)로 나타낸다.

분열한 뒤에는 자유금속 이온의 에너지 준위가 아니고, 분열한 두 에너지 준위의 하중평균을 에너지의 0준위(제로준위)라 한다. 그렇게 하면 e_g 궤도의 에너지는 평균보다 $+0.6\ \Delta_0$만큼 높고 t_{2g} 궤도는 $-0.4.\ \Delta_0$만큼 낮아진다.

결정장이론에서는 흡수 스펙트럼을 측정함으로써 결정장 분열의 크기(Δ_0), 즉 리간드가 만드는 장의 세기를 비교할 수 있다.

이와 같이 하여 얻어진 리간드장의 세기는 분광학 계열(spectrochemical series)이라 부르며, 강한 리간드 CN^-에 의한 결정장 분열은 약한 리간드에 의한 분열의 2배 정도가 된다.

CN^- > NO^{2-} > bipy, phen > en > NH_3 > py > ONO^- > H_2O, NCS^- > $C_2O_4^{2-}$ > ONO^{2-}(2자리 배위) > OSO_3^{2-} > OH^- > CO_3^{2-}(2자리 배위) > $RCOO^-$ > F^- > N_3^- > Cl^- > Br^- > I^-

이 순서는 고정된 것이 아니라 금속 이온의 종류에 따라 이 계열의 순서가 인접한 리간드끼리는 서로 바뀔 수도 있다.

d 궤도에 3개까지의 전자가 들어갈 때는 Hund의 규칙에 의해서 에너지 준위가 낮은 3개의 t_{2g} 궤도에 스핀을 평행으로 해서 1개씩 들어간다. *d* 전자가 4개인 때는 Hund의 규칙대로 네 번째의 전자는 e_g 궤도에 반드시 들어간다고는 할 수 없다. 강한 리간드의 경우 Δ_0가 커지고, 전자는 스핀을 역평행으로 해서 에너지 준위가 낮은 t_{2g}에 들어간다.

어느 착물이 어떤 전자배치가 되는가는 e_g 준위에 전자를 승위하는 에너지와 t_{2g} 준위에서 전자가 쌍을 만드는 에너지의 크기로서 결정된다. 부대 전자수가 많은 쪽을 고스핀 착물(high spin complex), 적은 쪽을 저스핀 착물(low spin complex)이라 한다.

3.2 금속 과잉증의 치료제

3.2.1. Dimercaprol (BAL)

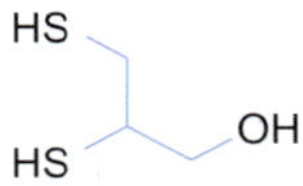

임상적으로 치료에 사용된 첫 약물로서 비교적 독성이 적고 효과가 좋아 지금도 사용된다. 2개의 soft한 -SH기를 갖고 있으므로, BAL은 안정한 황화물의 생성이 가능한 다수의 중금속과 착물을 형성할 수 있는데, 특히 비소, 금 및 무기수은의 해독에 사용된다. BAL은 황색의 액체로서 물에 대한 용해도가 낮고, 산화에 의해 쉽게 분해가 되며, 약간의 악취가 있다. 지용성이 커서 유해금속이 축적된 부위로 이행하기 용이하며, 형성된 착물도 전하를 띠지 않으므로 생체막 투과가 쉽다.

3.2.2. Dimercaptosuccinic acid (DMSA)

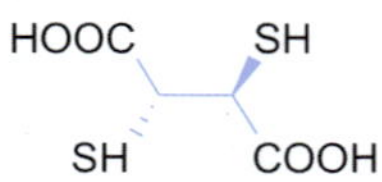

BAL과 구조가 유사하나 BAL에 비해 독성이 현저히 낮고, 경구 투여할 수 있는 이점도 있다. DMSA의 2개의 COOH기의 pKa 값은 2.45 및 3.50이며, 수용성이고 수용성인 착물을 형성하며, 납, 수은 및 비소중독의 치료에 사용된다.

3.2.3. Ethylenediaminetetraacetic acid (EDTA)

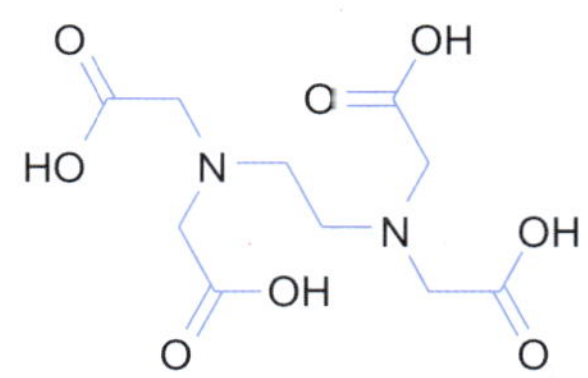

Polyaminocarboxylic acid 류의 하나로 비교적 선택성이 낮아 다수의 금속 이온과 착물을 형성하는데 배위원자인 질소 및 산소 원자가 금속과 결합 시 2개 이상의 5원환을 형성하여 착물의 안정성을 증가시킨다. Na_2EDTA 및 $Na_2CaEDTA$는 수용성이고, 소화기계에서 흡수가 낮아 정맥주사로 투여하는데, 특히 납중독의 해독제로서는 $Na_2CaEDTA$를 사용한다. 그 이유는 혈청 중 Ca^{2+} 이온이 Na_2EDTA와는 친화성이 커서, 이로 인한 Ca^{2+} 농도의 감소를 초래하기 때문이다. 미국에서는 EDTA를 동맥 경화증의 치료에도 사용하는데, 이는 혈중 Ca^{2+} 이온의 농도를 저하시켜 혈관벽에 침착된 Ca^{2+}염의 제거에 기인한 것으로 생각된다.

3.2.4. D-Penicillamine (PEN)

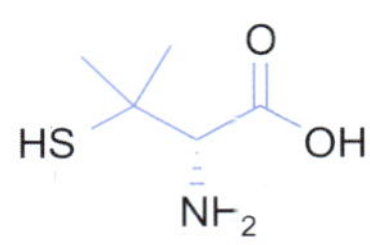

D-Penicillamine (PEN)은 페니실린의 분해산물로서 3개의 다른 형태의 배위기인 COOH, NH_2 및 SH를 가지고 있어 질소 및 산소뿐만 아니라 황 원자를 선호하는 금속 이온과도 강한 결합을 하는 보편적인 킬레이트제이다. 하지만 거울상 이성질체인 L-penicillamine은 피리독신 작용을 억제하는 독성을 나타낸다.

PEN은 수용성이고 안정하여 경구투여하는데, 독성이 낮아 BAL을 대체할 수 있다. 납중독 치료에는 EDTA와 병용하며, 수은 중독에도 사용된다. 유전적 결함으로 인해 Cu가 신장, 간장 및 뇌에 축적되는 질환인 Wilson씨 병의 치료 및 류머티스성 관절염의 치료에도 사용된다.

3.2.5. Desferrioxamine B (Deferoxamine)

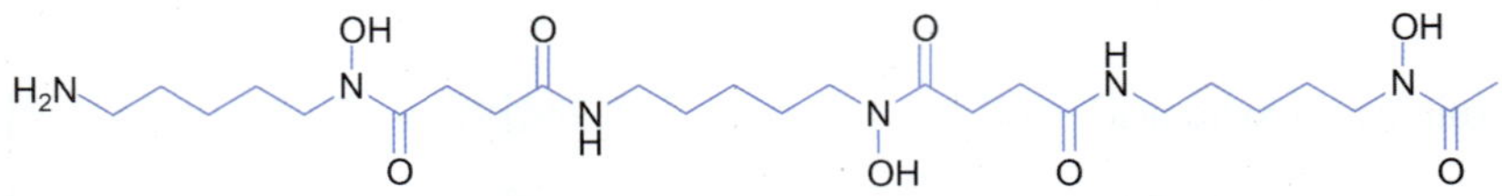

미생물 Actinomyces 속에서 분리된 킬레이트제로 배위원자로서 hard한 산소 원자가 많이 있고 특히 Fe^{3+}에 대해 선택성이 매우 크며, 따라서 Fe 중독의 치료에 사용된다.

Desferrioxamine은 경구투여 시 흡수가 낮아 대부분 비경구로 투여하는데, 부작용으로 알레르기 반응을 일으킬 수 있다. 또한, Al^{3+} 및 플루토늄(Pu)의 중독에도 사용된다.

3.3 개량된 금속 과잉증의 치료제

3.3.1. Desferrioxamine-B (DFO) 대체 킬레이트제

Deferiprone

Fe^{3+} 중독의 치료제인 DFO-B가 고가이고, 장시간 정맥으로 서서히 주입하여야 하는 단점이 있는데 반해, 대체 킬레이트제인 3-hydroxy-pyridin-4-one (HP) 유도체, 특히 1,2-dimethyl-3-hydroxypyridin-4-one (deferiprone)이 효과가 좋으며, 경구투여가 가능하다. 배양기 중의 간세포를 사용한 실험결과 철 저장단백질인 ferritin뿐만 아니라, hemosiderin으로부터 Fe^{3+}를 동원할 수 있는 있을 만큼 강력한 킬레이트제이다.

데페라시록스(Deferasirox, Exjade®)는 수혈로 인한 만성 철분 과부하를 치료하는 데 사용되는 철 킬레이트제이다. 비수혈 의존성 지중해 빈혈 증후군 환자와 간 내의 철 농도 및 혈청 페리틴 수치가 상승한 환자에게도 사용된다. 이 약물은 철 킬레이트제이며 장기간 수혈을 받는 환자의 만성 철분 과부하에 대해 FDA가 승인한 최초의 경구용 약물이다.

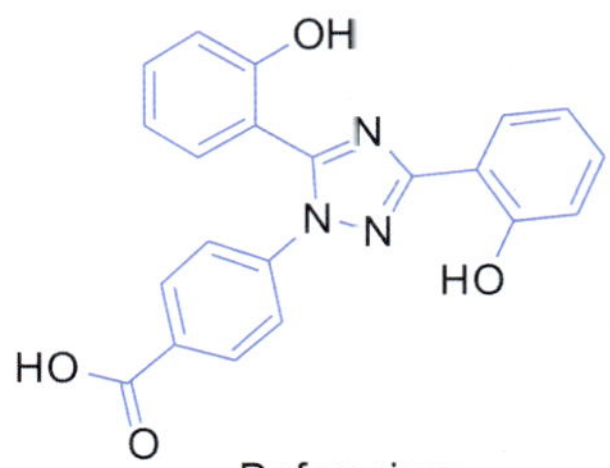

Deferasirox

3.3.2. EDTA의 대체 킬레이트제

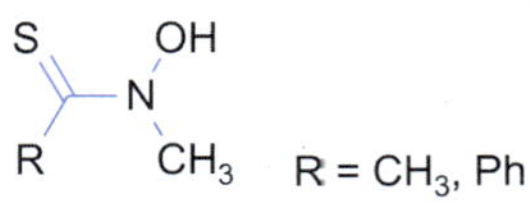

Thiohydroxamic acid 유도체

EDTA나 그 유도체는 금속에 대한 선택성이 낮아 Pb^{2+}뿐만 아니라 생체 내 타 금속(Ca, Zn, Mn 등)도 제거대상이 될 수 있는 데 반해, thiohydroxamic acid 유도체는 Pb^{2+}와 선택적으로 결합하고, 안정도 상수가 매우 큰 킬레이트를 형성하는 것으로 보고되었다.

3.3.3. D-Penicillamine 대체 킬레이트제

D-Penicillamine은 Cu^{2+} 외에도 Pb^{2+}, Fe^{2+} 등의 제거에 이용되어 왔으나, Wilson씨 병 등의 치료를 위해 Cu^{2+}에 대한 선택성이 큰 약물을 개발하기 위한 연구로 diglycyl-L-histidineamide (Gly-Gly-His-NH_2)를 합성하여, 뇌와 신장에 침착한 Cu^{2+}만을 동원해서 제거하는 것에 사용되어 왔다. 그런데 Wilson씨 병의 치료에 부작용이 따르는 킬레이트제를 사용하는 대신, 대증적이나마 간단히 황산아연과 같은 Zn 제제를 이용하기도 한다. 이 원리는 Zn제를 투여하면 주로 간장에서 Cu, Zn 등과 결합하는 특수한 조성을 가진 단백질인 metallothionein (MT)를 유도합성하게 되어, 과잉의 Cu와 결합하여 제거함에 있고, 부차적으로 미량원소의 생체이용(흡수/작용부위 결합)에 있어서 다른 원소의 길항작용을 받는 경우가 있는데, Zn이 장관세포에서도 역시 MT을 통해서 Cu에 대해 강하게 길항하므로, Cu의 흡수를 일부 억제하는 효과도 기대할 수 있다.

CHAPTER 4

산과 염기

4.1 개설

산(acid)은 물에 녹았을 때 이온화하여 수소 이온(hydrogen ion, H^+)을 내놓는 물질을 말한다. 산은 전해질이며 일반적으로 신맛이 나며, 염기와 중화반응을 한다. 또한 일부 금속과 반응하여 수소를 발생한다. 산의 대표적인 예로는, 강산으로 염산(HCl), 황산(H_2SO_4), 질산(HNO_3), 약산으로 아세트산(CH_3COOH), 탄산(H_2CO_3)이 있다. 반면에 염기(base)는 수용액에서 수산화 이온(hydroxide, OH^-)을 내거나 수소 이온을 흡수하는 물질의 성질을 말한다. 흔히 알칼리(alkali)라고 부르며 산에 대응되는 물질로 서로 중화반응을 일으켜 염과 물을 만든다. 대부분의 염기는 금속 산화물이다. 염기 물질로는 강한 염기인 수산화나트륨(NaOH), 수산화칼륨(KOH), 수산화칼슘($Ca(OH)_2$), 약한 염기인 암모니아수(NH_4OH)가 있다.

스웨덴의 화학자 Svante Arrhenius의 정의에 따르면 물에 녹였을 때 H^+를 내놓는 물질을 산(acid), OH^-를 내놓는 물질을 염기(base)로 정의하였다. 덴마크의 화학자 Johannes N. Brønsted와 영국의 화학자 Thomas M. Lowry의 이론에 의하면 다른 화합물에 양성자(hydrogen ion 또는 proton, H^+)를 주는 화합물은 산이며, 양성자를 받는 화합물은 염기이다.

양성자는 단위양전하를 띤 핵입자로 수소 원자의 핵을 구성하기 때문에 H^+로 나타낸다. Brønsted-Lowry의 산-염기는 상대적 개념으로써 어떤 물질은 염기가 있어야 산으로서 작용하며, 마찬가지로 산이 있어야 염기로 작용할 수 있다. 산-염기 반응(중화반응)에서 산성 물질은 양성자를 잃어 산의 짝염기인 염기를 만들고, 염기성 물질이 양성자를 얻으면 염기의 짝산인 산을 만든다. 미국의 화학자 Gilbert N. Lewis는 산을 고립전자쌍을 받는 화학종이라고 정의하였고, 반면에 염기는 고립전자쌍을 주는 화학종이라고 정의하였다. 이 정의는 수소 이온이 들어있지 않은 다른 반응에서도 쓰일 수 있는데 수소 이온, 산화 이온 또는 용매와의 상호작용을 수반하는 반응, 배위 화합물과 같은 산-염기 첨가물 생성 등도 포괄한다.

산의 세기는 수소 이온을 잃는 성질을 의미한다. 상대적으로 강한 산일수록 더 쉽게 양성자를 잃게 된다. 화합물 HA의 양성자를 잃는 능력인 산의 세기는 H-A bond의 극성과 A^-의 크기에 결정되며, 짝염기의 안정성이 중요하다. 강산일수록 해리상수(K_a)도 커진다. 강산은 물에서 완전하게 해리되는데, 이는 강산 한 분자가 물속에서 한 분자의 양성자와 한 분자의 짝염기가 생성된다는 것을 말하며 약산에 비해 상대적으로 음의 pK_a값을 가진다. 이에 비해 약산은 일부만 해리되어 양성자와 짝염기를 생성하며 수용액 상에서 산과 짝염기가 가역적으로 존재한다. 완전하게 해리되는 강산으로는 염산(HCl), 요오드산(HI), 브롬산(HBr), 과염소산($HClO_4$), 질산(HNO_3), 황산(H_2SO_4) 등이 있다.

4.2 산

4.2.1. 황산(sulfuric acid, H_2SO_4)

황산공업은 근대 화학공업의 기간산업으로서 소다공업과 더불어 그의 생산량은 그 나라 화학공업의 발전을 나타내는 척도라고 해도 과언이 아니다.

황산의 역사는 오래되며, 일찍이 8세기경 아라비아인 Geber가 백반을 태워서 황산을 만들었다고 한다. 15세기 후반 독일인 Valentinus가 유리용기 내에서 황과 초석을 혼합하고, 이를 연소하여 황산을 만들었으며, 그 후 영국인 Roebuck 및 Garlett는 스코틀랜드에서 유리기구 대신에 연실을 만들었다. 1774년 De La Folie 및 Desormes에 의하여 연속적으로 공기와 SO_2 가스를 작용시키는 방법이 고안되었다. 1827년 Gay-Lussac은 질소산화물을 흡수할 목적으로 Gay-Lussac탑을 만들었고, 1859 John Glover에 의하여 Glover탑이 건설됨으로써 지금의 연실법으로 발전하게 되었다. 19세기 후반에 와서 염료, 화약 등을 생산하게 이르렀고, 100% 황산, 발연황산이 점차 공업적으로 중요성을 갖게 되었다. 1875년 SO_2 합성에 관한 Winkler의 발표가 있은 후부터 접촉식 황산 제조법에 관한 다수의 특허가 출현하였으며, 특히 1901년 독일 Höchest사의 V_2O_5 촉매발견은 접촉법에 공헌한 바가 크다.

황(S)은 공기 중에서 연소하여 이산화황(SO_2)으로 쉽게 산화된다. 이산화황이 물에 녹으면 아황산(H_2SO_3)이 되는데, 황산(H_2SO_4)을 얻기 위해서는 이산화황을 한 단계 더 산화시켜 삼산화황(SO_3)으로 전환하여 물에 용해시켜야 한다. 그런데 삼산화황으로의 전환이 쉽게 일어나지 않기 때문에 촉매로서 질소산화물을 이용하는 질산법과 오산화바나듐(V_2O_5)을 이용하는 접촉법이 개발되어 황산의 합성에 이용되고 있다.

[1] 질산법[Nitration process, 또는 연실법(Lead chamber process)]

질소산화물을 매개로 하여 SO_2, O_2, H_2O로부터 황산을 제조하는 방법으로서, 제품의 순도가 낮고 농도도 떨어지는 결점이 있으나, 다소 경제적으로 생산할 수 있기 때문에 비료용 황산제법으로 적당하다. $SO_2 + O_2 \rightarrow SO_3$의 반응이 기체반응이기 때문에 대량생산을 위해서는 큰 공간이 필요하며, 반응물과 생성물이 강산이라서 산에 침식되지 않는 납(Pb)으로 도포된 큰 방, 즉 연실(lead chamber)을 이용하는 방법이다. 주요 장치를 열거하면 Glover 탑, 연실, Gay-Lussac 탑 등이 있다(그림 4.1).

(1) Glover 탑: 소광로에서 황(S)을 연소시켜 얻어진 고온의 SO_2와 O_2는 300~450°C에서 Glover 탑의 아래쪽 입구로 투입된다. 가스가 탑 밑으로부터 상승하는 동안, 탑 위에서는 연실에서 유출된 연실산(약 62% H_2SO_4)과 Gay-Lussac 탑에서 유출된 함질황산(nitrose, 황산-질소산화물 복합체, HO-SO_2-ONO)의 혼합물을 분무, 투입한다. 상승하는 뜨거운 가스와 접촉한 함질황산은 질소산화물과 황산으로 분해되고, 유리된 황산과 연실산은 탑을 내려오면서 가열되면서 농축된다. 생성된 질소산화물(N_2O_3)과 SO_2 가스 등은 탑 위로 빠져나와 연실로 유입된다.

$$2HO\text{-}SO_2\text{-}ONO + H_2O \rightleftarrows 2H_2SO_4 + N_2O_3$$

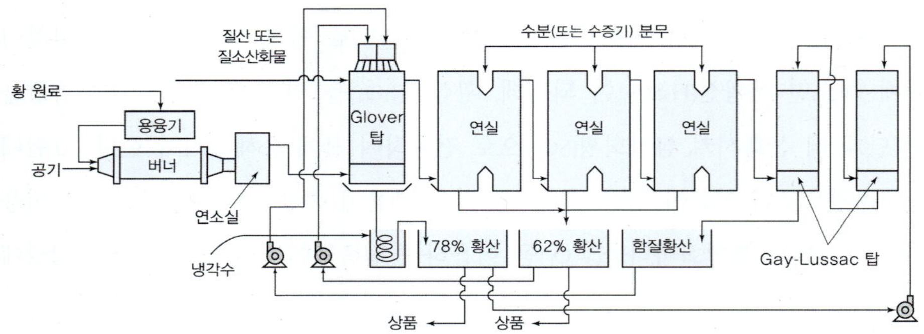

그림 4.1 **연실법의 공정 계통도**

Glover 탑 밑에서 유출되는 산은 약 78%의 황산인데, 일부는 질소산화물을 회수하기 위한 목적으로 Gay-Lussac 탑으로 돌려 보내고, 일부는 상품으로 판매한다.

(2) **연실**: Glover탑에서 연실로 보내진 혼합가스(SO_2, O_2 및 N_2O_3)는 연실 위에서 분무되는 수분과 함께 다음의 여러 단계의 반응을 거쳐 연실 내에서 황산으로 변화한다. 연실에서 유출되는 산의 농도는 평균 62% H_2SO_4이다. 생산속도와 농도를 높이기 위해 여러 개의 연실을 연결하여 사용하는 것이 일반적이다. 혼합가스 중 질소산화물은 N_2O_3의 형태로 연실을 빠져나와 Gay-Lussac 탑 아래쪽 입구로 보내진다.

$$SO_2 + H_2O \longrightarrow H_2SO_3$$

$$N_2O_3 + H_2O \rightleftarrows 2HNO_2$$

$$H_2SO_3 + 2HNO_2 \rightleftarrows H_2SO_4 + H_2O + 2NO$$

$$2NO + 1/2O2_2 \rightleftarrows N_2O_3$$

(3) **Gay-Lussac 탑**: Gay-Lussac 탑에서 질소산화물이 상승하는 동안, 탑 위에서 분무되는 78% H_2SO_4와 접촉하여 N_2O_3는 흡수되어 함질황산(nitrose)이 되고 (Glover 탑에서의 분해반응의 역반응), 함질황산은 다시 Glover 탑의 상부로 회송된다.

[2] 접촉법(Contact process)

반응의 촉매가 기체인 질산법(연실법)에 비해, 고체 촉매인 백금 석면과 오산화바나듐(V_2O_5) 등이 발견되고 나서는 삼산화황을 제조하는 데 연실과 같은 큰 방이 필요하지 않아 황산의 생산설비의 크기가 대폭 작아지고 동시에 순도 높은 황산을 제조할 수 있게 되었다.

$$SO_2 + O_2 \xrightarrow[V_2O_5]{} SO_3$$

접촉법은 약 450°C의 오산화바나듐 촉매 망에 이산화황(SO_2)과 산소(O_2) 가스를 통과시키면서 삼산화황(SO_3)으로 산화시키는 방법이다. 생성되는 삼산화황 가스의 순도가 매우 높아 98% 황산에 직접 흡수시켜 고농도의 황산을 제조한다. 접촉법은 질산법에 비해 순도가 높으면서 고농도의 황산을 얻을 수 있는 점이 장점이다.

[3] 성상

무색무취의 점조한 유상액체이며, 부식성과 자극성이 강하다. 강열하면 흰 연기를 내면서 기화한다.

15°C에서 97.35%의 것은 비중이 1.8415로 가장 크고, 98.3% H_2SO_4일 때 최고비점 338°C의 공비혼합물이 된다.

물, 알코올에는 많은 열을 내면서 잘 혼합된다. 황산을 다른 용매로 희석할 때는 주의하면서, 용매에다 진한 황산을 조금씩 흘려 넣어야 한다.

황산의 화학적 성질은 산의 농도에 따라 크게 달라지며, 주로 묽은 농도에서는 강산으로 작용하며, 알칼리금속과는 정염(예: K_2SO_4) 및 산성염(예: $KHSO_4$)을 만든다. 진한 황산은 산화력과 탈수력이 강하고, 유기물을 sulfonation화한다.

$$C_6H_{12}O_6 \rightleftharpoons 6\,C + 6\,H_2O \quad \text{(탈수작용)}$$

$$H_2SO_4 + 2\,HBr \longrightarrow Br_2 + SO_2 + 2\,H_2O \quad \text{(산화작용)}$$

$$Ar-H + H_2SO_4 \longrightarrow Ar-SO_3H + H_2O \quad \text{(Sulfonation)}$$

대체로 95.6% (65.9° Bé) 이하의 황산농도는 비중에 의해서 농도를 측정할 수 있는데, 그 이상의 것은 농도와 비중이 비례하지 않으므로, 비중에 의하여 농도를 측정할 수가 없다. 진한 황산은 자당, 목편 및 유기물질을 상온 또는 고온에서 탄화시킨다.

[4] 응용

황산은 화학공업 전역에 걸쳐서 사용되며, 특히 비료(유안 및 과인산 석회) 방면의 소비는 전체 황산의 3/4 이상을 차지한다. 이 밖에 화약, 야금, 석유정제, 인견 제조 등 각 방면에서 사용된다. 묽은 황산은 9.5～10.5 w/v%이다.

농도별 용도를 표시하면 다음과 같다.

(1) 78% H_2SO_4 (60° Bé): 망초, 염산, 인산, 붕산, 탄산, 크롬산, 구연산, 질산, 수산, 주석산의 제조, 각종 금속의 황산염 제조, 기타 양피지, 전분당, 축전지의 제조 및 야금 등에 사용

(2) 93% H_2SO_4: 지방산, nitro 화합물의 제조, benzene, 석유의 정제 등에 사용

(3) 98～100% H_2SO_4: 유기 화합물과 sulfonic acid, nitro 화합물 및 질산 ester, 예컨대 nitro-glycerin, nitrocellulose 등의 제조에 사용된다.

(4) 발연황산: 다수의 유기성 sulfonic acid, 인조염료 등의 제조에 사용되며, 또한 chlorosulfonic acid의 원료가 된다.

4.2.2. 질산(nitric acid, HNO_3)

질산의 수요량은 황산과 비교하면 적지만, 황산 다음으로 중요한 산이다. 8세기에 Geber는 황산동 또는 초석과 백반으로부터 질산을 처음으로 얻었고, 17세기에 Glauber는 초석과 황산에서 질산을 제조하였다. 질산의 조성은 Lavoisier, Cavendish의 연구에 의해서 확정되었다. 이어서 초석보다 풍부하고 염가인 칠레 초석이 발견됨으로써 이로부터의 공업적 제법이 출현하기에 이르렀다.

칠레초석이 지리적으로 편재되어 있어 초석을 구하기 어려운 독일에서는 석회질소에 의한 암모니아 제조 및 암모니아 산화법에 의한 질산제법을 개발하게 되

었다. 암모니아 산화법이 확립된 후에 칠레초석($NaNO_3$)에 의한 질산제법은 자원의 고갈과 막대한 황산 소비 때문에 자취를 감추게 되었다. 여기에서는 암모니아 산화법을 소개한다.

[1] 암모니아 산화법

질소는 산소와 반응하지 않는다. 그런데 질소산화물이 일단 되고 나면 이들은 산화와 환원이 매우 쉽기 때문에 질소산화물들은 황산제조(연실법)의 촉매로 쓰이며 질소산화물을 얻으면 어렵지 않게 질산으로 변환시킬 수 있다. 질소산화물을 얻기 위해서는 암모니아를 공기와 같이 적열된 백금선상에 도입하면 NO_2로 산화된다는 산화반응을 발견하여 질산의 공업적 합성에 성공한 사람은 W. Ostwald 및 Braner(1902년)이고, 현재 실시되고 있는 암모니아 산화법의 각종 방식은 Ostwald가 처음 실시한 것을 약간 변경시킨 것일 뿐 그 원리는 같다고 할 수 있다. 따라서 암모니아 산화법(Ostwald process)은 일명 Ostwald법이라고도 하며, 근래에 와서 급속한 발전을 보게 되었다. 제조공정은 2개 부분으로 구분된다. 첫째 NH3의 산화공정과 둘째 NO의 산화 및 흡수공정으로 구분할 수 있다.

(1) 암모니아의 산화공정

암모니아와 산소의 혼합가스는 적열된 백금선상에서 급속히 반응하여 NO를 생성한다. 공정 중 아질산, 질산, 이산화질소 등이 검출되는 부반응을 억제하기 위해서는 혼합가스의 조성, 온도, 압력 등 반응 조건을 잘 조화시켜야 함은 물론이고, 촉매층을 균일하고도 엷은 백금망으로 하여 촉매층의 일정한 온도 유지가 잘 되도록 하고, 가스속도를 빠르게 하여 접촉시간을 짧게 한다.

$$4NH_3 + 5O_2 \rightleftarrows 4NO + 6H_2O \qquad \Delta H = -216 \text{ kcal/mole} \qquad (4.1)$$

(2) NO의 산화 및 NO_2 흡수공정

식 (4.1)에서 생성된 NO는 열교환기, 폐열 보일러, 수냉식 냉각기에 의해서 60～70°C로 냉각되는 동안에 과잉의 공기에 의하여 산화되어 NO_2로 된다.

$$2NO + O_2 \rightleftarrows 2NO_2 \qquad \Delta H = -33.4 \text{ kcal/mole} \tag{4.2}$$

식 (4.2) 반응은 150°C 이하에서는 우변으로만 진행되며, 온도가 떨어질수록 반응속도는 빨라진다.

한편, NO_2의 흡수반응은 매우 복잡하며, 일종의 순환반응(cyclic reaction)이다.

$$3\,NO_2 + H_2O \longrightarrow 2\,HNO_3 + NO \tag{4.3}$$

즉, NO_2의 1/3 vol.은 NO로 환원되며, 이것은 과잉의 산소에 의해서 다시 NO_2로 산화되는 반응이 계속 순환되는 것이다. 공업적으로는 NO의 약 80%를 산화, 흡수시켜 질산을 얻고, 잔여 가스는 알칼리용액에 흡수시켜 $NaNO_2$ 및 $NaNO_3$로 회수한다.

(3) 묽은 질산의 농축

암모니아 산화법에 의하여 제조되는 질산의 농도는 50% 내외이고, 가압법에 의해서도 65%를 넘지 못하므로 농질산을 얻고자 할 때는 농축을 해야 한다.

1기압에서 H_2O 및 HNO_3의 비점은 100°C 및 86°C이지만, 양자의 임의의 혼합용액을 증류하면 공비혼합물(68%, 121.7°C)이 얻어지므로 증류에 의해서는 68% 이상의 질산을 얻을 수 없다.

68% 이상의 고농도의 질산을 얻기 위해서는 탈수제(일반적으로는 진한 황산을 사용)를 첨가하고, 과열 수증기로 증류하여 95～98%의 질산을 얻는다. 최근에 질산 마그네슘 $Mg(NO_3)_2$을 황산 대신에 탈수제로 사용하는 방법이 개발되어 사

용되고 있다.

[2] 성상

무색투명한 액체로서 비중 1.52(15°C), 비점 86°C이다. 공기 중에서 발연하며 흡습성이다. 물과는 공비 혼합물이 되어 68%일 때 121.7°C(1기압)의 공비점을 나타낸다.

상온에서도 일광에 의해 다소 분해하고, 산소를 유리하면서 NO_2의 용해에 의해 착색된다.

$$4\,HNO_3 \longrightarrow 4\,NO_2 + 2\,H_2O + O_2$$

강한 산화작용이 있으며 Au, Pt, Ir 등을 제외한 대부분의 금속은 HNO_3에 용해하여 질산염으로 된다.

Al은 농질산에 침식되지 않으며, Fe와 Cr는 표면에 흡착되는 산화피막으로 덮여 부동태가 되어 침식되지 않는다. 특히 Cr강, Cr-Ni강은 저항력이 크므로 질산 제조장치의 재료로 사용된다.

비금속을 산화($P \rightarrow P_2O_5$)하며 유기물을 산화 또는 nitro화한다.

[3] 응용

묽은 HNO_3는 $NaNO_3$, KNO_3, NH_4NO_3 및 비료제조에 사용한다. 진한 HNO_3는 폭발약, 염료 및 중간체, 의약품, celluloid 등의 제조에 산화제 또는 nitro화제로 사용한다.

또한, 금속공업에서 금·은의 분리, 구리 및 철면의 부식, 왕수의 성분 등 용도가 광범위하다. 발연질산은 강산화제로 사용한다.

$$C_6H_6 + HNO_3 \longrightarrow C_6H_5NO_2 + H_2O$$

발연질산(fuming nitric acid)은 진한 HNO_3에 NO_2를 흡수시켜 얻은 것으로, 진한 HNO_3보다 산화작용이 강하다. 발연질산은 강한 부식성이 있으며, 가열하면 NO_2의 대부분을 방출한다. 물을 가하면 발열하여 우선 녹색이 되었다가 갈색으로, 최종에는 적색가스를 발생하여 무색으로 된다. 진한 H_2SO_4를 첨가하면 무색의 nitrosylsulfuric acid로 된다.

4.2.3. 인(phosphorus, P)

[1] 내력 및 소재

인은 1669년 Brand가 발견한 이래 1678년 Kunkel이 처음으로 제법을 명시하였고, 1769년 Gahn 및 Scheele는 동물의 뼈로부터 만드는 방법을 발견하였다. 1845년 Schrotter는 적린을 발견하였다. 인은 유리상태로 산출되지 않으며, 산소 및 금속과 화합하여 인산염으로서 산출된다. 인산염 중 인산석회는 지층 속에 많이 존재하고, 그 밖에 동물의 골격 중에도 다량 함유되어 있다.

[2] 백린(황린, P_4, white phosphorus)의 제법

동물의 뼈, 광물 등에 포함되어 있는 인산칼슘에서 직접 인을 제조하려면, 인산칼슘에 목탄 및 모래를 혼합하고 전기로에 넣어 공기를 차단하고 가열하여 환원시킨다.

$$Ca_3(PO_4)_2 + 3\,SiO_2 + 5\,C \longrightarrow 2\,P + 3\,CaSiO_3 + 5\,CO$$

혼합물을 1200°C로 가열하면 반응이 시작되고, 1300°C에서 가장 반응이 잘 진행되고 1450°C에서 종료된다. 생성되는 인 증기를 수중에서 냉각 응축시키면 백린이 얻어진다. 백린은 정사면체의 꼭지점에 4개의 인 원자가 배열된 인의 동소체이다.

[3] 적린의 제법

백린을 밀폐한 용기 중에 넣어 공기를 차단하고, 온도를 250～260°C로 유지하면서 30～40시간 가열하면 백린은 완전히 적인으로 변한다.

[4] 성상

순수한 백린은 백색인데, 대부분 미량의 적린을 포함하고 있어서 미황색을 띠며 황린이라고도 한다. 일종의 불쾌한 냄새를 가지고 있다. 비중 1.83, 융점 44°C, 비점 280°C이고, 상온에서 칼로 용이하게 절단할 수 있는 정도로 연하고, 물에 불용이며, alcohol에는 약간 용해되고, ether, benzene, CS_2, PCl_3 등에 용해한다. 황인은 화학적으로 활성이 크므로 상온 또는 고온에서 여러 가지 물질과 격렬히 반응한다.

$$4\,P + 5\,O_2 \longrightarrow 2\,P_2O_5$$

고체의 상태에서도 50°C로 가온하면 발화하여 연소하고 P_2O_5로 된다. Cl_2의 기류 중에서 자연발화하고, S와 그 밖에 비금속 및 많은 금속과도 격렬히 반응한다. 백린은 공기 중에서 발화할 우려가 있으므로 물속에 저장한다. 특히, 병구가 넓은 유리병을 사용하고, 지하실에 보관한다.

HNO_3에 의해서 산화되어 인산으로 되고, KOH 용액에는 호흡기 독성이 대단히 큰 PH_3(phosphine)를 발생하면서 용해하여 차아인산칼륨으로 된다.

$$P + 3HNO_3 \longrightarrow H_3PO_4 + 2\,NO_2 + NO$$

$$4\,P + 3\,KOH + 3\,H_2O \longrightarrow PH_3 + 3\,KH_2PO_2$$

적린은 백린의 정사면체 구조에서 단일결합 하나가 풀려 다른 정사면체 구조와 연결된 중합체의 구조로 되어 있어 상온에서 안정하다. 암적색 육면체의 분말상 결정 혹은 적갈색의 덩어리이며, 비중 2.20이다. 화학적으로는 불활성이며 무독하고, CS_2에도 불용이며, 400°C 이상으로 가열하면 발화한다.

[5] 응용

백린은 맹독성 물질이고 화학적 활성이 대단히 커서 취급에 매우 주의하여야 한다. 백린은 공기 중에서 발화할 수 있으므로 물속에 저장한다. 적린은 인산제품의 원료, 살서약, 성냥(주로 적인)의 인화제로 사용한다.

4.2.4. 인산(phosphoric acid, H_3PO_4)

[1] 내력 및 소재

1743년 Marggraf에 의해서 발견되었으며, 그 성상도 규명하였다. 그 후 1833년 Graham에 의해서 ortho인산, pyro인산, meta인산 등의 상이한 점이 증명되었다. 유리된 인산은 천연적으로는 발견되지 않으나 인산염류로서 광물계 및 생물계에 널리 존재한다.

[2] 제법

(1) 인으로부터의 제법

동물의 뼈나 인광석을 환원시켜 인을 얻은 다음 공기로 산화시키면 오산화인이 얻어진다. 오산화인을 물에 녹이면 인산을 얻을 수 있다.

$$Ca_3(PO_4)_2 + 3SiO_2 + 5C = 3CaSiO_3 + 2P + 5CO$$

$$4P + 5O_2 \longrightarrow 2P_2O_5$$

$$P_2O_5 + 3H_2O \longrightarrow 2H_3PO_4$$

(2) Lilijenroth법

건식법에서는 많은 전력을 필요로 하기 때문에 공업적으로는 저렴한 전력이 필요하다. 인을 공기 대신 과열수증기로 산화시키면, 다음 식과 같이 인산과 동시에 수소를 부생한다.

$$2P + 5H_2O = P_2O_5 + 5H_2$$

이와 같은 방법으로 완전히 수소를 포집하면 P_2O_5 1 ton에 대하여 약 1580 m^3의 수소를 부생한다. 수소를 부생시킬 수 있으므로 전력비를 절감하여 인산을 제조할 수 있다는 것이 Lilijenroth법의 장점이다.

[3] 성상

수분이 없는 순수한 인산은 무색, 능주상 결정으로, 공기 중에서 조해하여 무색 시럽상의 강산성의 액체가 된다. 인은 공기 중에서 발화할 우려가 있으므로 수중에 저장한다. 특히, 병구가 넓은 유리병을 사용하고, 지하실에 보관한다.

비중 1.88, 융점 41.75°C이며, 약 260°C 이상으로 가열하면 물을 방출하여 pyrophosphoric acid ($H_4P_2O_7$)으로 되고, 작열하면 더욱 물을 방출하여 metaphosphoric acid (HPO_3)로 된다.

염으로서 3종이 있는데, 수소 1원자를 금속으로 치환하였을 때 생성되는 염을 제1인산염, 2원자를 치환하였을 때 제2인산염, 3원자를 치환한 것을 제3인산염이라 한다. 현재는 금속과 수소의 개수를 읽는 명명법을 택하고 있으며, 이것을 다음과 같이 표시한다.

제1염은 산성, 제2염은 약 염기성, 제3염은 강 염기성이다. 가열하면 제1염은 meta 인산염, 제2염은 pyro 인산염으로 변화하고, 제3염은 변화하지 않는다.

$$NaH_2PO_4 \longrightarrow H_2O + NaPO_3$$

$$2\,Na_2HPO_4 \longrightarrow H_2O + Na_4P_2O_7$$

[4] 응용

인산은 다른 광산류에 비하여 그 성질이 완화하고, 소화기를 손상하는 성질이 적으므로 청량음료의 성분으로 사용한다.

그 밖에 만성 납중독증에 희석한 묽은 인산 4 mL를 매시간(1일 12회) 복용하면, 체내의 납이 배출된다. 공업적으로는 인산염의 원료로 사용되며, 또 과인산 석회 등의 비료 제조에 사용된다.

4.2.5. 염산(hydrochloric acid, HCl)

염산은 황산과 더불어 중요한 중화학 공업제품 중의 하나이다.

15세기경 Valentine이 식염과 황산제일철을 혼합 증류하여 염산을 제조해서 aqua caustica라고 하였으며, 이 후 spirit of salt라는 명칭으로 알려졌다. 17세기에 네덜란드의 의사 Glauber는 NaCl에 H_2SO_4를 작용시켜 HCl을 얻었으며, 1810년 Davy는 H_2 기체와 Cl_2 기체를 반응하여 HCl 기체를 합성하였다. 18세기에 프랑스의 Le Blanc이 Le Blanc법(1790년)을 창시한 후 망초생산 공정에서 부생되는 것을 물로 세척하여 생성된 염산이 가장 많은 양을 차지하였다. 그러나 현재는 미국에서 많이 사용하는 방법은 탄화수소 물질의 염소화 공정에서 생산되는 부산물로서, 염산이 많은 양을 차지하고, 가장 적은 양을 차지하는 것은 식염에서 직접 제조하고 있다.

[1] 제법

염산의 제법은 수소와 염소를 사용한 합성법, salt cake process, 탄화수소의 염소화 부산물법이 주를 이루고, 염화물의 수증기 분해, 염소와 수증기로부터 얻는 방법이 있다. 염산의 제법은 어느 방법에 의하더라도 염화수소의 제조공정과 염화수소의 흡수공정, 두 가지 공정으로 이루어진다.

수소를 태우면 산소와 반응하여 물이 되듯, 수소를 염소와 섞어 점화하면 라디칼 연쇄반응(radical chain reaction)으로 격렬히 반응하여 염화수소 기체가 된다. 염화수소 기체는 발열하면서 물에 잘 녹으며 염화수소의 수용액이 염산이다.

$$H_2 + Cl_2 \longrightarrow 2HCl \qquad \Delta H = -44 \text{ kcal/mol}$$

$$HCl(g) + H_2O(l) \longrightarrow HCl(aq) \qquad \Delta H = -17.4 \text{ kcal/mol}$$

[2] 성상

순수한 염산은 무색이다. 염화제2철이 미량 포함되어 있는 공업용 염산은 황색을 띤다. 염산은 강산이며, 이 성질을 이용하여 각종 금속 염화물을 만들고 시약으로서의 용도도 크다.

염화수소는 물과 공비혼합물(azeotropic mixture)을 만든다. 1기압 하에서 증류하여 얻는 공비점염산은 20.22% HCl 수용액이며, 밀도 1.10이고, 108.5°C의 공비점을 보인다. 진한 염산은 공기 중에서 염화수소 기체가 증발하여 탈출하면서 쉽게 농도가 변하지만, 공비점염산은 1기압 하에 방치해도 함량이 변하지 않는다.

[3] 응용

이 약은 강산이므로 자극성 및 부식성이 강하지만 HNO_3나 H_2SO_4에 비하면 약하다. 실수로 피부에 접촉하는 경우 염기를 사용하지 말고 다량의 물로 세척하는 것이 좋다. 대한민국약전의 '묽은 염산'은 100 mL 중 HCl 9.5～10.5 g을 함유하는 것으로, 진한 염산 234 mL에 물을 적당량 가하여 전량을 1000 mL로 하여 만든다.

[4] 묽은 염산(dilute hydrochloric acid)

100 mL 중 HCl 9.5～10.5 g을 함유하는 것으로, 염산 234 mL에 물을 적당량

가하여 전량을 1000 mL로 하여 만든다.

염산은 위벽에서 분비되어 pepsinogen에 활성을 부여한다. 약품으로서 중요한 용도는 위산 결핍증, 위축성 위염, 카타르에 의한 위산 감소증, 잠재성 위카타르 등이다. 위산 결핍증에 염산을 투여하면 설사 등의 가벼운 증상이 뒤따르지만 투여한 염산은 음식물에 작용하게 되어 유리상으로는 남지 않는다.

pepsinogen의 활성과 위액의 산성을 유지하려면, 때로는 묽은 HCl을 35 mL 정도 투여할 필요가 있다. 묽은 HCl을 정맥주사하면 백혈구가 증가한다는 보고가 있다. HCl의 1 : 20,000 희석액 또는 0.5% 액은 무자극의 외용 살균제로 사용된다. 내용으로는 0.6 ~ 4 mL를 충분히 희석하여 투여한다.

[5] 염산 리모나아데(hydrochloric acid lemonade, JP)

(1) 제법

묽은 염산	5 mL
단미시럽	80 mL
정제수	적당량
전체양	1000 mL

이상을 가지고 리모나아데제의 제법에 따라 쓸 때 만든다.

① 약효·약리: 청량제·지갈제로서 소화촉진에 응용한다. 위액의 단백소화 활동을 촉진하고, 위 내의 이상 발효를 억제한다. 열성환자에 지갈·청량감을 주고 식욕을 증진시킨다. 상용하면 acidosis로 되고, 또 치아를 부식하는 일이 있다.

② 적용: 위산 결핍증, 열성병의 소화촉진, 수술 후의 식욕부진 등에 쓰인다. 또한, 고미제로서 황산 마그네슘 등의 쓴맛이 심한 약품의 수제로 사용된다.

(2) 성상

이 약은 무색의 맑은 액으로 단맛 및 시원한 신맛이 있다.

4.3 염기

4.3.1. 탄산나트륨(sodium carbonate, $Na_2CO_3 \cdot 10H_2O$)

소다공업은 탄산나트륨(단순히 소다라고도 칭한다) 및 가성소다의 제조공업을 말하며, 황산공업과 더불어 화학공업의 기초가 되는 중요공업이다.

탄산나트륨은 예부터 섬유의 세제로 사용되었다. 탄산나트륨은 주로 목회, 해조회로부터 제조되거나 천연소다를 그대로 사용하여 왔었다. 그러나 18세기 말엽부터 영국, 프랑스 등의 나라에서 섬유공업의 발달과 더불어, 탄산나트륨의 수요도 급증하여 이상의 천연자원만으로는 부족을 초래하게 되어, NaCl을 원료로 하는 제법이 필연적으로 요망되었다.

1787년 Le Blanc에 의해 개발된 Le Blanc Process(1787년)가 있다. 1823년 Muspratt에 의하여 영국에서 최초의 공장이 설립되었다. 한편, 1860년 벨기에의 Ernest Solvay는 식염과 암모니아 및 탄산가스로부터 $NaHCO_3$를 만들고, 이것을 하소하여 Na_2CO_3를 얻는, 이른바 Solvay법(또는 Ammonia soda법)을 발명하였다. 이 방법은 Le Blanc법보다 여러 면에서 이점이 많아 세계적으로 급속히 채택되었으며, 요즘은 Na_2CO_3는 전적으로 이 방법에 의하여 생산되며, Le Blanc법은 역사적인 방법으로 전락하였다.

탄산나트륨은 자연에 많이 존재하는 식염(NaCl)으로부터 나트륨 이온을, 석회석($CaCO_3$)으로부터 탄산 이온을 원료로 하여 다음 반응으로 제조하는데, 문제는 $CaCO_3$가 물에 녹지 않아 반응이 오른쪽으로 진행할 수 없다는 데 있었다.

$$NaCl + CaCO_3 \downarrow \nrightarrow Na_2CO_3 + CaCl_2$$

이 문제를 해결하기 위하여 Le Blanc은 고체반응을 이용하였고, Solvay는 $CaCO_3$

를 열분해하여 가용성 탄산염으로 전환하는 아이디어를 적용하여 탄산나트륨의 제조에 성공하였다.

[1] Le Blanc법

Le Blanc법의 원리는 식염에 황산을 작용하여 망초와 염산을 얻고, 이 망초(황산나트륨)에 석탄과 석회석을 가해 가열하여 생성되는 Na_2CO_3를 물로 침출하고, 침출액을 증발, 농축, 가열하여 소다회를 얻는다. 제조 공정은 다음과 같이 4단계로 이루어진다.

(1) 망초(Na_2SO_4) 및 염산의 제조

$$2\,NaCl + H_2SO_4 \longrightarrow Na_2SO_4 + 2\,HCl$$

(2) 망초, 석회석, 석탄으로부터 흑회의 제조

$$Na_2SO_4 + 2\,C \longrightarrow Na_2S + 2\,CO_2$$
$$Na_2S + CaCO_3 \longrightarrow Na_2CO_3 + CaS$$

(3) 흑회의 침출, 증발 및 결정의 하소

제조된 흑회를 Shanks lixiviation tank에 의해서 가급적 단시간, 저온(32～37°C)에서 침출한다.

정제한 침출액을 증발 농축하여 $Na_2CO_3 \cdot H_2O$의 결정을 석출시키고, 반사로에서 탈수하여 무수물, 즉 soda ash(Na_2CO_3)로 한다.

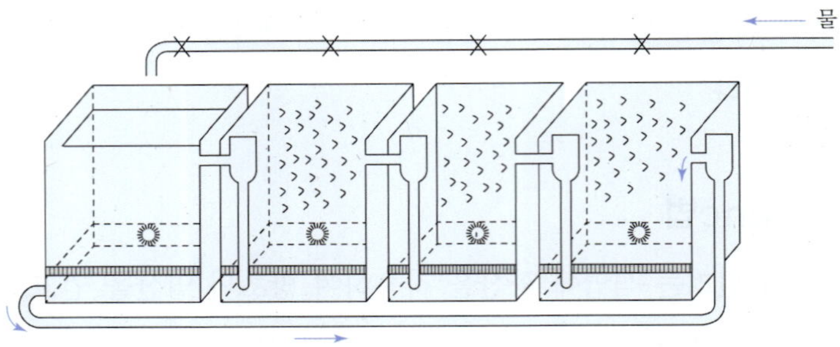

그림 4.2 Shanks의 계통적 추출탱크

(4) 침출잔사로부터 황의 회수

침출잔사의 주성분은 CaS이며, 공기 중에 방치하면 분해되어 H_2S 및 SO_2 가스를 발생한다. 이의 처리는 매우 까다로운 문제점이 있었지만, 이를 해결한 방법이 Chance-Claus법이다. Chance법은 침출잔사를 탈황기에 넣고 CO_2 가스를 도입하여 H_2S로 발생시키는 방법이며, Claus법은 Claus로를 사용해서 H_2S와 공기의 혼합가스를 400°C 전후에서 산화철을 촉매로 산화시켜 황을 액상으로 회수하는 방법이다. 회수된 황으로 황산을 제조하여 다시 사용한다.

[2] Ammonia soda법(Solvay법)

1865년 Ernest Solvay에 의하여 발명된 Ammonia soda법은 발명자의 이름을 따서 일명 Solvay법이라고도 부른다. Le Blanc법에 비하여 제품의 순도가 높고, 연료비 및 노동비가 적게 들고, 공정이 간단하고 경제적이어서 급진적으로 발달해 Le Blanc법을 완전히 대체하였다. 현재 Na_2CO_3는 이 방법에 의하여 제조되고 있다. 다만, NaCl의 이용률이 약간 떨어지는 결점과 유일한 부산물인 $CaCl_2$의 공업적 용도가 적은 것이 결점이다.

Solvay법의 원리는 식염과 중탄산암모늄(NH_4HCO_3)의 복분해에 의해 $NaHCO_3$를 침전시키고, 이것을 하소해서 소다회를 제조한다.

$$NaCl + NH_4HCO_3 \rightleftarrows NaHCO_3 + NH_4Cl$$

$$2NaHCO_3\ (s) \longrightarrow Na_2CO_3\ (s) + CO_2\ (g) + H_2O\ (g)$$

Solvay법의 제조공정을 열거하면 다음과 같다.

① 이산화탄소와 석회유($Ca(OH)_2$)의 제조

② 원료함수의 정제

③ 암모니아 함수(ammoniacal brine)의 제조

④ 용액의 탄산화(carbonatation)(침전 생성)

⑤ $NaHCO_3$ 침전의 여과

⑥ $NaHCO_3$의 하소

⑦ NH_3의 회수

암모니아는 순환하여 반복 사용되기 때문에 결과적으로 NaCl과 $CaCO_3$를 원료로 하여 Na_2CO_3와 $CaCl_2$를 산물로 얻는다.

또한, 주요반응을 일괄 표시하면 표 4.1과 같다.

표 4.1 Ammonia soda법의 제조공정

장치	반응
석회로, 석회유제조기(slaker), 암모니아흡수탑, 침전탑, 여과장치, 하소로, 암모니아 증류법	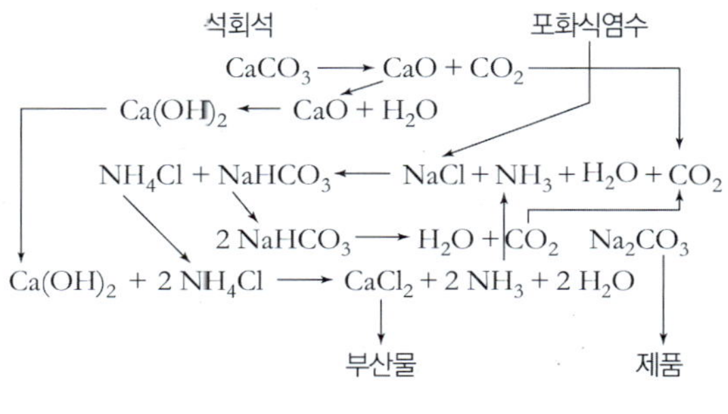

[2] 성상

탄산나트륨(10수화물)은 무색의 결정이며, 풍화하기 쉽고, 약 34°C에서 결정수에 용해하여 액체로 된다. 글리세린에 녹으나 알코올에는 녹기 어렵다. 또, 물에서 재결정할 때 석출하는 온도에 따라 3종류의 수화물을 얻는다.

즉 32°C 이하에서 결정시키면 10수화물, 32∼35°C에서는 7수화물, 35°C 이상에서는 1수화물이 되며, 100°C 이상으로 가열하면 무수물이 된다. 비중 1.46, 융점 34°C, 수용액은 강염기성이다.

[3] 응용

탄산나트륨은 자극성이 강하기 때문에 내복하지는 않으며 외용으로만 사용한다. 질, 구강의 세정에는 1% 수용액을 사용한다. 외용으로 외피의 각질을 연화하고 지방을 용해하기 때문에 각종 피부질환에 세정제로 사용하는데, 구진, 인설성 피부질환 등에 1.6∼2.4% 수용액을 사용한다.

이 약은 산, 산성을 나타내는 염, 석탄수, 염화 암모늄 또는 대부분의 금속염과 반응하여 분해 또는 침전을 일으킨다. 특히, 알카로이드염 용액은 이 약에 의하여 알카로이드를 유리시키므로 주의를 요한다. 무수물을 소다회(soda ash)라고 하며 유리, 비누, 제지, 물의 연화, 염료, 화장품의 유화제, 석유정제 등, 여러 가지 화학약품 제조공업에 이용한다.

4.3.2. 건조 탄산나트륨(exsiccated sodium carbonate, Na_2CO_3)

대한약전(K.P.)에서는 이약을 정량할 때 탄산나트륨(Na_2CO_3) 99.0% 이상을 함유한다고 규정하고 있다.

[1] 제법

(1) $Na_2CO_3 \cdot 10H_2O$를 34°C로 가열하면 결정수에 용해하고, 계속 가열을 하면

$Na_2CO_3 \cdot H_2O$가 석출된다. 이 결정을 35°C에서 건조하여 만든다.

(2) $Na_2CO_3 \cdot 10H_2O$를 풍화시킨 후, 40～50°C로 그 중량이 1/2이 될 때까지 건조한다.

[2] 성상

이 약은 백색분말 또는 결정성 분말이며, 약간 흡습성이 있다.

4.3.3. 탄산수소나트륨[sodium hydrogen carbonate, 중탄산나트륨(sodium bicarbonate, 중조), $NaHCO_3$]

[1] 역사 및 소재

탄산수소나트륨은 1801년 Valentin Rose에 의하여 알려졌고, 탄산이 풍부한 각종의 광천 중에 존재한다. K.P.에서는 이 약을 정량할 때 탄산수소나트륨($NaHCO_3$) 99.0% 이상을 함유한다.

[2] 제법

결정 탄산나트륨에 CO_2 가스를 송입하면 $NaHCO_3$와 수분이 생성되는데, 이 때 반응의 종말점은 이 수분의 적하가 끝나는 점이다.

$$Na_2CO_3 \cdot 10\,H_2O \ + \ CO_2 \ \longrightarrow \ 2\,NaHCO_3 \ + \ 9\,H_2O$$

[3] 성상

이 약의 결정은 단사정계, 비중 2.20인데, 가열하면 약 50°C에서 CO_2를 발생하기 시작한다. 100°C에서는 $Na_2CO_3 \cdot NaHCO_3 \cdot 2H_2O$로 되고, 270～300°C에서 약 2시간 가열하면 Na_2CO_3로 된다. 저온의 물을 가하였을 때는 분해하지 않고 용해하나, 수용액을 장시간 방치 또는 몹시 흔들면 CO_2를 방출하고, 65°C 이상으로 가온하면 급속히 분해하여 Na_2CO_3로 된다. 물에 대한 용해도는 0°C 6.9%, 20°C 9.6%, 30°C 11.1%, 40°C 12.7%, alcohol에는 난용이며 수용액은 약염기성이다.

[4] 응용

위, 혈액, 뇨 등의 acidosis에 사용한다. 탄산염에 비하여 자극성이 적고 대량으로 정맥주사하여도 용혈을 일으킬 위험이 없다. 제산, 건위작용이 있다. 즉, 위장을 자극하여 흡수작용을 항진하고, 소화관 내에 있어서 수분의 흡수를 촉진한다. 제산제로서는 CO_2 가스의 발생으로 위의 부문을 자극하여 산반동 등이 일어나 주의해야 한다. 또, aspirin 등을 복용할 때 위장장해를 방지하는 데 사용한다. sulfa제 복용 때는 요를 알칼리성으로 하여 요로결석을 방지하는 목적으로 병용된다. 또, 점액을 용해하는 작용도 있다.

혈액의 acidosis에는 근육주사로서 1.5%액, 정맥주사에는 5~7.5%이고, 내복으로 위산과다, 구토, 산중독증, 통풍, 방광염, 요산과다 등에 사용된다. 외용으로는 비강, 질세정, 관장에 1% 용액을 사용한다. 그 밖에 화상 피부병의 진양제로 사용한다. 상용량은 1회 0.5~1 g, 1일 3~5 g이다.

복약 시 주의할 점은 다량의 우유, 칼슘제제와의 병용에 의한 milk-alkali syndrome (Burnett syndrome)을 일으킬 가능성이 있으므로 주의한다. 소화관 내 체액의 pH 상승에 의한 병용약제의 흡수, 배설에 영향을 주기 때문에 병용약제를 확인한다. 울혈성 심부전, 중증 고혈압, 신장해, 전해질 이상의 환자에 투여할 때에는 나트륨의 영향에 대하여 주의하여야 한다.

조제 시 주의할 점은 중금속, 알칼리토류 금속염, 석회수, 많은 알칼로이드염·아크리놀과 배합하면 수용액에서는 침전이 생긴다. 또, 산류, 산성 물질과의 중화반응으로 인하여 서로 변화를 일으킨다. Hyoscyamine 등의 생약제제에서는 분해를 일으키며, 원료에서 유래하는 산성물질 등과 반응을 일으킨다. 아스피린, 디기탈리스 제제, 구연산나트륨과는 조건에 따라 습윤을, 환원·살리실산나트륨·탄닌산과는 변색반응을 나타내고, phenovalin, 황산철과는 조건에 따라 변색한다.

[5] 탄산수소나트륨 정(sodium bicarbonate tablets)

이 약은 정량할 때 표시량의 95.0～105.0%에 해당하는 탄산수소나트륨($NaHCO_3$)을 함유한다. 용도는 제산약과 acidosis 치료약이다.

[6] 탄산수소나트륨 주사액(sodium bicarbonate injection)

이 약은 수성의 주사제로 정량할 때 표시량의 95.0～105.0%에 해당하는 탄산수소나트륨($NaHCO_3$)을 함유한다.

응용은 생체 내의 대사이상 또는 여러 질환의 원인으로 되는 체액 중의 산성물질의 발생, 또는 정체에 의하여 생기는 acidosis에 사용한다. 약물 중독 시 배설촉진(단, pH의 상승에 의한 요중 배설촉진은 약물에 대해서만), 동요병, 메니엘 증후군, 그 밖에 내이장해에 의한 매스꺼움, 구토 및 어지러움, 급성 담마진에는 보통 성인 1회 12～60 mEq (1～5 g)를 정맥 내에 주사한다.

그리고 이 제제는 염기성이며 탄산 이온이 존재하기 때문에, 각종 주사액과 변화를 일으키기 쉬워 주의하여야 한다.

4.3.4. 수산화나트륨[sodium hydroxide, 가성소다(caustic soda), NaOH]

수산화나트륨의 순도가 높지 않은 것은 이미 오래 전부터 비누제조용에 사용되었다고 하며, 한층 더 순수한 것은 1755년 Black이 Na_2CO_3와 $Ca(OH)_2$의 교환분해에 의하여, 또 1744년 Scheele는 산화납으로 식염을 분해함으로써 제조하였다. 그러나 1807년 Davy가 나트륨을 발견할 때까지 NaOH를 하나의 원소로 알고 있었다.

[1] 제법

1890년 전해법이 출현할 때까지, 가성소다는 오로지 탄산나트륨의 가성화법에 의하여 제조되었다. 현재는 주로 전해법으로 NaOH를 제조한다.

(1) 가성화법(caustification process)

탄산나트륨을 수산화나트륨으로 변화시키는 조작을 가성화(caustification)라고 하는데, 나트륨 이온의 원료로서 탄산나트륨을 이용하고 수산 이온의 원료로서 수산화칼슘을 이용하여 생성물인 탄산칼슘의 용해도가 나빠 침전하면서 계에서 제거되어 반응이 정반응으로 진행하는 것을 이용하는 방법이다.

$$Na_2CO_3 + Ca(OH)_2 \rightleftharpoons 2NaOH + CaCO_3\downarrow \quad \Delta H = -2.1\ \text{kcal/mol} \qquad (4.4)$$

Na_2CO_3 용액의 농도가 희박할수록 가성화 진행률이 좋으나 약 12% 정도가 한계이므로 추후 농축하여 수산화나트륨을 제조한다.

(2) 전해법

염화나트륨 용액을 전기분해하면 음극에서는 나트륨이 환원되어 금속나트륨이 생성되지만 나트륨은 이온화 경향이 커서 생성 즉시 물과 반응하여 수소를 발생시키면서 NaOH로 변화한다. 양극에서는 염소 이온이 산화되어 염소 가스가 발생하는데, 염소 가스는 물에 잘 녹으므로 일부가 물에 용해되어 염산과 하이포아염소산을 생성한다.

$$(\text{음극})\quad 2Na^+ + 2e^- \longrightarrow 2Na \qquad 2Na + H_2O \longrightarrow NaOH + H_2$$
$$(\text{양극})\quad 2Cl^- - 2e^- \longrightarrow Cl_2 \qquad (Cl_2 + H_2O \longrightarrow HCl + HClO)$$

그런데 음극에서 생성된 NaOH가 양극에서 생성되는 HCl 등과 만나면 중화반응을 일으켜 원래의 NaCl로 돌아가는 결과가 되므로, 전해법으로 NaOH를 얻기 위해서는 전기분해하는 과정의 양극과 음극의 용액이 서로 섞이지 않게 하는 것이 중요하다. 이를 위하여 양극과 음극 사이에 격막을 사용하거나(격막법), 양극액과 음극액의 밀도 차이를 이용하여 층을 형성시키거나(성층법), 수은(Hg)을 음극으로 이용하여 생성되는 금속나트륨이 수은에 직접 녹아들도록 함으로써, 전기분해 후 나트륨이 녹아 있는 나트륨-수은 아말감(amalgam)을 순수한 물에서 분해하여 순수한 NaOH 수용액을 얻는 방법(수은법) 등이 사용된다.

[2] 성상

백색 불투명한 우모상의 결정으로서 밀도 2.13, 융점 322±2°C이다. 이는 공기 중에서 조해되기 쉽고, CO_2를 흡수하여 천천히 탄산나트륨으로 변한다.

물에는 심하게 발열하면서 용해되며, 물에 대한 용해도는 0°C 42 g, 20°C 108 g, 100°C 312 g이며 메탄올과 에탄올 등에도 쉽게 용해한다. 강전해질로서 1 N 용액은 pH 14.05, N/10 용액 13.07, N/100 용액 12.12, N/1000 용액 11.13이다. 공기 중에서 400°C로 가열되면 철을 상당히 브식시키지만 Ni, Cu, Ag, Au 등은 부식되지 않는다.

피부 등 일반적으로 동물성의 유기물을 부식하는 성질이 강하므로, 그 취급에는 세심한 주의가 필요하다.

[3] 응용

약용으로는 국소 부식제로서 묽은 용액이 사용될 뿐이나, 이 약은 KOH보다 부식작용이 약하다. 그러나 특히 유아에 있어서 오용에 의한 중독작용을 주의하여야 하며, 내복하면 후두, 식도, 위의 통증, 구토, 혈성의 토사 및 설사, 장관통증·허탈을 일으키고, 급사를 면해도 소화관의 부식 등으로 식도 등의 협착을 일으켜 사망하는 수도 있다.

응급수단으로는 식초, 레몬즙, 올리브유 또는 다른 식용유를 경구로 투여한다. 눈에 들어갔을 때는 5% 염화암모늄으로 씻은 후 고장식염액으로 1시간 이상 세안함이 좋다. 화학시약으로서는 중화제, 검화제로 쓰이는 외에 알칼리 용융의 중요한 시약이다.

공업적으로는 비누, 인견, 제지원료의 제조용으로 필요 불가결의 물질이며, 기타 화학공업의 중요한 약품으로 그 용도가 매우 넓다.

4.3.5. 탄산칼륨(potassium carbonate, K_2CO_3)

목회 중에는 비교적 많이(약 10%) 함유하고 있으므로 옛날에는 물로 침출한 잿물을 세탁제로 사용하였다.

[1] 제법

현재는 전해법으로 KCl 용액의 전기분해하여 KOH 용액을 얻은 다음 이를 CO_2로 중화하는 방법이 가장 널리 사용되고 있다.

[2] 성상

조제품의 빛깔은 담백색이나 Mn, Fe 등을 협잡하여 담남색을 띠고 있으나, 재결정으로 정제한 것은 백색분말로서 다소 조해성이 있으며, 융점은 894°C이다. 알코올에는 녹지 않고 물에 잘 녹는데, 이때에는 상당한 발열을 한다. 진한 수용액에서는 능주상 결정 $K_2CO_3 \cdot 1\frac{1}{2} H_2O$의 결정을 형성하며, 이를 180°C에서 4시간 건조하면 K_2CO_3 99% 이상을 함유하게 된다. 수용액은 강염기성을 나타내고 CO_2를 흡수하여 $KHCO_3$로 된다.

[3] 응용

이 약은 각질 및 표피를 연화용해하며, 지방검화나 산의 중화, 점막자극, 점액용해 등의 작용이 있으며, 알칼리성이 강하므로 내용으로는 거의 사용되지 않는다.

공업적으로는 Na_2CO_3에 비해 훨씬 고가이므로, 알칼리로서의 사용에는 Na_2CO_3

를 사용하고, 유리나 칼륨비누, 특히 K를 필요로 하는 용도에만 사용한다. 또, K_2CO_3와 KOH를 비교하면 Na의 경우와는 반대로 제법 상 오히려 KOH가 저렴하므로, 가능하면 KOH를 사용하고 있다.

4.3.6. 탄산수소칼륨[Potassium hydrogen carbonate, 중탄산칼륨(Potassium bicarbonate), $KHCO_3$]

[1] 제법

$NaHCO_3$의 제법과 같은 원리로 K_2CO_3의 농후 수용액에 CO_2 가스를 통하여 포화시켜 생성되는 결정을 분리하여 CO_2 기류 중에서 50°C 이하로 건조시킨다.

$$K_2CO_3 + CO_2 + H_2O \longrightarrow 2\,KHCO_3$$

[2] 성상

밀도 2.158 단사정계의 무색 능주상 결정으로, 공기 중에서 흡수하지 않으며 안정하지만, 100°C 이상으로 가열하면 천천히 CO_2 가스를 발생하고, 200～210°C에서 2시간 가열하면 완전히 K_2CO_3가 된다. 수용액은 상온에서도 천천히 CO_2 가스를 상실하고, 서서히 탄산염 용액이 되며, 80°C로 가열하면 CO_2 기포를 발생하고, 끓이면 더욱 격렬히 분해한다.

$$2\,KHCO_3 \longrightarrow K_2CO_3 + H_2O + CO_2$$

[3] 응용

고가인 점과 K염의 독성으로 제산제로는 거의 사용되지 않는다. 그러나 부종이 두려워 Na염을 사용하지 못할 경우에는 사용하는 경우도 있다. 단, Addison씨병 또는 중증의 신장부전증 환자는 사용해서는 안 된다. 상용량은 요를 알칼리성으로 할 때는 4시간마다 2 g씩 투여한다. 주로 제제상 원료(초산칼륨용액, 탄산칼륨) 또는 전해질 보충제로 사용한다.

[4] 제제

Potassium bicarbonate effervescent tablets for oral solution (USP)

Potassium bicarbonate and potassium chloride for effervescent oral solution (USP)

Potassium bicarbonate and potassium chloride effervescent tablets for oral solution (USP)

Potassium and sodium bicarbonate and citric acid effervescent tablets and oral solution (USP)

4.3.7. 수산화칼륨(potassium hydroxide, KOH)

[1] 제법

NaOH 제법과 같은 원리로 얻을 수 있는데(가성화법, 전해법), 주로 진한 KCl 수용액을 전기분해하여 만든다.

[2] 성상

이 약은 백색의 소구상, 봉상, 괴상이며, 물 및 알코올에 발열하면서 용해한다.

융점 360°C로 수분 및 CO_2를 흡수하는 성질이 강하며, 천천히 K_2CO_3로 변한다. 시판품에는 15% 또는 그 이상의 수분을 함유하고 있는 것이 있다. 용해열은 1 mol에 대하여 12.5 kcal, H_2O 100 g에 대한 용해도는 0°C 97 g, 20°C 112 g, 100°C 178 g이고, 에탄올 및 메탄올에 잘 녹지만 에테르에는 조금밖에 녹지 않는다.

[3] 응용

이 약은 수산화이온의 강력한 체조직의 용해작용으로 강한 부식작용이 있어, 내용제로는 사용할 수 없다. 화학공업의 용도는 NaOH에 준하나 비교적 고가이므로 연비누 및 화장비누 제조에 주로 사용되며, 칼륨비누는 개선, 인설진 습진, 각질연화 및 살충목적으로도 사용한다. 알칼리 용융과 분석상 CO_2 및 H_2O의 제거, 부식제 등으로 사용된다.

4.3.8. 암모니아(ammonia, NH_3)

암모니아는 1774년 Priestly에 의하여 발견되었고, 1788년 Bertholler에 의하여 그 조성이 확정되었다. 암모니아는 처음에는 동물 배설물에서 회수하는 방법에 의해서 생산되었으나, 19세기에 석탄공업의 부산물로서, 그리고 20세기 초에 와서 석회질소법에 의한 제법이 공업화되었다. 그 후 합성법이 출현하여 생산비가 저하되고 순도가 향상되었다.

[1] 제법

석탄을 건류할 때 생성되는 암모니아를 회수하는 부생 암모니아 제조법이 있고 현재에 대부분을 차지하는 합성 암모니아법 그 외에 석회질소법이 있으나, 석회 질소법은 카바이드(carbide)을 필요로 하므로 전기료가 과다하게 생산비를 많이 차지하기 때문에 암모니아 생산량에는 이용되지 않으나 지금도 석회질소 비료생산에는 많은 양을 차지하고 있다. 또한 질화물로부터의 암모니아 제조(serpeck process)가 있다.

(1) 합성 암모니아(synthetic ammonia, Haber-Bosch법)

사삼산화철을 촉매로 하여 N_2와 H_2토부터 직접 NH_3가 합성된다. 반응 평형식은 다음과 같다.

$$N_2 + 3\,H_2 \rightleftharpoons 2\,NH_3 \qquad \Delta H = -22{,}000\ \text{cal/mole}$$

촉매는 철을 산소기류 속에서 산화용융하여 사삼산화철 Fe_3O_4을 제조한 후 분쇄하고, 이것에 조촉매로 Al_2O_3, K_2O를 혼합해서 전기용융시킨다. 이것을 냉각하고 적당한 입자로 표면적을 크게 해서 촉매효과를 극대화하여 사용한다.

[2] 성상

암모니아 건조제로서 $CaCl_2$나 황산 등의 산성 건조제는 사용할 수 없고 CaO, NaOH, Na_2CO_3, 석회소다와 같은 염기성 건조제를 쓴다.

자극취의 무색기체이며, 매우 액화되기 쉬워 8기압에서 상온, 1기압에서는 −33°C에서 액화한다. 액체 암모니아는 굴절률이 큰 무색유동성의 액체이며, *d* 0.638, b.p. −33.4°C이고, 물 다음으로 기화열이 크다. 물에 잘 녹으며 0°C의 물 1 vol.은 117.6 vol.의 암모니아를 용해한다. 이때 암모니아 농도는 약 25%이다. 수용액 중에는 수산화암모늄이 존재하며 약염기성을 띈다. 산과 화합하여 암모늄염을 만들며, 암모늄염은 거의 물에는 잘 녹는다. 암모니아는 식염용액, 에테르, 알코올에도 용해한다. 암모니아수의 비중은 용액의 농도가 높을수록 작아진다.

암모니아는 상온에서는 비교적 안정하지만 염소기체와는 격렬하게 반응하여 분해한다.

$$8\,NH_3 + 3\,Cl_2 \longrightarrow N_2 + 6\,NH_4Cl$$

공기 중에서는 연소하지 않으나 산소 기류 중에서는 산화되며, 암모니아와 산소의 혼합가스는 적열된 백금선상에서 반응하여 질소산화물을 생성한다(질산 제법 참조).

$$4\,NH_3 + 5\,O_2 \rightleftharpoons 4\,NO + 6\,H_2O$$

고온에서 금속 나트륨과는 아미드 amide, 금속 마그네슘과는 질화물을 만든다.

$$3\,Mg + 2\,NH_3 \longrightarrow 2\,Mg_3N_2 + 3\,H_2$$

또한 착화합물의 리간드로 작용하여 Ag^+, Cu^{2+}, Zn^{2+}, Cr^{3+} 등 금속 이온과는 암모늄 착이온을 형성한다.

$$Ag^+ + 2NH_3 \longrightarrow Ag(NH_3)_2{}^+$$
$$Cu^{2+} + 4NH_3 \longrightarrow Cu(NH_3)_4{}^{2+}$$
$$Zn^{2+} + 4NH_3 \longrightarrow Zn(NH_3)_4{}^{2+}$$
$$Cr^{3+} + 6NH_3 \longrightarrow Cr(NH_3)_6{}^{3+}$$

[3] 확인법

유리 암모니아 가스는 특이한 냄새가 있고 적색 리트머스 시험지를 청변하며, 농염산을 바른 유리막대를 접근시킬 때 백무를 낸다.

[4] 암모니아수(ammonia water)

이 약은 정량할 때 암모니아(NH_3 : 17.03) 9.5～10.5 w/v%를 함유한다. 기밀용기에 넣어 30°C 이하에 보존한다.

(1) 응용

암모니아수는 강한 국소자극 작용을 나타내며, 9.5～10.5 w/v%의 농도에서도 단시간의 피부접촉으로 작열감, 발적을 일으키고, 장시간에 이르면 국소의 괴사를 일으킨다. 암모니아가스의 흡입으로 비점막의 지각신경을 자극하여 반사적으로 중추흥분, 혈압상승, 호흡항진을 일으킨다.

암모니아는 거담작용을 나타내나 이것은 국소자극에 의한 기도분비의 반사적

항진과 흡수 후 일부 탄산염으로 되어 기관지 점막에서 분비되어 용해성 거담작용을 나타냄과 동시에, 기관지의 섬모운동을 촉진하는 것에 의한다. 희석하여 곤충의 자상·교상에 도포제로서 사용한다. 농도에 주의하여 사용하고, 장기간 또는 동일 부위에 반복하여 사용하지 않아야 하며 눈 주위에는 사용하지 않는다.

적용 부위에 국소자극, 발적, 작열감 등이 나타나면 사용을 중지한다.

CHAPTER 5

산화와 환원

이 장에서는 의약품 제제의 제조와 보존 및 저장 시 약제학적으로 활성이 강한 물질의 산화적 분해를 방지하는 데 이용되는 산화방지제에 대해 살펴본다. 산화-환원 반응의 기본원리와 약제학적 또는 임상적 응용에 대해 학습한다.

5.1 산화방지제

산화방지제(antioxidants)는 의약품의 유효성분이 산화되는 대신 자신이 산화되어 목적성분의 산화를 방지하고, 산화 성분을 환원시키는 환원제이다. 만약 특정 제제가 산화되기 쉬운 성분(예: 요오드염과 Fe^{2+} 이온)을 함유할 경우, 여기에 산화방지제를 첨가하면 이들을 환원된 상태로 유지시킬 수 있다. 산화방지제의 작용 메커니즘은 두 가지이다. 즉, ① 유효성분 대신 산화되거나, ② 유효성분이 산화되면 그것을 다시 환원시키는 것이다. 그러나 이 두 메커니즘은 구별하기 힘들다.

5.1.1. 이론

산화방지제의 이론은 산화-환원 반응과 유사하다. 산화-환원 반응에서 화합물의 'conjugate pairs'가 화학식에 의해 분리되므로 산화-환원 반응은 Brønsted-Lowry의 산-염기 반응과 유사하다. 일반적으로 산화-환원 반응은 산화와 환원의 반쪽반응(half-reaction)으로 분리하여 살펴본다.

산화-환원 반응은 하나 이상의 전자전달 과정이 포함된 반응으로, 하나의 화합물에서 다른 화합물로 전자가 이동하는 것이다. 따라서 하나의 반쪽반응이 전자를 잃으면 다른 반쪽반응은 전자를 얻게 된다. 산화된 화합물 1(Ox_1)과 환원된 화합물 2(Red_2) 사이의 산화-환원 반응을 가정해보자. 산화는 화학종이 전자를 잃는 것이고, 환원은 전자를 얻는 것이므로, 이를 반쪽반응으로 나타내면 식 (5.1)과 식 (5.2)와 같다.

$$Ox_1 + e^- \rightleftharpoons Red_1 \tag{5.1}$$

$$Red_2 \rightleftharpoons Ox_2 + e^- \tag{5.2}$$

전체 산화-환원 반응은 식 (5.1)과 식 (5.2)의 합에 의해 얻어진다.

$$Ox_1 + Red_2 \rightleftharpoons Red_1 + Ox_2 \tag{5.3}$$

화학물질의 산화-환원 경향은 화학전지에 의해 측정된다. 화학전지에서 생성된 전위는 전위차계(potentiometer)나 전압계(voltmeter)로 측정한다. 일반적으로 자발적인 산화-환원 반응은 양극전위를 발생시키고, 비자발적인 경우는 외부의 에너지를 필요로 하는 음극전위를 발생시킨다.

화학전지의 특성은 다음의 Nernst 식 (5.4)으로 표현된다.

$$E_{cell} = E^0_{cell} - \frac{RT}{nF} \text{In } Q \quad (5.4)$$

여기서 E_{cell}은 전지의 전위(V)이고, E^0_{cell} 은 표준전위이다. Q는 반응지수, 즉 현재의 반응물과 생성물의 농도비이며, R은 기체상수, T는 절대온도 K, F는 Faraday 상수이고, n은 반응에서 이동한 전자의 수이다. 298K(25°C)의 온도에서 자연대수를 상용대수로 바꾸면 다음과 같은 식이 된다.

$$E_{cell} = E^0_{cell} - \frac{0.059}{n} \log Q \quad (5.5)$$

식 (5.5)는 어떤 산화-환원 반응이 일어나기 쉬운가를 결정하는 데 사용될 수 있다. 다음 식으로 표현되는 Q는 평형상태에 도달하면 평형상수가 된다.

$$Q = \frac{[Red_1][Ox_2]}{[Ox_1][Red_2]} \quad (5.6)$$

표 5.1에 약학에 자주 언급되는 물질들의 표준환원전위를 보이고 있다. 반쪽반응의 환원성이 클수록(오른쪽으로 진행하는 경향이 클수록) 큰 양수값을 가진다.

표준환원전위를 이용하여 산화방지제를 평가할 수 있다. 0.8%의 차아인산(H_3PO_2)으로 안정화된 10% 묽은 요오드산(dilute hydriodic acid)을 보자. 차아인산은 식 (5.7)에 의해 요오드 이온이 요오드 분자로 산화되는 것을 방지한다.

$$H_3PO_2 + I_2 + 3H_2O \rightleftharpoons H_3PO_3 + 2I^- + 2H_3O^+ \quad (5.7)$$

위 반응의 표준전위(E^0)는 표 5.1에서 얻은 $E^0_{1/2}$ 값을 가진 반쪽반응에서 얻을 수 있다.

표 5.1 **표준환원전위**

반쪽환원반응(25˚C, 1 mol/L, 1기압)	$E^0_{1/2}$ (V)
$Ag^+ + e^- \rightarrow Ag$	+0.80
$AgCl + e^- \rightarrow Ag + Cl^-$	+0.22
$As_2O_3 + 6H^+ + 6e^- \rightarrow 2As + 3H_2O$	+0.23
$H_2AsO_4 + 2H^+ + 2e^- \rightarrow HAsO_2 + 2H_2O$	+0.56
$BiO^+ + 2H^+ + 3e^- \rightarrow Bi + H_2O$	+0.32
$Br_2 + 2e^- \rightarrow 2Br^-$	+1.09
$Ce^{4+} + e^- \rightarrow Ce^{3+}$	−1.70
$Cl_2 + 2e^- \rightarrow 2Cl^-$	+1.36
$HClO + 2H^+ + 2e^- \rightarrow \frac{1}{2}Cl_2 + 2H_2O$	+1.63
$ClO_2^- + H_2O + 2e^- \rightarrow ClO^- + 2OH^-$	+0.66
$ClO^- + H_2O + 2e^- \rightarrow Cl^- + 2OH^-$	+0.94
$Cr_2O_7^{-2} + 14H^+ + 6e^- \rightarrow 2Cr^{3+} + 7H_2O$	+1.33
$Cu^+ + e^- \rightarrow Cu$	+0.52
$Cu^{2+} + 2e^- \rightarrow Cu$	+0.34
$Fe^{2+} + 2e^- \rightarrow Fe$	−0.44
$Fe^{3+} + 3e^- \rightarrow Fe$	−0.04
$Fe^{3+} + e^- \rightarrow Fe^{+2}$	+0.77
$2H^+ + 2e^- \rightarrow H_2$	0.00
$Hg_2^{2+} + 2e^- \rightarrow 2Hg$	+0.79
$2Hg^{2+} + 2e^- \rightarrow Hg_2^{+2}$	+0.91
$I_2 + 2e^- \rightarrow 2I^-$	+0.54
$I_3^- + 2e^- \rightarrow 3I^-$	+0.54
$Li^+ + e^- \rightarrow Li$	−3.03
$Mn^{2+} + 2e^- \rightarrow Mn$	−1.19
$MnO_2 + 4H^+ + 2e^- \rightarrow Mn^{2+} + 2H_2O$	+1.23
$MnO_4^- + 8H^+ + 5e^- \rightarrow Mn^{2+} + 4H_2O$	+1.51
$HNO_2 + H^+ + e^- \rightarrow NO + H_2O$	+0.99
$NO_3^- + 3H^+ + 2e^- \rightarrow HNO_2 + H_2O$	+0.94
$H_2O_2 + 2H^+ + 2e^- \rightarrow 2H_2O$	+1.77
$O_2 + 2H^+ + 2e^- \rightarrow H_2O_2$	+0.69
$H_2PHO_3 + 2H^+ + 2e^- \rightarrow HPH_2O_2 + H_2O$	−0.59
$PHO_3^{-2} + 2H_2O + 2e^- \rightarrow PH_2O_2^- + 3OH^-$	−1.60
$H_3PO_4 + 2H^+ + 2e^- \rightarrow H_2PHO_3 + H_2O$	−0.28
$S_4O_6^{2-} + 2e^- \rightarrow 2S_2O_3^{2-}$	+0.17
$SO_4^{2-} + 4H^+ + 2e^- \rightarrow H_2SO_3 + H_2O$	+0.17
$Sn^{2+} + 2e^- \rightarrow Sn$	−0.14
$Sn^{4+} + 2e^- \rightarrow Sn^{2+}$	+0.15
$Zn^{2+} + 2e^- \rightarrow Zn$	−0.76

$$H_2PHO_3 + 2H_3O^+ + 2e^- \longrightarrow HPH_2O_2 + 3H_2O \qquad E^0_{1/2} = -0.59$$

$$2I^- \longrightarrow I_2 + 2e^- \qquad E^0_{1/2} = -0.54$$

$$E^0_{cell} = -1.13$$

E^0_{cell}의 큰 음수값은 반응이 자발적으르 오른쪽으로 진행하기 어려움을 뜻한다. 실제 반응에서는 Nernst 식에 각 성분의 실제 농도를 대입하여 풀면 반응의 실제 전위차를 계산할 수 있다. E^0_{cell}의 음수값은 평형이 되기 전에는 묽은 요오드산 용액에서 요오드 이온이 요오드 분자가 공기 중의 산소 등에 산화되는 것을 차아인산이 효과적으로 방지함을 나타낸다. 그러나 평형상태에 도달하면 알짜 산화-환원 반응은 일어나지 않으며, 전지전위는 0이 된다. 따라서 전체 산화-환원 반응이 평형에 접근할수록 차아인산의 산화방지 능력이 감소한다.

차아인산은 그 자신이 아인산으로 산화되면서 전자 2개를 이동시키고, 한 분자의 요오드를 환원시켜 2개의 요오드 이온을 생성한다. 아인산(H_3PO_3)은 다른 요오드 분자를 환원시키기 위해 2개의 전자를 더 이동시킬 수 있으며, 그 결과 인산(H_3PO_4)을 형성한다. 그러므로 한 분자의 차아인산은 실제로 두 분자의 요오드를 환원시키며, 네 분자의 요오드 이온과 한 분자의 인산을 생성한다.

5.1.2. 산화방지제의 선택

의약품제제의 산화방지제를 선택할 때 원하는 산화-환원 반응이 일어나는지 알아보려면 반드시 표준 전극전위와 Nernst 식을 사용하여 평가해야 한다. 그 외에 고려해야 할 사항으로 배합불가(incompatibility)가 있다. 의약품제제의 산화방지제는 생리학적으로 비활성이어야 한다. 일반적으로 산화방지제의 사용농도는 매우 낮아 생리학적 활성이 없다. 그러나 어떤 산화방지제의 경우에는 환원형과 산화형 모두 독성이 평가되어야 한다.

산화방지제를 선택할 때에는 환원제와 약물 사이에 일어날 수 있는 용해도 문제를 고려해야 한다. 예를 들어, 칼슘을 함유하는 제제에 아황산 이온(SO_3^{2-})을 함유하는 산화방지제를 사용할 경우, pH를 산성으로 조절해야 한다. 아황산 화합물은 중성 또는 염기성 pH에서 칼슘염의 침전을 일으킨다. 또한, 아황산 수소염(bisulfite)은 많은 불포화 작용기와 첨가반응을 할 것이다.

산화방지제를 강한 산화제와 혼합하면 절대로 안 된다. 강한 환원제(예: 차아인산과 차아인산염)와 건조 또는 농축된 용액의 강한 산화제를 혼합하면 폭발성 혼합물이 생성된다.

5.1.3. 공정서에 수재된 산화방지제

[1] 차아인산(hypophosphorous acid, H_3PO_2)

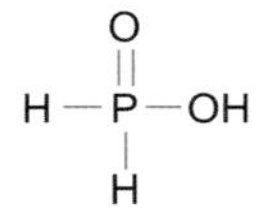

차아인산은 무색 또는 미색으로 30.0～32.0%의 H_3PO_2를 함유한 무취의 액체이다. 이 용액은 25°C에서 1.13의 비중을 갖는다. 순수한 산은 무색의 시럽상 액체로 응고점은 17.4°C이고, 녹는점은 26.5°C이다. 이 화합물에는 이온화할 수 있는 수소가 오직 하나뿐이며, 이는 산소에 결합한 수소이다(구조 참조). 차아인산은 산이지만 산성을 나타내지 않으나, 페놀프탈레인을 지시약으로 하여 1 N NaOH로 적정한다. 중심에 있는 인의 산화상태는 +1로서 매우 강력한 환원제로 작용한다. 차아인산은 많은 화합물을 쉽게 환원시키는데, 그 자신은 산화상태가 +3인 아인산(H_3PO_3)을 형성한 후 4개의 전자이동에 의해 최종적으로 산화상태가 +5인 인산이 된다. 차아인산의 환원성은 요오드 분자로부터 요오드 이온을 형성하는 반응식 (5.8)과 과망간산칼륨의 산성용액을 탈색시키는 반응식 (5.9)로 쉽게 설

명할 수 있다.

$$H_3PO_2 + 2\,I_2 + 2\,H_2O \longrightarrow 4\,HI + H_3PO_4 \tag{5.8}$$

$$5H_3PO_2 + 4\,KMnO_4 + 6\,H_2SO_4 \longrightarrow 2\,K_2SO_4 + 4\,MnSO_4 + 5\,H_3PO_4 + 6\,H_2O \tag{5.9}$$

차아인산과 농축된 산화제의 혼합물은 폭발할 수 있으므로 배합불가(incompatibility)이다. 환원제가 반드시 필요한 대부분의 반응에서 묽은 차아인산 용액은 매우 효과적인 산화방지제 또는 환원제로서 작용한다.

(1) 용도

차아인산과 그 염의 중요한 약리작용은 없다. 이 산은 산화방지제로만 사용되는데, 묽은 요오드산(diluted hydriodic acid)과 요오드산 시럽(hydriodic acid syrup)에 첨가되어 요오드가 형성되는 것을 방지한다. 또한, 요오드화 제1철 시럽(ferrous iodide syrup)에 첨가되어 제2철 이온과 요오드 분자가 형성되는 것을 방지한다.

차아인산의 염도 산화방지제로 사용되는데, 차아인산나트륨(sodium hypophosphite)은 음식에 방부제로 쓰이며, 차아인산암모늄(ammonium hypophosphite)은 약품의 방부제로 사용된다. 차아인산염을 산화제인 질산염, 염소산염 또는 과망간산염과 함께 분쇄하면 절대로 안 된다.

산화방지제로 사용되는 차아인산과 그 염의 농도는 1%를 초과할 수 없으며, 일반적으로 0.5～1%로 사용된다.

[2] 이산화황(sulfur dioxide, 아황산가스, SO_2)

이산화황은 무색의 불연성 기체로서 냄새는 황을 많이 함유한 석유가 탈 때 발생하는 냄새와 같다. 이산화황에 압력을 가하면 이산화황이 농축되어 끓는점이 −10°C이고 비중이 1.5인 무색의 액체로 된다.

이산화황을 요오드를 함유한 수용액에 통과시키면 요오드산(hydriodic acid)이 생성된다.

$$SO_2 + I_2 + 2\,H_2O \longrightarrow 2\,HI + H_2SO_4 \quad (5.10)$$

과망간산칼륨과 반응할 때에도 비슷한 반응이 일어난다.

$$5\,SO_2 + 2\,KMnO_4 + 2\,H_2O \longrightarrow K_2SO_4 + 2\,MnSO_4 + 2\,H_2SO_4 \quad (5.11)$$

이산화황은 산성조건에서 안정하며, 중성 또는 염기성조건에서는 거의 모든 이산화황이 아황산수소염과 아황산염으로 전환된다. 이를 이산화황의 정량분석에 이용하는데, 0.1 N NaOH 용액에 이산화황을 흡수시켜 아황산수소나트륨(sodium bisulfite) 용액을 만든 후 전분시약을 지시약으로 하여 0.1 N 요오드 용액으로 엷은 청색이 될 때까지 적정한다. 이산화황은 완충제가 없는 용액에서는 이산화황이 수산화 이온의 농도를 감소시켜 액성을 더 산성으로 바꾸기 때문에 알칼리성 용액의 안정제로는 사용되지 않는다.

$$SO_2 + OH^- \longrightarrow HSO_3^- \quad (5.12)$$

위 반응의 역반응은 이산화황의 생성반응이다. 즉, 아황산수소염을 묽은 산과 반응시키면 이산화황이 생성된다.

$$NaHSO_3 + H_2SO_4 \longrightarrow NaHSO_4 + SO_2\uparrow + 2\,H_2O \quad (5.13)$$

(1) 용도

이산화황은 산화방지 기능이 있는 의약품제제 보조제이다. 이산화황은 산화된 물질을 환원하여 이전상태로 돌려놓거나, 또는 더 중요하게도 다른 화합물보다 먼저 산소와 반응하여 그 화합물의 산화를 방지한다. 이산화황은 기체이기 때문에 보통 1회용 앰플(single-dose ampule)이나 다회용 바이알(multiple-dose vial)에 담아 주사제로 사용된다. 이산화황의 농도는 보호해야 할 화합물과 조제용기에 따라 달라진다. 일반적으로 사용 농도는 약 0.1%이며, 1.0% 이상을 넘지 않는다. 다회용 용기에는 1회용 용기보다 더 많은 이산화황을 넣어야 하는데, 매 사용시 공기가 들어가 산화방지제를 소모하기 때문이다.

[3] 아황산수소나트륨(sodium bisulfite, sodium hydrogen sulfite, $NaHSO_3$)

아황산수소나트륨은 아황산수소나트륨($NaHSO_3$)과 피로아황산나트륨($Na_2S_2O_5$)의 혼합물이다. 아황산수소나트륨은 흰색이나 미색으로서 결정 또는 과립상 분말이며, 이산화황 냄새를 갖는다. 이 고체는 공기 또는 빛에 불안정하다. 이산화황을 방출하는데, 64.0~67.4%의 이산화황을 방출할 수 있어야 한다.

[4] 피로아황산나트륨(sodium metabisulfite, sodium pyrosulfite, $Na_2S_2O_5$)

이 화합물은 흰색이나 미색의 결정으로서 이산화황 냄새를 갖는다. 흡습성이며, 공기중에서 천천히 분해된다. 이 화합물은 이산화황으로 계산했을 때 64.0~67.4%에 해당하는 피로아황산나트륨을 함유해야 한다.

상업적으로 사용되는 아황산수소나트륨은 실제로는 피로아황산나트륨이다. 이 염은 아황산수소염이 명시된 경우에 사용되는데, 피로아황산염을 물에 녹이면 즉시 아황산수소염으로 전환된다.

$$Na_2S_2O_5 + H_2O \longrightarrow 2\,NaHSO_3 \quad (5.14)$$

아황산수소염이나 아황산염을 산용액과 반응시키면 아황산이 얻어진다. 이는 이산화황이 물에 녹은 용액이다.

$$NaHSO_3 + HCl \longrightarrow NaCl + H_2SO_3 \quad (5.15)$$

$$Na_2SO_3 + 2\,HCl \longrightarrow 2\,NaCl + H_2SO_3 \quad (5.16)$$

$$H_2SO_3 \rightleftarrows H_2O + SO_2\uparrow \quad (5.17)$$

아황산수소나트륨, 피로아황산나트륨, 그리고 다른 아황산수소염과 아황산염은 매우 강한 환원제이다. 이산화황처럼 이들도 산화상태 +4의 황을 함유하고 있다. 앞의 반응에서처럼 이들은 이산화황과 함께 용매의 pH에 따라 상호전환된다.

아황산수소나트륨은 강염기인 탄산나트륨을 중화시켜 아황산나트륨을 생성시킨다.

$$2\,NaHSO_3 + Na_2CO_3 \longrightarrow 2\,Na_2SO_3 + H_2O + CO_2\uparrow \quad (5.18)$$

반면에 산성용액에 아황산염을 가하면 아황산수소염이 생성되어, 수소 이온의 농도가 감소하므로 pH가 염기쪽으로 이동한다.

아황산수소염과 아황산염의 배합불가는 용해도에 기인한다. 유일한 가용성염은 알칼리 금속염이며, 알칼리 토금속의 아황산수소염은 그보다 용해도가 낮고, 그 아황산염은 불용성이다.

아황산수소나트륨과 피로아황산나트륨을 이산화황과 같은 방식으로 정량 분석하는데, 과량의 0.1 N 요오드 용액을 가한 후, 미반응의 요오드를 티오황산나트륨으로 적정한다. 아황산수소염의 반응과 요오드의 반응은 식 (5.19)와 식 (5.20)

에 나타나 있다.

$$NaHSO_3 + I_2 + H_2O \longrightarrow NaHSO_4 + 2\,HI \quad (5.19)$$

$$2\,Na_2S_2O_3 + I_2 \longrightarrow 2\,NaI + Na_2S_4O_6 \quad (5.20)$$

(1) 용도

아황산수소나트륨과 피로아황산나트륨은 산화방지제로만 사용되는데, 보통 페놀핵이나 카테콜핵을 가진 약품의 용액(예: phenylephrine hydrochloride와 epinephrine hydrochloride 용액)에 첨가되어, 이들이 퀴논 등의 물질로 산화되는 것을 방지한다. 이와 같이 작용하려면 용액의 액성이 반드시 산성이어야 한다. 염기성이면 페놀 음이온이 생성되어 아황산 수소염의 환원력을 감소시키기 때문이다. 또한, 산성 pH는 카테콜 유도체의 산화를 막는데 도움이 된다. 아황산수소염은 아스코르빈산 주사제의 환원제로 사용된다.

이러한 목적으로 사용하는 피로아황산나트륨의 농도는 보통 0.1% 정도이다. 이는 0.2% 이산화황에 해당하는 농도이다.

아황산수소나트륨은 비수용성인 약품을 수용성염으로 만들 때 사용된다. 예로서, menadione 아황산수소나트륨은 menadione의 carbonyl에 아황산수소나트륨을 도입한 화합물이다. Menadione은 물에 녹지 않는데, 이와 같이 아황산수소나트륨을 첨가하여 유도체를 만들면 수용성이 되어 주사제로 만들 수 있다. Menadione 아황산수소나트륨은 인체에서 menadione으로 전환된다.

[5] 티오황산나트륨(sodium thiosulfate, $Na_2S_2O_3 \cdot 5H_2O$)

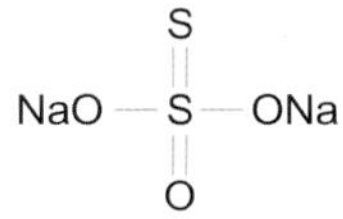

티오황산나트륨에 함유된 황은 두 가지 산화상태를 갖는다. 하나의 황 원자는 산화상태가 0인데 비해 산화된 황은 +4의 산화상태이며, 더 이상 산화되지 못한다. 따라서 이 화합물은 환원제나 산화방지제로 작용한다. 티오황산나트륨의 환원성은 요오드의 적정에서 뚜렷이 나타난다. 티오황산나트륨은 요오드 용액을 무색의 요오드화나트륨으로 전환시킨다[식 (5.20)]. 이 반응은 100% 진행되므로 티오황산나트륨은 요오드 얼룩을 지우거나 공장에서 표백작업 후 염소를 제거할 때 사용된다. 티오황산나트륨은 또한 제이철을 환원시켜 제일철의 형태로 만든다.

티오황산염 중에 유일하게 가용성인 것은 알칼리 금속염이다. 티오황산나트륨과 다른 금속 양이온을 함유한 용액을 섞으면 금속 티오황산염이 침전되므로 주의해야 한다. 산성용액에서 이 침전은 황화물(sulfide)을 형성하여 검게 된다.

(1) 용도

티오황산나트륨은 하이포(hypo)라고도 불리며, 시안 화합물 중독의 해독제로 분류되며, 비소의 중독에도 사용된다. 티오황산나트륨은 산과 혼합하여 여러 피부질환 치료에 쓰이기도 한다. 산에 의해 황이 침전되고 이산화황이 발생한다. Cisplatin과 같은 백금항암제의 독성을 경감시킬 목적으로도 사용된다.

티오황산나트륨은 요오드화염(iodide)을 함유한 용액에서만 산화방지제로 사용된다. 요오드화칼륨 용액을 저장할 경우에 0.05% 티오황산나트륨을 사용토록 허용한다.

[6] 아질산나트륨(sodium nitrite, $NaNO_2$)

화학적으로 아질산염은 환원제나 산화제로 모두 작용할 수 있다. 아질산나트륨(질소의 산화상태 +3)으로 화합물을 환원시키면 그 결과 질산염(질소의 산화상태 +5)이 생성된다. 아질산염의 환원성은 식 (5.21)로 설명되는데, 산성용액에서 염소산염(chlorate)을 염화물(chloride)로 환원시킨다.

$$3\,HNO_2 + KClO_3 \longrightarrow 3\,HNO_3 + KCl \qquad (5.21)$$

아질산염이 산화제로 작용할 때에 그 자신은 산성 용액에서는 nitric oxide(NO)로 되고, 중성이나 알칼리성 용액에서는 질소원자가 된다.

(1) 용도

아질산나트륨은 주사 시 methemoglobin의 생성을 유발하므로 시안(CN)화물 중독의 해독제로 분류된다. 아질산 이온은 혈관의 평활근을 이완시켜 혈관을 확장시킨다. 그러나 amylnitrite와 nitroglycerin 등 아질산기와 질산기를 가진 유기화합물이 협심증의 관상동맥 확장제로 사용되는 데 반해, 아질산나트륨은 혈액 내에서 methemoglobin의 생성을 유발하므로 혈관 확장제 또는 의약품 제제의 산화방지제로는 사용되지 않는다. 다만 육류 통조림 등에서 혐기성 세균의 증식을 억제하기 위한 방부보존제로 사용되고 있다.

[7] 질소(nitrogen, N_2)

질소는 비활성의 기체로서 반응용기나 포장용기에서 공기를 대체하여 화학물질, 시약 및 약품이 공기에 의해 산화되는 것을 방지한다.

용도: 질소는 산화되기 쉬운 대구간유, 올리브유, 복합 비타민제 등을 보호하는 데 사용된다. 또한, 질소는 주사제나 국소용 액제에서 공기 대신 충진된다. 질소가 사용될 경우에는 이를 라벨에 명시해야 한다. 질소는 일산화탄소의 품질을 측정할 때 산화억제 물질로도 사용된다.

CHAPTER 6

의료용수(Water)

6.1 물(Water)

물은 흔하지만 매우 흥미롭고 특이한 액체이다. 물은 주기율표에서 산소 바로 아래나 옆에 있는 원소들의 수소화물, 즉 황화수소(H_2S), 암모니아(NH_3), 불화수소(HF) 등과 성질이 크게 다르다. 물이 독특한 성질을 나타내는 이유는 물 분자가 자기들끼리, 극성 이온, 또는 극성분자들과 강한 수소결합을 하기 때문이다. 물의 이러한 물리 화학적 성질은 생명현상에서도 결정적으로 중요하다.

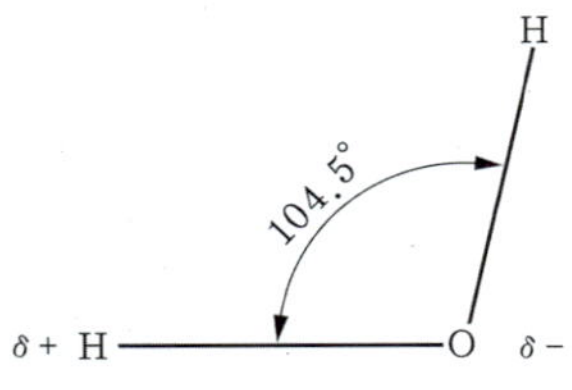

그림 6.1 물의 분자구조

6.1.1. 물의 특성

물의 성질은 생명현상에서 중요하다. 예를 들면, 순수한 물은 좋은 절연체로 작용하고, 물의 높은 비열은 온혈동물의 체온을 일정하게 유지하는 요인이 된다. 물은 104°C의 구부러진 분자 구조를 가지고 있어서 높은 유전상수(dielectric constant)를 띠는데, 이는 물이 용매로 작용하거나 다른 분자구조를 안정화시키는 데 매우 중요한 성질이다(그림 6.1 참조). 크기가 큰 용매분자는 결정 내의 빈 공간을 통과할 수 없으며, 결정의 표면만을 공격할 뿐이지만, 크기가 작은 물은 결정 내의 빈 공간을 통과하여 이온결합을 깨뜨릴 수 있기 때문에 이온 결정을 잘 녹일 수 있다. 이와 같이 물은 분자가 작고 수소결합을 잘 하여 이온 및 저분자 의약품들을 잘 녹이고, 단백질 등의 고분자 물질 등을 안정화시킬 수 있으므로 액제(liquid dosage form)의 용매로 선호된다. 또한, 물은 인체의 대부분을 구성하고 있는 몸의 주요 성분이므로 의약품의 용매로 사용할 때 독성, 신진대사, 배설 등의 문제가 없다.

반면에 물의 반응성이 단점으로 작용하기도 하는데, 이는 물이 어떤 반응을 일으키거나 약품의 안정도를 떨어뜨릴 수도 있기 때문이다. 예를 들면, 물은 아스피린을 살리실산과 초산으로 가수분해하고, 2가 철 양이온(Fe^{2+})을 3가 철 양이온(Fe^{3+})으로 산화시키기도 한다.

화학적 측면에서 볼 때 물은 거의 해리하지 않으며 반응성이 없다고 볼 수 있다. 하지만 다음 반응에서 보듯이 철이 녹슬 때와 같이 물은 다른 원소를 아주 천천히 산화시키기도 한다[식 (6.1)].

$$2\,Fe + 3\,H_2O \longrightarrow Fe_2O_3 + 3\,H_2\uparrow \tag{6.1}$$

이외에도 물은 산[식 (6.2)] 또는 염기[식 (6.3)]로 모두 작용할 수 있다.

$$Na^+ + {}^-O-\overset{\overset{\displaystyle O}{\|}}{C}-CH_3 + HOH \rightleftarrows Na^+ + HO-\overset{\overset{\displaystyle O}{\|}}{C}-CH_3 + OH^- \quad (6.2)$$

$$H_3C-\overset{\overset{\displaystyle O}{\|}}{C}-OH + HOH \rightleftarrows H_3C-\overset{\overset{\displaystyle O}{\|}}{C}-O^- + H_3O^+ \quad (6.3)$$

6.1.2. 물의 정제와 멸균

[1] 증류(distillation)

실험실에서 쉽게 볼 수 있는 단순증류 조작을 의미하여, 물이 100°C에서 기화되는 성질을 이용, 같은 온도근처에서 기화될 수 없는 성분들과 분리하는 조작이다. 그러나 이 방법으로는 비등점이 100°C 이하이거나, 100°C 근처에서 일부의 증기압을 가질 수 있는 휘발성 물질, 또는 물과 공비혼합물(azeotrope)를 형성하는 물질들을 완전하게 제거해내지 못한다. 또한 증류기의 냉각관에서 금속(주로 구리)이온들이 소량 혼입되는 경우가 많다. 대체로 소량(100 L 이하)의 물을 때때로 정제할 필요가 있을 때 사용한다. 잘 처리하였을 경우, 상당한 quality의 물을 얻을 수도 있으며 동시에 멸균이 되는 조작이지만, 단순증류로는 순수한 물은 얻을 수 없다.

[2] 이온교환(ion exchange, 탈염)

합성수지입자의 표면에 산성($-SO_3^{\ominus}H^{\oplus}$) 또는 염기성($-NH_3^{\oplus}OH^{\ominus}$) group을 붙여 넣어 이온교환수지를 만들고 이를 적당한 통에 충전하여, 원수 중의 양이온과 음이온을 각각 $H^{\oplus}$, $OH^{\ominus}$로 차례차례 교환함으로서 정제하는 방법이다. 사용 후의 이온교환수지는 HCl과 NaOH로 쉽게 재생이 가능하여 전체 비용이 저렴(증류의 약 1/10)하고 상당히 좋은 질의 물을 얻을 수 있는 점이 장점이나, 비이온성 불순물(non-ionic impurities)은 제거되지 않으므로, 보통 활성탄(activated carbon), silica gel등의 흡착제 층을 이온교환수지층의 전후에 장착하여 이들을 제거한다. 역시 순수하다고 볼 수 없으며, 잘 처리된 증류수와 대등하다고 보면 옳다. 멸균은 되지 않으며 잘못하면 정제 후에도 생균이 포함될 수도 있다. 탈염수라고도 하며, 비교적 다량의 물을 연속적으로 생산할 필요가 있을 때 주로 이용한다.

(1) 양이온 교환: $\text{Resin-SO}_3^{\ominus}\text{H}^{\oplus} + \text{Na}^{\oplus}\text{Cl}^{\ominus} \longrightarrow \text{Resin-SO}_3^{\ominus}\text{Na}^{\oplus} + \text{H}^{\oplus}\text{Cl}^{\ominus}$

(2) 음이온 교환: $\text{Resin-NH}_3^{\oplus}\text{OH}^{\ominus} + \text{H}^{\oplus}\text{Cl}^{\ominus} \longrightarrow \text{Resin-NH}_3^{\oplus}\text{Cl}^{\ominus} + \text{H}_2\text{O}$

표 6.1 증류수와 이온교환수의 불순물 제거능력 비교

	증류수	이온교환수
강전해질 제거 여부	양호	양호
약전해질 제거 여부	휘발성에 의존	양호(규산염, 탄산염, 붕산염과 페놀류까지 제거 가능)
비전해질 제거 여부	휘발성에 의존	효과 없음
멸균 여부	멸균효과 있음	멸균되지 않음

[3] 전기탈이온화(electrodeionization)

양이온 선택적 이온통과막(양이온은 통과하나 음이온은 막의 pore에 결합되어 있는 음하전에 반발하여 통과하지 못하는 막)과 음이온 선택적 이온통과막(pore에 양하전이 결합되어 있는 막)을 교대로 세우고 원수를 채운 뒤 양끝의 전극을 통하여 전압을 걸어주면, 하나 건너의 실마다 탈이온과 농축이 반복적으로 일어나는 현상을 이용하는 방법이다. 현재 제약업계에서 사용이 증가하는 추세에 있다. 물의 quality는 이온교환수와 비슷하며 연속 생산이 가능하다. 멸균은 되지 않는다.

[4] 한외여과(ultrafiltration)

구멍의 크기가 매우 작아 세균이 통과할 수 없는 여과지가 있다면, 이를 통과시킨 물은 무균상태가 될 것이다. Cellulose나 polyacrylate 계열의 화합물은 다공성 박막(membrane)의 형태로 제조할 수 있으며, 잘 처리하면 미세구멍의 크기를 0.24 μm 이하로 만들 수 있다. 고압증기멸균을 할 수 없는 경우에는 이런 막을 여과지로 하여, 액체를 통과시켜서 멸균한다. 단, 구멍의 크기가 너무 작아 상압에서 자연여과되지 않으므로, 상부가압 등의 압력차를 적용해주어야만 하며, 이 압력을 넓은 면적에 효율적으로 분산시켜 적용하는 것이 기술이다. 정제법이 아니므로 얻어진 물은 정제수가 아니며 세균을 제거한 멸균수이다. 그러나 바이러스는 제거되지 않는다.

[5] 역삼투(reverse osmosis)

용질은 통과하지 못하나 용매(물)는 통과할 수 있는 반투막 사이에는 삼투압이 걸린다. 이렇게 삼투압이 걸려 용액의 액주가 상승해 있는 상태에서 반대로 액주가 높은 쪽에 피스톤을 장착하고 삼투압에 해당하는 압력을 가한다면, 이제는 반투막을 통하여 순수한 용매만이 역으로 삼출되어 나올 것이다. 이렇게 얻어지는 물은 용질이 전혀 녹아 있지 않은 순수한 물이다. 최근 membrane의 제조기술의 발달로 이러한 조작이 가능해졌으며, 이 처리를 하는 경우 멸균은 물론, pyrogen, endotoxin을 포함한 (거의) 모든 불순물이 없이 순수하게 제조할 수 있다. 한외여과(ultrafiltration)에 비하여 pore size가 훨씬 작고, 매우 높은 압력이 필요하며, membrane의 단위면적에서의 유출속도(생산속도)도 작아 비용이 높은 것이 결점이나, 얻어지는 물의 quality가 매우 좋아 최근 제약회사들에서는 멸균과정에 아예 이 장비를 이용하는 곳이 점점 늘고 있다. 역삼투 membrane은 재생할 수 없으며, 원료수의 용질함량이 높으면 빨리 손상되므로 증류나 이온교환 등으로 1차 선처리한 물을 원수로 써야 한다.

[5] 고압증기멸균(autoclave)

일반적이고 대표적인 멸균법이다. 1기압(1.013 bar)에서 물은 100°C에서 끓지만, 압력이 높아지면 끓는점이 올라간다. 따라서 물을 넣고 용기를 밀폐한 후 가열하면, 기화된 수증기에 의하여 내부압력이 올라가며, 약 2.05 bar의 내부압력을 견딜 수 있는 용기를 이용하면 121°C의 온도를 얻을 수 있다. 이 상태의 증기로 가열멸균하는 것을 고압증기멸균이라 하며, 상압으로 멸균하는 것에 비하여 매우 효과적이므로, 보편적으로 많이 이용한다. 당연하지만, 고온에서 분해, 변질될 수 있는 물질에는 적용할 수 없다.

6.1.3. 공정서에 수재된 물

물에는 원천에 따라 불순물의 종류 및 함유량에 상당한 차이를 보이므로 각종 산업에서는 적합한 수질의 물을 얻기 위하여 여러 가지 처리과정을 거친다. 물은 약품의 제조, 조제, 시험 등에도 중요하게 사용되며, 제약용수는 수질은 의약품의 품질에 많은 영향을 미치기 때문에 세계 각 나라의 약전별로 정의와 수질기준의 범위가 규정되어 있다. 대한약전은 물을 상수 정제수, 멸균 정제수, 주사용수의 4등급으로 분류하며, 미국약전은 물을 상수, 정제수, 주사용수, 주사용 정균수, 멸균 주사용수 등 5등급으로 분류하고 있다. 각 순도기준이 표 6.2에 나타나 있다.

표 6.2 공정수의 규격요건

	pH	산화성 물질	총 고형물	세균학적 순도
상수(water)	5~8	없음	1000 ppm	USP H.S. 기준
정제수 (purified water)	5~7	100 mL에 0.1 N $KMnO_4$ 0.1 mL를 가할 때 분홍색을 정함	10 ppm	USP H.S. 기준
멸균정제수 (sterile purified water)	5~7	100 mL에 0.1 N $KMnO_4$ 0.1 mL 가할 때 분홍색을 정함	10 ppm	무균시험 필요
주사용수 (water for injection)	5~7	100 mL에 0.1 N $KMnO_4$ 0.1 mL 가할 때 분홍색을 정함	10 ppm	
멸균 주사용수 (sterile water for injection)	5~7	100 mL에 0.1 N $KMnO_4$ 0.2 mL를 가할 때 분홍색을 정함	30 mL 바이알 이하: 40 ppm, 30~100 mL 바이알: 30 ppm, 100 mL 이상 용기: 20 ppm	발열성 물질 시험 필요
주사용 정균수 (bacteriostatic water for injection)	4.5~7	정균제가 가해져서 추가시험을 할 필요가 없음	40 ppm 첨가된 정균제를 보정하였을 때	발열성 물질 시험 필요

[1] 상수(water)

모든 약전에서 제약 공정의 공정수(process water)는 상수 수준 이상이어야 한다고 규정되어 있다. 상수는 투명한 무색무취의 액체로서 색 및 탁도, 냄새 및 맛, 염소 이온, 질산성 질소, 아질산성 질소, 암모늄, 시안화합물, 중금속, 철, 아연, 카드뮴, 구리, 납, 총경도, 증발 잔류물, 음이온 계면활성제, 일반 세균 및 대장균군 등의 순도시험에 적합해야 한다. 상수는 의약품 제조시의 원료용수, 세정용수, 조제용수 등으로 사용되는데, 팅크(tincture)나 엑기스(extracts) 등의 의약품을 만들 때 용제로서 사용된다.

[2] 정제수(purified water)

정제수는 상수를 증류, 이온교환, 초여과(ultrafiltration) 또는 이들의 조합에 의해 정제한 물이다. 이는 투명한 무색무취의 액체로서 의약품 제조 공정에서 장치의 최종 헹굼에 대량 사용되며, 주사제를 제외한 약품의 용제로도 사용된다. 정제수는 또한 약전 시험법에 사용되는 시약의 제조에 사용된다. 정제수의 순도시험으로는 산 또는 알칼리, 염화물, 황산염, 질산성 질소, 아질산성 질소, 암모늄, 중금속, 과망간산칼륨 환원성 물질 및 증발 잔류물 등이 있다.

[3] 멸균 정제수(sterile purified water)

정제수를 멸균한 것으로서 투명한 무색, 무미, 무취의 액체로서, 고압증기 멸균법으로 115°C에서 30분 간 멸균하여 만든다. pH는 보통 5.0～7.0이다. 멸균 정제수는 정제수의 시험기준에 적합해야 하고, 그 외에 무균시험에도 적합해야 한다. 멸균 정제수는 무균이지만 발열성 물질을 함유할 우려가 있으므로 주사액의 제조에는 사용치 않고, 점안제의 용제로 사용한다.

[4] 주사용수(water for injection)

주사용수는 상수 또는 정제수를 초여과하여 만들며, 주사제를 만들 때 쓰는 것

또는 이것을 적당한 용기에 넣어 멸균한 것이다. 초여과를 써서 주사용수를 만드는 경우에는 미생물의 막투과에 조심한다. 주사제를 만들 때 쓰는 것은 만든 다음 곧 쓴다. 다만, 오염을 피하고 또 미생물이 증식하지 않도록 하여 하룻밤을 보존할 수 있다. 적당한 용기에 넣어 멸균한 것은 주로 쓸 때 녹이거나 현탁하여 쓰는 주사제의 용해제에 쓴다. 증류하여 제조한 것은 별명으로 주사용 증류수로 표시할 수 있다.

주사용수는 투명한 무색, 무미, 무취의 액체로서, 어떤 물질도 함유할 수 없으며, 모든 정제수의 기준에 적합해야 하고, 그 외에 무균시험과 endotoxin시험에도 적합해야 한다. 초여과에 의해 만들어 약품제조에 사용하는 주사용수는 시험항목 중 과망간산칼륨 환원성 물질을 유기체 탄소(organic carbon)로 대체한다.

제약회사에서 주사용수를 사용하여 주사제를 제조한 경우에는 최종제품을 반드시 멸균처리해야 한다. 미국약전은 주사용수를 4°C 이하 또는 37°C 이상으로 저장하도록 규정하고 있는데 그 이유는 이 온도에서 균의 성장이 억제되기 때문이다. 미국약전 규정에 의하면, 제제를 약국에서 조제할 때는 주사용수보다는 주사용 정균수(bacteriostatic water for injection)나 멸균 주사용수(sterile water for injection)를 사용한다.

[5] 멸균 주사용수(sterile water for injection)

멸균 주사용수는 주사용수를 적절한 용기에 담아 멸균한 것을 말한다. 이는 투명한 무색, 무미, 무취의 액체로서 항균제를 함유하지 않는다. 멸균 주사용수는 만들기가 가장 힘든 물이다. 과망간산칼륨 환원성 물질과 증발 잔류물에 대한 멸균 주사용수의 기준이 물, 정제수, 주사용수의 기준보다 완화되어 있는데(표 6.2), 이는 제조하기 힘들기 때문이다.

멸균 주사용수는 1회용 용기에 저장하는데, type I 또는 type II 유리를 사용한 1000 mL 이하의 용기가 이용된다. 그 라벨에는 항균제나 다른 물질이 첨가되지 않았다고 명시되어야 한다. 정맥 주사제의 조제에 사용하려면 조제 직전에 멸균 주사용수를 개봉하여 적당한 용질을 가해 등장액으로 만든다. 멸균 주사용수는 약국에서 정맥 주사제나 근육 주사제를 조제할 때 사용한다.

[6] 주사용 정균수(Bacteriostatic water for injection, USP)

주사용 정균수는 정균보존제를 함유한 멸균 주사용수이다. 미국약전은 주사용 정균수를 다른 약제와 혼합할 때 주사용 정균수에 함유된 항균제가 다른 약제와 적절히 배합되는지 주의하도록 경고하고 있다. 정균보존제로서 벤질알코올(benzyl alcohol 0.9%)이 널리 사용된다. 시험항목 중 pH, 염화물, 증발 잔류물, 과망간산칼륨 환원성 물질 등의 기준은 항균제가 사용되므로 변경되어 있다.

주사용 정균수는 항균제, 발열성 물질, 무균시험의 기준에 적합해야 한다. 주사용 정균수는 1회용(single-dose) 또는 다회용(multiple-dose)으로 포장되는데, type I 또는 type II 유리를 사용한 30 mL 이하의 용기가 선호된다. 함유한 항균제의 종류와 양이 라벨에 반드시 있어야 한다.

주사용 정균수는 정맥주사, 근육주사, 피하주사제의 용제로 사용된다. 다만 benzyl alcohol이 함유되어 있으므로 정맥 주사제로 사용할 때에는 부작용에 유의해야 한다.

CHAPTER 7

내용제

7.1 제산제

7.1.1. 제산제의 개요

제산제(antacids)란 위산과다, 위궤양을 일으키는 과잉의 위산을 중화, 흡착의 기전에 의하여 위 내 pH를 높여서 동통을 완하 경감시키는 약물이다. 즉, 제산제 투여의 주된 적용은 통증을 일으키거나 궤양으로 발전할 수 있는 과량의 위산을 중화하기 위한 것이며, 다른 하나는 단백질 효소와 펩신을 불활성화하는 것이다.

위 내의 pH는 공복 시 pH 1~2에서 식사 후 pH 7의 범위에 있으며, 낮은 pH는 생리적 조건하에서 항상 존재하는 내인성 염산의 존재에 기인한다. 위산과다가 진전되면 위염(gastritis)에서 소화성 궤양(peptic ulcer)까지 일으킨다. 소화성 궤양은 식도하단(식도궤양), 위(위궤양), 십이지장(십이지장궤양), 또는 위공장문합술(gastrojejunostomy)의 공장쪽에 자리 잡을 수 있고, 식도궤양은 열공허니아(hiatal hernia)에서와 같이 식도 괄약근이 나빠졌을 때 발생한다.

식도궤양보다도 흔한 것은 위궤양인데, 이것은 위의 작은 만곡에서 발생하며 가장 흔한 것은 십이지장의 첫 부위에서 일어나는 십이지장궤양이다. 소화성 궤양의 병인은 알려지지 않았으며 이것은 반드시 위산과다와 연관된 것은 아니다.

제산제를 치료상으로 보면, 제산제는 위염 및 소화성 궤양과 연관되는 과량의 위산을 중화, 흡착, 완충하여 동통을 경감하고 궤양을 치료하는 데 쓰이는 염기성 물질이다. 또한 제산제는 펩신을 불활성화시킨다. 펩신은 낮은 pH에서 가장 활성이 높지만, 몇몇 제산제들은 pH의 영향에 관계없이 펩신을 억제하기도 한다. 그리고 위산의 분비는 연속적이기 때문에 제산제의 투여도 보통은 지속적이어야 한다. 하지만, 제산제의 반복적인 투여는 변비와 설사와 같은 부작용을 수반하기도 한다.

제산제 투여 시 고려해야 할 사항들은 첫째, 위벽세포에서 위산이 과량으로 분비되는 산반동(acid rebound)이다. 위는 pH가 1～2로 펩신의 작용에 최적의 pH를 유지하고 있다. 오늘날 사용되는 대부분의 제산제는 위 내의 pH를 4～5로 올려서 펩신의 단백질 분해작용을 크게 감소시킨다. 위 내의 pH가 너무 높아지면 제산제에 의하여 소모된 위산을 보충하기 위하여 산반동이 일어날 수 있다. 제산제에 의하여 중화된 위산을 본래의 낮은 pH를 유지하기 위해서 위는 위산을 추가로 배출하게 된다. 또한 위 속의 제산제와 음식물을 장으로 내려보내 비우게 되고, 그 결과 위장 내로 분비된 과량의 산은 위산과다증을 유발하여 더욱 궤양을 악화시킬 수 있는 것이다. 그러나 임상적으로는 산반동의 개념이 보편적으로 받아들여지지 않고 분명하게 증명하기가 어렵다. 십이지장궤양 환자에 대한 임상시험에서 수산화알루미늄-수산화마그네슘 복합체(30～60 mL)와, 중탄산나트륨(4 g 또는 8 g)은 둘다 위액분비를 촉진하지 않았고, 탄산칼슘(4～8 g)은 위산 분비를 일으켰다. 즉, 위장관에서 Ca^{2+} 이온의 자극효과가 제시되었고, 그 효과는 음식물에 의하여 뒷받침되었다.

두 번째는 전신성 알칼리증(systemic alkalosis)이다. 만일 제산제가 물에 잘 녹아서 쉽게 흡수되는 이온으로 존재하면, 제산제는 흡수되어 체액의 완충계에 알칼리성을 나타낼 수 있다. 그러나 대부분의 제산제는 물에 불용성이기 때문에 문제가 되지 않지만, 중탄산나트륨은 흡수될 수 있어 혈액의 pH를 올려줄 수 있다.

세 번째 문제는 제산제 중의 Na량이다. Na제한 식이요법 환자들이 제산제를 투여할 때에는 이점을 고려하여야 한다.

네 번째로는 위장관에 대한 국소적인 부작용이다. Al과 Ca염을 함유한 제산제가 위산에 의하여 가용성 염으로 전환된 뒤에는 변비를 일으키고 Mg염을 함유한 것은 사하작용을 갖는 경향이 있다. 따라서 변비와 설사작용을 갖는 두 제산제를 혼합한 제제가 시판되고 있다.

제산제는 과량의 위산을 중화할 수 있기 때문에, 위산과다증을 제산제로 유효하게 치료할 수 있으나 위산과다증이 아닌 경우에도 제산제가 소화성 궤양과 관련된 동통을 완화하는 데 유효하다고 생각한다. 통증의 완화는 제산제에 의한 위 내 pH의 증가, 완충작용, 그리고 제산제의 흡착과 pH 증가로 펩신의 단백질분해작용을 저지하고, 궤양조직에 대하여서는 보호막을 형성하는 데 기인한다고 하나, 치료과정에서 제산제의 연용이 통증을 멈춘다는 증거가 없다는 반론도 있다.

제산제의 통증 경감에 대한 구체적인 기전은 알려져 있지 않기 때문에 제산제를 종합적으로 평가하기는 매우 어렵다. 몇 가지의 평가방법은 통증 완화에 대한 주관적 측정에 기초하고 있는 반면, 대부분은 위 내의 pH변화에 대한 영향을 기초로 하고 있다. 비록 후자의 방법이 간단한 과정을 수반하는 것처럼 보일지라도 *in vitro* 시험결과와 임상적 유의성과의 상관성을 결정하기란 매우 어려운 문제이다.

7.1.2. 제산도 측정법 및 제산제 평가

약전에 수재된 제산도(acid consuming capacity) 시험법은 위산과 반응하여 제산작용을 나타내는 의약품의 원료 및 제제의 제산력을 구하는 시험법이다. 원료는 그 1 g에 대응하는 0.1 mol/L 염산 소비량(mL)으로 나타내고 제제는 용법 및 용량의 일일복용량에 대응하는 0.1 mol/L 염산 소비량(mL)으로 나타낸다. 이 방법을 시행하기 위해서는 위산의 연속적인 분비를 모방하기 위하여 일정시간마다 추가로 산을 가한다. 위장은 계속적으로 비우고 있기 때문에 일정시간 간격으로 반응용기로부터 제산제-염산 혼합액의 일정 비율을 제거하는 조작이 필요하다(그림 7.1).

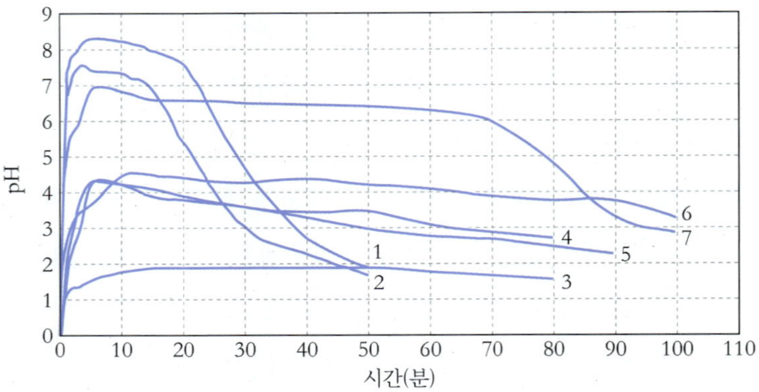

그림 7.1 여러 제산제의 시간에 따른 중화곡선

제산력(0.1 mol/L 염산 소비량/1 g 또는 1일 복용량)(mL) = $(b-a)f \times 2 \times t/s$

a : 0.1 mol/L 수산화나트륨용액 소비량(mL)

b : 공시험에서의 0.1mol/L 수산화나트륨용액 소비량(mL)

f : 0.1 mol/L 수산화나트륨용액의 규정도계수

t : 원료는 1000 mg, 제제는 1일 복용량(고형제제인 경우 mg, 액상제제인 경우 mL)

s : 검체의 양(원료 및 고형제제는 mg, 액상제제는 mL)

한편 특정한 제산제가 펩신을 저지하느냐의 여부에 대하여 많은 논의가 제시되어 왔다. 사람 펩신의 안정성과 pH와의 관계에서 pH 6에 이르기까지 펩신이 안정함을 보인다. pH 6에서 pH 8까지 안정성이 감소하고, pH 8 이상에서는 완전히 불활성화 된다.

반대로 활성과 pH 관계에서는 pH 2에서 100% 활성을 보이고, pH 4.5에서

70%, pH 5.5에서는 펩신의 활성이 없어진다. 이것은 과량의 위산을 중화함으로서 독자적으로 작용하는 제산제가 비가역적으로 펩신을 저지할 수 있는 pH 범위(8 이상)까지 위 내의 pH를 높여야만 한다는 것을 뜻한다. pH 5.5에서도 펩신의 불활성은 오직 일시적일 뿐, pH 4.5로 돌아가면 다시 70%의 활성을 갖는다.

이상의 조건을 감안할 때 제산제로서 구비하여야 할 조건을 요약하면 다음과 같다.

① 제산제는 흡수되거나 전신성 알칼리증을 일으켜서는 안 된다.
② 설사나 변비와 같은 부작용을 일으켜서는 안 된다.
③ 속효성이며 지속성이어야 한다.
④ 제산제는 pH 4~6의 범위에서 완충하여야 한다.
⑤ 위산과 중화반응에 의하여 다량의 가스를 발생하여서는 안 된다.
⑥ 펩신의 작용을 부분적으로 저지하여야 한다.

7.1.3. 알루미늄 화합물

[1] 알루미늄 화합물의 약리작용

가용성 알루미늄염의 묽은 용액은 외용 시 혈관을 수축시키는 성질이 있으며, 진한 용액은 단백질을 침전시키는 수렴제일 뿐 아니라 지혈제로 작용한다. 일반적으로 중금속의 가용성염은 수렴성이지만, 혈관수축 이상의 농도에서는 자극성 내지 부식성이다. 알루미늄은 대표적인 수렴제로서 제한(antiperspirant), 지혈(styptic), 소염(점막독면의 혈액공급 제한) 및 불필요한 조직을 제거(부식)시키는 데 쓸 수 있다.

그러나 알루미늄염을 피부에 적용하였을 때는 가수분해되어 산성을 나타내기 때문에 피부를 자극한다. 내복할 때는 지사작용이 있으며, 소화관에서 흡수되지 않기 때문에 장기간 투여하여도 국소염증 이상의 현상은 발생하지 않으나, 불용성 인산염으로 배설되기 때문에 인의 결핍을 가져올 수도 있다. 또한 백신 제조시 항원과 Al염을 혼합하면 항원성을 증강시키므로 수산화알루미늄, 백반 및 인산알루미늄등이 면역보강제(adjuvant)로 사용된다.

[2] 콜로이드성 알루미늄 인산염(colloidal aluminum phosphate, $AlPO_4$)

이 약은 백색의 점조성 현탁액으로서 방치할 때 소량의 물이 분리되며, $AlPO_4$를 4.0～5.0% 함유하고 pH 범위는 6.0～7.2이다. 이 약제에는 적당한 방부제를 첨가할 수 있으나(안식향산나트륨이나 다른 적당한 방부제를 0.5% 이하 가할 수 있다. USP) 중화 속도와 제산능의 기준에 적합하여야 한다. 이 약은 비흡수성 제산제로 인결핍을 초래할 수 있는 수산화알루미늄·겔의 대용으로 많이 사용된다. 즉, 인산알루미늄·겔이 장 내에서 재생산되기 때문에 내인성 인산염이 절약되며, 흡착성과 수렴성은 수산화알루미늄·겔과 동일하다.

(1) 성상 및 제산 반응

백색의 점성 현탁제로서 정치하면 소량의 물이 분리된다. 물에 불용이고 산류에는 잘 녹는다. 이 약의 제산작용은 인산 이온의 방출에 기인된다. 즉,

$$\underset{\text{(solid)}}{AlPO_4} \rightleftharpoons \underset{\text{(solution)}}{Al^{3+}} + PO_4^{3-}$$

$$\underset{\text{(base)}}{PO_4^{3-}} + \underset{\text{(acid)}}{H_3O^+} \rightleftharpoons \underset{\text{(conjugate acid)}}{HPO_4^{2-}} + \underset{\text{(conjugate base)}}{H_2O}$$

$$\underset{\text{(base)}}{HPO_4^{2-}} + \underset{\text{(acid)}}{H_3O^+} \rightleftharpoons \underset{\text{(conjugate acid)}}{H_2PO_4^-} + \underset{\text{(conjugate base)}}{H_2O}$$

인산알루미늄은 물에 불용으로서, 인산 음이온이 위산에 의하여 소비됨에 따

라 용해된다. H_3PO_4의 pKa가 2.12이고 $H_2PO_4^-$ 이온의 pKa가 7.21이기 때문에, 위 내의 pH는 이 범위 내가 될 것이다. 25°C에서 겔의 pH는 6.0～7.2이다.

(2) 응용

$AlPO_4$를 4.0～5.0% 함유하는 현탁액으로서 제산제로 사용된다. 수산화알루미늄·겔의 장기복용에서 오는 인 결핍을 피하기 위하여 이 약을 교대로 사용하면 좋다.

[3] 수산화알루미늄·겔(aluminum hydroxide gel, $Al(OH)_3$)

수산화알루미늄·겔은 건조 수산화알루미늄·겔과 더불어 가장 많이 사용되는 제산제로서, 작용이 완만하면서 이상적인 성질을 구비하고 있다. 그러나 보관하는 동안 수분 존재하에서 노화에 의하여 제산도가 감소되며, 이는 건조품이 더욱 심하다. 노화는 제조조건과 제제설계의 배합성에 기인되며, 특히 제조시의 침전 pH가 크게 영향을 미친다. 침전 pH는 겔구조 중의 완충제로부터의 음이온 농도로 결정된다. 즉, 가장 중화력이 큰 겔은 알루미늄 1 몰당 1가 음이온(Cl^-, HCO_3^-)의 비가 1에 가깝고, 2가 음이온(SO_4^{2-}, CO_3^{2-})은 0.5에 접근한다.

(1) 성상 및 제산 반응

수산화알루미늄·겔은 백색의 점조성 현탁액으로서 방치하면 소량의 투명한 액이 분리되며, Al_2O_3로서 3.6～4.4%를 함유하고 pH는 5.5～8.0 범위이다.

알루미늄 이온은 6개의 리간드와 결합하여 정육면체 착이온을 형성한다. 수산화알루미늄은 $[Al(H_2O)_3(OH)_3]$의 분자식을 가지며, 다음 식과 같이 그의 양쪽성에 의해 pH 3～5 범위에서 이상적인 완충작용을 갖는다.

$$Al^{3+} \xrightarrow{H_2O} [Al(H_2O)_6]^{3+} \xrightarrow{3OH^-} [Al(H_2O)_3(OH)_3]$$

$$\underset{\text{base}}{[Al(H_2O)_3(OH)_3]} + \underset{\text{acid}}{H_3O^+} \rightleftarrows \underset{\text{conjugate acid}}{[Al(H_2O)_4(OH)_2]^+} + \underset{\text{conjugate base}}{H_2O} \quad (7.1)$$

$$[Al(H_2O)_4(OH)_2]^+ + H_3O^+ \rightleftarrows [Al(H_2O)_5(OH)]^{2+} + H_2O \quad (7.2)$$

$$[Al(H_2O)_5(OH)]^{2+} + H_3O^+ \rightleftarrows [Al(H_2O)_6]^{3+} + H_2O \quad (7.3)$$

위의 연속반응에서 중요한 두 가지 중, 첫째는 반응 (7.1)에서 수산화알루미늄 수화물이 강산이나 알칼리가 아닌 이상 녹아 들어가지 않는다는 것이고, 둘째는 반응 (7.3)에서 알루미늄 수화이온(짝산)이 pKa 4.85인 산이란 점이다. 따라서 반응 (7.3)은 pH 4.85에서 50% 반응이 완료되며, pH가 증가하면 역반응으로 진행하여, 결국 수산화알루미늄·겔은 위장 내의 pH를 5 이상으로 올리지 않는다.

(2) 응용

제산제나 수렴제로서 위 또는 십이지장궤양면을 보호한다. 이 약은 화학적, 물리적으로 작용하여 위산, 독소, 가스, 세균 등을 콜로이드면에 흡착한다. 또, 이 약은 장 내의 불용물을 흡착하는 외에 미량의 Al^{3+} 이온을 방출하여 적당한 수렴작용을 한다. 따라서 장기복용 시에는 변비를 일으킬 우려가 있으므로 Mg염을 교대로 투여한다. 이 약은 생체 내에서 펩신을 흡착한다. 또한 다른 약물의 흡착을 방해할 수가 있으므로, 다른 약물과 같이 투여시에는 주의를 요한다.

[4] 건조 수산화알루미늄·겔(dried aluminum hydroxide gel)

(1) 제법

수산화알루미늄·겔을 제조하여 첨가제를 가하지 않고, 가급적 저온(100°C 이하)에서 건조하여 정량할 때, Al을 Al_2O_3로서 50% 이상 함유하도록 한다.

(2) 성상

이 약은 백색의 무미, 무취, 무정형 가루로서 물 또는 알코올에는 녹지 않지만, 강알칼리액이나 묽은 산성용액에 녹는다. 무정형 알루미나 수화물은 조성이 대단히 복잡하며, 일반식은 열역학적으로 $(Al_2O_3 \cdot xH_2O) \cdot yH_2O$, 즉 hydrated hydrous alumina라고 부른다. 무정형은 노화(aging)에 의하여 서서히 결정형으로 변하여 제산능력이 감소한다. 다음 그림은 무정형 hydrous alumina와 노화된 상태 hydrated hydrous alumuna의 열분석 결과이다[그림 7.2].

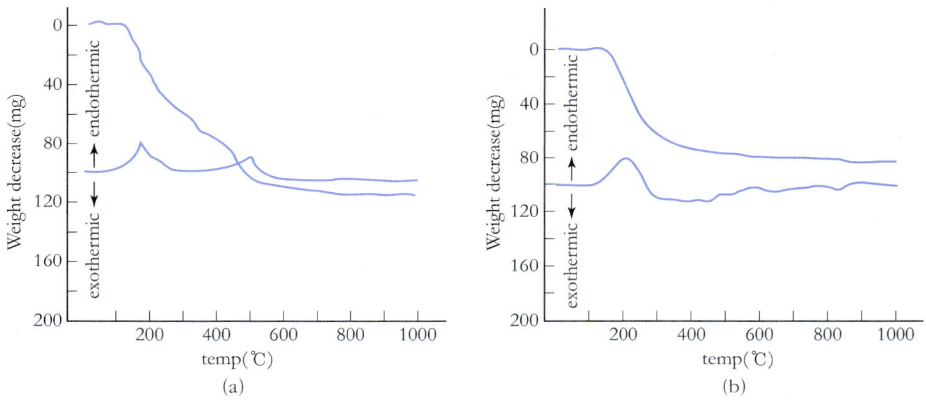

그림 7.2 수산화알루미늄·겔의 노화성적제(a)와 노화 전(b)의 시차열(DTA) 및 열천칭(TGA) 분석

(3) 응용

수산화알루미늄·겔과 같으며, 다만 제산도가 1 g당 0.1M HCl 250 mL 이상을 중화하기 때문에, 정제나 산제로 쓰인다.

(4) 제제

건조 수산화알루미늄·겔 세립(dried aluminum hydroxide gel fine granules)

복방 스코폴리아 엑스·수산화알루미늄산(Compound Scopolia extract and aluminum hydroxide)

[Rx]	스코폴리아 엑스	8 g
	건조 수산화알루미늄겔	500 g
	탄산수소나트륨	150 g
	디아스타아제	120 g
	산화마그네슘	120 g
	전분, 유당 또는 이들의 혼합물	적당량
	전체 양	1000 g

Dried aluminum hydroxide gel capsules

Dried aluminum hydroxide gel tablets

[5] 합성 규산알루미늄(synthetic aluminum silicate, $Al_2O_3 \cdot 6SiO_2 \cdot 2H_2O$)

제산, 흡착, 수렴작용을 갖는 합성 규산알루미늄은 미주신경 흥분증상을 수반하는 위액 분비과다, 위궤양, 십이지장궤양 등에 적용되는 약물로서, 위점막을 피복하여 위의 궤양부위나 염증부위에 미치는 위액의 자극을 차단하고, 위산을 서서히 중화하면서 부생하는 규산이 과잉의 위산을 흡착하고, 염화알루미늄은 위벽을 수렴하면서 위의 연동운동을 조절하는 기능을 갖는다.

제산능이 우수한 시료의 화학조성은 Al_2O_3의 함량비가 크고, 반면에 제산능이 약한 시료의 조성은 SiO_2의 함량비율이 큰 것을 알 수 있다. 따라서 이와 같은 결과로부터 합성 규산알루미늄의 제산능은 주로 Al_2O_3의 중화능에 기인할 것이라고 추정할 수 있다.

(1) 성상

맛과 냄새가 없는 고운 가루로서 물과 알코올에 녹지 않는다. 이 약 1 g은 NaOH(1 : 5) 10 mL와 가열하면 분해되어 용해하고, 또 HCl 10 mL와 가열하면 천천히 분해되지만, 약간의 불용성 물질을 남긴다.

(2) 응용

제산제로 사용되며 그 작용은 위의 점막을 피복 또는 보호하며, 위산을 서서히 중화한다. 이때 생성되는 규산은 과잉의 산을 흡착하며, 염화알루미늄은 위벽을 수렴하여 위벽의 역할을 조절한다.

(3) 제제

스코폴리아 · 탄산수소나트륨 · 규산알루미늄산(scopolia extract, sodium bicarbonate and aluminum silicate powder)

[Rx]		
	스코폴리아 엑스	8 g
	탄산수소나트륨	200 g
	합성규산알루미늄	600 g
	산화마그네슘	100 g
	전분, 유당 또는 이들의 혼합물	적당량
	전체 양	1000 g

[6] 천연 규산알루미늄(natural aluminum silicate, $Al_2O_3 \cdot mSiO_2 \cdot nH_2O$)

천연으로 산출되는 규산알루미늄($Al_2O_3 \cdot mSiO_2 \cdot nH_2O$)을 수파하여 조입(粗粒)이 섞이지 않도록 하고, 미립자로 한 것을 작열하여 활성화한 것이다.

(1) 성상

백색의 엷은 착색분말로서 사분(砂分)을 포함하지 않고 맛과 냄새가 없다. 이 약은 물이나 알코올에는 녹지 않고, NaOH액(1 : 5)이나 염산과 같이 가열하면 일부가 분해하여 용해된다.

(2) 응용

제산제로서 위산과다나 위궤양 등에 내복하며, 그 흡착성을 이용하여 설사성 질환에도 쓰인다. 또한 모르핀, 코카인, 니코틴 등에 대한 해독력이 있다. 장관에서 수분을 흡수하여 분괴(糞塊)를 연화하여, 만성변비에도 유효하다.

[7] 염기성 탄산알루미늄 · 겔(basic aluminum carbonate gel, $Al(OH)CO_3$)

이 약은 수성 현탁액으로 투여되며, 4.9～5.3%의 Al_2O_3와 2.5% 이상의 CO_2를 함유한다.

(1) 성상

이 약의 현탁액은 백색 크림상이며, 방치하면 어느 정도 분리된다. 액성은 거의 중성(pH 6.6～7.0)이며 상압에서도 서서히 CO_2를 유리시키므로 기밀용기에 저장한다.

(2) 응용

이 약은 위의 산도를 조절하고, 소화성 궤양의 치료에 보조제로 사용하며, 그 효능은 수산화알루미늄 · 겔과 거의 같다. 그리고 인산염 요로결석의 형성을 예방하는 저인산염 환자식으로도 쓰인다. 현재는 현탁제(예: basal gel)로 쓰인다.

[8] 도소나이트(dawsonite, $NaAl(OH)_2CO_3$)

제산제 도소나이트는 합성법에 의하여 제조되는 고순도의 제품으로 염기성 탄산알루미늄나트륨 $NaAl(OH)_2CO_3$ (dihydroxy aluminum sodium carbonate)의 복염으로서 가비중이 작고, 다공질의 섬유상 결정구조를 갖는 백색의 고운 가루의 순도 높은 인공 합성품이다.

표면적이 크고 강력한 흡착력을 가지고 있어 위 내 이상물질에 대하여 선택적

흡착력을 갖고, 펩신을 흡착하여 불활성화시킴으로 항펩신 작용을 갖는다.

그 밖에 알칼로시스(alkalosis), 변비, 완하, 담석증 등의 부작용이 없고, 제산제의 구비조건을 만족시켜 속효성이면서도 지속성이며, 산반동이 없고 알칼로시스를 일으키지 않는 등의 이상적인 조건을 비교적 갖춘 제산제이다. 또한 탁월한 흡착력으로 인하여 식품첨가물로 지정되어 흡착제로도 사용된다.

7.1.4. 마그네슘 화합물

마그네슘 화합물은 의약용 또는 공업용으로 광범위하게 사용되고 있다. 마그네슘의 무기 화합물 외에 유기 마그네슘 화합물로 스테아린산 마그네슘, 살리실산 마그네슘 등이 제제에서 중요한 화합물이 된다.

Mg^{2+} 이온은 세포내액 중 두 번째로 양이 많은 양이온이며, Na, K, Ca에 이어 체내에서 네 번째로 많은 양이온이다. 이 중에서 50% (10～20 g)는 Ca과 인산염으로 뼈를 이루고 있다.

인체의 생명유지에 필수적인 이온으로서 ① ATP 등을 필요로 하는 인산염 대사를 포함하는 많은 효소의 필수 구성성분이며, ② 신경근육계의 원활한 기능유지에 없어서는 안 되며, ③ 단백질 합성에 중요하며, ④ 주사로 투여하면 강력한 전신 마취작용이 있고, 산부인과에서 경련상태와 파상풍과 같은 증상에 중추신경억제제로 쓰이며, ⑤ 경구투여 시에는 Mg^{2+}이온의 십이지장 상부에서 완만한 흡수 때문에 사하작용이 있다. 또한 생체 내에서 Mg^{2+}은 천식, 허혈성 stroke, 심근경색 및 부정맥 등의 질환에 치료효과가 있는 것으로 보고되었다.

[1] 탄산마그네슘(magnesium carbonate, $(3\sim5)MgCO_3 \cdot Mg(OH)_2 \cdot (3\sim7)H_2O$)

MgO, CO_2 및 H_2O의 3계로써 성립되는 화합물로서 의약용 탄산마그네슘은 대한약전(KP) 및 일본 약국방(JP)에는 탄산마그네슘(Magnes II carbonas, magnesium carbonate) 및 중질탄산마그네슘(Magnes II carbonas ponderos, heavy magnesium carbonate)의 2종이 실렸다가, 미국약전(USP)과 같이 중질이나 경질을 구별하지 않고 탄산마그네슘의 한 가지로 수재하고 있다. 중질이나 경질을 막론하고 의약용 탄산마그네슘은 함수 염기성 탄산마그네슘 또는 함수 정탄산마그네슘으로 (3∼5)$MgCO_3 \cdot Mg(OH)_2 \cdot$(3∼7)$H_2O$의 조성을 가지며, MgO를 40.0∼44.0% 함유한다.

(1) 성상

정탄산마그네슘은 18°C에서 물 100 g 중에 9.4 mg을 용해한다. 시판 탄산마그네슘은 경질과 치밀하지 않은 것이 약용으로서 우대된다. 비중 2.1∼2.2, 정제수에 대한 용해도는 냉시 1 : 2500, 열시 1 : 9000이다.

이 약은 탄산수 중에는 중탄산마그네슘을 형성하여 용해되는데, 방치하면 $MgCO_3 \cdot 3H_2O$로 석출한다. 이 약을 물로 적시거나 또는 포화용액은 약알칼리성이며, 약하게 작열하면 산화마그네슘이 된다.

(2) 응용

제산제로 사용되나, 다량으로 사용하면 완하작용을 나타낸다. 완하한 변통이 필요할 때의 제산제로서 적합하며, 현탁수제의 복용이 편리하다. 위산과 반응하여 발생하는 탄산가스는 고장(鼓腸)을 일으키므로, 단순한 제산 목적이라면 산화마그네슘을 사용한다.

상용량은 제산제나 완하제로 0.5∼2.0 g이다.

(3) 제제

Magnesium carbonate and sodium bicarbonate for oral suspension

Magnesium carbonate tablets

[2] 산화마그네슘(magnesium oxide, Magnesia, MgO)

산화마그네슘은 질의 치밀도에 따라 경질과 중질의 두 가지로 구별되는데, 이는 탄산마그네슘과 마찬가지로 전에는 일본 약국방과 우리 약전에는 경질 산화마그네슘과 중질 산화마그네슘으로 분말용적에 의하여(30 mL 이상은 경질, 30 mL 이하는 중질) 구별하였으나, 현재는 미국, 프랑스 및 독일 등과 같이 구분 없이 산화마그네슘으로 수재되어 있다.

(1) 성상

경중질의 구별은 용적시험에 따르는 바 30 mL 이상이면 경질, 30 mL 이하이면 중질이다. 이 약은 백색 무정형 분물로서 비중은 약 2.75(경질), 3.0～3.6(중질), 무취이며, 물에는 약간 용해하여 약알칼리성을 나타낸다. 공기 중의 CO_2 및 수분을 흡수하면 일부 염기성 탄산마그네슘이 된다.

(2) 응용

가장 흔히 사용되는 제산제, 완하제이며, 제산제로서는 1일 수회 0.3～1.0 g을 산제, 진탕합제로서 사용하며, 완하제로서는 보통 3.0 g 이상을 쓴다. 이 약은 물에 불용성이므로 $NaHCO_3$에 비하여 제산능은 지속성으로 작용시간도 길다. 단, 반복 연용하면 $MgCl_2$의 생성에 의한 변통(便通)이 많아진다. 이 약 20 g을 물 또는 우유 200 mL에 현탁한 것은 산중독(HCl 등)의 중화제 및 중금속 중독의 해독제로서 쓰일 때가 있다. 외용으로는 습진에 단미·탈크·석송자 등과 혼화하여 산포제로 쓴다.

중질품도 경질품과 용도는 같으나, 경질품에 비하여 용적이 적고 취급이 편리하여 조제용으로 쓰인다.

(3) 제제

복방대황·센나산(compound rhubard and senna powder)

[Rx]	센나가루	110 g
	대황가루	110 g
	황	555 g
	산화마그네슘	258 g
	전체량	1000 g

페노발린·마그네슘산(phenovalin and magnesium oxide powder)

[Rx]	페노발린	250 g
	산화마그네슘	500 g
	전분, 유당 또는 이들의 혼합물	적당량
	전체량	1000 g

Magnesium oxide tablets

Magnesium oxide capsules (500 mg)

(4) 주의사항

테트라사이클린계 항생물질의 흡수 저해할 수 있어 병용투여를 금지한다.

[3] 규산마그네슘(magnesium silicate, $2MgO \cdot 3SiO_2 \cdot nH_2O$)

약전에 수재된 의약품으로 그 조성은 $2MgO \cdot 3SiO_2 \cdot nH_2O$로 기재하고 있으나, 수분의 양이 일정하지 않으므로 약전에서는 SiO_2 45.0% 이상, MgO 20.0% 이상을 함유하며, SiO_2와 MgO와의 비(%)는 2.2～2.5라고 규정하고 있다..

(1) 성상

이 약은 흰색의 고운 가루로서 냄새와 맛이 없으며, 물과 에탄올에 녹지 않는다. 무기산에 의해 쉽게 분해되며, 염산에 의해 분해되면 백색의 교질상 SiO_2가 침전한다.

(2) 응용

위산과다증, 위궤양, 십이지장궤양 등에 제산제 1일 2～3 g 내복한다. 또한, 이 약 1 g은 0.1N－HCl 155 mL를 중화하여 부생하는 겔상의 $SiO_2 \cdot nH_2O$가 위벽을 보호하고, 염산을 흡착하며, 지속시간이 약 4시간으로서 가장 지속적인 제산제이다.

$$2\,MgO \cdot 3\,SiO_2 \cdot nH_2O \;+\; 4\,HCl \longrightarrow 2\,MgCl_2 \;+\; 3\,SiO_2 \cdot nH_2O \;+\; 2\,H_2O$$

또한, 이 약은 물에 난용이므로, 체내에 흡수가 되지 않아 산 또는 알칼리 평형을 파괴하지 않으므로 알칼로시스를 일으키지 않는다. 그리고 CO_2 가스의 발생이 없어서 산반동도 없으며, 항펩신 작용도 있다. 배합제제가 흡습하여 변화를 일으킬 때 이 약을 첨가하면, 어느 정도의 변화를 방지할 수 있어 부형제 원료로도 사용된다.

(3) 제제

Magnesium trisilicate tablets

Magnesium trisilicate oral suspension

[4] 수산화마그네슘(magnesium hydroxide, $Mg(OH)_2$)

(1) 제법

수산화마그네슘은 용해도가 낮기 때문에 Mg염 수용액에 알칼리를 작용하여 제조한다.

$$MgCl_2 \;+\; 2\,NaOH \longrightarrow Mg(OH)_2 \;+\; 2\,NaCl$$

양성화합물이 아니기 때문에 과량의 NaOH에 용해되지 않으나, NH_4OH, NH_4Cl 등의 존재하에서는 용해도가 증가하므로 침전이 안 된다.

(2) 성상 및 제산반응

백색의 분말로서 비중 2.36이고, 물과 알코올에 불용이며 묽은 산에 용해된다. 알칼리 용액 중에서 210～220°C로 가열하면 육방정계의 결정이 된다. 100°C에서 건조하여도 분해되지 않는다.

다른 마그네슘 제산제와 마찬가지로 수용액은 알칼리성으로 pH 10.6이며, 위산을 중화한다.

$$\underset{\text{(solid)}}{Mg(OH)_2} \rightleftharpoons \underset{\text{(solution)}}{Mg^{2+}} + 2\,OH^-$$

(3) 응용

하제를 겸한 제산제로서 0.3～0.6 g을 내복하고, 다량 복용시에는 완하작용을 하며 2～4 g을 복용한다. 제산제로 사용할 때에는 보통 칼슘이나 알루미늄 제산제와 병용한다. 경미한 산반동은 있으나 수산화알루미늄·겔의 결점을 보완하기 위하여 병용되는 일이 많다.

(4) 제제

Magnesia tablets

Magnesia and alumina oral suspension

Magnesia and alumina tablets

Milk of magnesia

Magnesium hydroxide paste

7.1.5. 알루미늄/마그네슘 화합물

[1] 히드로탈시트(hydrotalcite, $Mg_6Al_2(OH)_{16}CO_3 \cdot 4H_2O$)

제산제로 널리 사용되고 있는 탄산수산화마그네슘알루미늄(hydrotalcite)은 영국약전에 수재된 의약품으로서 백색의 미세한 분말가루이며, hexagonal system의 단일물질로 물에는 녹지 않으나 묽은 염산용액에서는 Mg^{2+} 이온과 Al^{3+} 이온을 동시에 방출하며, altacite, talcid 등의 이름으로 불리는 $Al_2Mg_6(OH)_{16}CO_3 \cdot 4H_2O$의 구조식을 갖는 aluminum magnesium hydroxide carbonate의 수화물 형태를 갖고 있다.

조성은 15.3～18.7%의 Al_2O_3와 36.0～44%의 MgO를 포함하며, Al_2O_3와 MgO의 함량비는 0.4～0.45 이내이다.

(1) 제법

일정한 양의 $Al(OH)_3$를 정량하여, 교반기를 장착한 항온수조에서 수산화알루미늄 현탁액과 수산화마그네슘 현탁액 일정량을 넣어 일정한 속도로 교반하면서, 탄산수소나트륨 용액을 주가하여 반응액의 pH를 조정한 후, 반응시간 동안 교반을 계속하여 반응을 완결시킨 뒤 생성된 hydrotalcite의 침전을 반응온도와 동일한 온도의 증류수로 충분히 흡인여과하고, 염이 검출되지 않을 때까지 세척한 후, 소요온도로 일정시간 건조하고 분쇄하여 시료로 한다.

$2\,Al(OH)_3 + 6\,Mg(OH)_2 + NaHCO_3 + 3\,H_2O$

$\rightarrow Mg_6Al_2(OH)_{16}CO_3 \cdot 4\,H_2O + NaOH$

$Al(OH)_3 + 6\,MgO + NaHCO_3 + 8\,H_2O$

$\rightarrow Mg_6Al_2(OH)_{16}CO_3 \cdot 4\,H_2O + Na_2CO_3$

$Al_2(SO)_3 + 6\,Mg(OH)_2 + Na_2CO_3 + 8\,H_2O$

$\rightarrow Mg_6Al_2(OH)_{16}CO_3 \cdot 4\,H_2O + 3\,Na_2SO_4 + 2\,H_2CO_3$

(2) 성질

위장 내 산도(pH), 즉 과잉 분비되는 위산의 양에 따라 산 중화작용이 조절되어 필요이상의 과다반응을 일으키지 않고 적정 중화 수준 pH 3.0~5.0을 유지시킨다.

(3) 응용

위산과다, 속쓰림, 위부 불쾌감, 위통, 구토, 위체, 신트림 등에 쓰인다.

(4) 제 제

- 탈시드정: 히드로탈시트 500 mg
- 히드로탈시트 정
- 탈시딘 정: 시메티딘 50 mg, 히드로탈시트 125 mg, 규산알루민산마그네슘 100 mg, 탄산수소나트륨 100 mg

[2] 알마게이트(almagate, $Al_2Mg_6(OH)_{14}(CO_3)_2 \cdot 4H_2O$)

(1) 응용

위산과다, 위,십이지장 궤양, 속쓰림, 위염 등에 쓰인다.

(2) 주의사항

테트라사이클린계 항생물질을 흡착하여 흡수를 저해할 수 있어 병용투여를 금지한다.

(3) 제제

Almagate gel

Almagate tablets

7.1.6. 칼슘 화합물

칼슘은 신체기능의 유지에 매우 중요한데, 그 기능으로서는 ① 자율신경계 기능 조절, ② 심장기능 조절인자, ③ 혈액응고 조절인자, ④ 뼈와 그와 유사한 조직에서의 구조 조성성분의 특성을 지니고 있다. 그리고 체액의 액성 조절에 중요한 이온이다. 칼슘의 1일 권장량은 600 mg이며, 칼슘은 장관계의 상부에서 흡수되고 뇨와 변으로 배설된다. 장의 산성상태는 배량체에서의 높은 용해성 때문에 칼슘염의 흡수를 유리하게 한다. 알칼리성의 반응은 불용성 칼슘염을 침전시킴으로써 흡수를 지연시킨다. 신체의 칼슘은 주로 탄산칼슘과 인산칼슘으로서 골격의 형태로 존재한다.

칼슘의 영양결핍은 성장장애를 초래하고, 이러한 경우는 불충분한 칼슘의 섭취 또는 비타민 D의 흡수 등이 원인이다. 비타민 D는 식이칼슘의 흡수에 필수적이고, 칼슘 부족은 어린이에게 구루병(rickets), 어른에서는 골연화증을 초래한다. 또한, 칼슘은 알레르기성 피부염, 습진, 소양증, 담마진의 치료에 사용되는데, 이런 알레르기성 질환은 미주신경자극감수성 때문에 나타나며, 이것은 칼슘과 마그네슘이 신경 진정작용이 있기 때문에 효과가 있다.

[1] 침강 탄산칼슘(precipitated calcium carbonate, $CaCO_3$)

탄산칼슘은 석회석 등으로 옛날부터 알려졌으며, 다양한 형태로 지상에서 광범위하게 분포하는 광물로서, 그 순도의 정도도 다양하다. 산호, 패각, 뼈 등의 성분으로도 동물계에 분포하지만, 약전품은 수용액으로부터 반응 침전시킨 미세한 분말을 사용하며, 천연품과 구별하여 침강 탄산칼슘이라고 부른다. 영국약전은 용성칼슘과 용성 탄산염의 반응에 의하여 제조한다고 규정하고 있다. 염화칼슘 7부를 56부의 증류수 중에 용해하고, 또 탄산암모늄 5부를 암모니아수(비중 0.96) 10부에 등분의 증류수를 가하여 희석한 혼합액 중에 용해하고, 이를 앞의 액과 혼합해서 유리봉으로 잘 교반한 후, 그 소량을 시험삼아 취해 여과해서 그

여액에 탄산암모늄 용액을 주가하여, 혼탁이 생기면 다시 적당량의 탄산암모늄 용액을 가해 완전히 침전시킨 다음, 그 침전물에서 상징액을 가만히 따라낸다. 그런 다음, 그 잔사(즉, 침강 탄산칼륨)를 거름종이 위에 채집해서 증류수로 세척하고, 그 세액을 HNO_3 산성으로 한 다음 $AgNO_3$를 가해 혼탁이 생기지 않으면 미온으로 건조시켜 제품으로 한다.

$$(NH_4)_2CO_3 + CaCl_2 \longrightarrow CaCO_3 + 2NH_4Cl$$

(1) 성상

순백색의 미세한 결정성 분말로 무미 또는 무취이다. 산석(霰石, aragonite)의 밀도는 2.93이고 방해석(方解石, calcite)의 밀도는 2.711이며, 공기 중에서 안정하고 약 825°C로 강열하면 분해된다. 물에 대한 용해도는 매우 작으며, 물 100 g 중 25°C에서 약 140 mg이다. 그러나 극소량은 용해하므로 수용액은 매우 약한 알칼리성을 나타내는데, 만일 자비하면 CO_2 가스가 소실되므로 알칼리성이 커진다. CO_2 가스가 함유된 물에는 탄산수소칼슘이 생겨 용해되지만, 가열하면 CO_2 가스가 휘산하여 다시 침전한다.

(2) 응용

이 약은 불용성 칼슘제의 일종으로 제산작용과 흡착작용이 있어 위산과다증, 위궤양 등에 제산제로 사용한다. 이 약 1 g은 0.1N HCl 약 200 mL를 중화하는 효과가 있다. $NaHCO_3$에 비하여 알칼리성이 약하고, 대표적인 비전신성 제산제로서 거의 흡착되지 않기 때문에 조직의 알칼로시스를 경미하게 일으킨다고 한다. 다량을 사용하면 변비작용이 있으므로 설사에 사용한다.

내용에는 1일 수회에 1.0～3.0 g 또는 다량의 산(散), 정(tablet), 진탕합제(振盪合劑)로서, 위산과다, 위궤양 등 여러 종류의 설사에 쓰인다. 본초강목에는 방해석과 석종유 등이 수재되어 있다. 그 밖에 고무 및 제지의 충진제, 식품, 화장품,

도료용의 안료와 치마분의 원료 등으로 사용된다.

(3) **제제**

Calcium carbonate oral suspension

Calcium carbonate tablets

Calcium carbonate and magnesia tablets

Calcium and magnesia carbonate tablets

7.1.7. 탄산수소나트륨

[1] 중탄산나트륨(Sodium hydrogen carbonate, Sodium bicarbonate, 중조, $NaHCO_3$)

(1) **성상**

이 약의 결정은 단사정계, 비중 2.20이고, 가열하면 약 50°C에서 CO_2를 발생한다. 물에 대한 용해도는 10°C 6.9%, 20°C 9.6%, 30°C 11.1%, 40°C 12.7%이며, 알코올에는 녹기 어려우며 수용액은 약알칼리성이다.

(2) **응용**

위, 혈액, 요(尿) 등의 acidosis에 사용된다. 탄산염에 비하여 자극성이 적고, 대량을 정맥주사하여도 용혈을 일으킬 위험이 없다. 제산과 건위작용이 있다. 즉, 위장에는 적절한 정도의 충혈을 일으켜 흡수작용을 항진하고, 소화관 내에 있어서 수분의 흡수를 촉진하다. 제산제로서는 이산화탄소의 발생, 산반동 등이 있어 좋은 것이 못된다. 또 아스피린, 살리실산나트륨 등을 복용할 때 위장장해를 방지하는 데 사용한다. Sulfa계 약물 복용 시 요를 알칼리성으로 하여 요로결석을 방지하는 목적으로 병용된다. 또 점액을 용해하는 작용도 있다.

(3) 제제

탄산수소나트륨 정(Sodium bicarbonate tablets)

탄산수소나트륨 주사액(Sodium bicarbonate injection)

디아스타아제·중조산(Diastase and sodium bicarbonate powder)

[Rx]		
	디아스타아제	200 g
	탄산수소나트륨	300 g
	침강 탄산칼슘	400 g
	산화마그네슘	100 g
	전체 양	1000 g

복방디아스타아제 중조산(Compound diastase and sodium bicarbonate powder)

[Rx]		
	디아스타아제	200 g
	탄산수소나트륨	600 g
	산화마그네슘	150 g
	용담가루	50 g
	전체 양	1000 g

7.1.8. 기타 제산제

단일 제산제로서는 이상적인 모든 제산효과를 기대할 수 없어, 몇 가지 제산제의 혼합물을 함유한 제품들이 시판되고 있다. 이와 같은 대부분의 혼합제품은 칼슘이나 알루미늄제제의 변비작용과 마그네슘염에 의한 사하작용의 균형을 기대할 수 있다. 또한, 몇 가지 제품은 제산작용 발현이 속효성인 것과 지속성인 것의 복합제도 있다. 그러나 이러한 지속성은 약간 애매하여 그 성분의 본래의 특성보다도 용량의 함수에 더욱 관계된다고 볼 수 있다.

널리 알려진 상품의 예를 들어 보면 다음과 같다.

① Aluminum Hydroxide Gel-Magnesium Hydroxide Combinations (Aludrox®, WinGel®, Maalox®, Creamalin®): 비설사, 비변비

Alumina and Magnesia Oral Suspension, 4%－Al_2O_3 및 2%－$Mg(OH)_2$ 함유.

Magnesia and Alumina Oral Suspension 2.2%－Al_2O_3, 3.8%－$Mg(OH)_2$ 함유.

Alumina and Magnesia Tablets, Magnesia and Alumina Tablets (USP XXII)

용량: Suspension, 15 mL 1일 4～6회(5～120 mL/일). Tablets, 1 또는 2정을 1일 4～6회(1～4 tablets up to 12 times daily).

② Aluminum Hydroxide Gel-Magnesium Trisilicate Combinations (Gelusil®, Tricreamalate®, Triogel®)

Not official, more common combinations (constipative and laxative effects)

Magnesium-trisilicate is supposed to exert its protective effect.

③ Magaldrate

$Al_2H_{14}Mg_4O_{14} \cdot 2H_2O$ (hydrated magnesium aluminate): 이는 $Al(OH)_3$와 $Mg(OH)_2$의 화합물로서 28～39%의 MgO 및 17～25%의 Al_2O_3 함유한다.

7.2 전해질 보급제

7.2.1. 염화나트륨(sodium chloride, NaCl)

소금은 인류 및 동물의 생활에 필요 불가결한 것으로 태고로부터 알려졌으며, 제염은 우리 인류가 개척한 가장 오래된 무기화학 공업이라 해도 지나친 말은 아니다. 또, 소금은 그 나라의 알칼리 공업의 발전상황을 나타내는 척도라 할 만큼 중요한 화학공업 원료로 쓰이고 있다. 특히, 3면이 바다이며, 기상, 토질 등 입지

적 조건이 천일제염에 가장 적합한 우리나라의 제염 공업은 중요한 의의를 지니고 있는 것이다.

[1] 우리나라의 소금 수급

우리나라의 제염공업은 고려 태조 때, 도염원을 설치하여 소금의 수급을 국가 전매제도로 함으로써 중요한 국가재원으로 삼은 것이 제염행정의 발단이다.

우리나라의 유일한 제염수단으로 되어 있는 천일제염은, 4월부터 10월까지의 7개월 간으로 한정되어 있다. 외국에는 암염광, 함호 등의 좋은 제염 원료가 있으며, 또한 천일제염도 연중 계속될 만큼 기온이 높고 강수량도 적어 좋은 제염기상 조건하에 있는 곳이 많아, 우리나라의 기상조건과 비교가 안 될 뿐만 아니라, 부수적으로 생산원가와 품질에 있어서도 많은 차이를 나타내고 있다.

[2] 제염 원료

소금은 동식물체를 비롯하여 광물, 공기, 빗물(우수), 하천수, 호수 등, 어느 곳에서나 거의 검출되지 않는 곳이 없으나, 이러한 미량으로서는 제염 원료로서의 가치는 전혀 없으며, 현재 이용되는 제염 원료는 대략 표 7.1과 같은 것들이 있다.

표 7.1 제염 원료

산 출 상 태	원료 이름	제조염의 이름
고체	암염 염토	암염(岩鹽) 토염(土鹽)
액체	해수	해염(海鹽)
	천연함수 염천(鹽泉) 염정(鹽井) 염호(鹽湖) 염지(鹽池)	천염(泉鹽) 정염(井鹽) 호염(湖鹽) 지염(池鹽)

[3] 제염 방법

각종 자원을 원료로 하여 제염하는 방법을 크게 나누면 다음과 같다.

- 암염
  - 채굴 → 정제(분쇄, 용융, 재결정 등) …… 암염
  - 용해함수 → 증발정출 …… 암염

- 천연함수, 해수 → 농축(천일, 풍력, 동결) → 증발정출
  - 천일증발 …… 천일염
  - 인공증발(직화, 증기, 전기) …… 전오염

- 조식염(천일염, 암염, 전오염) → 정제
  - 재결정 …… 재제염
  - 화학적처리정제 …… 약전염, 화학용염

다음에서 간단히 제염법의 개요를 설명하며, 특히 우리나라의 입지조건으로 보아서 가장 적합한 천일제염법에 대해 중점을 두기로 한다.

(1) 암염을 원료로 하는 방법

암염(rock salt)은 일부 국가를 제외한 거의 세계 전역에서 산출되며, 특히 미국, 독일, 스페인, 영국, 오스트리아 등 각국이 유명하다. 암염의 기원에 대하여는 해수, 함호에 토사 등이 덮여 생겼다는 사구 분리설, 즉 Bar theory (Ochsenius)와 용암 중의 각 염류가 냉각될 때 비중의 차로 층을 이루어 침적하였으리라는 Dome theory (Harris, Lachmann, Arrhenius 등)의 두 가지 설이 있다.

암염의 채취방법도 2종이 있는데, 그 하나는 석탄을 채굴하듯이 채굴해내는 방법으로, 독일은 전생산량의 2/3, 미국은 1/4을 이 방법에 의하여 채굴하고 있다. 또, 하나의 방법은 암염층에 물 혹은 함천수를 주입하여서 용해시켜, 포화함수로 하여 흡상하는 방법인데 영국은 대부분 이 방법에 의하여 채굴하고 있다.

(2) 천연함수를 원료로 하는 방법

천연함수(함천, 함호, 함정 등)는 그 성인이 암염과 밀접한 관계에 있으며, 천연함수의 산지는 대체로 암염의 산지와 분포를 같이 한다. 가장, 유명한 함호는 중부 아시아의 사해, 미국의 Great Salt Lake, 중국 사천성이다.

(3) 해수를 원료로 하는 방법

해수는 천연함수의 일종이지만 농도가 묽기 때문에 다량의 수분을 증발시켜야만 염을 얻을 수 있는 반면에, 그 자원의 양이 거의 무한하고, 특히 무상인 점은 무엇과도 바꿀 수 없는 이점이 있다. 해수에서 제염하고 난 후의 모액, 즉 고즙으로부터 유용한 부산물을 채취할 수 있는 이점도 있다. Dittmar가 각 대양의 해수 77종에 대하여 분석한 결과, 해수의 평균 성분표는 표 7.2와 같다.

표 7.2 **해수의 분석 평균값**

성분	해수 1000 g 중(g)	총염류에 대한 백분율(%)
NaCl	27.213	77.758
$MgCl_2$	3.8~7	10.878
$MgSO_4$	1.658	4.737
$CaSO_4$	1.260	3.660
KCl	0.725	2.465
$CaCO_3$	0.123	0.345
$MgBr_2$	0.075	0.217
합계	35.000	100.000

해수를 원료로 하는 제염방법을 분류하면 표 7.3과 같다.

표 7.3 **해수를 원료로 하는 제염방법의 분류표**

<table>
<tr><td rowspan="12">제염방법</td><td rowspan="11">증발법</td><td rowspan="7" colspan="2">자연증발법
(태양열과 풍력 이용)</td><td rowspan="2">재래식 염전</td><td>입빈염전</td></tr>
<tr><td>양빈염전</td></tr>
<tr><td rowspan="3">자연농축장치</td><td>평면식, 사면식, 계단식</td></tr>
<tr><td>기조가식, 라계식, 염식</td></tr>
<tr><td>수승식, 분무식</td></tr>
<tr><td colspan="2">사층관류식 염전</td></tr>
<tr><td colspan="2">천일염점전</td></tr>
<tr><td rowspan="3">전오염</td><td colspan="3">직화열 이용 …… 평부식</td></tr>
<tr><td colspan="3">증기열 이용 …… 증기이용식, 진공식, 증기가압식</td></tr>
<tr><td colspan="3">전열 이용 ……… 평부식, 증기이용식, 진공식, 증기가압식</td></tr>
<tr><td colspan="4">이온교환수지법</td></tr>
<tr><td colspan="5">동결법</td></tr>
</table>

① 천일제염법(solar evaporating process)

천일제염은 우리나라에서 가장 적합한 방법으로, 전혀 화력을 사용하지 않고 천일을 이용하여 염전에서 해수를 증발시켜 농축함으로써 고농도의 함수를 제조하고, 결정지에서 염을 결정케 하여 채염하는 방법이다.

염전은 저수지, 증발지 및 결정지로 구분되어 있으며, 매월 2회 만조 때에 저수지에 해수를 넣어두었다가 적시에 증발지에 유입시켜, 여러 단계로 구분된 지면을 통해 수분은 증발한다. 그러므로 도중에서 석고가 석출 침전하고 함수가 점차 그 농도가 높아지면 결정지에 끌어들인다.

결정지는 역시 여러 단계로 분할된 가장 정밀히 다져진 사각형의 지면이며, 도입된 함수는 증발이 계속되어 염의 정출이 시작된다. 이것을 채취하고 그 모액에 다시 증발지로부터의 함수를 보충한다. 이와 같이 계속하여 채염한 후 농도가 높아진 잔류모액은 고즙(bittern)으로 채취한다.

천일염은 순도가 낮으므로 염장용, 침적용, 피혁공업 등에 사용되는 것을 제외하고는 재결정시킨 재제염이 흔히 사용되며, 사용목적에 따라 더욱 정제를 필요로 한다.

② 이온 교환막에 의한 해수의 농축

이 방법은 증발에 의해서 수분을 제거하는 방법과는 달리, 해수 중의 Na^+과 Cl^-의 전해투석(electrodialysis)에 의해서 진한 함수를 만드는 방법이다. 이와 같이 해수를 전력으로 농축하고, 농축된 함수를 증발장치에 옮겨서 수분을 증발시켜 식염을 결정으로서 채취한다. 이 방법에 의하면, 염전법에 의한 제염과는 달리 식염의 생산에 기상조건이 관여하지 않고, 또 염전과 같은 광대한 토지면적이 필요하지 않으며, 인건비도 상당히 절약되고 탈염된 물, 즉 해수의 담수화도 이룩될 수 있지만, 이온교환막의 개량, 전력소비의 절감 등 문제점이 있다.

[4] 식염의 정제

염화나트륨의 용해도는 100 g의 물에 0°C에서 35.6 g, 100°C에서 39 g 정도 용해하며, 온도에 의한 용해도 차가 작기 때문에 재결정법에 의한 정제는 수득률이 낮아 시행할 수 없다. 따라서 식염정제는 그 불순물을 일정한 화학반응에 의해서 제거시켜야 한다. 약전염은 재제염 또는 될 수 있으면 고순도의 암염을 사용하며, 조 NaCl 500 g을 온수 1,500 mL에 용해하여 여과하고, 가열한 후 석회유 5 g을 가한다. 이어서 10% $BaCl_2$액 100 mL를 침전이 생기지 않을 때까지 가한 후 가열하고, 여과하여 SO_4^{2-}과 Mg^{2+}을 제거한다.

여액에 30% 순 Na_2CO_3액 500 mL를 침전이 생기지 않을 때까지 가한 후 가열하고, 여과하여 Ca^{2+}, 과잉의 Ba^{2+}을 제거한다. 여액을 비점까지 가열하고, 주의하면서 순수한 묽은 HCl로 중화한다. 다음에 용액을 직화에서 가열 증발하여 NaCl 결정을 석출시키고, 흡인여과한 후 NaCl을 HCl로 세척하고 115～120°C로 가열 건조시킨다.

한편, 화학용 순수 염화나트륨은 이상의 정제법만으로도 불충분하며, 더욱 정제하여야 한다. 즉, 위와 같이 정제된 염화나트륨 포화수용액에 HCl 가스를 통하면, 공통이온의 영향(Le Chatelier의 원리)에 의해서 NaCl이 침전된다. 침전생성의 종료 후 흡인여과하고, 수회 소량의 HCl로 세척하며, 이것을 115～120°C로 가열하여 건조시킨다.

[5] 성상

결정은 보통 입방정계에 속하는 입방형이지만, 천천히 증발시키면 속이 빈 피라미드형이 된다. 암염은 미량성분의 영향에 의하여 청색, 핑크색 등을 나타내는 것도 있다.

순 NaCl은 흡습성은 아니지만 근소한 습기에 의해서도 결정표면이 습윤한 것처럼 보이며, 또 보통 식염은 $MgCl_2 \cdot 6H_2O$를 혼유하기 때문에 흡습하며, 식염을 하소하면 $MgCl_2 \cdot 6H_2O \rightarrow MgO + 2HCl\uparrow + 5H_2O\uparrow$의 반응으로 MgO로 변해서 흡습성이 없어진다. 또는, 염기성 탄산마그네슘이나 인산칼슘 등을 소량 혼합하여 비흡습성으로 한 것이 식탁염이다.

[6] 응용

NaCl은 생체 내에 가장 보편적으로 존재하는 무기물질로서 체액 삼투압 형성의 주체를 이루고 있으며, 주로 세포 외액상에 있으나 그 대사는 생명유지에 극히 중요하다. 0.9% 용액은 체액과 등장액으로서 생리식염수란 이름으로 의약용으로 중요하게 사용되고 있으며, 농후용액은 피부 및 점막을 자극한다. 피부에서 흡수되는 일은 없고, 오히려 피부가 탈수작용을 받는다.

혈액 및 체액에 함유되는 주요 이온의 중량비는 Na^+을 100으로 표시하면 K^+ 9.22, Ca^{2+} 3.37, Mg^{2+} 1.76, Cl^- 101.4이며, Na^+ 및 Cl^-이 차지하는 비율이 최대이다. 또한, Na^+ 이온은 세포외액의 지배적 양이온이며 K^+ 이온은 세포내액의 지배적 양이온이다. Na^+ 이온은 근육 및 신경의 흥분성을 보존하는 데 필요하며, 모든 체액 및 조혈기관에 다량으로 존재하고, K^+과 같이 혈액 및 원형질의 삼투압 조정, 즉 수분조절에 관여한다.

Cl^- 이온도 생체 내 최대함량의 음이온으로서 Na^+과 똑같이 작용한다. 이러한 이유로 NaCl은 각종 생리용액의 필수성분이다.

NaCl의 결핍은 알칼로시스, 경련, 구토, 이상발한 등의 원인이 되며, 한 번에 대량을 경구복용하면 소화관을 자극하여 순환계를 손상하고, 간장 및 신장도 상해하여 치명적 중독을 일으킨다. 소량을 투여하면 갈증을 해소시키며 식욕을 증진하고, 위액의 분비를 촉진시키므로 소화를 돕고 대사기능 및 요의 분비를 항진시킨다.

이와 같이 NaCl은 생체 내의 Na^+ 이온 및 Cl^- 이온의 결핍에 기인되는 질환 및 증상에 대하여 중요하며, 또 수분보급의 필요시에도 자주 쓰인다.

생리식염수는 대량출혈, 심장 쇠약증, 허탈증 등에 사용하고, 또는 각종 중독의 해독제로 사용한다. 그 밖에 점안제, 점비제, 세정제 등의 등장화제로 사용되고, 10%의 주사액은 지혈제로 사용한다.

2.6% $CaCl_2$와의 복합 주사제는 혈액 삼투압을 높이는 데 사용하고, 기타 위장 카타르, 소화불량에 1일 수회 0.5～2.0 g을 투여한다. $AgNO_3$ 중독에는 다량을 물에 용해하여 복용한다. 기타 관장제, 기관지 카타르에 1～2% 용액을 흡입제로 사용한다. 보통 성인의 1일 요구량은 4～6 g이나 섭취량은 17～30 g 정도로서, 이 중 약 15～28 g은 소변 등을 통하여 배설되며, 과다한 소금 섭취는 고혈압의 원인이 되기도 한다.

[7] 제제

(1) **염화나트륨**(sodium chloride)

건조한 것은 NaCl을 99.5% 이상 함유하는 것으로 약전에 규정되어 있다. Na^+ 및 Cl^-의 보급약으로서 혈액과 등장인 생리식염, 주사액, Ringer 주사액, Locke 액의 제조에 주로 사용되는 이외에, 점안제·점비제·세정제 등의 등장화제로서 널리 쓰이고, 10% NaCl 주사액은 지혈에, 2.6% $CaCl_2$와의 복합 주사제는 혈액 삼투압을 높이기 위해서 사용한다. 다량발한에 내복하며, 질산은 중독에는 다량의 물에 용해시켜 내복한다.

(2) **생리식염 주사액**(saline sodium chloride injection)

NaCl 0.85～0.95 w/v %를 함유하고 있는 것으로 약전에 규정되어 있다.

[Rx.]	NaCl	9 g
	주사용수	적당량
	전체 양	1000 mL

조성이 가장 간단한 등장용액으로서 Na^+, Cl^- 및 체액의 체내보급의 목적으로 쓰인다. 수액용으로는 300～1000 mL가 보통이고, 외용으로는 세정용·함수제로 사용한다.

(3) 10% 염화나트륨 주사액(10% sodium chloride injection)

NaCl 9.5～10.5 w/v %를 함유하는 것으로 약전에 규정되어 있다.

[Rx.]	NaCl	100 g
	주사용수	적당량
	전체 양	1000 mL

이 용액은 고장용액으로서 정주하면 혈중 염류농도가 상승하고 혈소판의 파괴를 가져오므로 혈액응고가 촉진된다. 따라서 이 주사액은 Na^{+} 결핍시에 전해질 보급약으로 사용하거나 지혈의 목적으로 1회 10～20 mL를 정주한다.

(4) 링겔액(Ringer's solution)

Cl^{-} 0.53～0.58 w/v %, $CaCl_2 \cdot 2H_2O$ 0.030～0.036 w/v %를 함유하는 것으로 약전에 규정되어 있다.

[Rx.]	NaCl	8.6 g
	KCl	0.3 g
	$CaCl_2 \cdot 2H_2O$	0.33 g
	주사용 증류수	적당량
	전체 양	1000 mL

이 용액은 혈장과 등장이며, Na^{+}, Cl^{-} 이외에 K^{+} 및 Ca^{2+}을 함유하고 있다는 점에서 생리식염 주사액보다도 혈장의 전해질 조성에 가깝다. 이 주사액은 대량 출혈, 중증하리, 화상, 외상성 쇼크 등에 체액 및 전해질 보급약으로서, 500～1000 mL를 피하 또는 정맥 내에 주사한다.

7.2.2. 고즙의 이용

[1] 고즙

해수를 증발농축시켜서 이른바 함수(brine)를 만든 다음, 식염을 채취한 모액을 고즙(bittern)이라고 하는데, 보통은 30° Bé 이상을 말하며, 고즙은 중요한 무기약품 공업원료로서 주목을 받고 있다.

그 처리방법에 따라 일률적으로 말할 수는 없지만, 보편적인 방법에 의해서 고즙을 원료로 하여 제조할 수 있는 약품명 및 그 생산 가능량을 보면 고즙 1 kL당 다음과 같다.

탄산마그네슘	230 kg	산화마그네슘	100 kg
염화칼륨	20 kg	염화칼슘	110 kg
염화마그네슘	200 kg	브롬	2.5 kg
브롬화칼륨	3.5 kg	브롬화나트륨	3.0 kg
카날라이트	60 kg	황산마그네슘	60 kg

특히, 의약품 제조용 원료가 되는 브롬, K비료로 사용되는 Carnallite, 금속 마그네슘의 원료가 되는 염화마그네슘, 의약용 및 고무 혼합용으로 중요한 탄산마그네슘 등 중요한 제품이 많아서, 고즙의 이용에 관한 활발한 연구가 요망되고 있다.

고즙의 성분은 원료의 성질 및 제염방법, 그 밖에 저장 중의 조건과 밀접한 관계가 있어 일정하지는 않지만, 대략 표 7.4와 같다.

표 7.4 우리나라 고즙 성분 분석표

고즙 종류	비중 (°Bé)	고즙 성분(%)						
		$CaSO_4$	$MgBr_2$	$MgSO_4$	$MgCl_2$	KCl	NaCl	total
천일염 고즙	31.5	0.038	0.320	9.372	13.240	1.925	7.090	32.701
전오염 고즙	35.7	–	0.364	9.456	17.623	3.441	3.896	34.780
진공염 고즙	34.1	–	0.348	0.047	16.708	3.566	4.370	32.899

고즙을 저장하면 한랭에 의해서 포화상태에 있던 황산마그네슘(사리염)이 석출하여 $MgSO_4$의 함량이 현저하게 저하된다.

[2] 고즙의 처리

고즙 중에 함유되어 있는 각종 성분을 가장 능률적으로 채취하기 위한 처리법에는 여러 가지 방법이 있으나, 그 중 가장 보편적인 한 예를 간단히 설명한다.

(1) 부산염(부생식염)

고즙을 가열농축하여 비점 113°C에 이를 때까지 가열 농축하여, 석출하는 고형분을 채취한 것을 부산염이라고 하는데, NaCl 및 $MgSO_4$가 주요성분이다. 이것을 정제하여 식염 및 황산마그네슘을 제조할 수 있으며, 고즙 1 kL당 부산염 생산량은 82.5 kg 정도이다.

(2) 고즙 고형염

부산염 채취 후의 모액을 비점 124°C까지 농축할 때 $MgSO_4$를 주성분으로 하고, NaCl 및 소량의 KCl을 포함한 고형븐이 석출되는데, 이것을 고즙 고형염이라고 한다. 그 생산량은 고즙 1 kL당 106 kg 정도이다.

(3) Carnallite

고즙 고형염을 채취한 후의 모액을 30°C 정도까지 냉각하면 Carnallite ($KCl \cdot MgCl_2 \cdot 6H_2O$)가 석출된다. 만약, 좋은 품질의 것을 얻으려면 80°C 정도로 냉각해서 석출물을 채취한다.

냉각할 때는 자연냉각하면 긴 시간이 필요하므로, 보통은 교반기가 부설된 원통형 결정기에서 외부를 수냉하면서 석출시키고 있다. 고즙 1 kL당 60 kg 정도를 생산할 수 있다.

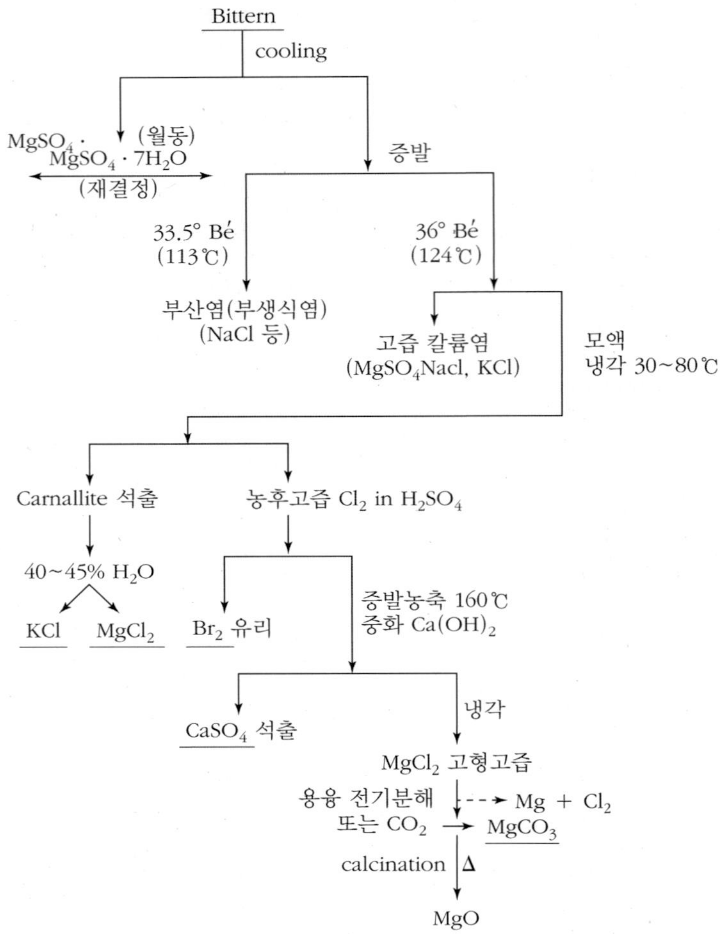

(4) 브롬(Bromine)

Carnallite 분리 후의 모액을 이른바 농후고즙이라고 하는데, 그 주성분은 염화마그네슘이지만 브롬염이 농축되어 존재하므로, 이로부터 여러 가지 방법에 의해서 브롬 또는 브롬 화합물을 제조할 수 있다.

사정에 따라서는 생고즙으로부터도 제조할 수 있고, 또는 직접 해수로부터도 제조할 수 있다.

(5) 고형고즙 및 기타

브롬분리 후의 모액은 필요에 따라서는 석회로 중화하고, 다시 비점 160°C 정도까지 되도록 농축하여 침전물을 침전조에서 침전시킨 다음, 상징액을 냉각하면 고결되는데 이것을 고형고즙(고즙 엑스)이라고 한다.

고즙 1 kL당 140 kg 정도를 생산할 수 있다. 이 고형고즙을 적당한 방법에 의해서 탈수 무수물로 한 다음, KCl을 가하고 용융전해하면 금속 마그네슘과 염소를 얻는다.

이 밖에 염화마그네슘은 soda ash법에 의해서 탄산마그네슘을 제조하거나 석회유를 작용시켜 $Mg(OH)_2$를 침전시킨 다음(여액은 $CaCl_2$), 이 침전을 분리 CO_2법에 의해서도 탄산마그네슘을 제조할 수 있다. 또, 이 탄산마그네슘을 하소하면 산화마그네슘이 되고, 이 산화마그네슘을 염화마그네슘 용액과 연합하면 고화되는데, 이는 magnesia cement (일명, solar cement)라고 하여 견고한 건축재로 유명하다.

(6) 망초(Glauber's salt)

고즙에 적당히 식염이나 함수를 첨가해서 $MgSO_4$와 NaCl의 비율을 적당히 조절하여 −7∼−10°C 정도로 냉각하면 이때 황산염이 NaCl로 복분해되어 망초($Na_2SO_4 \cdot 10H_2O$)가 석출되는데, 보통 동기 유휴염전을 이용하여 고즙을 함수와 혼합, 20∼24° Bé 정도로 희석하여 겨울철의 한랭기온을 이용하면 유리하다.

7.2.3. 염화칼륨(potassium chloride, KCl)

염화칼륨은 옛날부터 염화나트륨과 큰 차이가 없는 것으로 생각하였으나, Sylvius de Le Böe는 해열염 또는 소화염이라는 이름으로 처음 의약에 사용하였다. 또한 $MgCl_2$와의 복염, 즉 carnallite로서 다량으로 산출되며, 그 밖의 해수, 염천, 식물회, 동물체 중에도 소량이지만 존재한다.

[1] 제법

(1) 고즙으로부터 제법

고즙원료의 조성으로서는 $MgSO_4$의 함량이 가급적 적고 $MgCl_2$의 함량이 많은 것, 즉 $MgSO_4/MgCl_2$인 비의 값이 가급적 적은 것이 좋다. 이러한 고즙일 때는 KCl의 수득량이 많고 품질도 좋을 뿐만 아니라, NaCl의 석출온도와 토상 황산염의 석출온도에 상당한 간격이 생기며, 따라서 비교적 순량한 부산염을 채취할 수가 있는 것이다.

(2) Carnallite로부터 제법

Carnallite로부터 KCl을 분리하려면, 원료 carnallite에 냉수를 가지고 처리하여 $MgCl_2$를 침출하고, KCl을 남기는 것이 가장 간편하다. 침출용수의 양은 25°C에서 carnallite가 순수할 때 중량으로 약 반량을 가하여 교반하며, 1시간 정도로 완전히 분리되어 KCl의 결정을 남긴다. 이와 같이 하여 만든 KCl은 70% 전후의 순도이므로, 이것을 정제하여야 한다.

[2] 정제법

조제 KCl은 Mg염, SO_4염 등을 협잡하고 있으므로 정제하여야 되는데, 즉 그의 염 1/2 kg을 내용 3 L의 유발에 취해 1.5 L의 물을 가하여 연화, 그 액을 내용 3 L의 자제 증발기에 여입한다. 그리고 조금 가열한 후 소석회 5 g으로부터 만든 석회유를 주가하고, 또 다음에 순 $BaCl_2$를 어느 정도 과량(약 2 g)을 SO_4^{2-}의 반응 유무를 검사하면서 가하여, $BaSO_4$의 침전이 기저면에 침착되면 비커에 여입하여 $BaSO_4$로써 SO_4^{2-}을 제거시킨다. 이어서 이 투명한 여액에 무수탄산칼륨 15 g을 가하여 과잉의 Ba^{2+}에 의해서 생긴 $BaCO_3$를 여별하고, 여액을 끓이면서 묽은 HCl로 중화하고, 가열하여 가급적 신속히 1/2 L로 증발농축시켜, 여기에 석출한 KCl을 흡인여과하여 자제증발기 중에서 유리막대로 교반하면서 가온 건조시킨다.

[3] 성상

조해성이 없는 무색, 주상 또는 입방형의 결정, 그리고 결정성의 분말로서 쓰고 짠맛을 가지며, 비중은 25°C에서 1.987, 융점은 770°C이다. 물에 대한 용해도는 온도가 상승함에 따라 증가하며, 알코올에는 난용성이고 수용액은 중성이다.

[4] 응용

칼륨 보급약의 대표적인 약물이다. 이뇨약으로는 1일 3~5 g을 식후 내복한다. 심장성 부종에 식품 중의 식염을 감소시키고, 이 약을 써서 유효할 때가 많다.

[5] 제제

액, 과립, 정(서방, 장용), 주사액, 링겔액

7.2.4. 염화칼슘(calcium chloride, $CaCl_2 \cdot 2H_2O$)

[1] 제법

실험실에서 소량을 제조하려면 백악 또는 대리석에 HCl을 가하여 용해시켜 증발건고시킨 다음, 다시 적열할 때 무수물이 된다. 또한, 이 농후액을 냉처에 방치하면 결정성 수화물이 석출된다. 이 약은 원래 Solvay 암모니아 소다법의 부산물로서 다량 산출되므로, 다른 방법에 의하여 제조할 필요는 거의 없다.

$CaCl_2 \cdot 2H_2O$를 얻으려면 165°C에서 포화시킨 용액에서 결정시키면 된다.

[2] 성상

조해성의 흰색 알갱이 또는 덩어리로 냄새는 없다. 물이나 에탄올 녹으며 에테르에는 거의 녹지 않는다.

[3] 응용

Ca^{2+} 이온은 생명체 현상의 유지에 중요한 역할을 하는 이온이며, 특히 혈청 중의 Ca^{2+} 이온의 과부족에 의하여 각종 장해가 초래된다. $CaCl_2$는 칼슘 보급제, 이뇨제, 지혈제로 사용하며, 정맥주사제(보통 5%)는 부종, Mg^{2+} 중독, 출혈 등에 사용된다.

[4] 제제

주사액, 링거액

7.2.5. 인산수소칼슘(제2인산칼슘, calcium hydrogen phosphate, $CaHPO_4 \cdot 2H_2O$)

일명 침강인산칼슘(precipitated calcium phosphate) 또는 제2인산칼슘(dibasic calcium phosphate)이라고 하며, 천연에는 조분석(guano) 및 상아(ivory) 중에 존재하며, 옛날부터 의약품으로 사용하였다. 식품첨가물로는 $CaHPO_4 \sim CaHPO_4 \cdot 2\,H_2O$라고 기재하고 있다.

인산수소칼슘은 대한약전을 비롯하여 각국 약전에 수재된 의약품으로서, 주로 치약의 연마제, 의약품의 부형제, 식품의 첨가제와 동물의 사료용으로 쓰이거나, 또는 비료용으로 널리 사용되고 있는 약품이다.

1943년 이래 치약에 연마제가 사용되기 시작하여 침강실리카, 침강탄산칼슘, 산화알루미늄 등이 많이 사용되었으나, 현재는 인산수소칼슘이 주류를 이루고 있다.

인산수소칼슘의 제법은 일반적으로 인산나트륨 용액과 염화칼슘 용액의 반응 또는 소석회와 인산을 중화반응시켜 침전시키는 방법으로 제조된다고 알려져 있다.

[1] 성상

맛이 없고 냄새가 없는 설백색의 결정성의 가벼운 분말로서 공기 중에서 안정하다. NH_4염, NaCl, HCO_3^-을 함유한 물에는 용해도가 증가하며, 구연산암모늄은 특히 용해 보조 작용이 크다. $CaHPO_4 \cdot 2H_2O$는 물에는 불용이지만 묽은 염산 또는 묽은 질산에 녹는다.

[2] 응용

임신, 수유, 골 칼슘 침착감소 등 Ca^{2+}과 PO_4^{3-}의 요구가 커질 때, Ca^{2+}과 PO_4^{3-}의 보급원으로 사용한다. 위장에서 흡수되는 양은 글루콘산염, 젖산염 등에 비하여 떨어지기 때문에 Ca^{2+}만이 필요할 때에는 글루콘산칼슘, 젖산칼슘이 양호하지만, Ca^{2+}, PO_4^{3-}이 동시에 필요할 때에는 이 약이 사용된다. 이 약은 칼슘 및 인산염의 보급제로서 상용량은 1회 1 g, 1일 3회의 식사 때에 내복한다.

[3] 제제

Dibasic calcium phosphate tablets

7.2.6. 인산이수소칼슘(calcium dihydrogen phosphate, $Ca(H_2PO_4)_2 \cdot H_2O$)

[1] 제법

인산 2 몰에 수산화칼슘 또는 탄산칼슘 1 몰을 반응 용해시켜서, 용액을 0°C로 냉각하여 생성된 결정을 여과하고, 아세톤으로 세척하여 풍건하면 1 수화물을 얻는다.

$$2H_3PO_4 + Ca(OH)_2 \longrightarrow Ca(H_2PO_4)_2 + 2H_2O$$

$$2H_3PO_4 + CaCO_3 \longrightarrow Ca(H_2PO_4)_2 + H_2O + CO_2$$

[2] 성상

이 약은 백색의 결정 또는 결정성 분말로서 무취, 산미가 있으며, 물에는 약간 녹으며 에탄올 또는 에테르에 불용이다. 그러나 묽은 염산 또는 묽은 질산에 녹는다.

수용액은 가수분해에 의하여 생긴 인산 때문에 약간 산성을 띠며, 1 % 액의 pH는 약 3.0이다. 또한 순품은 조해성이 없으나 일반적으로 유리인산이 존재하기 때문에 약간 조해성이 있으며, 조해성이 없는 안정한 결정을 얻으려면 유리산을 유기용매로서 제거할 필요가 있다.

또한, 이 약은 Ca^{2+}을 정량하여 환산하면 함량이 적어지는데, 그 원인은 유리인산을 함유하기 때문이다. 일본약전에는 $Ca(H_2PO_4)_2 \cdot H_2O$로서 90% 이상, 식품첨가물은 85% 이상, 시약 특급은 95% 이상, 1급은 85% 이상으로 규정하고 있다.

[3] 응용

인산수소칼슘과 동일하게 칼슘 및 인산염의 보급제로 사용되며, 베이킹 파우더와 비료 등으로도 사용된다.

7.2.7. 글루콘산칼슘 주사액(calcium gluconate injection)

[1] 제법

강화제, 산도조절제 및 금속제거제로서 사용한다. 글루콘산을 탄산칼슘으로 중화하여 제조한 글루콘산칼슘수화물을 가지고 주사제의 제법에 따라 제조한다.

[2] 성상

이 약은 백색결정성 또는 입상의 분말로 무취, 무미하며, 융점은 201°C, 에탄올에는 녹지 않으며 물 100 mL에 대하여, 상온에서 약 3 g, 열탕으로 약 20 g 녹는다.

[3] 응용

저칼슘 혈증 관련 증상 및 두드러기, 다그네슘 중독에 사용한다. 성인 기준 글루콘산칼슘으로서 0.4～2 g을 분당 0.68～ 1.36 mEq의 속도로 정맥주사하며 연령 및 증상에 따라 적절히 증감한다.

7.3 조혈제

조혈제(hematopoietics)란 적혈구의 생성을 돕는 약물을 말하며, 적혈구의 생성을 통하여 혈액 중의 헤모글로빈 양을 증가시키거나, 혹은 적혈구 속의 헤모글로빈의 양을 증가시키는 물질을 보혈제(hematinics)라 한다. 저색소성 빈혈(hypochromic anemia)은 거의가 특성상 철결핍성 빈혈이며, 따라서 철분제로 치료를 한다. 빈혈은 성격상 여러 가지로 분류할 수 있으나, 다음과 같은 방법으로 분류가 가능하다.

[1] 원인별 분류

(1) 2차적 빈혈(secondary anemias)

다른 질병의 결과로 인하여 2차적으로 철결핍증이 생기는 빈혈이다.

① Hypochromic microcytic anemias: 낮은 hemoglobin 함량의 빈혈(작은 적혈구 세포가 나타남).

② Dys hemopoietic anemias: 혈액세포의 불충분한 생성에 기인, 출혈성 궤양, 궤양성 대장염, 결핵 등이 원인.

(2) 1차적 빈혈(primary anemias)

Macrocytic anemias라고도 하며(큰 적혈구 세포가 나타남) 치명적인 빈혈증이다. 이는 조혈기관의 병적상태에 기인하며, 치료는 Vitamin B_{12}나 엽산을 투여한다.

[2] 증상별 분류

(1) **철 결핍성 빈혈**(iron deficiency anemia)

(2) **병원성 및 악성빈혈**(pathogenesis and nature of pernicious anemia)

(3) **거대적아구성 빈혈**(적혈구가 큼, Macrocytic anemias)

엽산결핍, 비타민 B_{12} 부족이 원인

(4) **만성 질환성 빈혈**(Chronic disease anemia)

무위성 빈혈(위절제 후 일어나는 빈혈, Addison anemia, agastric anemia), 뇌빈혈(erebral anemia), 산악빈혈(mountain anemia), 푸에르토리카 빈혈(Puerto Rica anemia: 십이지장 기생충에 의한 심한 빈혈), 열대성 빈혈(tropical anemia).

(5) **용혈성 빈혈**(적혈구가 빨리 파괴, Hemolytic anemia)

7.3.1. 철 화합물

철은 호흡을 행하는 고등동물 중에 몇 가지 형태로 존재하며, 세포에서의 기본적인 대사과정에 불가결하다. 호흡계에서는 전자운반체로 작용하며, 고등동물에서는 분자상 산소를 운반한다. 이들 기능을 나타내는 것은 철이 서로 다른 산화 상태와 결합상태로 착물을 형성하여 존재하기 때문이다. 의약적인 견지에서 철 및 그 제제의 용도는 외용적 용도와 내용적 용도의 두 가지로 나눌 수 있다.

외용철제는 거의 대부분이 3가 철의 형태로서, 그 작용은 주로 단백질을 침전시키는 능력에 의존한다. 단백질을 침전시키는 능력은 3가 철염을 외용하였을 때 수렴제로 된다는 사실이 바로 이를 반영한다. 이 수렴작용을 응용하여 작은 상처의 지혈제 및 함수약으로 이용되는 것이다.

내복용제는 헤모글로빈의 형성에 필수 불가결한 체내철분의 보급제로 사용된다. 정상적으로 성인의 1일 평균 철요구량은 3～15 mg, 12세 이하의 소아는 17～12 mg, 14세로부터 20세까지의 사춘기 남녀는 15 mg, 그리고 임신 후반기에는 1일 15 mg를 요한다.

내복용제로는 ① 금속철, ② 3가 철염, ③ 2가 철염 등의 3종이 있으나, 2가 철의 생체 이용률이 가장 좋다. 그러나 위산결핍만 없다면 금속철(예: 환원철)도 꽤 좋은 철제이며, 위장관에서 2가 철이온으로 쉽게 전환된다. 이와 반대로 3가 철은 위산 존재하에서도 인산염, 탄산염, 단백질 등과 결합하여 불용성 침전을 만드는 성질이 있어서 생체 이용률이 낮다. 하지만 2가 철은 알칼리만 아니면 침전되지 않는 것이 장점이다. 철흡수의 가장 활발한 부위는 위장관 중에서 약산성인 십이지장 부위이며, 알칼리성인 장에서는 흡수가 덜 된다.

2가 철염이 투여하는 데 가장 좋은 형태라고 생각한다면, 이에 따르는 가장 적당한 음이온이 결정되어야 한다. 경험이 의하면 황산염이 꽤 안정하며, 대개의 경우 별로 뚜렷한 위장장해를 초래하지 않는다. 그러나 소수이기는 하지만 황산제일철을 복용함으로써 위장염을 일으키는 환자도 있으므로, 장용제피정(enteric coated tablets)을 투여함으로써 이를 방지할 수 있다. 또, 황산제일철을 다른 산의 염, 예컨대 푸마르산철 등으로 투여하면 좋다는 주장도 있다. 황산제일철은 현재 시판되고 있는 철조혈제 중 가장 값싸고 만족할 만한 것이다. 그리고 철제의 독성에 대해서도 알아두어야 하며, 부주의하여 다량 복용하였을 때는 치명적인 독성을 나타내는 경우도 있으므로, 철제는 어린이들의 손이 미치지 못하는 곳에 저장해 두어야 한다.

철의 주사제는 별로 사용되지 않는다. 왜냐하면, 이는 흔히 국소적 및 전신적 부작용을 나타내며, 주사제로 사용하기보다는 수혈법을 이용하는 것이 더 좋기 때문이다. 그런데 한 가지 'iron dextran injection'이란 철주사제가 있는데, 이는 주사용 증류수 중에 저분자량의 덱스트란 가수분해물과 콜로이드상 수산화제이철의 착화합물로 된 멸균용액으로서, 철 결핍증 치료에 근육주사한다.

[1] 황산철(ferrous sulfate, 녹반, green vitriol, $FeSO_4 \cdot 7H_2O$)

황산철은 일명 녹반(green vitriol)이라고 하여 천연으로도 산출되는데, 이는 황화철광의 산화에 의해서 생성된 것이다. 내복용제로의 철은 2가 상태일 때 생체 이용률이 가장 좋으므로 제조과정에서 3가 철의 불순물 생성을 최소화시키기 위한 황산철의 제조법을 아래와 같이 소개하였다.

(1) 제법

철 2부를 황산(94~98%) 3부와 물 10부의 혼액에 투입하여 가열용해하고, 수소가스의 발생이 끝난 후 뜨거울 때 여과하고, 여액을 알코올 6부 중에 교반하면서 주가하여 생성하는 결정분을 여취한다. 이때 소량의 알코올로 세척하고 압착하여 거름종이 위에 살포하고, 상온(30°C 정도)으로 신속히 건조시킨다. 반응식은 다음과 같다.

$$Fe + H_2SO_4 + 7\,H_2O \longrightarrow FeSO_4 \cdot 7\,H_2O + H_2\uparrow$$

철 2부를 용해하는 데 필요한 황산의 양은 약 3.6부이지만, 제일철염의 산화를 방지하기 위하여 황산의 양을 3부로 하고 철을 과잉하게 한 것이다. 또한, 알코올로부터 결정을 석출시키면 산화가 방지되어 양품을 얻을 수 있으므로, 이 법은 순수한 제품을 얻고자 할 때 사용된다.

(2) 성상

황산철은 단사정계에 속하는 녹색결정으로서 건조공기 중에서는 천천히 30~40°C에서는 신속히 산화되어 표면이 황갈색의 염기성 황산철로 피막된다. 이 약의 수용액은 거의 중성이지만 방치하면 산화되어 염기성 황산제이철이 생겨, 이의 가수분해에 의하여 액은 산성이 되고 혼탁해진다.

(3) 응용

이 약은 조혈제와 수렴제로서 내복한다. 녹반과 같은 철염은 피하혈관 내에 주입하면 강한 중독이 일어나지만 경구투여하면 문제는 없다. 사용량은 1회 0.02~

0.3 g, 1일 0.5～1 g이다. 제제로서는 황산철 정이 있다.

[2] 건조 황산철($FeSO_4 \cdot nH_2O$)

이 약은 $FeSO_4$를 80% 이상 함유하고 있다. 건조 황산철을 $FeSO_4 \cdot 2H_2O$라고 한다면 $FeSO_4$ 80.83%이고, 또 $FeSO_4 \cdot H_2O$라고 한다면 $FeSO_4$ 91.48%에 상당한다. 이 약은 황산철 형태의 제제 중 가장 많이 사용되는데, 그 이유는 결정수를 지니고 있는 형태의 것보다 소량 투여하여도 소기의 목적을 이룰 수 있으며, 또한 풍화하지 않기 때문이다.

(1) 응용

황산철과 동일하나 정제, 환제, 캡슐제로 할 때 취급이 쉬운 것이 이점이다. 용량은 1회 0.05～0.2 g, 1일 0.3～1 g이다.

(2) 제제

Ferrous sulfate oral solution

Ferrous sulfate syrup

Ferrous sulfate tablets

[3] 푸마르산철(ferrous fumarate)

이 약은 적등 내지 적갈색의 무취, 무미의 분말로서, 황산철과 푸마르산나트륨의 열수용액의 상호작용에 의하여 만든다.

$$FeSO_4 + Na_2C_4H_2O_4 \longrightarrow FeC_4H_2O_4\downarrow + Na_2SO_4$$

이 약은 조혈제로서 널리 사용되며, 제제로서는 푸마르철 정이 있으며, 상용양은 200 mg이다.

(1) 제제

푸마르산철 정(Ferrous fumarate tablets)

이 약은 푸마르산철을 가지고 정제의 제법에 따라 만든다.

[4] 글루콘산철(ferrous gluconate)

미세한 황회색 내지 담록황색 분말 또는 과립으로서 설탕 태운 냄새를 갖고 있다. 글루콘산의 용액을 탄산철로 처리하여 만든다.

$$2\,HC_6H_{11}O_7 + FeCO_3 + H_2O \longrightarrow Fe(C_6H_{11}O_7)_2 \cdot 2\,H_2O + CO_2\uparrow$$

이 약은 'Fergon'이라는 상품명으로 정제, elixirs제로 생산되고 있다. 상용량은 0.3 g이다.

(1) 제제

글루콘산철 정(Ferrous gluconate tablets)

[5] Iron sorbitex (Jectofer)

이 약은 1965년에 처음 소개된 것인데 3가의 철 이온과 sorbitol과 citric acid를 혼합한 멸균 콜로이드 용액을 dextrin(안정제)으로 안정화시킨 근육주사제이다. 이 약 또한 경구투여로 충분한 양의 철을 보급시킬 수 없는 철 결핍성 빈혈 환자에 적용한다. 이 약은 근육주사한 후 2시간 내에 최고 혈장농도에 이르고, 24시간 내에 신장을 통하여 30%가 배설된다. 이 약의 투여 시는 이 점을 고려하여야 한다.

[6] 폴리사카리드철 착염(Polysaccharide iron complex)

이 약은 설탕과 ferric saccharate의 혼합물로 되어 있으며, iron sucrose로도 불린다. 즉, $C_{12}H_{22}O_{11}(Fe_2O_3)_2 + C_{12}H_{22}O_{11}Na_2O$로서 이는 탄산나트륨 용액에 염화

제이철 용액을 가하여 만든다.

$$2\,FeCl_3 + 3\,Na_2CO_3 \cdot H_2O \longrightarrow 2\,Fe(OH)_3\downarrow + 6\,NaCl + 3\,CO_2\uparrow$$

여기서 얻은 수산화제이철의 침전을 옹기로 만든 접시에 옮기고, 설탕과 함께 15% NaOH 용액을 가한다. 이 혼액을 수욕상에 증발건고한다. 사용량은 2 g이다. 이 약은 'Proferrin'이라는 상품명으로 시판되는 것이 있는데, 이는 정맥주사용 철제로 saccharated ferric oxide의 멸균액이다. 상용량은 1주일에 1000 mg이다.

7.4 사하제

변비는 병력적으로 소화기 질환과 같은 질병과 서로 관련이 있으며, 생활습관에 의해서도 많이 생성되는 질환이다. 사하제는 배변을 촉진하고 변의 양을 증가시키는 약물을 말하며, 정도에 따라 준하제(drastic purgatives), 완하제(laxatives) 및 연화제(asperients)로 구분한다. 사하제 사용으로 인한 설사 그 자체는 병이 아니고 다만 증상일 뿐이다. 하지만 변비가 있다하여 습관적으로 완화제 등을 사용하면 과민성대장염과 같은 기능성 장질환이 생길 수도 있으므로 주의를 요한다.

보통 사하제는 네 가지로 나눌 수 있는데, 그 구분은 다음과 같다.

[1] 자극성 하제(simulant laxatives)

장관을 국소적으로 자극하여 연동운동을 증가시킴으로써 사하작용을 일으키는 것으로, 보통 bisacodyl, 페놀프탈레인, 알로에, 카스카라사그라다, 피마자 기름, 대황의 성분인 안트라키논, 감홍 및 황 등이 이에 속한다.

[2] 팽대성 하제(bulk forming laxatives)

셀룰로오스나 비소화성 다당체(non-digestable polysaccharide)로부터 만들어지는 것으로서, 이들은 수분을 흡수하면 팽대하고 그 결과 장의 연동운동을 자극하게 되어 사하작용을 일으키는 것인데, carboxymethyl cellulose(CMC), methyl cellulose 등이 이에 속한다.

[3] 유연성 하제(emollient laxatives)

딱딱하게 굳은 변의 배변을 쉽게 하거나 변을 연화시키는 작용으로 사하작용을 일으키는 것을 말하며, 광유 및 음이온 계면활성제가 이에 속한다.

[4] 염류 하제(saline cathartics)

다량의 가용성 염류를 복용함으로써 위장관의 삼투압을 증가시키면, 우리 몸

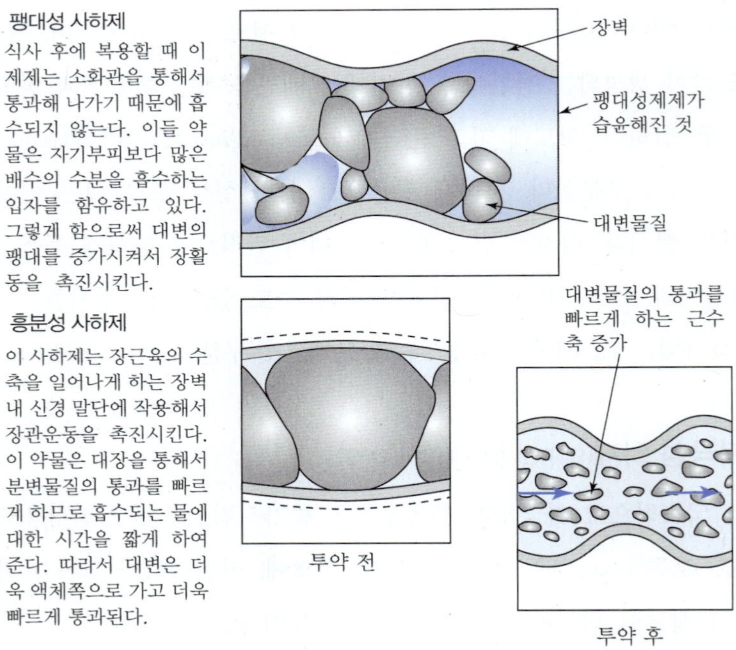

그림 7.3 사하제의 작용

은 장의 고장(hypertonicity)을 완하하고자 장관 속으로 체액이 추가로 분비되고, 그 결과 용량이 많아진 염류는 연동운동을 일으키게 된다. 여기에는 흡수가 잘 안 되는 가용성 염류인 음이온과 양이온이 속한다. 예컨대 $H_2PO_4^-$, HPO_4^{2-}, SO_4^{2-}, tartrate ion 및 Mg^{2+} 등이다. 따라서 이들을 복용할 때는 다량의 물과 같이 먹어서 과도한 체액의 손실을 방지하여야 하며, 매스꺼움(nausea)이나 구토(vomiting)를 방지하여야 한다.

7.4.1. 황산마그네슘(magnesium sulfate, 사리염, $MgSO_4 \cdot 7H_2O$)

황산마그네슘의 사용은 1694년 N. Grew가 영국 Epsom 광천을 증발하여 만든 것이 시작이고, Sal angelicum(영국염) 또는 Epsom salt라고도 불리웠다. 천연으로는 해수, 광천 중에 함유되어 있으며, 독일 Stassfurt의 암염층에 $MgSO_4 \cdot H_2O$의 조성으로 다량 존재하며 황산고토석(Kieserite)라 부른다. 황산마그네슘은 Kieserite에 물을 가하고 끓여서 얻은 $MgSO_4$ 용액을 여과하고 증발, 농축, 결정을 석출시키거나, 한국에서 가능한 방법인 고즙을 월동시키면 $MgSO_4$ 결정이 석출되므로, 이것을 채취하여 재결정하여 얻을 수 있다.

[1] 확인법

(1) 이 약의 수용액(1 : 20)에 NH_4Cl을 가한 후 암모니아수 및 인산나트륨을 가하면 백색 결정성침전 $MgNH_4PO_4 \cdot 6H_2O$가 생성된다.

(2) 이 수용액 $Ba(NO_3)_2$을 주가하면 희산류에 용해치 않는 백색의 $BaSO_4$ 침전이 생성한다.

[2] 응용

중요한 염류하제의 하나이다. Mg^{2+}의 느린 흡수 때문에 장관 내가 고장상태가 되므로 사하작용을 일으키게 되는 것이다. 상용량은 1회 8 g, 1일 15 g이고, 또한

Ba제, barbiturate의 해독제로도 사용된다.

이 약을 근육 또는 정맥에 주사하면 중추 및 말초신경계에 작용해서 그 기능을 마비시키고, 진통·진경, 마취의 효과를 나타내므로 파상풍에 사용되며, 항경련제로도 쓰인다. 배멀미(sea sickness)에도 효과가 있다.

상용량은 1 g (10~20% 액 정맥, 25~50% 액 근육)이다. 이 약에 의한 중독은 드물지만 만약 발생하면 해독제로 calcium제(calcium gluconate 1 g)를 정맥주사한다.

[3] 제제

Magnesium sulfate injection

Magnesium sulfate mixture

Magnesium sulfate and dextrose injection

7.5 흡착제

흡착제(adsorbents)란 독성물질이 체내에 흡수되기 전에 제거하는 데 사용하는 물질로서, 화학적으로 신체에 안전한 가루이며 가스, 독소 및 세균을 흡수하는 능력을 갖는다. 따라서 흡착제는 보통 독성물질의 제거나 완만한 설사치료에 보통 사용한다.

7.5.1. 약용탄

약용탄(활성탄, medicinal carbon, activated carbon)은 각종 유기물질을 건류한 잔사인 탄소물질이며, 그 흡착력을 증대시키기 위하여 가공처리한 것을 말한다. 여기에는 동물성 활성탄(animal charcoal)과 식물성 활성탄(vagetable charcoal)의 두 종류가 있으며, 전자는 수골(獸骨)과 혈육 등을 원료로 하는 골탄 및 혈탄 등이며, 후자는 식물섬유를 원료로 한 것인데 현재 생산되는 것은 주로 목탄 또는 목분 등의 식물성 원료로 제조된다.

현재 의약적 용도는 아주 중요하며 설사치료에 흡착제로 사용되고 있으며, 특히 해독제로서 추천되고 있다.

[1] 제법

활성탄 공업은 비교적 짧은 동안에 발달하여서 그 활성화 이론에 관해서도 아직 결정적인 것이 없기 때문에 제조방법도 여러 가지이다. 제법은 대개 세 가지로 나뉘는데, ① 부석혼합 증류법, ② 수증기 부활법, ③ 특수 부활제 처리법이다. 그 중 대표적인 것은 수증기 부활법과 염화아연법이다. 특수 부활제 처리법은 염화아연, 석회, 수산화나트륨, 수산화칼슘, 염화칼슘, 인산, 황산, 인산칼슘, 염소, 탄산 등의 특수 부활제로 처리하는 방법이다.

(1) 수증기부활법

목탄을 분쇄, 기계로 분쇄사별하여 탄말을 제거한 탄괴를 부활로에 넣고, 약 800～900°C의 고온으로 가열하면서 수증기를 취입하여 활성처리를 행한다. 원료탄의 비중은 약 0.6이나 수증기로 활성화하면 약 0.3으로 된다. 부활 후에는 일단 건조하든가 염화아연법의 후처리와 동일하게 산이나 알칼리 등으로 처리하면 다

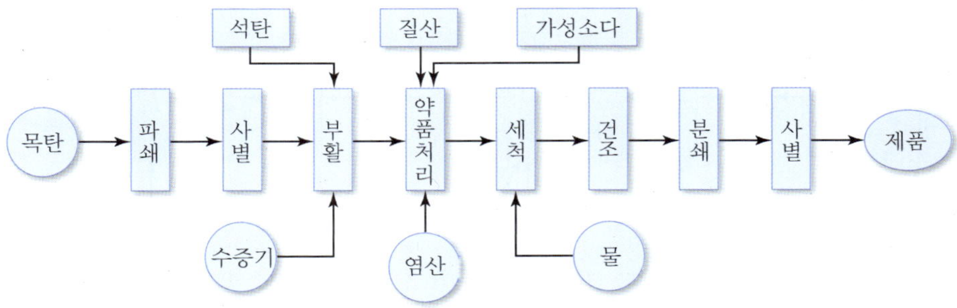

그림 7.4 수증기 부활법에 의한 약용탄의 제조공정

소 활성이 증가된다. 이와 같이 수세 또는 건조한 것을 분쇄, 사별하여 필요한 입자 크기의 제품으로 한다.

부활로에는 여러 가지 형식이 있으며, 외부로부터 가열하는 방법과 목탄 자체를 일부 연소하여 가열하는 방법, 또는 양자의 병용식 등이 있다.

분말의 입도는 작을수록 흡착력이 강하지만, 그것은 흡착의 속도에 관련된 것이지 흡착량과는 관계가 없다. 또, 입도 20~80메시의 범위에서는 입자가 작을수록 메틸렌 블루의 탈색력이 강하나, 80메시 이상에서는 입자의 영향을 알 수 없다. 보통 탈취 탈색용 활성탄 입자는 70~98%가 325메시이며, 입자 하나의 크기는 45 μm 이하이다. 그러나 여과의 목적으로는 약 150메시가 적당하다.

원료의 탄은 목탄과 야자열매 등이 있으나, 아직은 목탄이 주로 사용된다. 원재의 선별은 제품의 흡착력과 밀접한 관계를 가지므로 비밀로 된 것이 많으나, 일반적으로는 적송 기타 연질의 잡목이 적당하다고 한다.

(2) 약품부활법(염화아연 부활법)

톱밥(saw dust)을 원료로 하여 직화건조기로 수분이 15% 정도까지 되도록 건조시킨다. 이 건조톱밥을 염화아연 용액과 혼합하여 소성부활로에서 소성(가열하여 재료의 물리화학적 상태를 변화시키는 공정)한다.

소성부활 때 염화아연은 열분해되어 일부는 안개 상태가 되고, 일부는 고체로 활성탄에 부착한다. 염화아연을 회수한 활성탄은 35% HCl로 가열하여 세척하고,

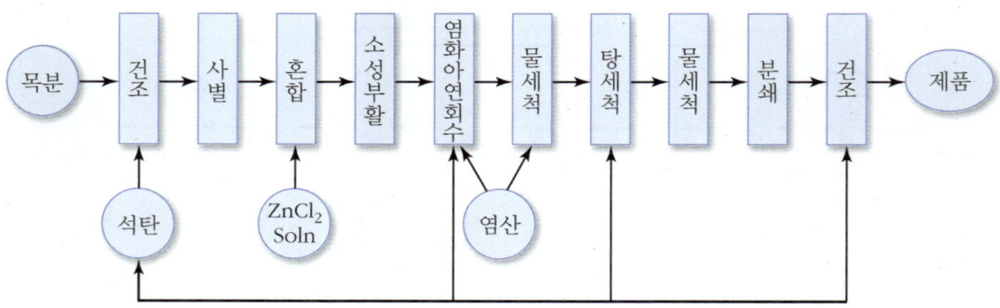

그림 7.5 염화아연법에 의한 약용탄의 제조공정

다시 열탕으로 씻고 물로 씻은 다음 NaOH 용액으로 세척하고, 다시 열탕과 물로 씻어서 건조한 후, 분쇄하여 제품으로 한다. 이 방법에 있어서 염화아연의 회수율이 원가에 미치는 영향이 매우 크다.

(3) Pumice 혼합 부활법

부석(pumice)은 일종의 화산석으로 다공질 구조를 가지고 있어 흡착능력이 뛰어나다. 이는 목탄분말에 pumice 분말을 혼합하고 증류하여 부활하는 방법이다.

(4) 입상활성탄

약용 입상탄은 활성탄 분말을 규산, 규산나트륨, 활성백탄 등의 1/3량과 연화하여 조립기로 성형하고, 100°C로 건조시켜 제조한다. 입도는 용도에 따라 다르나 보통 2～3 mm 길이인 연필심의 굵기 지름이다. 이 약은 가스마스크에 사용하며, 내용도 하지만 흡착력은 분말에 비하여 떨어진다.

[2] 성상

미세한 흑색의 무미, 무취의 분말로서 흡착력이 강하다. 융해하지 아니하고 각종 용매에 불용이다. 약전에는 건조감량 15% 이하, 강열잔분은 4% 이하로 규정하고 있으며, 흡착력을 규정하고 있다.

[3] 응용

약용탄은 구급낭의 한 성분으로 최토시키기 전에 긴급중독시 치료에 사용된다. 이 약은 강력한 흡착력을 이용하여 탈색, 탈취, 청정 등의 정제를 목적으로 하는 설탕 및 엿의 정제, 주조(酒造) 등의 식품공업 및 각종 화학약품, 의약품 제조, 가스흡착, 각종 용제회수 등에 이용되며, 또 흡착작용을 이용하여 촉매담체로서 각종 화학반응에 이용된다.

의약적으로는 흡착성 지사제로서 위의 질환에는 0.6～1.0 g, 장의 질환에는

4~6 g 또는 그 이상을 쓴다. 그 흡착성을 이용하여 각종 독물의 해독에는 2~3 숟가락 이상을 쓴다. 소위 만능 해독제(universal antidote)로서 약용탄 2분, 산화마그네슘 1분, tannic acid 1분의 처방이 있다. 또한, 주사제의 발열성 물질을 제거하는 데도 사용되지만, 현재 거의 사용되지 않고 있다.

위병에 사용하면 위산을 흡착할 뿐만 아니라 소화관 내 발효에 의해 생성된 가스를 흡착하여 위장 내의 효소, 비타민, 광물질 등도 흡착되므로 오히려 소화를 방해한다는 설도 있다.

[4] 제제

살리실산·약용탄 연고(salicylated carbon ointment)

[Rx]	살리실산, 미세말	100 g
	약용탄	100 g
	단미연고 또는 적당한 연고기제	적당량
	전체 양	1000 g

스코폴리아 엑스·약용탄산(Scopolia extract and carbon powder)

[Rx]	살리실산, 미세말	5 g
	약용탄	550 g
	천연 규산알루미늄	345 g
	전분, 유당 또는 이들의 혼합물	적당량
	전체 양	1000 g

7.5.2. 천연 규산알루미늄(natural aluminum silicate, $Al_2O_3 \cdot mSiO_2 \cdot nH_2O$)

※ 제산제의 천연 규산알루미늄을 참조할 것.

7.5.3. 카올린(Kaolin, 백도토 , China clay, Porcelain clay, White bole)

약전에서 카올린이란, 천연 규산알루미늄을 분쇄한 모래알이 없는 고운 가루를 말한다. 카올린이란 여러 가지의 천연 함수 규산알루미늄, 즉 점토(clay)의 일반명이다. 카올린은 장석을 함유한 암석의 풍화에 의한 2차적 변성품으로, 가장 중요한 것은 고령토(Kaolinite, $Al_2O_3 \cdot 2SiO_2 \cdot 2H_2O$)이며, 양품은 China clay라고 하여 영국, 미국, 프랑스, 독일, 일본 등에서 생산되며, 우리나라에서도 고령토란 이름으로 각지에서 분포산출되고 있으며 국내 총개장량은 약 7000여만 톤으로 추정된다.

의약품으로서의 카올린은 대한약전을 비롯하여 USP, JP 등에 수재된 공정 의약품으로, 장내 이상발효, 설사 등에 흡착제로 내복하고 식중독, 알칼로이드 중독 및 기타 급성중독에 해독제로 쓰이며 창상(wound)의 피복, 세균흡착의 목적으로 화농상, 습진 등에 산포 또는 건조제로 쓰인다. 그 밖에 제약공업의 부형제와 알칼로이드 추출, 화장품 원료 및 위생도기, 도자기 및 타일 등에 쓰이고 있다.

[1] 제법

제법은 천연품을 분쇄하여 20배 양의 물로 희석한 염산을 주가해서 가끔 저어주면서 24시간 방치하여 상징액으로 씻어서 그 세액이 염산반응이 없을 때까지 반복해 씻고, 수파하여 100°C로 건조하고 분쇄시켜 사용한다. 또, 자연품을 분쇄, 건조, 수세 후 분산제로서 피로인산나트륨을 가해 현탁액으로 한 뒤, 방치하여 일정한 콜로이드 입자만 모아 미세분말로 한다. 이것을 콜로이드 카올린이라 한다.

[2] 성상

이 약은 백색 내지 유백색의 부서지기 쉬운 덩어리 또는 가루로서 점토와 비슷한 맛이 있으며, 물에 침투시키면 어두운 색을 띠고 가소성을 가지며 점토와 비슷한 냄새를 낸다. 물, 냉초산 또는 수산화알칼리액에 녹지 않고, 물과 혼합하면 잘 분산되어 균등한 현탁액이 된다.

[3] 응용

흡착제로서 설사, 대장염, 적리, cholera 등의 치료에 사용하며 cataplasm으로 외용된다. 그리고 청징제, 탈색제, 여과제로도 사용하며, alkaloid는 이 약에 흡착되므로 해독제로 쓰인다. 이 밖에 내화물, 도자기, 백시멘트 및 황산알루미늄의 제조원료로도 사용된다.

7.5.4. 비스무트 화합물(bismuth compounds)

비스무트는 지각 중에 은이나 텅스텐 정도로 존재하며, 순금속 상태 황화물(bismuthinite 또는 bismuth glance, 휘창연광, Bi_2S_3), 산화물(비스무트, 창연화, Bi_2O_3), 탄산염[bismutite, 포창연$(BiO)_2CO_3 \cdot H_2O$)] 및 tetradymite(텔루르 비스무트, Bi_2Te_2S)로 산출된다.

비스무트의 가용성 화합물은 원형질 독이 있으므로 의약으로 사용되지 않는다. 그러나 불용성 화합물은 그 질이 미세하고 치밀하여 점막의 표면 및 염증부위에 잘 부착되므로 보호제로 사용하며, 내복하면 그 소량이 용해되어 수렴 및 방부작용을 나타낸다. 염기성염은 자극성이 없어서 장의 방부제로 많이 쓰인다. 장 내의 황화수소는 염기성 비스무트염과 작용하여 흑색의 황화비스무트가 되므로 대변이 흑색으로 변한다. 약한 수렴성과 방부성을 가지고 있는 동시에 보호작용이 있으므로 물에 불용성인 염기성 질산염은 설사, 위염, 위산 과다증 등의 치료에 빈용된다. 염기성 비스무트염은 불투과성이므로 X-선 진단에도 사용하지만 지금은 $BaSO_4$가 주로 사용된다. 불용성 화합물은 살포제 또는 연고(30%)로 염증의 점막이나 상처 등에 외용되는데, 이는 분비물을 흡수하여 상처가 치료된다.

[1] 비스무트차질산염[차질산비스무트(bismuth subnitrate), 염기성 질산비스무트(basic bismuth nitrate), $BiO \cdot NO_3$ 또는 $6BiO_2 \cdot 5N_2O_5 \cdot 9H_2O$ 혹은 $[Bi_6O_5(OH)_3] \cdot (NO_3)_5 \cdot 3H_2O$]

차질산비스무트가 의약으로 사용된 것은 1786년 스위스의 L. Odier가 처음이다. 현재는 각국 약전에 수재되어 있는 약품이며, 그 조성은 제조방법에 따라 일정치 않고 여러 가지의 조성으로 되어 있다. 또한 결정형태도 상이하며 물리 화학적 성질이 다르기 때문에, 우리 약전에서도 이 약은 비스무트로서 71.5～74.5%를 함유하는 몇 가지 조성으로 규정하고 있다.

차질산비스무트는 우리나라를 비롯하여 각국 약전에 수재된 중요한 의약품으로서 그 용도는 광범위하며, 그 약리작용은 수렴, 장 내 이상발효 산물인 H_2S 가스의 흡수에 의한 연동항진 작용의 억제, 궤양면에 부착하여 위점막의 자극을 방지하는 작용이 있다. 그런 까닭으로 내복하면 위장 카타르, 위통, 궤양, 설사 등에 효과가 있고, 외용으로는 건조 제취(除臭) 방부제로 습진, 한진(汗疹), 궤양, 화복(火復) 등의 피부염에 살포제 또는 연고제로 사용하는 중요한 의약품인 동시에 화장품, 진주안료로도 유용하다.

차질산비스무트의 제조와 특성에 관한 연구는 주로 19세기에 이루어져 오다가, 1902년에 Rutten에 의하여 비로소 가수분해물에 대한 화학분석이 실시되었으며, 분해물의 조성이 발표되어 현재 18가지에 이르고 있다.

(1) 제법

① 중성 질산비스무트의 제조

진한 HNO_3 62.5 g과 물 62.5 g을 내용 300 mL의 플라스크에 혼합하고, 공기 유통이 좋은 곳에서 수욕상으로 가온하고, 온도가 80°C가 되면 가열을 멈추고 분말상의 비스무트 25 g을 조금씩 가한다. 이때 NO가 발생하는데, 만일 반응이 격렬해지면 처음에 가한 비스무트가 완전히 용해될 때가지 기다린 다음, 비스무트를 가해 준다.

$$Bi + 4HNO_3 \longrightarrow Bi(NO_3)_3 + 2H_2O + NO$$

여기에서 비스무트의 대략 1/3량이 작용했을 때 비소(불순물)는 비산비스무트($BiAsO_4$)가 되어 점차 석출하며, 유리 HNO_3의 함량이 감소됨에 따라 더욱 석출하는 양이 증가한다.

비산비스무트가 모두 석출됨을 기다려 그 용액을 잠시 끓이고, 충분히 냉각시켜 상징액을 경사하여 침전한 비산비스무트와 소량의 염기성 질산비스무트를 분리한다. 경사한 액을 백사 또는 석면으로 여과하고 여액을 증발시켜 결정을 석출시킨다. 결정은 HNO_3를 가한 소량의 물로 세척하고 상온에서 건조한다. 이 모액을 증발하고 방치하면 더 결정을 얻을 수 있다.

② 차질산비스무트의 제조

중성질산비스무트[$Bi(NO_3)_3 \cdot 5H_2O$] 1부에 증류수 4부를 가하여 연화한 것을 끓는 증류수 21부 중에 교반하면서 주입하고, 이때 생성된 침전이 그릇 바닥에 침착됨을 기다려 그 상징액을 경사한다. 그 침전, 즉 차질산비스무트를 여별한다. 그러면 이때 충분히 모액을 떨어뜨린 다음, 25부의 증류수로 세척한 후 30°C 이하에서 건조시킨다. 침전을 분리한 상징액은 유리 HNO_3를 함유하는 동시에 아직 다량의 정질산염이 공존하고 있으므로, 냉각된 후 교반하면서 Na_2CO_3를 가하여 거의 중화시키면, 용존해 있던 비스무트분의 반 이상은 차질산염이 되어 석출된다. 이 침전을 채취하여 소량의 냉증류수로 세척하면, 이것 역시 약용품이 될 수 있다. 그리고도 여액 중에 잔존하는 비스무트는 과잉량의 Na_2CO_3를 가하여 탄산비스무트로 침전, 회수한 다음 질산비스무트의 제조원료로 한다.

이 밖에도 질산비스무트 용액에 공기를 통하여 아질산을 충분히 제거한 후 교반하면서, Na_2CO_3 용액을 가하여 pH를 약 3으로 조절하고 1시간 동안 교반한다. 이때 생성된 침전을 여과하고 잘 수세한 후, 약 30°C 이하에서 건조하여 제품으로 하는 방법도 있다.

$$Bi(NO_3)_3 + H_2O \longrightarrow BiONO_3 + 2HNO_3$$

차질산비스무트 제조법 중 또다른 하나는 $Bi(NO_3)_3 \cdot 5H_2O$를 0.6N HNO_3에 용해시켜 0.1몰 질산비스무트 용액을 간들고, 일정한 pH가 될 때까지 10% Na_2CO_3 용액을 적가한 다음, 1시간 동안 교반숙성시켜서 생성된 고형물을 여과 세척한 다음 50°C로 건조하는 방법이다.

가수분해는 대략 pH 1.2 이하의 낮은 영역과 1.5 이상 2.0 이하, 그리고 2.0 이상의 높은 영역으로 구분하여 생각할 스 있다.

pH 0.8 이상에서는 Bi^{3+} 이온이 가수분해되어 $[Bi_6O_4(OH)_4]^{6+}$ 착이온으로 용액 중에 존재하며, 최초의 고형 가수분해물 $[Bi_6O_4(OH)_4](NO_3)_6 \cdot 4H_2O$이 이 용액으로부터 석출된다고 본다. pH 1.5 이상에서는 분해가 더 진행되어 가수분해물 $[Bi_6O_5(OH)_3]$가 용액에서 침전한다.

pH 1.2 이하의 분해물은 비스무트 함량이 약전규정에 미달하며, pH 1.5~2.0에서는 수득률도 가장 좋고 비스무트 함량도 약전규정에 적합하여 의약용 차질산비스무트는 가수분해 pH 1.5~2.0에서 실시되어야 한다. pH가 3.0 이상이 되면 조성 중의 비스무트 함량이 점증되어 약전규정을 초과한다.

비등수로 가수분해시킬 때는 분해시간이 7분 이상이면 충분하고, 이때 생성되는 침전물은 $[Bi_6O_5(OH)_3] \cdot (NO_3)_5 \cdot 3H_2O$의 조성에 근사하고 약전품에 적합하다. 또한, 상온으로 분해시킬 때는 질산비스무트 용액의 40~50배 양의 물에 가수분해시켜야 조성에 있어서 의약품으로 적합하다.

따라서 약전품 차질산비스무트의 제조조건은 Na_2CO_3 용액에 의한 가수분해 pH가 1.5~2.0이 가장 적합하고, 그 이하는 비스무트 함량이 미달되고, 그 이상에서는 초과되어 약전규정에 부적합하다.

(2) 응용

이 약은 수렴 및 점막면·궤양면을 피복보호하는 작용이 있고, 또한 장 내 이상발효에 의하여 생기는 H_2S와 결합하므로, 위장 카타르, 위통, 설사 등에 효과가 있다. 외용으로는 수렴, 건조, 제취, 방부 등의 작용이 있고, 피부질환에 산포제나 연고로 사용한다.

위장 카타르·위궤양·설사 등에서는 1회 0.5～1.0 g을 내복하며 습진, 한진(汗疹), 궤양, 창상 등의 피부의 염증에 산포제나 연고 또는 기제상(基劑狀)의 제형으로 외용한다.

(3) 제제

Bismuth subnitrate tablets

Bismuth magma

Compound aluminum silicate and bismuth powder

Bipp ointment (bismuth subnitrate 220 g, iodoform 440 g, vaseline 220 g)

Beck ointment (bismuth subnitrate 1 pt. vaseline 2 pts.)

[2] 비스무트차갈르산염[차몰식자산비스무트(bismuth subgallate), $C_6H_2(OH)_3 \cdot COO(BiO) \cdot H_2O$]

차몰식자산비스무트는 조성이 일정하지 않은 비스무트와 몰식자산(3,4,5-trihydroxybenzoic acid)과의 화합물이며, 비스무트가 수산기 또는 carboxyl기와 반응을 하기도 한다. 이 약은 빙초산에 용해시킨 중성 질산비스무트 용액에 몰식자산의 온수용액을 가하여 만들어진다.

(1) 성상

이 약은 무정형의 황색의 분말이며, 무취 또는 무미이고 공기 중에서 안정하다. 물, 알코올 및 에테르에 불용성인 물질이다. 묽은 염산이나 묽은 질산 및 묽은 황산에는 온시에 분해되면서 용해되지만, 극히 희박한 광산에는 녹지 않는다. 가성 알칼리수용액에는 쉽게 용해되어 투명한 황색액체로 되는데, 즉시 심적색으로 변한다. 이 약을 심하게 가열하면 황색의 Bi_2O_3가 남는다. 산에 용해시킨 용액은 Bi^{3+}의 반응을 한다. 물 속에서 이 화합물을 H_2S로 처리하면 소량의 Bi_2S_3가 침전되어 몰식자산이 떨어져 나온다.

이 약은 차탄산비스무트의 경우와 같은 방법으로, 즉 작열하여 그 순도를 결정한다. 유기잔사의 산화를 잘 시키기 위하여 HNO_3가 사용된다.

$$2\,C_6H_5(OH)_3 \cdot COO(BiO) \; + \; 12\,O_2 \;\longrightarrow\; Bi_2O_3 \; + \; 14\,CO_2\uparrow \; + \; 5\,H_2O\uparrow$$

(2) 응용

차몰식자산비스무트(Dermatol)는 염기성염이며, 105°C에서 3시간 건조시킬 때 Bi_2O_3를 52～57% 함유한다. 그리고 이 약은 차탄산비스무트와 같이 수렴제, 제산제, 피부 또는 점막의 보호제로 사용되지만, 더 큰 수렴작용이 필요할 때 사용된다. 내복용으로는 지사제로 사용되는데, 물론 제산작용도 가지고 있다. 약용량은 1 g이다.

7.6 해독제

해독제(Antidotes)란 독물을 해독하는 약물이며, 그 해독작용 기전은 보통 세 가지 중에 한 가지로 나타난다.

(1) 기계적 해독 또는 물리적 해독(mechanical antidote or physical antidote)

이것은 독물이 체내로 흡수되는 것을 방어하는 약물이다. 즉, 독물을 불활성화하거나 불용성 물질로 침전시켜 무독화하는 것으로, 예를 들면 활성 약용탄은 독물이 장벽을 통하여 흡수되기 전에 독물을 활성탄이 흡착하는 것이다.

(2) **화학적 해독**(Chemical antidote)

화학적 해독제는 독물의 화학적 성질을 변화시킴으로써 해독하는 약물을 말한다. 즉 $Na_2S_2O_3 \cdot 5H_2O$은 전신적으로 유독한 CN^-을 독성이 없는 SCN^-으로 전환시켜서 해독하는 작용을 한다. 또한 염산의 해독제로서 산화마그네슘이 중화작용을 하여 해독하는 것도 이 범주에 속한다.

$$Na_2S_2O_3 \cdot 5\,H_2O \;+\; CN^- \underset{SCN^-\text{ oxidase}}{\overset{\text{rhodanase}}{\rightleftarrows}} \underset{\text{excreted in the urine}}{SCN^- \;+\; Na_2SO_3}$$

$$2\,HCl \;+\; MgO \longrightarrow MgCl_2 \;+\; H_2O$$

(3) **생리적 해독**(Physiological antidote)

생리적 해독은 독물과 반대의 생리적 효능을 가지는 약물을 투여하여 독물의 생리적 효과를 상쇄시키는 것을 말한다.

7.6.1. 티오황산나트륨(sodium thiosulfate, Hypo, $Na_2S_2O_3 \cdot 5H_2O$)

[1] 제법

Soda ash-Brimstone법은 현재 가장 흔히 사용되는 공업적 방법이다.

$$Na_2CO_3 \;+\; 2\,SO_2 \;+\; H_2O \longrightarrow 2\,NaHSO_3 \;+\; CO_2$$

$$2\,NaHSO_3 \;+\; Na_2CO_3 \longrightarrow 2\,Na_2SO_3 \;+\; CO_2 \;+\; H_2O$$

$$Na_2SO_3 \;+\; S \;+\; 5\,H_2O \longrightarrow Na_2S_2O_3 \cdot 5\,H_2O$$

소다회(탄산나트륨)를 끓는 물에 용해시켜 만든 용액(26° Bé)을 흡수탑에서 SO_2와 작용시킨다. 생성된 $NaHSO_3$ 용액은 다시 소다회를 작용시켜 Na_2SO_3로 변화시킨 후, 교반기가 달린 벽돌로 입힌 주철 용기에 분말 황을 가하여 가열한다.

생성된 티오황산나트륨 용액은 36～51° B'e까지 농축시킨 후 침전시키고, lead lined 또는 철제 결정조에서 방랭시켜서 결정시킨다. 철조를 사용했을 경우에는 기벽에 부착한 것은 오염을 방지하기 위하여 그냥 놓아 둔다. 2일 이상 경과 후 모액을 경사 제거한 다음 원심 분리기토 부착수를 제거한 후 제품으로 하는데, 결정은 풍화성이 있기 때문에 즉시 기밀한 용기에 저장해야 한다.

[2] 성상

48°C 이하에서 정출시킨 것은 5H_2O의 결정수를 가지는 단사 결정계에 속하는 결정이며, 48～68.5°C에서는 2H_2O, 68.5°C 이상에서는 무수물이 생긴다. 5수염은 48.5°C에서 결정수에 용해하고, 100°C에서 결정수를 잃으면, 이보다 더 고온에서는 분해한다. 따라서 무수물을 순수하게 제조하려면, 오히려 NaOH에 H_2S를 작용시켜 NaSH를 만들어, 그 건조물을 100～150°C로 가열하면서 공기를 통해 산화하는 편이 간단하다.

용액은 불안정하지만 결정은 안정하다. $Na_2S_2O_3 \cdot 5H_2O$, 밀도는 1.672로 된다.

$$Na_2S_2O_3 + 2\,HCl \longrightarrow 2\,NaCl + H_2O + SO_2 + S$$

$$Na_2S_2O_3 + H_2CO_3 \longrightarrow 2\,NaHSO_3 + H_2S_2O_3$$

따라서 $Na_2S_2O_3$ 규정액은 조제시에 주의를 요한다.

[3] 응용

티오황산나트륨은 처음에는 외용약으로서 기생충성 피부병에 응용되었으나, 실제 살균력이 없으며, 현재는 이 목적에 사용되는 일이 드물다.

Ravault(1920년)가 비소제, 특히 arsenobenzene제에 의한 피부염에 효과를 인정하고, McBride(1923년) 등이 수은과 납 등의 금속 중독에 대한 해독효과를 인정했으며, Voegtlin(1925년)은 작용기전을 다음과 같이 설명하였다. 티오황산나트륨은 생체 내에서 SH기를 유리하여 이것이 생체 내의 비소, 그 밖의 독물의 독력을 저해시킨다.

이 약은 비소제, 안티몬제, 수은과 납 등 중금속 중독의 해독, 특히 arsenobenzene제 중독증의 치료에 10%나 25% 주사액으로 정맥주사한다.

최근에는 화학적 해독제로서 rhodanase 효소에 의하여 S_2O_3 이온은 CN^- 이온과 반응하여 무독한 SCN^-을 형성하여 해독되고 요로 배설됨으로써 CN^-의 중독에 해독작용을 갖는다고 한다. 또한 cisplatin과 같은 백금항암제와 함께 투여시 항암제의 독성을 감소시켜준다. 그 밖에 사진 공업용에서의 정착제, 매염제, 탈염소제, 요오드 정량용 시약 등으로 쓰인다.

$$2\,AgBr + 3\,Na_2S_2O_3 \longrightarrow Na_4[Ag_2(S_2O_3)_3] + 2\,NaBr$$

$$2\,Na_2S_2O_3 + Cl_2 \longrightarrow Na_2S_4O_6 + 2\,NaCl$$

BAL (British Anti-Lewisite, Dimercaprol, 2,3-Dimercapto-1-propanol)은 SH기 학설에 의하여 합성된 해독제로서, 그 효과는 오로지 2개의 SH기에 의존한다. BAL은 대한약전 등에 dimercaprol의 이름으로 수재되어 있으며, 티오황산나트륨은 무기성 해독제로서 그 작용기전은 BAL과 거의 동일하게 설명되고 있다. BAL에 비하여 해독력이 약하나, 대량으로 주사 또는 내복해도 거의 무독하여 부작용이 없는 점이 장점이다.

[4] 제제

티오황산나트륨 주사액(sodium thiosulfate injection)

7.6.2. 약용탄(medicinal carbon, C)

7.5절 흡착제 중 7.5.1. 약용탄을 참조할 것.

7.7 요오드 보급제

7.7.1. 요오드화칼륨(potassium iodide, KI)

이 약은 옥박이라고도 하며 1821년에 Coindet에 의하여 처음 의약으로 이용되었다.

[1] 제법

(1) I_2 및 KOH로부터의 제법

$$6\,KOH + 3\,I_2 \longrightarrow 5\,KI + KIO_3 + 3\,H_2O$$
$$2\,KIO_3 + 3\,C \longrightarrow 2\,KI + 3\,CO_2$$

위의 반응을 이용하여 85부의 물에 15부의 KOH를 용해하고, 용액을 비등시켜 여기에 35부의 요오드를 소량씩 가한다. 다시 여기에 목탄가루를 첨가한 다음 증발 건조시키고, 이 혼합물을 철관 중에서 적열하여 용융시킨다. 냉각한 후 물로 추출하고 여과하여 농축 결정시킨다. KI는 협잡물로부터 분리하기가 곤란하므로, 최초에 사용한 KOH는 순수한 것이 아니면 안 된다.

[2] 성상

이 약은 무색, 투명결정 또는 불투명의 백색이고, 입방형 결정 또는 백색결정성 분말로서 건조 공기 중에서는 안정하지만, 습한 공기 중에서는 다소 조해한다. 또, 이 약 1 g은 물 4.7 mL, 열탕 0.5 mL, 알코올 22 mL 또는 글리세린 2 mL에 용해된다. 이 약의 수용액은 중성 또는 약알칼리성이며, 광선이나 공기 및 H_2CO_3에 의해서 I_2를 유리하여 황색으로 된다. NaI 또는 K_2CO_3를 혼유한 것은 흡습성이 있으며, 불량품은 흡습하여 약간의 황색을 띤다.

[3] 응용

이뇨, 거담 효과를 가진 요오드 보급제로서 만성 기관지염, 천식, 갑상선종 등에 쓰인다. 1회 0.1～0.5 g을 1일 수회 복용하고, 내용에는 보통 수제로 해야 위장장해가 없다. 요오드 방사성동위원소에 노출 시 방사성 요오드-131의 갑상선으로의 축적으로 인한 갑상선암의 위험성을 위해 사용되기도 한다. 요오드화칼륨의 정제와 용액이 의약품으로서 사용되고 있으며, 갑상선 질환의 치료목적으로 장기간 다량 복용한 경우 갑상선종, 갑상선기능항진 또는 저하, 이하선염, 피부장해, 가려움증, 두드러기 등의 부작용이 나타나는 일이 있다.

[4] 제제

Potassium iodide oral solution

Potassium iodide tablets

7.7.2. 요오드화나트륨(Sodium iodide, NaI)

[1] 제법

NaOH 용액에 I_2를 작용시켜서 NaI와 $NaIO_3$의 혼합용액으로 한 다음, $NaIO_3$를 목탄으로 환원시켜 KI 때와 같은 방법으로 NaI로 한다.

$$6\,NaOH + 3\,I_2 \longrightarrow 5\,NaI + NaIO_3 + 3\,H_2O$$

$$2\,NaIO_3 + 3\,C \longrightarrow 2\,NaI + 3\,CO_2$$

[2] 성상

이 약은 무취의 무색결정 또는 결정성 분말로서 습한 공기 중에서는 굳어지고, 이어서 조해하며 분해되어 갈색을 띤다. 이 약 1 g은 물 0.6 mL, 알코올 약 2 mL 또는 글리세린 1 mL에 녹는다.

[3] 응용

요오드 보급제로서 KI와 약효는 같으나 자극성 및 독성이 적고, 특히 심장장해를 일으키지 않으므로 정맥주사로도 사용할 수 있다. NaI는 또한 KI와 같이 물에 난용성인 I_2의 용해 보조제로서 요오드팅크 및 요오드용액 등의 제제를 만들 때 사용된다.

7.8 항조울증제

7.8.1. 탄산리튬(Lithium carbonate, Li_2CO_3)

리튬(lithium)은 1817년 J.A. Arfwedson에 의하여 petalite(엽장석)라는 암석 중에서 발견되었으며, 그 후 1855년에 Bunsen 및 Mathiessen 등은 많은 양의 리튬을 제조하여 정밀한 연구를 실행하였다. 리튬 화합물은 자연에 널리 분포되어 있으나, 그 양이 매우 적으며 Na, K, Al 및 다른 금속광 중에 협잡하여 존재하며, 담배·차·커피·사탕무·사탕수수 등의 많은 식물의 태운 재 속에도 발견되었다. 금속 중에서 가장 가벼운 원소로서 I족 알칼리 금속의 최초에 위치하고 있지만, 그 성질은 오히려 II족 알칼리 토금속에 유사한 바가 많다. 즉, 첫째로 리튬의 탄산염, 플로오르화물, 수산화물, 인산염 등은 물에 비교적 난용이며, 그 반면에 중탄산염은 탄산염에 비하여 수용성이 크며, 둘째로 리튬을 제외하고는 모두 M_2O_2, MO_2의 과산화물을 만들기가 쉽다.

리튬 화합물이 의약품으로서 사용되기 시작한 것은 1850년경으로, 통풍과 류머티스, 요결석 치료제로서 또는 강장제와 진정제로서 사용되기도 하였다. 20세기 초에는 이뇨, 최면, 항경련제로서 사용되었다. 탄산리튬은 물에 난용인 요산과 결합하여 가용성인 요산리튬이 되므로 통풍치료에 사용되었으나, 생체 내에서는 그 치사량으로서도 혈액 중의 요산－Na의 용해도에 영향을 주지 않으므로, 모든 약전에서 제외되었다. 그러나 최근에 와서는 탄산리튬 및 리튬 화합물이 내인성 정신질환증, 조울증에 매우 현저한 작용을 나타내며, 거의 100% 유효하다는 것이 확증되었다.

[1] 제법

암모니아수(비중 0.96) 3부를 첨가한 증류수 12부에 LiCl 2부를 용해하고, 이 용액을 교반하면서 탄산암모늄의 세말 2부를 천천히 가하면 Li_2CO_3가 침전으로 석출되는데, 이 침전을 방치하고 상징액을 경사한다. 이것을 여과하여 약 60%의 알코올로써 세척하고, 그 세액을 HNO_3 산성으로 하여 Cl^- 반응이 없어지면 건조시켜 제품으로 한다.

$$2\,LiCl + (NH_4)_2CO_3 \longrightarrow Li_2CO_3 + 2\,NH_4Cl$$

[2] 정제법

시판 Li_2CO_3는 때때로 약 1%의 불순물을 함유하고 있으므로, 열수에 용해하지 않는 성질을 이용하여 재결정법으로 정제하여야 되며, 실험실적 제품도 동일하게 정제할 수 있다. Li_2CO_3 25 g을 내용 3 L의 비커 중에서 2 L의 물로 실온에서 용해하며, 교반하면 약 30분이 소요된다. 현탁되어 있는 불순물 및 불용성 잔사를 여과 제거하며, 이 여액을 깨끗한 비커에서 교반하면서 천천히 끓인다. 이때 Li_2CO_3 침전이 기벽에 부착되지 않도록 주의하면서 끓인다.

[3] 성상

단사정계의 무색, 능주상 결정으로서 융점 732°C, 비점 1200°C, 비중 2.11, 물 100 g 중에 0°C 1.54 g, 20°C 1.33 g, 100°C 0.73 g을 용해한다. 비등수보다는 냉수에 더 잘 녹으며, 알코올 및 아세톤에 불용이고, CO_2 가스 함유한 물에는

$LiHCO_3$가 생성되므로 잘 녹는다.

[4] 응용

감정의 장해를 주증상으로 하는 내인성 정신질환의 일종인 조울증에 현저한 치료효과가 있다는 것이 확인되었으며, 반복성 조울병에서 발작의 횟수감소, 발작기간 단축 등 현저한 효과를 나타내므로, 다른 의약품에서 볼 수 없는 예방약으로서의 특징을 갖고 있다. 또한 생체 내에서 Li^+ 이온은 Alzheimer씨 병 환자에게 있어 신경보호작용 및 anti-apoptotic 효과로 인한 치료 효과가 있는 것으로 알려져 있다.

리튬 이온의 주된 작용부위는 glycogen synthase kinase-3 (GSK-3) 및 phosphomonoesterase family로 알려져 있고 작용기전은 정확히 밝혀져 있지 않으나 'inositol depletion' hypothesis가 유력하다. 또한 Li^+ 이온은 치료의 안전영역이 좁으므로 혈중 Li^+을 모니터링하는 것이 필요하다. FDA는 1970년 Eskalith (SKF), Lithonate(Rowell), Lithane(Pfizer)의 3품목(Li_2CO_3 함량 300 mg)을 허가하였다.

[5] 제제

탄산리튬 정(Lithium carbonate tablets)

탄산리튬 캡셀(Lithium carbonate capsules)

7.9 X-선 조영제

7.9.1. 황산바륨(barium sulfate, $BaSO_4$)

바륨 화합물은 17세기 초기에 처음으로 보고되었으며, 1750년 Marggraf는 중정석

($BaSO_4$)이 황산염임을 발견하였다. 그 후 1774년에 Scheele, 1775년에 Gahn은 중정석 중에 일종의 특이한 토류가 있는 것을 확인하고 중토라고 하였으며, 그리스말로 '무겁다'는 뜻으로부터 baryte라고 불렀다. 스코틀랜드의 Withering은 독중석 $BaCO_3$를 발견하여 witherite라고 하였으며, Scheele는 바륨염 용액에 황산용액을 작용시켜서 $BaSO_4$를 처음으로 제조하였다.

의약용 황산바륨은 일반제품과는 구별되며, 중금속과 비소 등을 완전히 제거하여야 된다. 또한, 황산바륨을 처방할 때는 독성이 강한 아황산바륨 혹은 황화바륨과의 혼동을 피하기 위하여 U.S.P. 및 J.P. 에는 약자를 쓰지 않고, 의약품명을 어미까지 완전히 'sulfate'라고 써야 되는 규정이 있다.

[1] 제법

가용성 바륨염 또는 $Ba(OH)_2$에 H_2SO_4, 가용성 황산염을 작용시켜 제조한다. 중금속 이온, 비소 등의 불순물을 완전히 제거하여야 한다. 특히, 물 속에 용존하는 CO_3^{2-}에 의하여 $BaCO_3$가 혼입하는 것을 방지하기 위하여, 반응시킬 액을 미리 가열하여 CO_2 가스를 제거하여야 한다. $Ba(HSO_4)_2$가 생성되지 않도록 주의하면서 황산바륨을 황산용액 중에서 끓여서 흡착염류를 제거하여야 한다.

$$Ba(OH)_2 + H_2SO_4 \longrightarrow BaSO_4 + 2\,H_2O$$

$$BaCl_2 + Na_2SO_4 \longrightarrow BaSO_4 + 2\,NaCl$$

[2] 성상

백색결정성 분말로서 밀도 4.3～4.5, 굴절률 1.63, 융점 1580°C, 공기, 열, 공기 중의 유독가스(특히 H_2S)에 대하여 안전하다. 매우 난용으로 25°C의 물 100 mL에 0.22 mL가 녹는다. 진한 H_2SO_4에는 열시 용해하여 $Ba(HSO_4)_2$가 되었다가 이에 물을 가하면 다시 $BaSO_4$로 침전한다. 다량의 CO_3^{2-}을 함유한 용액 중에서는 $BaCO_3$로 변하며, Ca^{2+}이 많은 용액 중에서는 $CaSO_4$가 침전하고 Ba^{2+}이 용출한다. 그리고 산 및 알칼리에 안정하여 X-선을 통과하지 않는 특성이 있다. 가용성인 바륨염은 매우 유독하지만, 황산바륨은 물에 전혀 녹지 않으므로 흡수되지 않아 무독하다.

[3] 응용

약전품은 X-선 조영제로서 소화기관 기타 촬영에 사용된다. 이 약 60~450 g을 물 1000~1500 mL에 현탁시켜 촬영 직전 공복에 복용시킨다. 보통 복용을 쉽게 하기 위하여 향료나 감미료 등을 가하고, 현탁을 양호하게 하기 위하여 트라가칸트, 제라틴, 알긴산나트륨 등의 현탁화제를 넣어 내복시켜, X-선 투시관찰 또는 X-선 촬영 등을 한다. 특히, 젤라틴을 가한 것은 식도, 결장부 촬영에 적당하다고 한다.

약전품 황산바륨은 위액과 장액에 용해하지 않으며, 소화관에서 흡수되지 않으므로 독성은 없으나 $BaCO_3$의 혼입이나 가용성 바륨염(황화물, 아황산염)의 잘못 사용되지 없도록 특히 주의를 요한다.

[4] 제제

Barium sulfate for suspension

7.10 백금항암제

7.10.1. 백금항암제

1965년 Rosenberg 등은 대장균의 발육에 미치는 전류의 영향을 조사하던 과정에서, 대장균의 세포분열이 억제되는 것을 발견하였다. 그들은 그 현상이 전류자체

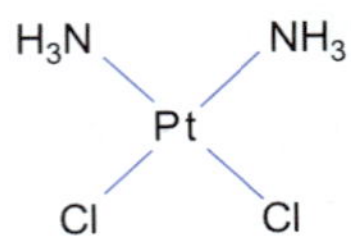

그림 7.6

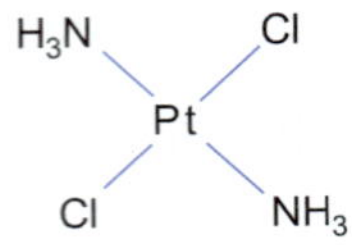

그림 7.7

에 의한 것이 아니고 Pt 전극으로부터 매우 소량의 Pt 이온이 녹아 나와서 배양기 중의 amine 및 Cl^- 이온과 반응해서 생성한 어떤 Pt 착물에 의한 것을 알아내었다. 그것이 대장균의 세포분열을 억제한다면 암세포의 분열도 억제할 가능성이 있을 것으로 생각하여, 연구를 계속한 결과 그 활성물질인 cisplatin이 여러 종류의 암에 대해서 현저한 항암 활성을 나타내는 것으로 보고했다.

백금착체 항암제는 분자구조 중심에 Pt 원자를 가지고 있으며 암세포의 DNA에 결합하여 DNA의 복제를 차단함으로써 암세포의 성장 및 증식을 억제하여 항암효과를 나타낸다. 전자가 부족한 금속원자에 상대적으로 전자가 풍부한 DNA의 구아닌(guanine) 및 아데닌(adenine) 염기와 공유결합을 형성하는 반응기전으로 폭 넓게 알킬화제로 분류된다. 특히 DNA 단일 strand 내 cross-linking은 인접한 구아닌 염기(60~65%) 또는 구아닌과 아데닌 염기(25~30%) 사이에서 가장 빈번히 발생하며 double strand의 cross-linking은 일반적으로 구아닌과 아데닌 염기에서 발생하지만 매우 적은 빈도(1~3%)로 발생한다.

Cisplatin은 *cis*-diamminedichloroplatinum(Ⅱ) (*cis*−$Pt(NH_3)_2Cl_2$, 그림 7.6)의 조성을 가진 금속 착물로서 이미 19세기 중엽부터 알려져 있는데, 과거부터 생물에 대해서 유해한 것으로 간주되어 온 중금속 화합물이다. 흥미로운 것은 cisplatin의 기하 이성질체인 trans체(그림 7.7)에서는 항암활성이 거의 없다는 특징이 있어, 임상적 응용뿐만 아니라 구조−활성 상관관계와 작용기전에도 흥미를 끌어서 많은 연구가 행해져 왔다.

Cisplatin 유도체로서 신독성이 낮은 2세대 항암제로 불리는 carboplatin(II)이 개발되어, 1990년부터 임상 응용되고 있다. 또한, 백금 화합물로서 보다 독성이 낮고, 기존의 백금 항암제에 내성을 나타내는 암세포에도 효과가 있는 세대 항암제가 개발되어, 현재 일부국가에서 승인되어 치료에 사용하고 있고, 경구투여가 가능한 8면체 백금착물(IV)을 비롯하여, 다수의 백금착물이 임상시험 중에 있다. 그런데, 4가의 8면체 약물도 체내에서는 platinum(II)을 거쳐 cisplatin의 경우에 해당하는 활성종이 생성하는 것으로 추정되고 있다. 국내에서도 이들 백금 착화합물의 하나가 국내 신약 1호로 개발되었다.

[1] 화학

Pt의 산화수로는 +2와 +4가 있는데 제1세대 착물에서는 전자의 착물의 항암활성이 보다 컸었다. 그러나 위에서 든 바와 같이 새로 개발된 착물 가운데는 후자의 것도 있다. 전자에 속하는 착물은 대개 중심의 Pt 이온과 4개의 배위원자가 사각 평면형으로 고정되어 있고, 구조가 간단하며 안정한 것이 많고, 합성하기도 비교적 쉬워 많은 착물이 합성되어 항암활성이 검색되었다. 현재까지 유효한 것으로 인정된 Pt 화합물은 전하가 0인 *cis*-PtA_mX_n] [*m*, *n*=1 (두 자리 리간드의 경우) 또는 2, A=amine류, X는 음이온]로 나타내는 Pt(II) 착물이지만, *cis,cis,cis*-[$PtA_2X_2Y_2$] 형인 tetraplatin (*cis,cis,cis*-diaminedichlorodihydroxoplatinum(IV)) 또는 *cis,trans,cis*-[$PtA_2X_2Y_2$]형(이상 A=monoamine; X, Y=서로 다른 −1가 이온)인 iproplatin [*cis*-dichlorobis(isopropylamine)-*trans*-dihydroxoplatinum(IV)]과 같은 Pt(IV)의 8면체 착물이 일반적인데, 전하를 가진 *cis*-[PtA_2BX] (A, B=서로 다른 monoamine, X=−1가 이온)도 활성이 있음이 알려져 있다.

Cisplatin과 그 유사체의 항암활성을 구명하는 첫 단계로서, Pt와 리간드간의 결합 안정성에 대해서 검토할 필요가 있는데, 먼저 amine은 암민(ammine, NH_3의 리간드명)으로 고정시키고 음이온의 종류에 따른 치환활성을 살펴보기로 한다.

cis-Pt[$(NH_3)_2Cl_2$]에 있어서 Pt−N 결합은 안정하여 친핵반응에 대해 불활성이지만, Pt−Cl 결합은 상대적으로 활성이어서 치환반응이 일어나기 쉽다. *cis*-[$Pt(NH_3)_2X_2$]에 있어서 한 자리 리간드인 −1가 이온의 X가 Pt(II)로부터 이탈하기 쉬운 차례는

일반적으로 $NO_3^- > H_2O > Cl^- > Br^- > SCN^- > NO_2^-$이다. *cis*-[Pt($NH_3$)$_2$$X_2$]의 독성은 거의 이 차례와 일치하고, 항암활성은 Cl^-의 경우 가장 높고, 위 서열의 그 아래 음이온에서 I^-의 경우 가장 낮은 것 외에는 그 차례대로이다.

항암활성에 있어서 치환반응을 일으키기 쉬운 $X = NO_3^-$이나 H_2O인 경우에는 암조직에 도달하기 전에 다른 생체분자와 반응하기 때문에 체내에서의 활성은 낮고 오히려 독성은 높아지는 것으로 생각된다. 따라서 체내에서의 항암활성은 결과적으로 중간 정도의 반응성을 갖는 $X = Cl^-$의 경우에 가장 높아진다. Pt(II) 착물과 유사한 구조를 가진 Pd(II) 착물은 항암활성이 없거나 독성이 더 강한 것으로 보고된 것은 반응성이 훨씬 높기 때문이라고 생각할 수 있다. 즉, 일반적으로 Pt분족의 사각평면 착물의 치환반응 속도비가 Ni(II) : Pd(II) : Pt(II) $= 5 \times 10^6 : 10^5 : 1$이란 사실로 설명되고, Pt(II) 착물의 반응속도가 현저하게 낮은 것이 의약품으로 응용하기에는 오히려 유리하게 작용하는 것으로 생각된다.

[2] *cis*-[Pt(NH_3)$_2$$Cl_2$]의 항암활성 및 항암기전

Pt(II) 착물의 항암활성에 있어서 amine (NH_3 포함) 리간드의 필수성에 대한 이론이 있다. 이들은 두 자리 리간드이며 자동적이고, 한 자리 리간드라도 *cis* 위치에 비이탈기(nonleaving group)로서 고정되어 있고, 적어도 하나의 N-H 결합을 가진 1급 amine 또는 2급 amine이다. 전자가 후자보다 효과적이라는 상관관계 있으나, 고리상 alkyl 또는 phenylamine이나 두 자리 배위 amine 등을 포함시킨 상관관계는 명백하지 않다.

Cisplatin을 정맥투여하면 혈장 중에서는 무전하체인 dichloro체 그대로 존재하지만, 일부는 혈청단백질과 결합하여 신장에서 배설되고 나머지는 여러 장기나 암세포의 세포막을 수동운반에 의해서 통과한다. Cisplatin의 Cl^-이 물 분자에 의해서 다음과 같이 치환될 때 H^+ 이탈반응도 일어날 것으로 기대된다.

$$\begin{array}{ccccc} & & cis\text{-}[Pt(NH_3)_2Cl_2] & \Leftrightarrow & cis\text{-}[Pt(NH_3)_2Cl(H_2O)]^+ \\ & & & & \uparrow\downarrow \\ cis\text{-}[Pt(NH_3)_2(OH)_2] & \underset{pKa=7.6}{\Leftrightarrow} & cis\text{-}[Pt(NH_3)_2(H_2O)(OH)]^+ & \underset{pKa=5.8}{\Leftrightarrow} & cis\text{-}[Pt(NH_3)_2(H_2O)]^{2+} \end{array}$$

따라서 생리적 pH에서는 주로 *cis*-$[Pt(NH_3)_2(H_2O)(OH)]^+$로서 존재할 것이며, 이것이 항암활성을 나타내는 활성종으로서 세포 내의 여러 가지의 성분, 특히 DNA와 반응할 것으로 생각되고 있다. Carboplatin도 똑같은 활성종을 생성한다고 한다. 한편 세포 내에서 *cis*-$[Pt(NH_3)_2Cl(H_2O)]^+$이 활성종일 것이라는 보고도 있어 확실하지 않다.

Cisplatin은 암세포 중의 DNA의 복제를 강하게 저해하므로, 그 작용표적이 DNA일 것으로 생각되는데, 실제로 배양세포에 cisplatin을 투여하여 진행한 핵산과 단백질에 대한 Pt는 결합량에 대한 실험에서 Pt은 압도적으로 DNA에 결합함이, 또 *trans*체를 사용한 비교실험에서 *cis*체가 훨씬 많이 결합함이 밝혀졌다.

따라서 두 이성질체의 항암활성의 차이는 결합양식의 차이에 기인하는 것으로 추정되었다. 예를 들면, *cis*체는 킬레이트 결합이 가능하나 *trans*체는 불가능하다. 실제로 Pt(II)가 DNA를 구성하는 4종의, 금속과의 결합부위가 많은 염기 [guanine(G), cytosine(C), adenine (A), thymine(T)] 중 어느 염기의 어느 부위에 대한 친화성이 큰 지를 생리적 pH 영역에서 조사한 결과는

$$G-N7 > G-N1 > U-N3 > T-N3 > C-N3 > A-N1 > A-N7$$

의 차례이어서, Pt(II)는 guanine의 7번 위치의 N에 가장 잘 결합함을 보여주었다. 또, DNA와 cisplatin을 *in vitro*에서 반응시킨 후 DNA 절단효소로 처리한 결과, 그 생성물은

$$cis\text{-}Pt(NH_3)_2\cdot[d(pGpG)] \gg cis\text{-}Pt(NH_3)_2\cdot[d(pApG)] > cis\text{-}Pt(NH_3)_2\cdot[d(GMP)_2]$$

즉, 인접한 2개의 guanine 분자의 7번 위치의 N원자와 킬레이트로 결합한 것이 가장 많고(50%), 다음으로 인접한 adenine 및 guanine과 결합한 것이 많았는데 (28%), 이들은 DNA의 가닥과 관련해보면 cisplatin이 한 가닥 교차결합한 것이다. 두 분자의 guanosine-1-phosphate[d(GMP)]가 Pt(II)와 결합한 종은 매우 소량(10%)에 불과한데, cisplatin이 두 가닥 교차결합한 것이다. 이들의 결합양식을 그 외의 비율이 낮은 DNA와의 결합양식도 포함하여 그림 7.8에 나타내었다.

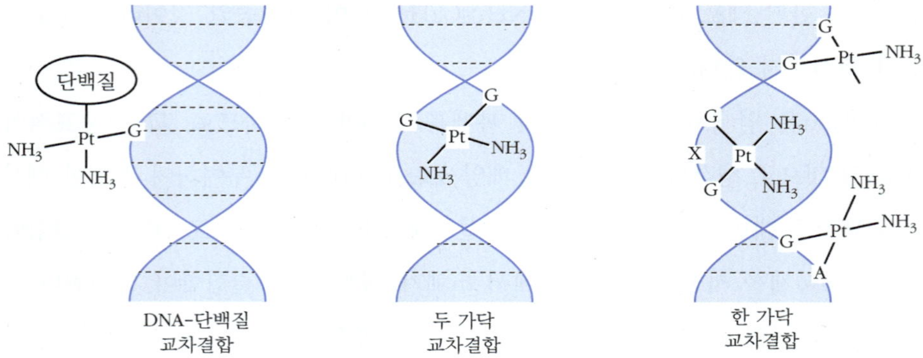

그림 7.8 Cisplatin의 DNA에 대한 결합양식

7.10.2. 임상적으로 사용되는 백금항암제

[1] Cisplatin

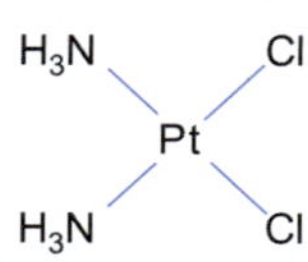

cisplatin

이는 *cis*-diamminedichloroplatinum(II)으로서, Platinol(Bristol)의 상품명을 갖는 착물로서 그 성상은 황색분말의 친유성 가루이며, 207°C에서 녹는다. 이 약 1 g

은 약 1000 mL의 물이나 식염수에 녹고, 약 42 mL의 dimethylformamide 수용액에서는 서서히 *trans*형으로 변한다. 제법은 다음과 같다.

$$2\,K_2[PtCl_6] + NH_2-NH_2 \cdot HCl \longrightarrow 2\,K_2[PtCl_4] + N_2\uparrow + 5\,HCl$$

$$K_2[PtCl_4] + 2\,NH_3 \longrightarrow \textit{cis}\,[Pt(NH_3)_2Cl] + 2\,KCl$$

이 약물의 작용기전은 세포 내로 이행된 뒤, 가수분해에 의하여 염소 이온(Cl^-)이 제거되면서, 그 자리가 DNA 염기와 결합하게 되는데, 결국 DNA 사슬의 교차결합을 초래하여 세포독 작용을 나타낸다.

의학적 용도로는 전이성 고환암, 난소암, 방광암의 치료에 효과적이어서, 단독으로 정맥투여하거나 또는 다른 항암제와 병용투여한다. 그 밖에 머리 및 목의 종양에도 유효하다. 부작용으로는 강한 신독성이 있고 청각 및 신경장애와 오심, 구토를 들 수 있다. 특히 신장 질환을 가진 환자나 신장이 하나인 경우 또는 다른 신독성 의약품(cyclophosphamide 또는 ifosfamide)을 처방받은 경우에는 세뇨관에 심각한 손상을 발생하기 때문에 이 경우 용량을 감소한다. 티오황산나트륨도 신독성을 감소시키기 위해 사용된다.

[2] Carboplatin

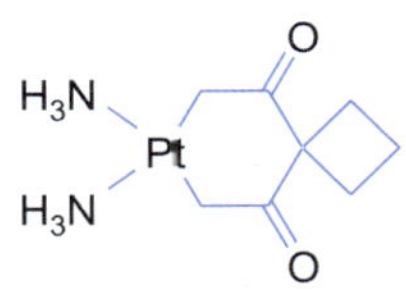

carboplatin

이는 *cis*-diammine[1,1-cyclobutanedicarboxylate]-*O,O′*-platinum(II)으로서 cisplatin보다 독성이 낮아 더 많은 용량을 투여할 수 있으며, 이러한 장점 때문에 세계적으로 승인되어 임상적으로 널리 사용하고 있다. Cisplatin과 동일하게 세포독성을 지니는 수화된 중간체를 형성을 하지만 활성 중간체를 형성하는 속도가 느려 시스플라틴보다 완화된 치료제로 사용된다. 또한 carboplatin은 cisplatin과 같은 종류의 암종에 정맥주사로 투여하고 있다. 주로 난소암 치료에 사용하거나 폐암, 고환암, 머리와 목의 암 등에 병용요법으로 사용한다.

[3] 기타 백금항암제

최근에 일부 국가에서 제한적으로 사용하는 항암제의 종류는 다음과 같다.

Oxaliplatin은 cisplatin 내성인 암세포에 교차내성을 나타내지 않아, 전이성 결장암의 2차 치료에 단독 또는 병용 투여된다. 체내에서 수산염 음이온이 제거된 단일 또는 이중 수화된 디아미노시클로헥산 백금유도체를 형성하여 활성을 지닌다. Heptaplatin (Sunpla®)은 국내 SK제약에서 개발한 국내 1호 신약으로, 국내에서 위암치료제로 승인되었다.

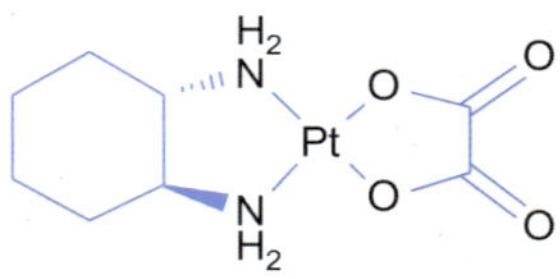

Oxaliplatin

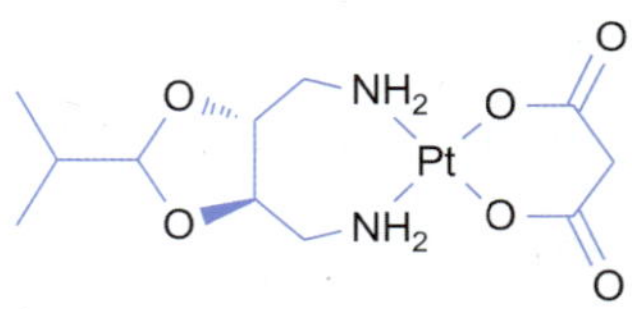

Heptaplatin

7.11 산소 및 흡입마취제

7.11.1. 산소(oxygen, O_2)

[1] 내력 및 소재

1774년 Priestley 및 Scheele에 위해서 발견되었다. 그 후 Lavoisier 및 Rutherford

는 산소가 공기의 한 성분인 것을 증명하고, 인간의 호흡 및 연소에 필요한 것을 인정하였다. Oxygen은 프랑스어의 oxygene(acid former)에서 인용한 말이며, Lavoisier에 의해서 명명되었다. 산소는 지구상에서 산출량이 모든 원소 중 수위를 점유하고 있으며, 공기 중의 유리 산소 이외에 다른 원소와 화합하여 물, 광물, 암석 중에 존재하며, 또 동식물계에도 널리 존재한다. 대한약전에서는 이 약을 정량할 때 산소 99.5 v/v% 이상을 함유하여야 한다.

[2] 제법

소규모적으로는 $KClO_3$, $KMnO_4$ 등을 원료로 하는 방법과 공업적으로 BaO로부터 만드는 방법, 전해법·액체공기 분류법 등이 있는데, 주로 전해법, 액체공기 분류법 등을 이용하여 공업적으로 제조하고 있다.

[3] 성상

산소는 무색, 무미, 무취의 가스로서 비중 1.1052, 비점 －183°C, 융점 －227°C이며, 임계온도 －119°C, 임계압은 50기압이다. 액체산소는 이동성이며 후층은 담청색을 나타낸다. 산소에는 질량수 16, 17, 18의 3종의 동위원소가 존재한다. 물에는 약간 용해되며, He, Ar 등 이외에 모든 원소와 결합하여 산화물을 형성하고, 결합할 때 열과 빛을 발생한다. 그리고 강한 산화작용을 나타낸다.

[4] 확인법

① 산소에 목탄의 불씨를 넣으면 즉시 연소한다.

② 산소를 같은 용량의 산화질소와 혼합할 때 적연을 발생한다(N_2O와 구별).

[5] 응용

폐포 내 신선한 공기에 접촉하여 산소를 흡수한 동맥혈은 신체 각부의 조직에 운반되어 산소가 방출되고, 이 산소를 이용하여 조직의 세포가 물질대사를 행한다. 생성된 CO_2는 정맥혈에 의해서 폐로 운반되어 폐포 내에 이것을 방출한다. 산소는 생체세포에 불가결하다. 일산화탄소 중독, 아질산 중독 등에 의하여 혈액 hemoglobin의 산소 운반력이 저하되었을 때 산소를 흡입시킨다. 안정시의 정상인에 있어서는 폐에서 나오는 혈구는 산소로 90% 포화되어 있으나, 각종의 원인에 의하여 hemoglobin이 산소를 포화하지 못할 때 산소를 흡입시킨다.

폐렴, 폐부종, 폐경색, 초생아의 부전 확장증, 폐기종, 기관기 천식, 기관 또는 인두폐색, 호흡근의 마비, 자극성 가스로 인한 염증, 일산화탄소, 시안(CN) 화합물에 의한 가사, 익사, 출혈, 외상성 충격, 출혈성 심장마비, 관상혈전증, 대뇌혈전증, 두통, 편두통 등에 산소를 흡입한다. 또, 순 산소는 국소자극제이다.

7.11.2. 이산화탄소(carbon dioxide, CO_2)

[1] 내력

이산화탄소는 1600년대 이미 그 존재가 인정되었으며, 1773년 Bergmann은 탄산가스가 공기 중에 존재함을 알아내었다. 또한 이 기체의 화학적 조성 및 성상을 명백히 한 사람은 Lavoisier이다.

[2] 소재

탄산가스는 천연으로 화산의 분기, 광수 또는 광유 중에 존재하며 공기 10,000 L 중에는 약 3 L가 함유되어 있다. 대기 중의 탄산가스는 화산에서 분출되는 것 이외에 동식물의 연소, 부패, 발효 및 동물의 호흡작용에 의하여 생긴다. 또한, 식물의 동화작용에 의하여 소비되어 식물체로 들어가 부단히 순환하고 있다. 염류로서는 탄산염으로 광범위하게 존재한다. 예컨대 석회석, 방해석 및 백아로 산출되며, 이 밖에 각종 탄산염으로 존재한다.

[3] 제법

탄산염에 묽은 황산을 작용시키는 방법에 의하면 가장 간단하게 그리고 순수한 CO_2를 얻을 수 있으므로, 청량 음료수용 CO_2 제조에 널리 이용된다. 탄산염으로서는 중조 또는 석회석 분말을 사용한다.

$$2\,NaHCO_3 + H_2SO_4 \longrightarrow Na_2SO_4 + 2\,H_2O + 2\,CO_2$$

$NaHCO_3$는 공업용품이라 할지라도 상당히 순도가 높고 불순물이 적다. 중조는 석회석보다 고가이긴 하지만 산으로 H_2SO_4를 사용하여 극히 간단하게 발생시킬 수가 있는 특징이 있다. 탄산석회는 천연품이므로 중조보다 순도가 떨어진다. 특히 불량품을 사용할 때는 악취를 내며, 또한 H_2SO_4을 써서 분해시킬 때는 물에 불용성의 $CaSO_4$가 생겨 그 취급이 불편하며, 우량한 청량 음료수를 목적으로 할 때는 부적당하다. 산으로서는 H_2SO_4 및 HCl 중 어떤 것이나 사용할 수 있으나, HCl은 부식성이 강하므로 H_2SO_4를 쓰는 편이 좋다. 그러나 H_2SO_4의 순도 역시 매우 중요한 문제가 되므로, 접촉법에 의하여 제조한 황산을 써야 할 것이다.

실험실에서는 대리석에 HCl(1 : 1)을 Kipps generator에서 작용시켜 발생시킨다. 이때 대리석은 수분간 *d*-HCl으로 세척한 것을 상용한다. 불순물로서는 흔적의 HCl, H_2S, O_2 및 H_2O이 있다. 발생하는 CO_2를 $CuSO_4$의 포화용액 및 $KHCO_3$ 용액에 통하여 정제하고, 필요하면 건조하여 사용한다.

[4] 성상

무색, 무취의 기체이며, 공기보다 약 1.5배 무겁다. 이 약 1000 mL의 중량은 표준상태에서 약 1.97 g이다. 물에 잘 녹으나 물에 대한 용해도는 온도가 높아지면, 감소되며 그 수용액은 약산성이다.

알코올에도 잘 녹으며, 압축하면 상온에서도 액화한다. 고체탄산의 승화점은

1기압에서 $-78.5°C$이다. 즉, 고체탄산은 액체를 경유하지 않고 기체로 되는데, 이때의 기화잠열을 이용하여 기한제로 널리 사용한다.

각종 금속산화물과 결합하여 탄산염을 형성한다. 수용액 중에서는 다음 평형이 성립한다.

$$CO_2 + H_2O \rightleftarrows H_2CO_3 \rightleftarrows H^+ + HCO_3^- \rightleftarrows 2H^+ + CO_3^{2-}$$

H_2CO_3 (해리상수 $K_1 = 4.57 \times 10^{-7}$, $K_2 = 5.61 \times 10^{-11}$) 0.01몰 용액의 pH는 약 4.5이다.

[5] 확인법

① 이 기체 속에 타고 있는 목편을 넣으면 곧 꺼진다.

② 이 약을 $Ca(OH)_2$ 용액 중에 통하면 백침이 생성되며, 이 침전을 여취하여 CH_3COOH를 가할 때 거품을 내면서 용해한다.

[6] 응용

탄산가스는 99.5 v/v% 이상의 CO_2를 함유하여야 한다. 이산화탄소는 호흡중추 및 혈관운동신경을 자극하는 작용이 있다. 호흡중추는 CO_2의 양에 따라 아주 예민하게 반응한다. 어떤 원인으로 동맥혈에 CO_2의 양이 증가하면 호흡중추가 흥분하여 호흡이 빠르고 커져 세포 내의 가스교환을 왕성하게 하고, 동맥혈 내의 CO_2 가스 양은 자율적으로 감소된다. 대기 중에는 표준상태에서 0.04%의 CO_2 가스가 있으며, 이 양이 1.6%가 되면 호흡량이 2배, 5%일 때에는 3배의 호흡량을 증가시킨다. 그러므로 산소흡입을 필요로 할 때 이산화탄소를 혼합하여 흡입시키는 것이 순 산소만을 흡입시켰을 때보다 좋은 결과를 초래한다. 에테르 마취시의 각성과 수술 후의 폐확장 부전의 예방, 일산화탄소, 알코올, 에탄올, morphine, cyan 화합물 등의 중독에서 오는 호흡중추의 흥분성 저하에 유효하며, 보통 산소에 대하여 5～10%의 이산화탄소를 혼합한다.

탄산수(soda water, carbonated water)는 3～4 기압 하에서 물에 CO_2를 포화시켜서 만든다. 탄산수를 복용하면 위액분비가 촉진되며 구토감이 감퇴된다. 또한, 탄산수로 목욕하면 맥박 및 확장기 혈압의 감소, 정맥혈의 심장환류의 개선과 박출량의 증가, 피부의 충혈, 호흡량의 증가를 초래한다. 드라이 아이스(dry ice)는 낭창, 색소반 등 피부질환에 부식제로 사용한다. U.S.P.는 산화성 약품을 저장하는데, 이산화탄소를 사용함을 인정하고 있다. 이 밖에 중조, 탄산나트륨, 염기성 탄산염 등, 각종 약품 제조 원료로 널리 사용되고 있다.

7.11.3. 흡입마취제(inhalation anesthetics)

마취제란 감각을 판별할 수 없는 상태로 유도시키는 약물을 말한다. 마취제의 형태는 환자가 의식이 있으면서 마취가 신체의 일부분에 제한되는 국소마취와, 마취가 전신으로 확대되어 그 상태에서는 의식이 없고, 근육이 이완되고 통증을 의식할 수 없는 전신마취로 구분된다.

전신마취제에는 휘발성 액체 또는 기체와 같은 흡입마취제와, 마취시간이 짧은 마취제가 있고, 마취시간이 긴 기초마취제가 있으며, 아산화질소는 유일하게 무기물의 전신흡입마취제이다.

[1] 아산화질소(웃음가스, nitrous oxide, nitrogen monoxide)

아산화질소는 1772년 J. Priestley에 의하여 처음으로 만들어졌다. 그 후 H. Davy는 그 조성을 결정하였으며, 또 이 기체를 흡입하면 안면근육에 경련을 일으켜 마치 기분이 좋아 웃는 모습과 같은 효과를 관찰하였다. 따라서 속명 '소기(laughing gas)'라는 말이 나오게 된 것이다. 약전에서는 N_2O 97.0 v/v% 이상을 규정하고 있다.

아산화질소는 유일하게 마취제로 사용되는 무기 가스이다. 이것은 그의 용도와 관련하여 황홀(delirium) 때문에 소기라고 불렸으며, 이 때문에 오용되어 왔다. 대부분의 마취 환자는 20～25%의 산소동반 투여에 의해 환자가 깨어나지 못해서 호흡기의 기능부전에 의한 저산소증(hypoxia) 질식과 뇌손상으로 사망하는 경우가 있다.

보통 취급은 마취유도기에 2～3분간 아산화질소와 산소의 비가 85 : 15를 흡입시키고, 이어서 80 : 20비로 유지한다. 수술을 위해 충분히 깊은 마취를 위해서는, 보통 barbiturates나 다른 적당한 진정제가 동시에 투여된다. 아산화질소가 다른 흡입마취가스의 근육이완 작용을 갖지 않기 때문에 근육이완제가 필요할 수도 있다. 이것은 매우 빠른 회복시간을 가지기 때문에 외과의나 치과에서 많이 사용되어 왔다.

아산화질소는 환자가 의식을 가지고 있는 농도에서 진통작용을 갖는다. 산부인과에서는 단지 몇 분간의 순수한 아산화질소를 순수한 산소와 교대로 사용하면, 아주 중요한 2단계 진통이 완화되고, 자궁수축을 해치지 않으며, 환자의 혈중 산소포화량을 방해하지도 않는다.

영국에서 연구한 바에 의하면 아산화질소와 산소를 50 : 50으로 혼합한 기체는 조산원의 감시 없이도 분만진통에 안전하게 사용할 수가 있다고 한다. 같은 비율로서 아산화질소대 산소비 35% : 65%의 혼합가스가 심근경색(myocardial infraction)의 통증을 속히 소멸한다는 것을 밝혔다. 아산화질소를 의식상태의 환자에게 투여하면, 치료에 유익할 것이란 보고도 있다.

(1) 제법

NH_4NO_3로부터 만드는 방법은 비록 기본 화학반응은 그대로 변함이 없으나, 과거 수년 동안 공업 기술적 변화를 가져왔다. 과거에는 'Batch법(간단법)'에 의하여 NH_4NO_3를 열분해시킴으로써 만들었다. 근래에는 'continuous법(연속법)'을 사용하고 있는데, 염의 진한 수용액을 그 분해속도와 똑같은 속도로 반응기에 보낸다. 일반적으로 NH_4NO_3의 고체를 다음과 같이 가열분해하여 얻을 수 있다.

$$NH_4NO_3 \xrightarrow{240°C} N_2O\uparrow + 2\,H_2O$$

(2) 성상

아산화질소는 무색의 약한 감미를 가진 미향성의 기체이며 비점 −89.5°C, 융점 −102.4°C 비중 1.53이며, 강랭하든지 30기압(0°C)으로 압축하면 무색의 액체로 된다. 이는 불이 붙지 않으나 산소와 거의 마찬가지로 여러 가지 물질의 연소를 돕는다. 약 500°C에서는 분해된다.

$$N_2O \xrightarrow{500°C} N_2 + O$$

이와 같이 산소를 공급하여 고온에서는 연소를 돕는다.

(3) 응용

약전에서는 N_2O 97.0 v/v% 이상을 함유해야 한다고 규정하고 있다. 마취성을 가지고 있기 때문에 흡입마취제로 사용한다. 통각마비를 일으키려면 86%, 완전마취는 94%가 요구되며, 유도기간이 대단히 짧아서 30~90초간 흡입하면 경미한 마취 상태가 된다. 이 기체는 체내에서 대사되지 않고 그대로 배출된다. 이 약은 단시간의 수술에 대한 마취 또는 마취제에 대한 보조마취, 출산시의 무통(산소와 80~90% 농도) 등에 사용한다.

CHAPTER 8

외용제

8.1 소독제

병원성 미생물을 사멸시킬 목적으로 사용되는 약제로, 피부, 점막, 수술부위의 소독은 물론, 기계나 기구 등의 병원균 오염을 방지하기 위해 사용된다.

소독제(antiinfectives)의 조건으로는 병원성 미생물에 대해 낮은 농도에서도 효과를 나타내야 하며, 병원 미생물 이외의 단백질이나 기타 유기물의 존재에 의해 효력의 저하가 없고 효과가 빨라야 한다. 또한 소독해야 할 기물을 손상시키지 않아야 하며, 사람이나 가축에 대하여 해가 없으며, 화학적으로 안정해야 하고, 착색되지 않고 무취이며, 가격이 저렴하고 사용법이 간편해야 한다.

8.1.1. 과산화수소(hydrogen peroxide, H_2O_2)

[1] 제법

1818년 과산화바륨(BaO_2)에 염산을 작용하여 처음으로 과산화수소를 제조하였으며 1900년대 이후 소독제로서 의약품으로 사용되었다. 과산화수소수의 용도별 수요량은 섬유용 40%, 화학용 20%, 펄프용 15%, 기타 25%로 되어 있으며, 식품의 살균보존 표백과 공업적으로는 비닐수지가 소제의 제조원료, 종자의 발아능력의 향상, 저장 등의 농업용에도 사용되는 등, 다방면으로 수요가 증가하고 있다.

과산화수소수의 제조방법은 크게 전해법과 비전해법으로 나뉘며, 전해법은 황산 및 황산암모늄 등과 물과 산소를 이용하여 전기분해에 의하여 과산화수소수를 제조하는 방법으로 과거에 주로 사용하였던 방법이다. 비전해법은 자동산화환원법과 알코올산화법으로 구분되며, 자동산화환원법은 anthraquinone 유도체 등을 수소와 접촉환원하여 dihydroanthraquinone체로 만든 후에 공기 또는 산소로 자동산화되면, 과산화수소가 생성되는 반응을 이용하는 방법이며 대량생산이 가능하며 출발물질인 고가의 anthraquinone을 재생하여 사용하므로 상대적으로 제조가격이 저렴한 점 등의 장점이 있어 최근에 가장 많이 이용되는 제조방법이다. 알코올산화법은 석유화학 공업에서 다량으로 생산되는 이소프로필 알코올을 산소와 반응하여 과산화수소수와 아세톤을 제조한다.

과산화수소수의 약전품은 H_2O_2를 2.5～3.5 w/w%를 함유하며, 진한 H_2O_2 용액을 희석하여 안정제를 가해 제조한다. 과산화수소수는 상대적으로 불안정하여 열 및 알칼리성의 물질에 의하여 분해가 촉진된다. 또한 중금속화합물, 고체 미립자, 일광, catalase 및 peroxidase 같은 생체내 효소, 및 거친 표면 등에 의하여도 분해가 촉진된다. 이를 방지하기 위하여 안정제를 가하여 보관 및 사용하여야 한다. U.S.P.의 3% 과산화수소수에는 안정제 500 ppm을 넣는 것이 허가되고 있으며, 안정제로는 페나세틴(0.1%), 아세트아닐리드, 피로인산나트륨(50～100 ppm), 바비탈 등이 가장 흔히 사용된다.

과산화수소수는 약산이므로 산에는 안정하지만, 알칼리는 분해를 촉진시킨다. 약산인 과산화수소수는 다음과 같이 해리하며, 알칼리를 포함하는 용액 중에서의 HO_2^- 이온농도 증가가 과산화수소수의 불안정성에 기여한다.

$$H_2O_2 \rightleftharpoons H^+ + HO_2^-, \quad K_{298} = 3.4\times10^{-12}$$

[2] 성상

약전품은 무색 또는 투명한 액으로서 냄새는 없거나 오존과 같은 냄새가 있다. 순품은 밀도 1.465 (0°C), 융점 −0.89°C, 비점 69.7°C (28 mmHg)이며, 상압비점은 151°C이지만 심하게 분해한다.

물에는 쉽게 혼합되며 에탄올, 에테르에도 용해한다. 수용액의 맛은 수렴성으로서 약간 쓰다. 약전품이 약산성을 나타내는 것은 $H_2O_2 \longleftrightarrow H^+ + HO_2^-$의 전리에 의하거나 또는 안정제로서 가한 산에 기인한다.

약전품을 방치하거나 강하게 교반하면 천천히 분해하고, 알칼리를 가하면 거품이 나면서 맹렬하게 분해하며, 파장이 짧은 광선일수록 분해가 촉진된다. 또한, 산화 및 환원작용이 있으므로 산화제나 환원제와 접촉하면 쉽게 분해한다. 과산화수소수의 묽은 용액을 농축 또는 정제하는 데는, 물보다 비점이 높고 공비 혼합물도 만들지 않으므로 진공증류가 가장 유리하다. 그러나 적당한 농축은 결빙이나 상압에서의 증발에 의해서도 무방하다. 과산화수소수의 수용액을 동결시키면 물이 먼저 결빙되므로 이를 제거하면 되며, 증발은 75°C에서 수득률 60%로서 50%까지 농축할 수 있다. 또한, 진공증류시는 폭발에 주의해야 한다.

[3] 용도

상처의 소독, 조직의 청정화 등에 살균소독제로 사용되나 살균력은 약하다. 이 약은 조직, 세균, 혈액, 담즙의 catalase에 의하여 분해되어 발생기 산소를 발생하여 살균작용을 나타내지만, 페놀계수는 황색 포도상구균에 대하여 0.012, 대장균에 대하여 0.014로서 약한 편이며, 지속성도 없고 침투성도 약하지만, 발포에 의한 상처의 기계적인 청정화 효과와 물이 남기 때문에 비교적 많이 사용된다. 그러나 큰 상처 및 내강(lumen) 등에는 발생한 산소에 의하여 색전(embolus)과 혈전의 위험이 있으므로 사용이 불가능하다. 편도선염, 인두염, 구내염, 질트리코모나

스증에 외용한다.

강력한 산화제로서 농후한 것을 피부에 접촉하면 수포를 발생한다. 화학 공업용으로서는 표백제로서 화학적 저항력이 약한 물질들의 표백에 사용된다.

[4] 제제

(1) 조성: 3 g/ 10 mL

(2) 효능/효과: 환부의 청소, 상처면의 소독.
조직, 혈액 등의 catalase에 의해 분해되어 발생기 산소를 발생시켜 살균작용을 나타냄.

(3) 용법/용량: 과산화수소수액으로서 2.5～3.5% 액을 탈지면 등에 적셔 환부에 1일 수회 도포.

(4) 주의사항: 지속성은 없으며 침투력도 약함.
심부의 상처에는 발생기 산소에 의한 조직의 궤사, 혈전생성 등의 위험이 있으므로 사용치 않는 것이 좋음.

8.1.2. 요오드(iodine, I_2)

요오드는 1811년 우연히 발견되었으며, 자색 증기를 나타내는 그리스어로부터 iodine이라 명명되었다. 요오드는 자연계에 유리상태로서는 존재하지 않으나, 주로 칼륨 및 나트륨의 요오드화물 및 요오드산염의 형태로 존재한다. 또한, 은, 납, 수은 및 기타 금속과 화합하여 소량 존재한다. 해수나 해산물 중에도 요오드화물이 소량 함유되어 있다. 요오드는 유기 화합물로서 동물의 갑상선호르몬 중에도 존재하고 있다. 칠레초석(불순한 질산나트륨)은 대략 0.2%의 요오드화나트륨 및 요오드산나트륨의 혼합물을 함유하고 있다.

요오드는 다음과 같은 방법으로 제조할 수 있다. 칠레초석광 폐액($NaIO_3$ 형태로 존재)을 적당한 환원법을 사용하여 제조하거나, 석유함수(NaI 형태로 존재)를 원료로 이용하여 제조하는 방법 및 해조(Sea weed)를 원료로 하는 방법이 있다. 해조로부터 요오드를 제조할 때는 해조를 일광으로 건조시켜 이것을 태워서 회로 한 것을 원료로 사용하며 이 해조회를 kelp라 하기 때문에 해조회를 원료로 하는 요오드 제법을 kelp법이라고 한다. kelp에는 요오드가 NaI 형태로 존재하며 이로부터 요오드를 제조하기 위하여 침출, 침출액의 증발 및 염류의 정출, iodine lye(요오드 노액)로부터 요오드의 제조 등의 과정을 거친다. 마지막 단계인 요오드의 제조에서는 요오드 노액에 존재하는 NaI를 황산과 산화제 즉, 이산화망간(MnO_2, 갈석), Cl_2 혹은 NO_2 등과 반응하여 요오드를 제조한다.

[1] 성상

요오드는 회흑색 고체로서 금속광택 및 특유의 찌르는 듯한 냄새를 갖고 있다. 이 약은 사방정계의 큰 판상 또는 과립상 결정이다. 상온에서 천천히 휘발하며, 113.5°C로 급격히 가열하면 용융하여 자색증기를 발생하며, 이 증기는 공기의 8.8배나 되는 무거운 기체 중의 하나이다.

비점 184.4°C, 비중 4.93으로 가장 무거운 비금속 원소이다. 요오드의 분자량(184~700°C에서 증기 밀도법에 의함)은 253.8이며, 따라서 그 분자식은 I_2이다. 1700°C에서 2원자 요오드 분자는 원자나 분자로 완전히 해리되며, 그 분자량은 그 원자량과 같다.

$$I_2 \rightleftarrows I^+ + I^- \quad 285\ \text{kcal/mol}$$

1 g의 요오드는 약 2950 mL의 물, 12.5 mL의 알코올, 약 80 mL의 글리세린 및 약 4 mL의 이황화탄소에 녹는다. 요오드화물의 용액, 예컨대 요오드화 칼륨은 I_3 이온의 형성으로 다량의 요오드를 용해한다.

$$KI + I_2 \rightleftarrows KI_3$$

요오드는 대부분의 극성 용매에서 갈색용액이 된다. 이황화탄소, 사염화탄소 및 클로로포름과 같이 비교적 비극성 용매는 자색용액이 되며, 이 성질은 요오드의 확인시험법으로도 이용되고 있다.

[2] 용도

요오드는 진한 용액 또는 증기상태로서 강력한 살균작용을 나타내고, 또 피부 및 점막을 자극하는 작용이 강하다. 요오드의 2000배 묽은 액이 혈청 50% 공존하에 포도상 구균을 죽이며, 수은제보다도 그 살균력이 우수하다. 요오드는 수은제, 석탄산, hexylresorcinol 등에 비해서 독성이 약하다.

수종·종양·관절염·인후염 등에 알코올 용액(요오드팅크) 및 수용액(Lugol액)으로 하여 외용으로 사용하며, 희석액은 세구(洗口)나 함수(gargle) 등에 살균의 목적으로도 쓰인다. 그 외에 창상과 방광의 세척에, 선종양, 관절염, 복막염, 조막염 등에 0.5～5% 연고나 리니먼트 등으로 하여 사용한다.

요오드는 피부로부터 쉽게 흡수되는데, 요오드액을 피부에 도포하면 우선 표피와 결합하여 표층세포를 괴사시키고, 천천히 해리하면서 심부로 침입하여 그 염증반응은 피하조 또는 근육 내에까지 미친다. 또한 요오드는 갑상선호르몬의 구성원소이며 그 보급은 갑상선의 기능을 증진한다.

[3] 제제

(1) 요오드팅크(Iodine tincture)

[Rx]		
	I_2	60 g
	KI	40 g
	70 v/v % EtOH	적당량
	전체 양	1000 mL

이 약은 국소살균·소독제로서 표피결손이 없는 피부의 살균소독에 극히 유효하며, 수술부위의 피부소독에 상용되지만 개방성 창상의 살균치료에는 좋지 않다. 피부과의 영역에서는 세균류에 의한 각종 피부병의 치료에 쓰인다.

① 조성: I_2 60 g과 KI 40 g에 70% 에탄올을 적당량 가하여 총량으로 1 L를 제조함.
② 효능/효과: 피부 표면의 소독, 창상 등의 살균 및 소독
③ 용법/용량: 70% 에탄올을 이용하여 2~5배 희석하여 사용함
묽은 요오드 팅크(요오드 팅크를 70% 에탄올로 2배 희석한 액)
④ 주의사항: 요오드 과민증 기왕력자

(2) 묽은 요오드팅크(dilute iodine tincture)

[Rx]	요오드팅크	500 mL
	70 v/v% EtOH	적당량
	전체 양	1000 mL

이 약은 요오드팅크를 같은 양의 70 v/v% 에탄올로 희석한 것이기 때문에 피부와 점막에 대한 작용은 완화된다. 이 약은 피부 창상면의 살균이나 소독제로서, 또는 소염과 진통의 목적에 빈용된다.

(3) 루골액(Lugol solution)

[Rx]	I_2	60 g
	KI	40 g
	정제수	적당량
	전체 양	1000 mL

이 약은 I_2의 수용액으로서 피부나 점막에 대한 자극성이 덜하며, 인후염·후두염 등에 살균 또는 소독제로 외용한다.

8.1.3. 포비돈-요오드(povidone-iodine, betadine, isodine)

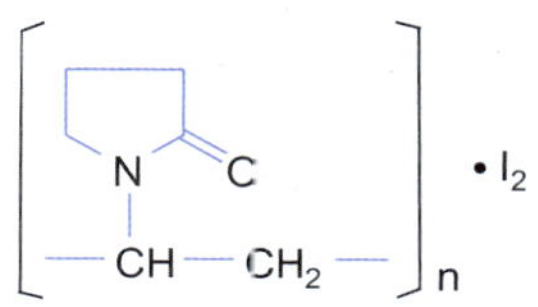

이 약은 대한약전을 비롯하여 미국·일본 등의 약전에 수재된 약물이며, 요오드와 포비돈(polyvinylpyrrolidone, PVP)의 복합체로서 건조물로 환산할 때, 9.0～12.0%의 유효 요오드 9.5～11.5%를 함유한 어두운 적갈색의 가루이며, 특이한 냄새가 있고, 물 또는 에탄올에 잘 녹고 에테르에는 거의 녹지 않는다. 이 약 1 g을 물 100 mL에 녹인 액의 pH는 1.5～3.5이다.

포비돈-요오드는 요오드에 용해제로서 유기분자(담체, carrier)를 결합시킨 iodophor의 일종으로, 용액 중에서 요오드를 서서히 유리하여 항균력을 나타낸다.

이 약은 조직에 대한 자극성이 다른 요오드 용액에 비하여 극히 약하여, 점막 등 자극에 과민한 부위에도 적용할 수 있다. 또한 수용성이고 증기압이 낮아 요오드의 손실이 적고 피부나 의류에 적색을 나타내지 않는 장점이 있다.

[1] 용도

살균소독용 요오드팅크류 제제로 그 작용은 살균적이며 지속성이 있다. 효력은 요오드팅크와 유사하며, 자극성과 조직 상해성이 낮아 창상 환자에 도포하여도 비교적 통증이 약하기 때문에 많이 사용된다.

7.5%액은 손가락, 피부의 소독에 도포하거나 도찰하여 포립한 다음 흐르는 물로 씻는다. 또한, 수술부위의 소독에도 쓰이고, 10%액은 수술부위의 피부 및 점

막의 창상부위, 열상피부 및 감염 피부면의 소독에 쓰인다. 함수액은 인두염, 편도염, 구내염 및 발치창상의 감염예방 및 감염피부면의 소독에 쓰인다.

[2] 제제

Povidone aerosol (0.5%)

Povidone iodine topical solution (1%)

Povidone surgical syrup (0.75%)

Povidone vaginal gel (0.1%)

Povidone vaginal douche (1%)

Povidone cream

Povidone gargle

① 효능/효과(조성)

- 외용소독제(7.5%): 화상, 창상의 살균소독
- 가글 스프레이 제제(7.5%액을 15~30배 희석): 구강 내 살균소독, 인후염, 후두염, 구내염, 발치 후 및 구내 수술 후 살균소독, 구취증
- 질세정제(10%): 칸디다성 질염, 트리코모나스성 질염, 국소세정 및 방취
- 점안제(2%): 건조한 눈, 하드콘택트렌즈 착용 시

② 주의사항: 갑상선기능항진, 요오드과민증

8.1.4. 과망간산칼륨(potassium permanganate, Chameleon, $KMnO_4$)

1659년에 초석(KNO_3)을 갈석(MnO_2)과 함께 용융할 때 고유의 광택이 나타나는 물질을 발견하였으며, 1830년에 과망간산칼륨의 구조가 확인되었다.

과망간산칼륨은 이산화망간(MnO_2, 갈석), 수산화칼륨(KOH)과 염소산칼륨($KClO_3$)을 가열하여 심록색의 수용액인 망간산칼륨(K_2MnO_4)을 제조하고 생성된 망간산칼륨(K_2MnO_4)에 CO_2, HNO_3, Cl_2, Br_2 등을 가하여 과망간산칼륨을 제조한다. 다른 방법으로는 망간산칼륨(K_2MnO_4)을 전기분해하여 과망간산칼륨을 제조하는 전해산화법으로도 얻을 수 있다.

[1] 성상

과망간산칼륨은 금속의 광택을 갖는 적자색 내지 흑색의 사방정계에 속하는 주상결정이며, 비중은 2.71이며, 240°C 이상에서 분해하고, 물에 잘 녹는 편이다.

$KMnO_4$는 20°C에 H_2O 100 g 중에 6.34 g 정도 용해한다. 용액은 적자색의 특징 있는 흡수 스펙트럼을 나타낸다. 이 약의 산성용액은 산화제로써 작용한다.

$KMnO_4$액에 진한 KOH액을 가하면 산소를 방출하고 망간산염이 되며, 이를 방치하면 천천히 MnO_2를 석출한다.

또, $KMnO_4$를 약간 가열해도 산소를 발생하며 분해한다.

[2] 용도

과망간산칼륨은 살균제, 산화성 해독제 및 국소수렴제로 사용된다. 살균력은 유기 화합물이 공존하지 않으면 석탄산보다도 강하지만, 체액에 의하여 환원이 되면 거의 효능이 사라진다. 단, 피부의 기생충성 질환의 살균제, 창상 및 점막의 세정제로 사용된다. 1 : 1000 내지 1 : 10,000의 희석액은 질 또는 방광의 세척제로 사용된다. 또한 산화작용에 의하여 독성물질을 파괴하므로 독물중독의 해독제로 쓰인다. 예를 들어, 1%의 용액은 옻(칠)오른 데 사용하며, 1 : 5000 용액은 석탄산 또는 바르비탈산 중독 시에 위 세척역으로 사용한다.

수렴제로서는 1～5% 액을 구내 세척제로서는 0.02～0.55% 액을 사용한다.

외용으로서는 점막세척에 1 : 4000액, 피부 처치에는 3～4% 액을 사용하나 최근에는 소독제로 거의 사용하지 않는다.

[3] 제제

potassium permanganate tablets and solution

8.1.5. 붕산(boric acid, H_3BO_3)

붕소 화합물 중에서 최초로 기록에 남아 있는 것은 붕사이며 그 후 1702년에 붕사로부터 붕산을 제조하여 진경염(Sal. sedativum)이라 칭하여 의약에 사용하였으며, 그 후 boracic acid라 부르다가, 나중에 간단히 붕산(boric acid)이라고 칭하게 되었다. 붕소함유 광물의 주요 광석으로는 붕사(borax, $Na_2B_4O_7 \cdot 10H_2O$), rasorite ($Na_2B_4O_7 \cdot 4H_2O$), 방붕산광(boracite, $2Mg_3B_8O_{15} \cdot MgCl_2$), boronatrocalcite ($Na_2B_4O_7 \cdot 2CaB_4O_7 \cdot 18H_2O$)와 붕산칼슘계의 pandermite ($Ca_2B_6O_{11} \cdot 4H_2O$) 및 미국 캘리포니아에서 산출되는 회붕광[colemanite ($Ca_2B_6O_{11} \cdot 5H_2O$)] 등이 있다.

붕산은 천연붕사($Na_2B_4O_7$, borax)에 황산, 질산 혹은 염산을 가하여 제조한다.

[1] 성상

붕산은 오쏘-붕산(H_3BO_3) 외에도 여러 종류로 존재하며, 모두 B_2O_3로부터 유도되는 바 H_2O의 양에 따라, 메타-붕산(HBO_2), 테트라-붕산($H_2B_4O_7$) 등이 있다.

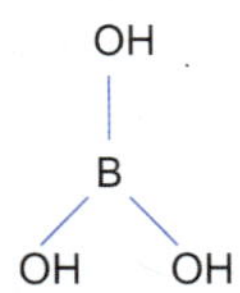

붕산은 세 가지 형태로 존재하는 고체로서 ① 무색, 무취, 진주빛의 비늘상, ② 6각의 삼사정계 결정, ③ 손으로 만졌을 때 부드러운 느낌을 갖는 유질(油質)의 흰색이고, 무취의 분말이며. 공기 중에서는 안정하고 밀도는 1.46이다.

붕산은 백색 결정성 분말 또는 무색 인편장 결정으로 진주광택을 갖는 오쏘-

붕산이라고 할 수 있는 물질이다. 융점 170.90°C, 비중은 1.46이고, 무취이며 부드러운 촉감을 가지고 공기 중에서는 안정하다. 25°C에서 붕산 1 g은 물 및 알코올 18 mL, 끓는 물 4 mL와 알코올 6 mL, 4 mL의 글리세린에 각각 용해된다. 염산을 가하면 물에 대한 용해도가 감소하고, 60°C 이상의 온도에서는 수용액 또는 알코올 용액으로부터 붕산이 상당량 휘발한다.

붕산은 물과 알코올에 녹고 글리세린, 끓는 물, 끓는 알코올에 매우 잘 녹는다. 붕산 1 g을 물 25 mL 또는 끓는 알코올 10 mL에 용해시켰을 때 투명한 용액을 얻을 수 있다. 분말형은 물 위에 뜨는 경향이 있기 때문에 비늘형과 결정형이 수용액을 만드는 데 적합하다.

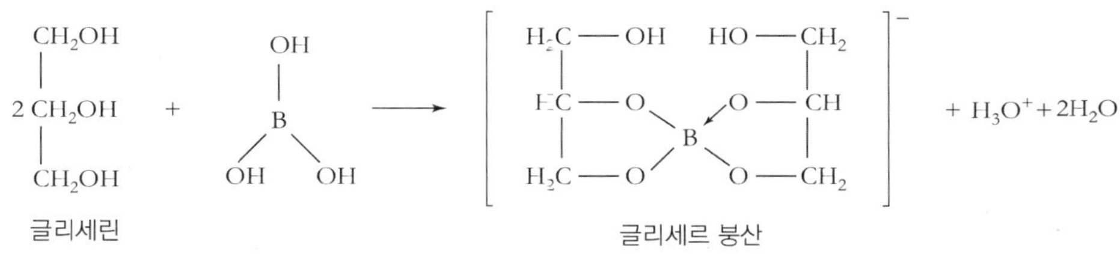

붕산은 25°C에서 첫 번째 양성자가 이온화하는데 pKa=9.19인 약산이다. 이 산도는 수용액에서 표준 염기로 정확한 적정을 하기에 너무 낮다. 약전 시험법에서는 같은 양의 글리세린과 물의 용액에서 1*N* 수산화나트륨으로 적정한다. 글리세린의 존재는 적정시 페놀프탈레인으로 종말점을 확인할 수 있도록 이 산이 강한 단일산으로 행동하게 한다. 글리세린에서 붕산의 단일산의 성질은 용액 내로 하나의 히드로늄 이온의 총방출을 가진 glyceroboric acid로 알려진 4가의 boron ester의 에스테르화에 의해, 다음과 같은 반응이 일어난다고 생각된다.

유사하게 붕산은 글리세롤, 만니톨, 카테콜 같은 polyhydroxy 화합물과 에스테르화될 수 있다.

알칼리 금속의 붕산염은 물에 녹아서 그 수용액은 알칼리성을 나타낸다. 그러나 다른 금속염은 곧 가수분해되어 불용성 수산화물을 생성한다. 오쏘 붕산은 약산이며, 18°C에서의 해리상수는 다음과 같다.

$$H_3BO_3 \rightleftharpoons H^+ + H_2BO_3^-, \quad K_1 = 6.4\times10^{-10}$$

$$H_2BO_3^- \rightleftharpoons H^+ + HBO_3^{2-}, \quad K_2 = 1.8\times10^{-13}$$

$$HBO_3^{2-} \rightleftharpoons H^+ + BO_3^{3-}, \quad K_3 = 3.0\times10^{-14}$$

이와 같이 해리상수가 작으므로 붕산의 제일염은 가수분해되나 제삼염은 수용액으로부터 만들 수 없다. 붕산은 약산이어서 알칼리 표준액으로 정확히 중화적정할 수 없다. 그러나 글리세린을 가하면 강한 일염기산으로 작용하므로, 페놀프탈레인을 지시약으로 사용하여 알칼리 표준액으로 적정할 수 있다.

위와 같은 방법으로 붕산은 글리콜 및 만니톨과 같은 폴리히드록시 유기 화합물과 결합한다. 또한, H_3BO_3는 100°C에서 메타－붕산으로 되고, 160°C에서 테트라붕산으로 되며, 더 고온으로 가열하면 유리와 같은 고체 B_2O_3가 된다.

산화물은 비휘발성이므로, 여러 종류의 염과 혼합하여 용융하면 그 산들은 치환할 것이다. 붕산염은 H_3BO_3나 HBO_2의 염도 아니고 주로 $H_2B_4O_7$의 염이다. H_3BO_3 수용액은 소량의 $H_2B_4O_7$을 함유하지만, 염기로 중화하고 농축하면 안정한 결정성염 $H_2B_4O_7$을 얻는다.

또, 붕산의 용해도는 다른 염의 존재에 의하여 영향을 받는데 LiCl, NaCl, KCl, RbCl 및 광산 등의 첨가는 용해도를 감소시키며 KNO_3, K_2SO_4, $NaNO_3$ 및 Na_2SO_4 등은 용해도를 증가시킨다. 붕소의 첨가도 polyborate 이온을 형성하므로 용해도를 증가시킨다.

[2] 용도

이 약은 약한 방부력은 가지고 있으나 살균력은 없으며, 균의 발육을 제지할 수 있을 뿐이다. 자극성이 없고 독성이 없으므로 점막의 방부성 세척, 엄법(염증 또는 충혈부위를 덮어 찜질하거나 차게 식히는 방법) 약으로 사용되는데, 창상에는 3～

5%, 질에는 2%, 눈과 구강, 방광 등에는 1% 용액을 사용한다. 붕산 글리세린(30%)으로서 도포, 점, 귀에 쓰고, 분말로서는 코나 외이도에 살포하며, 연고로서 피부병에 사용한다. 공업적으로는 붕사, 기타 붕산염의 제조에 쓰이고 유약, 인공보석, 유리, 유지공업, 녹색화염 발생 등에 사용한다.

[3] 제제

Antiseptic solution

Compound zinc sulfate powder

Boric acid ointment

Borax ointment

Boric acid solution

Boroglycerine glycerite

Ephedrine bitartrate opthalmic solution (buffer로서)

Compound iodochlorhydroxyquin powder

Aluminum acetate and aluminum subacetate solution

붕산아연화 연고

① 효능/효과:

안과용제 − 눈 세정

국소적용 − 피부염, 화상, 찰과상, 벌레물림에 의한 염증

8.1.6. 붕사(borax, sodium tetraborate, $Na_2B_4O_7 \cdot 10H_2O$)

붕사는 천연으로 산출되는데, 대표적인 산지는 캘리포니아주, 네바다주, 인도의 북부 Gagadhri 지방이다. 특히, 북미의 산출량은 대량적이어서 캘리포니아주의 Saline valley 지방에서는 6~18인치의 층으로 대량 산출된다.

[1] 성상

붕사는 테트라붕산(피로붕산)의 나트륨염 또는 메타-붕산나트륨과 붕산 무수물과의 복염[$(NaBO_2)_2 \cdot B_2O_3 \cdot 10H_2O$]인 물질로서, 10분자의 결정수를 갖는다. 이 약은 무색의 주상결정, 백색인 결정괴편 또는 백색의 결정성 분말이며, 결정은 무색투명하고 광택이 있다. 냄새는 없으며, 맛은 처음에 약간의 단맛이 있지만 쓴맛이다. 그리고 건조한 공기 중에서는 외면이 풍화하여 백색으로 된다.

1 g의 붕사는 25°C에서 물 10 mL, 글리세린 1 mL에 녹는다. 끓는물 1 mL에 녹으나 알코올에는 불용이고, 가열하면 결정수의 일부를 방출하여 백색의 다공성 물질로 된다. 적열하면 결정수가 전부 방출되어 무색액체로 용융된다. 이것을 방랭하면 투명한 물질이 되는데 이것을 붕사유리(borax glass) 또는 붕사구(borax bead)라고 한다.

붕사의 수용액은 알칼리성인데, 이것은 다음과 같이 가수분해되기 때문이다.

$$Na_2B_4O_7 + 3\,H_2O \longrightarrow 2\,NaBO_2 + 2\,H_3BO_3$$

$$NaBO_2 + 2\,H_2O \longrightarrow NaOH + H_3BO_3$$

[2] 용도

붕산과 마찬가지로 약한 방부력을 가지며, 용액이 알칼리성이어서 피부청정작용을 가진다. 점막의 세척제로 외용되며 특히 결막염과 구내염 등에 사용된다 (예: 붕산 5 g에 물, 시럽, 글리세린 각 10.0 mL).

[3] 제제

Rose water ointment

Alkaline aromatic solution

Compound sodium borate solution

① 효능/효과:
안과용제 – 눈 세정
국소적용 – 피부염, 화상, 찰과상, 벌레물림에 의한 염증

8.2 점안제

약전 제제총칙에서 「점안제는 의약품의 용액, 현탁액 또는 의약품을 쓸 때 녹이거나 현탁하여 쓰는 것으로 결막낭에 적용하는 무균으로 만든 제제이다.」 또한 「본제는 따로 규정이 없는 한 의약품의 일정량을 용제에 녹이거나 현탁하여 일정 용량으로 하거나 의약품의 일정량을 취하여 투명한 기밀용기에 충전한다. 다만 빛에 불안정한 제제인 경우에는 차광한 기밀용기를 쓸 수 있다. 오염되지 않도록 충분히 조심하면서 될 수 있는 대로 빨리 조작한다. 농도를 %로 표시할 경우에는 w/v%를 의미하며, 사용 시 용해 또는 현탁하여 쓰는 이 제제에서 그 명칭 중에 (점안용)이라는 표시를 한 것에는 적당한 용제를 첨부할 수 있다.」 등으로 규정되어 있다.

점안제는 주로 결막 및 각막에 감염을 일으킬 수 있는 세균을 없애기 위한 목적으로 사용된다.

8.2.1. 질산은(silver nitrate, $AgNO_3$)

고대 이집트 때부터 사용하기 시작한 가장 오래된 의약품의 일종이다. Ag^{+}의 양에 따라 수렴작용, 침전작용, 부식작용이 일어나며, 단백질의 응고작용이 강하므로 10^{-3} mg/L의 낮은 농도에서도 살균작용을 나타낸다. 질산은은 은(Ag)에 질산을 작용하여 제조한다.

[1] 용도

Ag^+은 SH, $-NH_2$, $-COOH$, PO_4^{3-}, 이미다졸 및 이들이 갖고 있는 단백질과 쉽게 결합하므로 강한 살균작용을 가지며, 1 : 4000액은 티푸스균을 2시간 이내에 사멸하며, 1 : 30,000액에서도 방부작용을 갖는다. 신생아의 임균감염에 의한 안염 예방으로 1～2%액이 점안제로 사용된다. 국소응용 후에는 식염수로 충분히 세척하여 은증(Ag^+이 축적되는 현상)을 방지하여야 한다. 점안할 때 점막에 궤양이 있으면 10일 이내에 은증이 생기므로 0.9%의 식염수로 세척하여야 한다.

또한, 질산은 농후용액은 강한 표재성 부식작용이 있으며, 희박용액은 수렴작용이 있기 때문에 국소부식제, 방부제, 살균제, 수렴제 등으로 사용한다. 점막의 살균 및 수렴의 목적으로 디프테리아, 편도선염에 4～5%의 액, 방광과 요도염에 0.01～1%의 액이 사용된다. 국소부식의 목적으로는 20～50%의 질산은 용액을 아후다 궤양과 매독성 구진 등에 사용한다.

공업적 용도는 은염의 제조, 사진 감광재, 사진제판, 거울, 보온병, 촉매, 분석시약 등이다.

[2] 제제

1% 질산은 점안액(silver nitrate eye drops)

신생아의 눈에 임균을 예방하기 위하여 점안한다.

[Rx.]	Silver nitrate opthalmic solution (USP)	
	$AgNO_3$	1 g
	Sterile distilled water ad	100 mL
	전체의 양	100 mL

8.3 수렴제

수렴제(astringents)는 제한적 침투력을 갖는 단백질 침전제이나 세포를 죽이지 않는 상태의 약물을 말한다. 그 약리적 작용은 내복할 때, 지사작용을 가지며, 계속 사용은 변비를 초래할 수 있다. 외용의 경우에는, ① 혈액의 응고를 촉진하고 모세혈관을 수축하여 작은 상처의 출혈을 지혈시킨다. ② 표부표면의 모공을 수축하거나 파괴하여 땀의 분비를 감소시키는 제한작용을 나타낸다. ③ 아포크린(apocrin)으로부터 나온 분비물에서 체취를 발생시키는 미생물을 살균함으로써 방취작용(防臭作用)의 효과가 있다. ④ 염증을 감소시키는 수단으로써 점막표면에 혈액공급을 제한시켜 항염작용을 나타낸다. ⑤ 높은 농도의 수렴제는 부식작용이 있어서 불필요한 조직을 제거하는 데 사용할 수 있고, ⑥ 이는 신생조직의 성장을 촉진한다.

살균효과를 나타내는 단백질 침전작용의 기전은 약물과 미생물간에 일어나는 1차적 화학반응을 나타내어 미생물을 죽이거나 그 성장을 억제한다. 이와 같은 단백질 침전작용은 단백질과 전하대 반지름비(charge/radius)가 크거나 강한 정전기장을 갖는 전이금속 양이온(IB: Cu, Ag, Zn, Ⅲ: Al) 간에 상호작용으로 일어나며, 그 상호작용의 성격은 단백질 중의 여러 가지 극성기가 배위자로 작용하는 착물이다. 그러나 이와 같은 착물형성은 비선택적이며 특히 Hg, As, Sb 같은 금속은 특정한 효소계(–SH기)와 강력한 공유결합을 형성하여 어떤 효소에 대하여 특성을 갖는다. 그리고 단백질 침전은 적용부위의 농도에 따라 살균, 수렴자극 및 부식 등 성질이 달라진다.

수렴제는 주로 알루미늄 및 아연 화합물이며 일반적으로 수용성을 나타내나 산화아연은 물에 불용이다.

8.3.1. 황산알루미늄칼륨(potassium aluminum sulfate, 명반, 백반, Alum, $KAl(SO_4)_2 \cdot 12H_2O$)

황산알루미늄칼륨은 명반석(Alum stone, alunite)으로 산출되어 얻는다.

[1] 성상

이 약은 무색의 큰 등축 8면체 결정 또는 백색 분말로서 무취이며, 약간의 감미가 있는 강한 수렴성 맛을 가지고 있다. 이 약 1 g은 25°C에서 7.5 mL의 물, 100°C에서 0.3 mL의 물에 녹는다. 글리세린에는 천천히 녹으나 알코올에는 녹지 않는다. 가열하면 92°C에서 용융되고 200°C에서 결정수를 전부 방출하여 소백반(burnt alum)으로 된다.

일반적으로 백반이라 함은 황산알칼리와 황산알루미늄, 황산제이철 또는 황산크롬 등으로 된 복염으로, 12분자의 결정수를 함유한다. 예를 들면

Potassium alum,	$KAl(SO_4)_2 \cdot 12\ H_2O$
Sodium alum,	$NaAl(SO_4)_2 \cdot 12\ H_2O$
Ammonium alum,	$NH_4Al(SO_4)_2 \cdot 12\ H_2O$
Ammonium iron alum,	$NH_4Fe(SO_4)_2 \cdot 12\ H_2O$
Chrome alum,	$KCr(SO_4)_2 \cdot 12\ H_2O$

등이고, $Na_2SO_4 \cdot MgSO_4 \cdot 6\ H_2O$나 $K_2SO_4 \cdot ZnSO_4$ 등의 복염은 백반이 아니다.

[2] 용도

수렴제, 국소지혈제, 제한제, 백대하, 질염의 세정제로 백반 1% 용액을 사용하나 최근에는 외용수렴제로 거의 사용하지 않는다.

[3] 제제

백반액(alum solution)

[Rx]	황산알루미늄칼륨(백반)	3 g
	박하수	50 mL
	정제수	적당량
	전체 양	1000 mL

이 액은 백반의 수렴작용과 분비억제 작용의 발현을 목적으로 박하수를 넣는데, 교취와 염증부위에 청량감을 주며, 불쾌감을 제거함을 배려하고 있다. 그러므로 구내염이나 인후 카타르 등에 국소수렴의 목적인 함수용으로 쓰인다.

8.3.2. 염화아연(zinc chloride, $ZnCl_2$)

1648년 탄산아연광을 염산에 용해하여 염화아연을 만들었고 무수염화아연은 1735년 산화아연을 결정성 ammonium chloride와 같이 증류하여 만들었다.

염화아연은 아연 혹은 산화아연(ZnO, 아연화)과 염산에 반응시켜 제조되며, 또한 아연과 염소와 반응하여 제조된다

[1] 성상

무수염화아연은 백색분말이며 m.p. 262°C, b.p. 730°C, 비중 2.753이다. 100 g의 물은 25°C에서 432 g, 100°C에서 615 g의 염화아연을 용해한다. 또한 1.5배의 alcohol, 2배의 ether, glycerine 등에 용해한다. 극히 흡습성이 크며, 습한 대기 중에서 조해하나 가열하면 용융하고 다음 승화한다. 수용액에서 용이하게 결정이 생성되고 28°C 이상에서는 무수물이 얻어지고 그 이하에서는 수화물을 생성한다. 그러나 진한 용액에서는 10°C에서도 무수물이 생성된다. 이 약은 물에 용해

하여 용해열(15.6 kcal/mol)을 발생하고 액은 가수분해에 의하여 산성이다. 이 약의 물과의 강한 결합력을 이용하여 유기물의 탈수, 축합 등에 이용되기도 한다.

염화아연의 수용액에 질산은($AgNO_3$) 시액을 가하면 염화은(AgCl)이 백색침전으로 생성되어 염화아연을 확인할 수 있다.

[2] 응용

염화아연은 방부제, 수렴부식제, 소독살균제로서 피부암, 부패성 창상, 만성 후두염 등에 외용하나 최근에는 외용수렴제로 거의 사용하지 않는다.

염화아연의 용액에 아연화(ZnO)를 혼합하여 온침하면 화합하여 산화 클로로아연으로 되고 처음에는 유연하나 점차 고화되기 때문에 치과용 cement의 성분으로 사용한다. 공업적으로 인견의 제조, 목재의 방부제 등으로 사용한다. 실험실에서 탈수제로 사용한다.

8.3.3. 황산아연[zinc sulfate, 호반, $ZnSO_4 \cdot 7H_2O$]

[1] 용도

이 약은 외용일 때는 수렴작용을 가지며, 농후액은 국소에 자극작용을 하여 가벼운 부식성을 나타내지만, 염화아연만큼 강하지는 않다. 묽은 용액은 지혈작용을 가지나 살균력은 없다. 황산아연은 주로 국소수렴제로서 외용하며, 1% 용액은 질세척용으로 백대하 등에 사용하며 만성 결막염시의 점안 및 세안제(0.1~0.5%) 또는 묽은 액(1 : 500~1 : 1000)은 코나 인후 등의 점막의 세정제로 쓰인다. 황산아연을 내복하면 최토효과가 있다.

[2] 제제

[Rx.]	White lotion	
	$ZnSO_4 \cdot 7H_2O$	40 g(450 mL of H_2O)
	K_2S	40 g(450 mL of H_2O)
	전체 양	1000 mL

8.3.4. 산화아연[zinc oxide. 아연화(zinc white), ZnO]

아연함유의 물질을 강열하면 백연, 즉 산화아연을 생성하기 때문에 예전에는 pompholie라 칭하였다. 1700년도 중반이 건식법 및 습식법에 의해서 산화아연을 제조하였으며, 물에 용해되지 않아 연백[$2PbCO_3 \cdot Pb(OH)_2$]의 용도를 대신하여 백색안료 중 가장 많이 사용되고 있다.

산화아연은 건식법과 습식법에 의하여 제조되며, 건식법은 아연을 1000°C로 가열하면 아연이 기화되어 생성된 아연증기는 즉시 산소에 의하여 산화되어 산화아연을 제조하는 방법이다. 습식법은 염화아연($ZnCl_2$)과 탄산나트륨(Na_2CO_3)이 반응하여 생성된 침전물을 가열하여 산화아연을 제조한다.

[1] 성상

산화아연은 비중 5.42～5.78, 융점 1800°C, 굴절률 1.9～2.01의 백색분말로서, 물에 불용이며 습식법에 의해 만든 것은 황색을 띤다. 가열하면 담황색이 되지만 냉각하면 다시 백색으로 돌아가는 성질이 있다. 백색안료로서의 은폐력은 연백(lead white)보다 좀 떨어져 이산화티탄, 황화아연 등의 1/2 정도이다. 착색력은 연백의 2배이고, 연백과 달라 Na_2S에 의해서 흑색으로 변하지 않는다.

[2] 응용

의약용으로는 완화한 국소수렴제, 보호제, 방부제로써 피부질환에 널리 사용되며, 붕산과 차질산비스무트, 전분 등과 배합하여 다한증에 산포한다. 치과에서 $ZnCl_2$와 혼합하여 치수의 충전에 사용한다. 제제로서는, 아연화 전분, 아연화 연고, 석탄산 아연화찰제, 반창고, 팅크유, 목(木)타르 연고, 붕산아연화 연고 등이 있다.

USP의 칼라민은 산화아연에 소량(0.5~1.%)의 산화철 Fe_2O_3를 혼합한 것으로서, 핑크색의 분말로 아연화와 마찬가지로 피부에 외용한다. 칼라민 로션은 칼라민과 아연화의 현탁액이다.

아연화의 용도는 매우 광범위하여 도료(각종 페인트, 에나멜 등)의 안료로서 사용되는 것이 가장 많아 전체 소비량의 45~50%를 차지하며, 다음이 고무 가황촉진조제로서 약 40%를 차지한다. 아연화 소비량의 10~15%가 기타 각종 용도에 쓰이는 것으로서 의약, 유리공업, 도자기 공업, 법랑공업, 인쇄잉크, 염료(methylene blue), 백반, 날염, 셀룰로이드(착색용), 안료(zinc chromate), 지방산 제조 시의 유지 분해용, 수성가스의 전화 촉매용, 메탄올 및 아세톤 제조 시의 촉매용 등 다방면으로 쓰이고 있다.

[3] 제제

(1) **아연화 연고**(zinc oxide oinment)

[Rx]	산화아연	200 g
	정제라놀린	70 g
	백색연고	적당량
	전체 양	1000 g

(2) **아연화·이크타몰 연고**(zinc oxide and ichthammol ointment)

[Rx]	산화아연	100 g
	이크타몰	50 g
	정제라놀린	80 g
	황색바셀린	적당량
	전체 양	1000 g

(3) 아연화전분(zinc oxide starch powder)

[Rx]	산화아연	500 g
	전분	적당량
	전체 양	1000 g

(4) 아크리놀·아연화 연고(acrinol and zinc oxide ointment)

[Rx]	아크리놀, 미세말	10 g
	아연화 연고	990 g
	전체 양	1000 g

(5) 진크유(zinc oxide oil)

[Rx]	산화아연	500 g
	식물유	적당량
	전체 양	1000 g

Zinc oxide paste

Zinc oxide and salicylic acid paste

① 효능/효과: 습진, 피부염, 땀띠 1도 화상, 햇볕에 탄 피부

② 주의사항: 중증 또는 광범위 화상, 습윤 상태의 환부, 눈 또는 점막 등

8.3.5. 칼라민(calamine)

칼라민은 소량의 산화제이철(Fe_2O_3)을 함유한 산화아연(ZnO)으로서, 98.0~100.5%의 ZnO를 함유하며 홍색을 나타내며, 응집력과 부착력이 아주 양호하여 피부보

호제나 산포제 및 로션제 또는 연고제로 많이 쓰인다.

(1) 칼라민 로션(Calamine lotion)

[Rx]		
	칼라민	80 g
	산화아연	80 g
	글리세린	20 mL
	벤토나이트 마그마	250 mL
	수산화칼슘액	적당량
	전체 양	1000 mL

① 조성: 1 mL 중 calamine 80 mg; 산화아연 80 mg

② 효능/효과: 습진, 피부염, 땀띠 1도 화상, 햇볕에 탄 피부

③ 주의사항: 중증 또는 광범위 화상, 습윤 상태의 환부, 눈 또는 점막 등

8.4 살균제

8.4.1. 살균제

살균제(germicides)에 관한 용어에는 방부제, 살균제, 소독제 및 멸균 등이 있으며, 무기살균의 기전에 관해서는 산화, 할로겐화 및 단백질 침전의 세 군으로 나눌 수 있다.

살균제에 대해서 그 적용대상, 살균방법, 적용방법 등에 의해 다음과 같은 용어를 사용하고 있다.

첫째, 방부제(antiseptics)는 일반적으로 세균이나 곰팡이 및 원충류 등과 같은

미생물을 죽이거나, 또는 그의 성장을 억제하는 데 쓰이는 약물을 말한다. 이러한 약품은 특히 사람이나 생체에서 기생하는 미생물에 대하여 사용한다.

둘째, 살균제(germicides)는 미생물을 죽이는 물질을 말할 때, 특별히 부르는 말이다. 여기에는 어미에 -cide(죽인다는 뜻, to kill) 또는 -stat(죽이지는 않고 성장을 저지)를 붙여서 그 작용을 구분한다. 예컨대 bacteriocide, fungicide, bacteriostat, fungistat 등이다.

셋째, 소독제(disinfectants)는 살균제(germicide)와 같은 작용의 형태이지만, 사용대상이 무생물, 즉 기구, 시설, 실내 등이다.

넷째, 멸균(sterilization)은 대상물을 완벽하게 미생물을 없애는 소독약의 사용이나 다른 어떤 조작을 말한다. 이것에는 자주 화학약품의 사용이나 물리적 조작이 포함된다.

방부제와 살균제는 작용부위에 따라 외용제와 내용제로 분류할 수 있고, 내용제는 전신작용과 비전신작용으로 다시 나누어진다.

[1] 작용기전

무기살균제의 작용기전은 세 범주로 분류된다. 즉, 산화, 할로겐화 및 단백질 침전이다. 이것들은 살균제와 미생물 단백질 사이에 일어나는 화학적 상호반응 결과, 미생물을 죽이고 발육을 억제하게 된다.

항생제로 알려진 유기물의 작용부위는 대부분 특이적이나 무기살균제의 작용부위는 대부분 비특이적이다. 이들 살균제는 비슷한 방법으로 모든 단백질과 서로 작용하고, 높은 농도에서는 미생물뿐만 아니라 숙주의 단백질에도 작용하여 기능 이상을 유발할 것이다.

(1) 산화(oxidation)

산화기전을 통해 항균제로 작용하는 화합물들은 대개 비금속과 음이온 종류이다. 이들 중 가장 일반적인 것은 과산화수소, 금속과산화물, 과망간산염, 할로겐

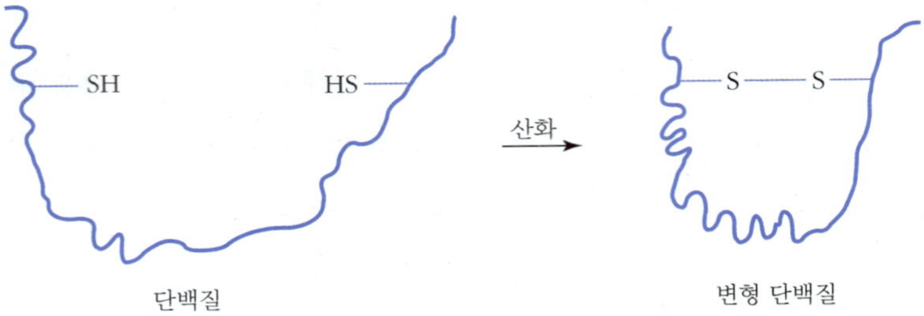

그림 8.1 Sulfhydryl기를 가진 단백질에 작용하는 산화성 살균제의 작용 예

(염소 또는 요오드), oxo-halogen류 등이다.

이러한 화합물들은 대부분 단백질에 존재하는 환원기의 산화작용에 기인한다. 그림 8.1에 산화제인 방부제와 sulfhydryl기를 포함하는 단백질간의 작용을 도시했다.

단백질 내의 이황화 결합의 형성(그림 8.1)은 단백질의 구조를 변화시키며 그로 인해 작용을 변화시킨다. 특정 단백질 기능에 대한 전반적인 변화 또는 파괴는 궁극적으로 미생물 사멸로 이어진다. 이 과정에서 단백질이 산화되면서 항균제는 환원이 일어난다.

(2) 할로겐화(halogenation)

이것은 hypo-halite형과 특히 hypochlorite (OCl^-)을 갖는 방부제에서 일어나는 반응이다. 이런 종류의 화합물들은 1차 또는 2차 아미드의 염소화제로 작용하기 때문에, 유사한 반응이 단백질 분자를 구성하는 아미노산기 사이의 펩타이드 결합에 적절한 조건하에서 발생할 수 있다. 이 반응의 예는 다음과 같다.

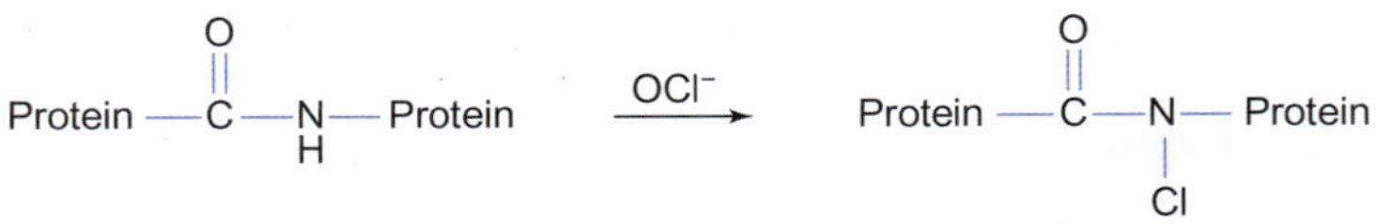

이 반응은 수소 이온에 염소 이온이 치환되어 단백질 분자를 유지하는 수소결합을 파괴시킴으로서, 궁극적으로 특정 단백질의 기능을 상실시킨다. 산화의 경우에 결국 구조의 변화가 기능을 상실시킨다.

(3) 단백질 침전(protein precipitation)

이러한 형태의 작용기전은 단백질과 큰 전하/반지름 비율 또는 강한 전자기장을 갖는 금속 이온과의 상호작용에 의한다. 이러한 성질은 전이금속 양이온에서 나타나는데, IB와 IIB 금속족인 Cu(II), Ag(I), Zn(II) 등이 이에 포함되며, 이들이 가진 전하와 작은 이온 반지름에 의해 효과적인 단백질 침전제로 작용한다. 사실, 대부분의 금속 양이온(단, 알칼리 금속과 알칼리 토금속은 예외)은 단백질 침전효과를 나타낸다.

상호작용에 의한 침전은 단백질의 많은 극성부위가 리간드로 작용하는 착화합물을 생성하여 이루어진다(그림 8.2). 금속의 착화합물 형성의 결과로 protein 또는 protein precipitant는 radical의 변화를 수반하게 된다.

금속 이온과 protein의 상호작용은 비특이적이고, 충분한 농도에서 microbial protein뿐만 아니라 host와도 반응할 것이다. 몇몇 금속들(수은, 비소, 안티몬)은 효소 특이성을 나타내고, 특정효소 체계와 강한 공유결합을 형성한다. 이러한 금속의 존재가 효소의 활성부위에서 중요한 활성잔기의 작용을 차단한다.

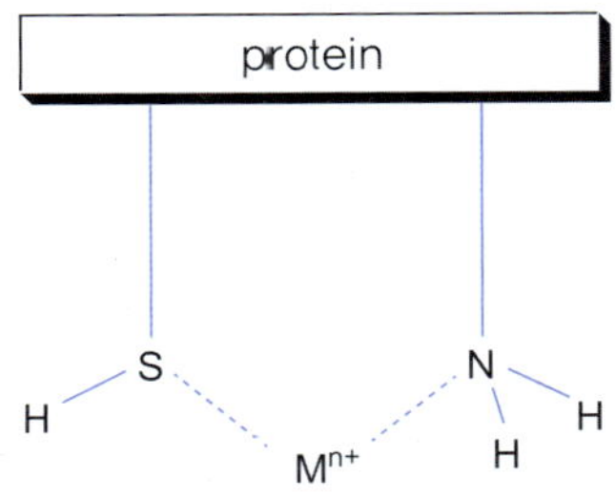

그림 8.2 금속 이온과 단백질 간의 상호작용에 의해 일어나는 단백질 침전모형 예

금속 양이온의 농도를 증가시킴으로써 항균제, 수렴제, 자극제, 부식제의 성질들이 크게 증가한다.

8.4.2. 표백분(bleaching powder, chloride of lime, chlorinated lime, chlorkalk)

염소의 표백작용은 1774년 Scheele가 처음 발견하였으며, 그 후 1785년 Bertholet은 석회유에 Cl_2를 통하여 표백력이 있는 액체를 제조하여 직물표백에 응용하였다. 1798년 Tennant는 석회유 대신에 소석회분에 Cl_2를 적용시켜 표백력이 있는 가루를 얻었으며, 후에 액체염소를 이용하여 간편하게 표백액을 조제하여 안정성이 크고 순수한 $Ca(ClO)_2$도 제조할 수 있는 방법이 개발되었다.

표백분의 조성은 $CaCl_2 \cdot Ca(ClO)_2 \cdot 2H_2O$인 주성분과 미반응의 $Ca(OH)_2$와 $CaCl_2$, $Ca(ClO)_2$, $Ca(ClO_3)_2$, H_2O 등으로 된 고용체의 3자로 되어 있으며, 그 유효염소량은 보통 33～38% 정도이다. 약전에서는 30.0% 이상으로 규정하고 있다.

[1] 제법

소석회에 Cl_2 가스를 접촉시켜 반응시키는 원리는 똑같으나, 그 조작법에 따라 정실법(chamber method)과 기계식법(mechanical method)의 양자로 구별할 수 있다.

[2] 성상

백색가루로서 특유한 냄새를 가지고 있다. 이 냄새는 Cl_2 냄새는 아니며, 공기 중의 CO_2에 의하여 유리된 차아염소산이 다시 분해하여 생긴 Cl_2O($2HClO \rightleftharpoons H_2O + Cl_2O$)의 냄새이다.

[3] 응용

공업적으로 표백제를 광범위하게 사용하며, 약학적으로는 살균제로 사용된다.

이 약의 0.2%액은 고저항성의 파상풍균을 10분 내에 살균하며, 유효염소를 0.4~1.5% 함유하는 표백제 용액은 음료수 중의 세균을 90% 정도 살균한다. 또, Yperit계 독가스의 해독제로 사용된다.

8.4.3. 수은 화합물

수은은 동서양을 통하여 비교적 일찍 알려진 원소로서, 상온에서 액체로 존재하는 유일한 금속이며, 이미 B.C. 15~16세기경에 이집트의 미이라 제작에 방부제로 사용되었다는 설이 있다. 수은 화합물의 약리작용에는 이뇨작용, 방부작용, 사하작용, 기생충구제 및 항진균작용 등이 알려져 있다. 그러나 수은의 심각한 중독현상으로 근래에는 사용이 금지되어 있다. 급성중독은 보통 가용성 수은염을 다량섭취할 때 일어나는데, 심한 구토, 설사, 신장장해를 일으켜 허탈 또는 치사하게 된다. 치료에는 계란의 흰자, 우유 등을 투여하여 수은 이온의 불활성화, 이어서 위세척, penicillamine과 같은 킬레이트제를 사용해야 한다. 한편, 만성중독의 대표적인 장해는 중추신경계 이상으로 운동실조, 정신장해, 시야협착 등을 일으킨다. 이는 급성중독의 경우보다 치료가 곤란한데, 수은 오염을 제거하고 킬레이트제로서 *N*-acetyl-*DL*-peniciillamine을 사용하여 대증요법을 행한다.

황화수은(red mercuric sulfide, cinnabar, 영사, 주사, HgS)은 주홍색 안료로 사용되어 왔으며 또한 물에 녹지 않기 때문에 환제의 표피착색제로 사용되기도 하였다. 염화제일수은[mercurous chloride, 감홍(calomel), Hg_2Cl_2]은 사하, 이뇨 작용이 있으며 외용으로 피부병에 사용하였다. 감홍을 연용하면 수은의 만성중독 증상인 유연(流涎), 치은부종(홍독성 구강염), 대장염, 신장염 등이 나타나거나 급성독성 증상인 대장 및 신장의 장해, 심장의 쇠약, 호흡부전(respiratory failure), 허탈 등이 나타난다. 염화제이수은[mercuric chloride, 승홍(corrosive sublimate), mercury bichloride, mercury perchloride, $HgCl_2$]은 살균소독제로 중요하게 사용되었었다. 승홍의 치사량은 성인에게 1~2 g이며, 중독증상을 일으키는 양은 0.5 g이다. 이 약에 의한 만성중독은 유연하고, 치은부종, 치아탈락까지를 일으키는 구막염, 신장장해, 조울, 환각 등의 정신장해를 특징으로 한다. 황강홍[yellow mercuric oxide, 황색 산화수은, 제이황색산화홍(Yellow precipitate), HgO: 216.61]은 완화한 살균성이 있으므로, 주로 1～5%의 연고로 해서 외과, 안과, 피부과 등에서 사용하였고 또, 농약으로 살균제 및 살충제로 사용하였다. 적강홍(red mercuric oxide)을 연마하면 황강홍이 될 수 있다. 백강홍(ammoniated mercury, white precipitate, mercuric ammonium chloride, mercuric amidochloride, Mercurammonium chloride. $HgNH_2Cl$: 252.09)은 독성이 강하여 내복은 위험하므로, 연고로서 살균제로 외용에만 사용하였다.

8.5 부식제

적용하는 부위의 조직의 파괴를 일으키는 외용 약물을 부식제(caustics)라 하며, 이는 각질화상피(cornified epithelium)의 박리를 유도하는 데 사용되기 때문에 사마귀(warts), 습우(condylomata) 각화증(keratosis), 모반(nevus)과 증식조직(hyperplastic tissue) 등의 파괴에 사용한다.

8.5.1. 수산화나트륨(sodium hydroxide, caustic soda, 가성소다, NaOH)

산과 염기를 참조하라.

[1] 응용

약용으로는 강한 부식성을 이용하여 부식제로 간혹 외용될 뿐이지만, 화학시약으로서는 중화제, 검화제로 쓰이는 외에 알칼리 용융에도 중요하게 쓰인다.

[2] 제제

약용비누 medicinal soap 지방산의 Na염으로 세정제, 리니먼트제(linement), 좌제의 기제, 온탕에 녹여 관장약으로 사용한다. Soda Lime은 $Ca(OH)_2$와 NaOH 또는 KOH와의 혼합물이며, CO_2를 정량적으로 흡수하기 때문에 대사시험·마취 및 산소치료에 쓰인다.

8.5.2. 수산화칼륨[potassium hydroxide, 가성가리(caustic potash), KOH]

4장의 산과 염기 참조하라.

대한약전에 의하면 KOH로 산출한 총알칼리 양이 85.0% 이상이고, 이 중 K_2CO_3를 3.5% 이하 함유해야 된다고 규정되어 있다.

[1] 응용

화학공업의 용도는 NaOH에 준하나 비교적 고가이므로 연비누 및 화장비누 제조에 주로 사용되며, 알칼리 용융과 분석상 CO_2 및 H_2O의 제거, 부식제 등으로 사용된다.

8.6 옴 진드기 치료제

황은 의료적으로 오래 전부터 사하제, 옴(scabies) 치료제, 훈증소독(fumigation), 기타 여러 가지 피부병의 치료제로 사용되어 왔다. 또, 황화물은 탈모제로 사용된다.

(1) **사하작용**: 변(stool)을 무르게 하는 목적으로 특히 치질(hemorrhoid) 환자에 사용된다. 황이 사하작용을 하는 것은 황이 단백질과 반응하여 생성되는 H_2S가 장

관을 순하게 자극하기 때문이다. 이 작용은 매우 서서히 일어나므로 침강황(沈降黃)과 같은 매우 미세한 분말상태의 것을 사용하여야 한다.

(2) **살균작용**: 황은 물에 불용성이며 화학적으로 불활성 물질이지만 생체조직과 접촉하면 황화수소 및 산화생성물인 오티온산(pentathionic acid)이 생성되는데, 이 두 물질은 살균작용을 가지고 있다. 때문에 사상균 및 기생충(parasites)에 의하여 생긴 피부병의 치료에 황이 효과가 있다. 이 목적으로 사용되는 황도 미세한 것일수록 좋다. 황을 연고로 만들어서 또는 분말을 직접 옴 치료에 사용한다.

(3) **국소자극 및 각질 용해작용(keratolytic action)**: 울혈(congestion)된 부위를 치료하고, 또 각질화된 부위를 연하게 하는 데 도움을 준다. 따라서 지루성 탈모증[seborrheic alopecia(baldness)]의 치료목적으로 연고를 만들어서 외용한다.

(4) **소독**: 황을 태우면 SO_2 가스가 발생되므로 훈증소독에 사용된다. 공기 중에 습기가 많으면 더 살균소독이 잘된다. 그러나 SO_2가 습기 존재하에서 강한 표백작용을 하므로 표백되어서는 안 되는 물건은 방 밖으로 내놓아야 한다.

(5) **각질용해 및 살균작용**: 건선(psoriasis), 여드름(acne) 등과 같은 피부병에 사용된다. 황 및 황제제에 과민한 사람은 피부병을 일으킬 수 있다는 것에 유의하여야 한다.

(6) **탈모작용**: 머리카락 중의 cystine 중의 S-S 결합인 disulfide linkage이 환원되어 탈모작용을 일으킨다. 생성된 SH기와 반응하여 팽창 swelling 되는데, 이 작용은 알칼리성 물질이 존재하면(pH 10 이상) 더 잘 일어난다. strontium이나 calcium의 황화물도 탈모제로서 많이 사용되었는데, H_2S의 냄새가 나는 단점이 있어서 요즈음은 주로 치오글리콜산의 Ca염으로서 사용한다.

8.6.1. 황(precipitated sulfur, milk of sulfur, S)

8세기 때 황화칼륨 용액에 산을 가하여 황을 침전시켰고, 연금술사는 황화칼륨 용액을 CH_3COOH, H_2SO_4, HCl로 분해하여 이것을 얻었다.

[1] 제법

다황화물을 산으로 분해하면 CS_2에 잘 녹는 미세한 분말의 침강황을 얻는다. 일반적으로 다황화칼슘 및 적당량의 염산을 사용하여 제조되므로 다황화물의 제조 및 그 분해의 두 공정에 의하여 제조된다.

[2] 성상

일명 황유라고도 불리는 극히 입자가 적은 무정형 황으로 되어 있으며, 황백색이다. 현미경으로는 무정형의 균등한 입자로 보인다. 약간 회색을 띠고 있고, 거의 취기가 없고 무미이다. 가열하면 용융하여 보통의 황으로 되고, 강열에 의하여 SO_2를 발생하여 연소한다. 그 질이 극히 미세하므로 승화황보다 CS_2에 잘 용해된다.

[3] 응용

이 약은 정제황에 비하여 한층 더 미세하므로 효력이 강하다. 내용으로는 1일 수회 0.1～0.5 g를 완하, 3～5.0 g을 보다 강한 사하의 목적으로 산제로서 사용하고, 외용으로는 개선 등의 치료에 연고로 해서 사용한다.

8.7 비듬치료제

8.7.1. 황화셀레늄(selenium sulfide, SeS_2)

셀레늄(Se)으로서 52.0～55.5%를 함유한다.

[1] 제법

묽은 아셀렌산 용액을 냉각하고, 황화수소를 통하여 제조(황색침전)한다. 이때 반응액을 가온하면 부반응이 일부 진행되어, 결국 Se 함량이 많은 침전이 생성하게 된다.

[2] 성상

황화셀레늄은 등갈색의 분말로서 무미하고, 약간의 냄새가 나며, 물 및 유기용매에 불용이다. 그러나 질산에는 다음과 같이 용해된다.

$$SeS_2 + 16\,HNO_3 \longrightarrow H_2SeO_3 + 2\,H_2SO_4 + 16\,NO_2\uparrow + 5\,H_2O$$

[3] 응용

이 약은 피부에 대하여 건조 및 자극작용을 한다. 피부건조제, 비듬약으로 지루성 피부염의 치료, 건성지루 억제의 목적으로 주로 두피에 2.5% suspension을 적용한다.

이 약은 독성이 있으므로 피부로부터 다량이 흡수되면 매우 유독하다. 따라서 상처가 있는 피부나, 급성 또는 아급성 피부염에는 사용해서는 안 되며, 소아에도 그 사용을 금한다.

[4] 제제

Selenium sulfide detergent suspension(USP): 2.25～2.75%의 SeS_2를 함유하는 수성현탁액으로서 적당한 유화제와 완충제를 함유한다. pH 3.6～4.5이며 비듬약으로 사용된다.

8.8 피부보호제

피부보호제는 자극(irritation)으로부터 일정부위를 보호하기 위하여 피부에 적용하는 제제로서, 피부를 통한 화합물의 흡수를 제한하고 씻겨 나가기 어렵게 하기 위하여 불용성(insoluble)이어야 하며, 피부조직과 피부보호제의 상호작용을 피하기 위하여 화학적으로 불활성(inert)인 물질이어야 한다. 피부보호제는 dusting powder, suspension, ointment의 형태로 사용된다.

8.8.1. 탈크(talc, 활석, $3MgO \cdot 4SiO_2 \cdot H_2O$)

탈크는 천연의 함수규산마그네슘으로 때로는 소량의 규산알루미늄을 함유한다. 탈크는 경질이므로, 중국에서 오래 전부터 조각재 또는 석필로 사용하여 왔으며, 한약제로도 제공되어 왔다.

[1] 제법

천연산 활석을 분쇄하여 수파 또는 풍파하여 미세분말로 한 활석 20부를 열탕 100부와 수산화칼슘 2부를 혼화하고, 교반하면서 약 15분간 끓여 정치하고, 그 상징액을 경사하여 물로 세척하여 세액에 Cl^- 이온이 검출되지 않으면 건조하여 만든다. 분말도는 80/100 메시(80호 체는 통과하나 100호 체는 통과하지 못함)가 가장 좋다.

[2] 성상

탈크는 MgO 28.1～31.2%, SiO_2 57～61.7%, H_2O 3～7%로 되어 있는 광석이며, 소량의 H_2O, Fe 및 Al_2O_3를 함유하고 있으며, 경도 1～1.5, 밀도는 2.7이다. 천연산 탈크는 백색 또는 회백색의 미세한 결정성 분말 또는 엽상 결정성괴이며, 지방성의 감촉이 있고 쉽게 붕괴된다. 물, 알코올, 희산 또는 가성 알칼리에 불용이며, 무미·무취이고 흡착력은 카올린, 벤토나이트, 탄산마그네슘, 규조토 등에 비해서 약하다.

[3] 응용

탈크는 피부에 직접 닿아도 큰 문제가 없으며, 피부를 활택(滑澤)하게 하여 건조시키므로, 피부염증이나 피부질환에 외용산포제로 쓰이고, 환제를 만들 때 환의 또는 정제의 활택제로 사용한다. 그 밖에 무독성 화장료로서 장갑과 신발 등에 산포하는 등 용도가 넓다. 기타 환제나 정제의 부형제, 여과제, 희석제로도 사용한다.

8.8.2. 산화티탄[titanium oxide, 티탄백(titanium white), TiO_2]

산화티탄은 105°C에서 3시간 건조할 때 TiO_2로서 98.5% 이상을 함유한다(K.P.).

[1] 제법

(1) 사염화티탄을 원료로 하는 방법

증류하여 정제한 극히 순수한 사염화티탄을 가수분해하여 만든다.

(2) Ilumenite($FeTiO_3$)를 원료로 하는 방법

$FeTiO_3$를 분쇄하고 약 70% H_2SO_4를 가한 다음 가열하면 Ti 및 Fe이 생성되는 반응을 이용한다. 이 밖에도 염소법을 비롯하여 질화법, 환원법, 탄소와 융해하는 방법 등이 있다.

[2] 성상

무미 또는 무취의 백색 무정형 분말이며, 융점은 1870°C, 그의 현탁액(1 : 10)은 중성이다. 이 약은 열황산과 플루오르화수소산에는 용해하나, 물이나 염산 및 묽은 황산에는 녹지 않는다. $KHSO_4$, KOH 또는 K_2CO_3와 용융하면 가용성염으로 변한다.

$$TiO_2 + 2KOH \longrightarrow K_2TiO_3 + H_2O$$

[3] 응용

백색 안료로 티탄백(titanium white)이라고도 하며, ZnO와 거의 같은 목적으로 보호제나 산포제로 사용된다. 은폐력과 부착력은 백색 안료 중에서 가장 크며, 연백의 10배, 아연화의 4배가 된다. 또한, H_2S와 반응하지 않고 기후에도 대단히 안정하므로 특수 페인트용으로 사용된다. 또, 캅셀의 유백화제로서 사용되는 외에 일광 굴절률이 커서 자외선을 차단하여 피부를 보호하는 작용이 있으므로, 15~25% 연고 또는 로션을 일광에 타는 것을 방지하는 선탠크림(suntan cream) 제제로 이용하기도 한다.

8.8.3. 산화아연(zinc oxide, zinc white, ZnO)

옛사람은 아연함유의 물질이 강열하던 백연, 즉 산화아연을 생성하기 때문에 pompholie라 칭하였다. 1735년 Hellst가 건식법, 1775년에 V. Crelle가 습식법에 의해서 아연화를 만들었으며, 연백[$2PbCO_3 \cdot Pb(OH)_2$]의 용도를 대신하여 백색 안료 중 가장 많이 사용되고 있다.

8.9 충치예방약

8.9.1. 플루오르화나트륨(sodium fluoride, NaF)

[1] 제법

불화수소산을 Na_2CO_3로 중화하여 만든다. 또는, CaF_2를 Na_2CO_3로 분해하여 만든다.

[2] 성상

무취의 무색결정 또는 백색분말이다. 비중은 2.8, 1 g은 25 mL의 물에 용해하나 알코올에 불용이다. 수용액은 유리를 침해한다. NaF의 수용액은 알칼리성이며, 산성으로 하여 주면 독성이 큰 플루오르화수소산이 생성되는데, 이 산은 약산이나 인체에 유독하다.

$$NaF + HCl \longrightarrow NaCl + HF$$

$$F^- + H_2O \rightleftharpoons HF + OH^-$$

[3] 응용

플루오르화 이온은 유독하며, 치사량이 4 g이다. 우수한 살균제이므로 방부제로 사용되며, 발효정지에 사용된다. NaF 및 SnF_2는 최근에 치과영역에서 중요한 물질로 되었다. 즉, 치골저를 방지할 목적으로 사용한다. 치아보호의 목적으로 2% CaF_2 수용액을 치아표면에 바른다. 내복용으로 CaF_2가 사용된다. NaF는 또한 1% 수용액을 모기, 개미 등의 구제목적으로 분무한다. 또, NaF는 이(虱) 구제에도 사용된다.

8.9.2. 플루오르화주석(stannous fluoride, SnF_2)

[1] 제법

40%의 불화수소산에 산화제일주석의 용액을 공기와의 접촉을 피하면서 가하여 증발시키거나, 염화제일주석의 용액에 불화암모늄의 용액을 가하여 제조한다.

$$SnO + 2\,HF \longrightarrow SnF_2 + H_2O$$

$$SnCl_2 + 2\,NH_4F \longrightarrow SnF_2 + 2\,NH_4Cl$$

[2] 성상

이 약은 제1주석(Sn^{2+}) 71.2% 이상 및 플루오르 22.3~25.5%를 함유한다. 무색 단사정계의 결정이며 물에 잘 녹는다. 수용액은 가수분해에 의하여 산성이며, 방치하면 서서히 백색침전 $Sn(OH)_2$가 생긴다.

습기 있는 곳에서는 이 약을 취급하면 안 되고, 공기 중에 장시간 방치하면 산화되어 SnF_4 또는 $SnOF_2$로 된다.

[3] 응용

이 약은 골양(caries)과 우치의 치료 및 예방의 목적 등으로 사용되는데, 8%의 수용액을 6개월에 1회씩 치골표면에 발라 준다. 불소이온이 우치예방 및 치료작용을 가지고 있으며, Sn^{2+}도 같은 작용을 가진다.

8.9.3. Sodium monofluorophosphate (Na_2PO_3F, SMFP)

이는 최근 충치예방 치약의 플루오르 첨가제 중에서 가장 안정한 물질로 쓰인다.

8.10 골격교정제

8.10.1. 소석고(exsiccated gypsum, exsiccated calcium sulfate, plaster of paris, $CaSO_4 \cdot 1/2\ H_2O$)

황산칼슘은 여러 가지의 형태로 지상에 광범하게 존재하는 광물의 일종이며, 결정수가 없는 것은 경석고(anhydrite), 결정수가 있는 것은 석고(gypsum)라 하며, 가장 중요한 것은 소석고이다. 소석고가 물과 반응하여 고화하는 성질은 고대로부터 알려졌다.

[1] 제법

천연석고($CaSO_4 \cdot 2H_2O$)를 하소하여 일부 탈수해서 제조한다. 즉, $CaSO_4 \cdot 2H_2O$를 100~125°C로 가열하면 결정수의 4분의 3을 방출하고 미세한 분말이 되는데, 이것을 반수화물(1/2수화물) 또는 소석고라고 부르며, 공업용은 이보다도 수분이 좀 더 적다. 약 240°C 이상으로 작열하면 이른바 소살석고(dead-burned gypsum)가 되어, 완전한 무수물로서 물의 흡수가 더디며, 따라서 고결력을 잃는다. 석고(gypsum, selenite)는 풍부하게 천연적으로 산출되며, 결정은 섬유상, 과립상 또는 치밀한 괴이다.

[2] 성상

백색 미세분말로 공기 중에서 서서히 수분을 흡수하여 소립상으로 되며, 경화성이 없어진다. 상온에서 물을 흡수하면 발열되므로, 기밀용기에 저장한다. 이 약의 물에 대한 용해도는 저온에서는 석고보다 다소 크지만, 온도의 상승과 더불어 감소하는 것은 석고와 같다. 소석고 분말을 2배 양의 물과 혼합하여 니상(泥狀)으로 하면, 15~20분 후 고화하여 괴상(塊狀)이 되며, 내부는 교착된 섬유상의 결정석고를 생성한다. 3/4 양의 물과 혼합할 때가 고화가 가장 양호하다. 고화는 콜로이드의 첨가에 의하여 방해되며, 정질에 의해서 촉진된다.

[3] 응용

물, 글리세린, 염류 등의 양을 가감하여 고화시간을 조절하고 신체 각 부위의 지지, 또는 고정용 깁스로서 골절, 탈구 기타 뼈의 변형 시에 사용되고, 치과보철 재료로서 치아의 형을 뜰 때 사용된다. 실험실에서는 실험 장치에서 가스가 새는 것을 방지하는 데 이용하기도 한다.

약전규정 고결시험은 이 약 10.0 g에 물 10 mL를 넣고 곧 3분간 저어 섞어 방치할 때 손가락으로 눌러도 수분이 나오지 않을 때까지 소비되는 시간은 처음 물을 넣었을 때부터 10분 이내라고 규정되어 있다.

PART 2

방사성의약품

CHAPTER 1

원자핵과 방사능

1.1 핵에너지 및 원자력의 근원

원자는 원자핵(nucleus)과 전자(electron)로 이루어져 있다. 원자핵은 양성자(또는 양자, proton, p)와 중성자(neutron, n)로 구성되어 있으며, 이들을 핵자(nucleon)라고 한

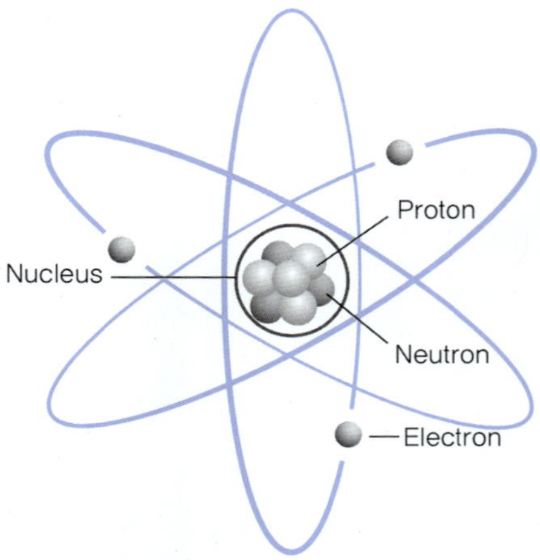

그림 1.1 원자의 구조

다. 양성자와 중성자는 쿼크(quarks)라 불리는 기본 소립자로 구성되어 있고, 질량과 전하에 따라 업쿼크(up quarks)와 다운쿼크(down quarks)로 나뉜다. 업쿼크와 다운쿼크는 +2/3e와 −1/3e의 전하를 각각 가진다. 양성자는 두 개의 업쿼크와 하나의 다운쿼크로 이루어져 총전하는 +1이고, 한 개의 업쿼크가 다운쿼크로 전환될 때 양전자(positron, β^+)와 중성미자(neutrino, ν)를 방출하면서 중성자로 변환된다, 반면에, 중성자는 두 개의 다운쿼크와 하나의 업쿼크로 이루어져 총전하는 0이고, 한 개의 다운쿼크가 업쿼크로 전환될 때 전자(electron, β)와 반중성미자(antineutrino, $\bar{\nu}$)가 방출되면서 양성자로 변환된다. 이러한 변환은 원자핵 붕괴 과정의 메커니즘을 이해하는 데 중요한 역할을 한다.

표 1.1 **핵자와 전자의 하전 및 정지질량**

명칭	기호	하전	정지질량(amu)
양성자	p	+1	1.007276470
중성자	n	0	1.008664916
전자	β 또는 e^-	−1	0.000548580
양전자	β^+ 또는 e^+	+1	0.000548580

핵종(nuclide)은 원자핵의 양성자수, 중성자수 그리고 에너지 준위에 따라서 결정된다. 일반적으로 원자핵 내의 양성자수를 Z, 중성자수 N으로 표시하고, 양성자수와 중성자수의 합을 질량수(mass number)라 하고 A로 표시한다. 양성자수는 궤도 전자의 수와 같고 이를 원자번호(atomic number)라 한다.

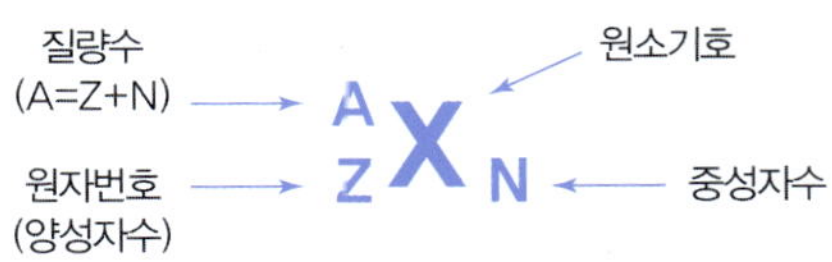

그림 1.2 **원소의 양성자수와 질량수 표시**

동일한 양성자수를 가지고 있으나, 중성자수가 서로 다른 원소들을 동위원소(isotope)라 하는데, 동위원소들은 핵자들의 결합비율이 다르므로 그 안정성(결합에너지)이 서로 다르다. 이 동위원소들 중 에너지 상태가 너무 높은(불안정한) 핵종들은 자신의 과잉 에너지를 외부에 버리고 더 안정한 핵종으로 변환되려는 경향을 보인다. 이렇게 과잉 에너지를 방사선의 형태로 방출하고 자신은 안정한 핵종으로 변환되어가는 핵종을 방사성동위원소(radioisotope)라 한다. 탄소의 경우에는 대표적으로 7개의 동위원소 ^{9}C, ^{10}C, ^{11}C, ^{12}C, ^{13}C, ^{14}C, ^{15}C가 알려져 있다. 이들 핵종 중에서 ^{12}C와 ^{13}C는 안정한 핵종으로 동위원소 질량의 기준과 핵자기공명(nuclear magnetic resonance)의 실험에 이용된다. 나머지 5개의 핵종은 불안정한 핵종으로 방사선을 내보내어 붕괴되는 방사성핵종(radionuclide)이다.

원자번호와 질량수는 같고 원자핵의 에너지 준위만 다른 핵종을 핵이성체(nuclear isomer)라 한다. 에너지가 높은 핵이성체에 준안정(metastable)을 의미하는 m를 붙여서 구별한다. 예를 들어, 임상에서 사용빈도가 높은 원자번호 43번 원소인 테크네튬(technetium)은 ^{99m}Tc와 ^{99}Tc으로 구별한다.

핵자의 질량은 자연계에 존재하는 ^{12}C 동위원소의 질량을 12.00000 amu (atomic mass unit, 또는 간단히 u)로 정의하여 기준한다. ^{12}C 동위원소 1 mole의 질량은 12 g이므로, 1 amu는 $(0.012(kg)) \div (6.023 \times 10^{23}) = 1.6606 \times 10^{-27}$ kg이 된다. 양성자 또는 중성자의 질량은 전자의 약 1840배에 달하며, 이들이 좁은 공간에 밀집되어 있는 원자핵의 밀도는 1.5×10^{14} g/cm^{3}으로서 상상할 수 없이 크다. 하전이 없어 서로 반발력이 없는 중성자로만 이루어진 별이 있다면 그 밀도가 이에 해당하며, 너무나 중력이 커서 모든 물질을 끌어당겨 삼킬 뿐 아니라 심지어는 빛도 그 별에서 빠져나오지 못하게 된다.

원자핵은 매우 좁은 공간에 핵자들의 결합으로 이루어지는데 (예를 들어 ^{12}C 원소의 경우 6개의 양성자와 6개의 중성자가 결합), 이 핵자들이 결합하면서 원래 단독으로 존재할 때의 질량의 합이 그대로 유지하지 못하고, 최종핵은 단독핵자(양성자와 중성자)의 원래 질량의 합보다 작아진다. 핵자들이 결합하여 원자핵을 만들

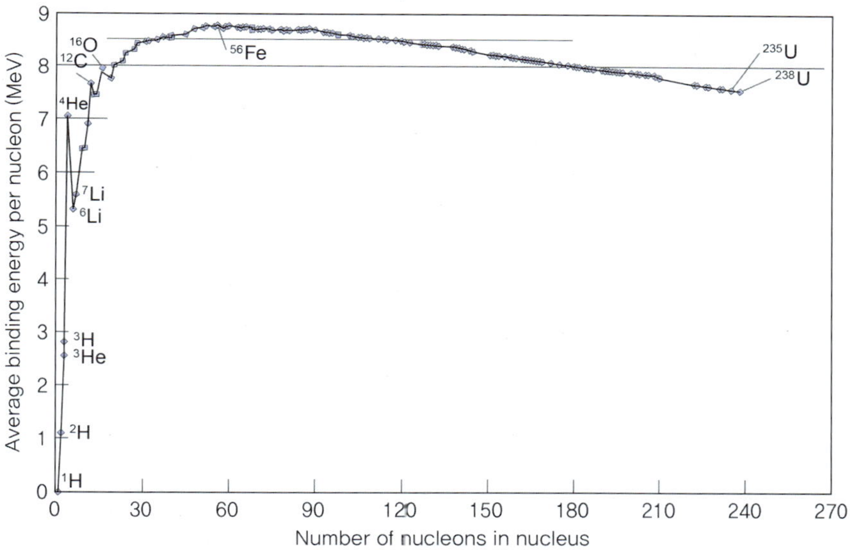

그림 1.3 원자량에 따른 원자핵의 결합에너지 변화

면서 손실된 질량은 에너지로 변환된다. 이를 원자핵의 결합에너지(또는 질량결손)라고 하며, 평균적으로 핵자당 약 8 MeV의 질량결손에너지를 갖는다. 그러나, 각 원소들의 원자핵에 있어서의 핵자들의 결합수와 그 비율 및 그에 따른 결합에너지는 원소마다 모두 동일하지 않은데[그림 1.3], 대체적으로 질량수 60 근처의 Fe, Co, Ni 등의 결합에너지 값이 가장 커서 이들이 자연계에 존재하는 원소 중에서 가장 안정한 원소라고 할 수 있다. 지구의 내핵에는 안정한 철이 다량 존재하고 있음을 알고 있을 것이다. 따라서 이들보다 질량이 작은 원소들은(수소 등) 핵융합에 의하여, 질량이 큰 원소들은(우라늄 등) 핵분열에 의하여 여분의 에너지를 버리고 보다 안정한 핵종들로, 최종적으로는 질량수 60 근처의 핵종들로 변환되어 가려는 경향이 있다.

핵자의 결합상태 변화에 의한 질량결손으로 인한 에너지 방출량은 상당히 크다. 이는 Albert Einstein의 $E = mc^2$의 식으로 계산할 수 있으며, 1 amu의 질량이 모두 에너지로 전환되는 경우 931.5 MeV에 이른다. 전자 하나가 완전히 에너지로 전환되는 경우에는 0.511 MeV의 에너지가 발생한다.

보통 일반적 화학반응의 반응열이 5～30 eV 정도임을 상기하면, 핵반응이 엄청난 폭발력을 보이는지, 또는 방사성동위원소의 붕괴에 의한 방사선이 위험한 수준의 에너지를 가지는지 짐작할 수 있을 것이다. 양성자 2개와 중성자 2개가 결합하여 He 원자핵을 이룰 때(핵융합반응), He 원자핵 1개당 약 27.3 MeV 에너지가 발생한다. 일방적인 원자핵의 질량결손에너지와 핵반응 시 질량결손에너지는 아래의 식을 이용하여 계산할 수 있다.

- a개의 양성자와 b개의 중성자로 되어 있는 원자핵의 질량결손에너지

  $E = \{(a \times M_p + b \times M_n) - (M_{ab})\} \times 931.5$ (MeV)

  (M_p = 양성자의 질량, M_n = 중성자의 질량, M_{ab} = 원자핵의 질량)

- 핵반응 시의 질량결손에너지(예: A + a → B + b인 경우)

  $E = \{(M_A + M_a) - (M_B + M_b)\} \times 931.5$ (MeV)

1.2 안정동위원소와 방사성동위원소

어떤 원소의 원자핵은 안정하지만, 어떤 경우에는 불안정하고 붕괴된다. 원자핵의 안정성과 불안정성을 예측하는 절대적인 기준은 아니나 보통 원자핵 내의 중성자 대비 양성자의 구성비율이 1～1.6 범위일 때 안정동위원소(stable isotope)를 형성한다. 원자번호가 20 이하의 원소에서는 안정한 핵자는 동일한 수의 양성자와 중성자를 갖는다. 하지만 원자번호가 20보다 큰 경우에는 양성자수 대비 중성자수의 비율이 1보다 커지는 경향을 보인다. 그 이유는 양성자수가 증가하게 되면 핵에서의 전기적인 반발력이 증가하므로 전하를 갖지 않는 중성자의 증가로

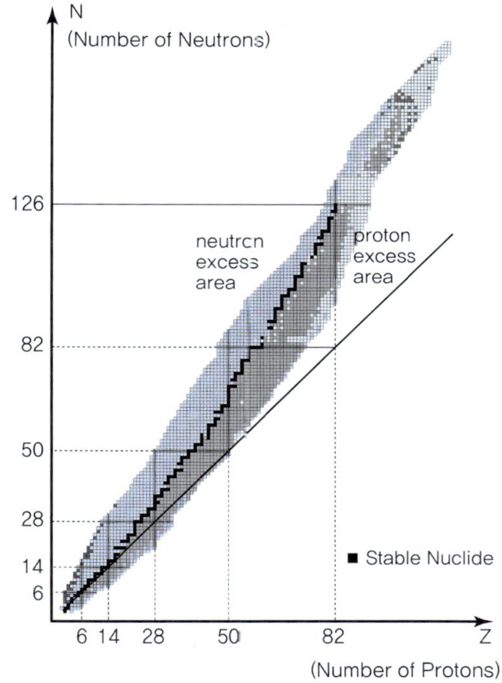

그림 1.4 Karlsruhe Nuclide Chart
양성자(X축)와 중성자(Y축)의 조합에 따른 동위원소의 성질을 표시한 그래프이다. 검은색의 사각형으로 이어진 선(Z-N curve)이 안정동위원소를 나타내며, 그 좌우의 회색영역은 방사성동위원소를 표시한다.

이를 극복할 수 있기 때문이다. 또한, 짝수의 양성자와 중성자를 가진 핵종이 더 안정하고, 홀수의 양성자와 중성자를 가진 핵종이 가장 불안정한 조합으로 알려져 있다. 그림 1.4의 검은색 점들의 연결선이 안정동위원소를 표시하는 선이며(이를 Z−N 곡선이라고도 한다). 핵 내의 구성이 이 안정범위를 벗어나면 방사성동위원소(radioisotope)가 된다. 이 검은색 선의 왼쪽의 음영 영역은 중성자 과잉의 방사성동위원소이고, 오른쪽의 회색 영역은 양성자 과잉의 방사성동위원소를 표시하고 있다. 방사성 핵종은 불안정하여 자발적으로 방사선(radiation)을 방출하고 안정한 핵종으로 전환된다. 원자핵의 분포에서 중성자가 과잉(또는 양성자 부족)인 경우에는 β붕괴(음전자붕괴)를 일으킴으로서 핵 내의 중성자를 감소시키고 양성자를 증가시켜 안정화되며, 양성자가 과잉(중성자 부족)인 경우에는 전자포획(electron capture, EC) 또는 β^+ 붕괴를 일으켜 핵 내의 양성자를 감소시키고 중성자를 증가시키는 방향으로 붕괴가 일어난다.

방사선(radiation)은 그 속성에 따라 입자방사선(α선, β^+선, β선, 양자선, 중성자선 등)과 전자기파 방사선(γ선, X선)으로 크게 나눌 수 있다. 방사선을 방출하는 능력을 방사능(radioactivity)이라 하며, 이런 능력을 가진 물질을 방사성(radioactive) 물질이라 한다.

1.3 붕괴의 종류

1896년 프랑스 과학자 Henri Becquerel은 산화우라늄(uranium oxide) 덩어리가 들어있는 서랍 안에서 불투명 재료로 감싸놓은 사진판 일부분의 색이 변한 것을 우연히 관찰하였다. Becquerel은 산화우라늄 덩어리에서 눈에 보이지 않은 방사선이 방출되어 사진판에 영향을 주었다는 것을 발견하여 방사선을 최초로 인식하였다. 1898년 Ernest Rutherford가 방사능 방출에서 나오는 방사선이 전기장을 통과하는 경우, 양전하를 지닌 α 입자, 음전하를 지닌 β 입자, 전하가 없는 γ선 등 3가지 다른 형태가 존재한다는 것을 처음으로 발견하였다[그림 1.5].

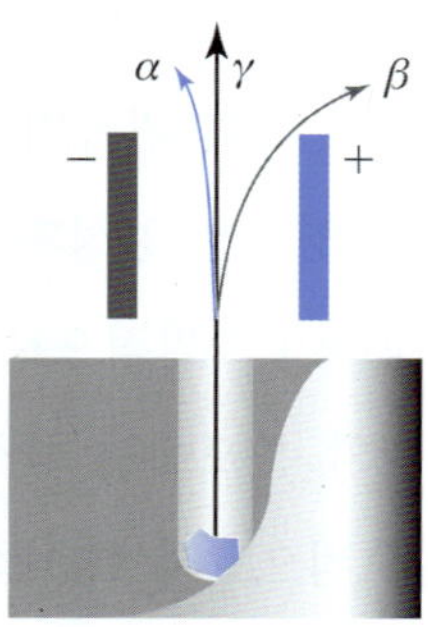

그림 1.5 방사선에 대한 전기장의 영향

1.3.1. α 붕괴

원자핵으로부터 α입자가 방출되는 현상을 α붕괴(alpha decay 또는 alpha disintegration)라 한다. 주로 Z(원자번호)가 83 이상인 원소들에서 일어나며, α입자는 헬륨(He) 원자핵이므로, α붕괴가 일어나면 어미핵은 원자번호(Z)는 2 감소, 질량수(A)는 4가 감소한 딸핵종으로 변화된다.

$$^{A}_{Z}M \longrightarrow {}^{A\text{-}4}_{Z\text{-}2}M + {}^{4}_{2}He$$
$$^{235}_{92}\mathrm{U} \longrightarrow {}^{231}_{90}\mathrm{Th} + {}^{4}_{2}\mathrm{He}$$

α선은 대략 약 3∼8 MeV 정도의 단색운동에너지(핵종이 같으면 같은 크기의 에너지를 가지고 나오는 것을 말함, 핵종이 달라지면 달라짐)를 가지고 방출되며, 그 자신의 질량이 커서 주변물질(주로 전자구름)과의 충돌 후에도 그 운동방향이 거의 바뀌지 않고 일직선으로 직진한다. 충돌확률이 높기 때문에 물질을 투과하는 능력은 작은 편이며, 두꺼운 종이 한 장이면 거의 완전히 차폐시킬 수 있다.

1.3.2. β 붕괴(음전자 붕괴)

원자핵 내의 양성자와 중성자가 전자를 매개로 하여 서로 변환되는 형식을 β 붕괴라 한다. β 붕괴는 중성자 과잉의 핵종에서 일어나며, 핵 내의 중성자(n)가 양성자(p)로 변화하면서 음전자(e^-) 하나를 반중성미자($\bar{\nu}$)와 함께 핵 외로 방출한다. β 붕괴와 더불어 딸핵종의 원자번호(Z)는 1이 증가하나, 질량수(A)는 변화하지 않는다.

$$\mathrm{n} \rightarrow \mathrm{p} + \beta + \nu$$
$$^{14}_{6}\mathrm{C} \longrightarrow {}^{14}_{7}\mathrm{N} + \beta$$

방출되는 β선은 약 0.01～3 MeV의 연속운동에너지(동일핵종에서 방출되는 β입자들이 연속적인 여러 값의 에너지를 가지고 나오는 것을 말함, 붕괴에너지를 반중성미자와 나누어 가지고 나오기 때문이라 생각됨)를 가지고 방출된다. 동시에 방출되는 반중성미자는 중성미자의 반입자인데, 질량이 너무나 작아 주변 물질에서 전자를 튕겨낼 정도의 에너지를 가지고 있지 못하여 주위 물질을 변화시키지 못한다.

1.3.3. β^+ 붕괴(양전자 붕괴)

β^+ 붕괴는 양성자 과잉의 핵종에서 일어나며, 양성자(p)가 중성자(n)로 변화하면서 양전자(β^+) 하나를 중성미자(ν)와 함께 핵 외로 방출한다. 딸핵종의 원자번호(Z)는 1이 감소하며, 질량수(A)는 변하지 않는다.

$$p \rightarrow n + \beta^+ + \nu$$

$${}^{18}_{9}F \longrightarrow {}^{18}_{8}O + \beta^+$$

양전자(e^+)는 전자(e^-)의 반입자(하전만 반대이고 나머지 물리량은 완전히 같은 입자)이므로, 핵 외로 방출되는 즉시 정전기적 인력에 의하여 궤도전자와 충돌하게 되고, 충돌하는 즉시 두 입자의 질량이 소멸하여 모두 전자기파 에너지로 변화하는 양전자 소멸현상(annihilation)이 일어난다. 이를 소멸 방사선이라 하며 0.511 MeV의 γ선 광자 2개가 서로 180° 방향으로 방출되는데, 그 에너지 값은 정지 전자의 질량을 $E = mc^2$의 식에서 변환한 값과 완벽하게 일치한다.

동일한 에너지의 광자 2개가 서로 반대방향으로 동시에 방출되는 성질 때문에, 양전자 붕괴를 이용하면 자연방사선 등에 의한 잘못된 계수를 피할 수 있으며, 양전자단층촬영(positron emission tomography, PET)을 이용한 질병 부위의 체외 진단에 대단히 유용하게 사용되고 있다. β^+ 붕괴에 따른 양전자 입자는 원자의 바깥에서는 발견이 거의 불가능하며, 모두 소멸 방사선으로 전환되어 방출된다. 소멸 방사선은 γ선의 전자기파이므로 물질 투과능력은 대단히 크다.

1.3.4. 핵이성체 전이

γ붕괴라고 일반적으로 지칭하는 것이 바로 핵이성체 전이(isomeric transition, IT)인데, 준안정(metastable) 상태의 핵종이 여분의 에너지를 전자기파(γ선)의 형태로 방출하고 안정한 핵종이 되는 것을 말하며, 여기상태의 전자가 형광을 내놓으면서 안정한 기저상태의 전자로 돌아가는 것을 상기하면 이해하기가 쉬울 것이다. 실제로 입자가 방출되는 것이 아니어서, 원자번호와 질량수도 변하지 않고 핵종도 바뀌지 않는다. γ선은 대체로 약 0.01～10 MeV의 정도의 단색 에너지값을 가진다.

$$^{99m}\mathrm{Tc} \rightarrow {}^{99}\mathrm{Tc} + \gamma \ (0.140 \ \mathrm{MeV})$$

대체로 많은 방사성동위원소에서는 α 또는 β 붕괴가 일어남에 따라 딸핵종으로 변화하면서 동시에 여분의 에너지를 γ선의 형태로 방출하게 되지만(α 또는 β와 γ선을 동시 방출), 일부의 핵종은 α 또는 β선을 방출하여 딸핵종으로 변화된 후 일정 시차를 두고 γ선을 방출하는 핵종들이 존재하며, 이들을 특별히 준안정 동위원소(metastable isotope)라 하여 질량수 뒤에 영문 소문자 m을 병기하여 안정된 핵종과 구분한다(예, ^{99m}Tc 또는 Tc-99m). 이 준안정동위원소는 오직 γ선 만을 방출하므로 체외진단에 매우 유리하다. α 또는 β선이 이미 방출되어 없어졌으므로, 투여 후 α 또는 β선에 의한 환자의 체내피폭을 배제할 수 있기 때문이다.

1.3.5. 궤도전자 포획과 내부전환

궤도전자 포획(electron capture, EC)은 양성자가 중성자로 변환되는 양성자가 풍부한 원자핵이 겪는 붕괴 과정의 한 형태이다. 양성자 과잉의 핵 중에는 (에너지가 충분치 못할 때) 주로 K 껍질 궤도의 전자를 포획하여 핵 안으로 끌어들이는 붕괴를 일으킨다. 원자번호(Z)가 1 감소하며 질량수(A)는 변하지 않는다.

$$p + e^{-} \rightarrow n + \nu$$

$${}^{40}_{19}K + e^{-} \rightarrow {}^{40}_{18}Ar + \nu$$

K 궤도의 전자가 없어졌으므로 에너지 준위가 높은 외곽의 궤도에서 비어 있는 K 궤도로 전자 하나가 이동할 수밖에 없는데, 이때 이 궤도 간의 에너지 준위 차에 해당하는 에너지가 X선의 형태로 방출된다. 궤도에너지 준위의 차이는 각 원소마다 고유한 특성이므로, 각 원소마다 특정한 파장의 X선이 발생하며 이를 특성 X선이라 한다. 경우에 따라서 이 특성 X선을 방출하지 않고 이에 해당하는 에너지를 외측의 궤도 전자에게 주어지고 그 전자가 방출되기도 한다. 이 현상을 오제 효과(Auger effect)라 하고 방출되는 전자를 오제 전자(Auger electron)라 한다.

한편 들뜬 상태의 원자핵이 에너지가 낮은 바닥 상태로 전이되면서 과잉에너지의 일부를 γ선으로 방출하는 대신에 직접 궤도 전자에 주어 쫓아내는 현상을 내부전환(internal conversion, IC)이라 하며 방출된 전자를 내부전환 전자라고 한다.

X선은 γ선과 그 본질은 같은 전자기파이며, 원자핵 내부에서 발생한 것을 γ선, 핵 외부에서 발생한 것을 X선이라 한다. 이들의 에너지는 파장에 의하여 결정되며, X선에 비하여 γ선의 에너지가 더 크다거나 작다거나 라고 말하는 것은 적확치 못하다. 오제 전자나 내부전환 전자는 의약학적 용도가 높지 않으나, 특성 X선을 방출하는 선원이나 고에너지의 γ선원을 사용하는 경우 궤도 전자 포획이나 내부전환이 일어나 오제 전자나 내부전환 전자에 의해 환자에게 피폭이 있을 수 있다.

1.4 방사성동위원소의 붕괴속도 및 물리적 반감기, 체내에서의 유효 반감기

방사성 핵종의 붕괴속도는 핵종에 따라 원자핵의 불안정성 고유성질에 따라 결정되며, 외부 인자에 의한 인위적 지연 또는 촉진방법은 알려진 바가 없다. 따라서 붕괴속도가 느린 방사성동위원소는 폐기 및 보관의 문제가 심각해진다.

방사성동위원소가 붕괴되어 소실되는 속도는 동위원소의 현존량에 비례하므로,

$$-(dN/dt) \propto N$$ (N: 동위원소의 현존량, t: 시간, 붕괴이므로 − 적용)

비례상수를 λ라 하고 등호로 바꾸면,

$$-(dN/dt) = \lambda N$$ (λ: 비례상수 또는 붕괴속도상수)

와 같이 쓸 수 있으며, 이 미분방정식을 풀면, 다음의 붕괴속도 식을 얻을 수 있다.

$$N = N_0 e^{-\lambda t}$$ (N_0: 방사성동위원소의 초기량, t = 0)

λ는 핵종에 고유한 속도상수이므로, 초기량과 경과시간을 알면 위 식으로부터 현재의 잔존량을 계산할 수 있다. 초기량의 1/2이 되는 시간을 물리적 반감기(half life, $t_{1/2}$)라 하며, 초기량과 관계없이 방사성 핵종에 따라 그 물리적 반감기는 고유하여 다음의 식과 같이 붕괴속도상수에 반비례한다. 원자핵의 물리적 반감기는 10^{-21}초부터 10^{24}년 이상인 것도 존재한다.

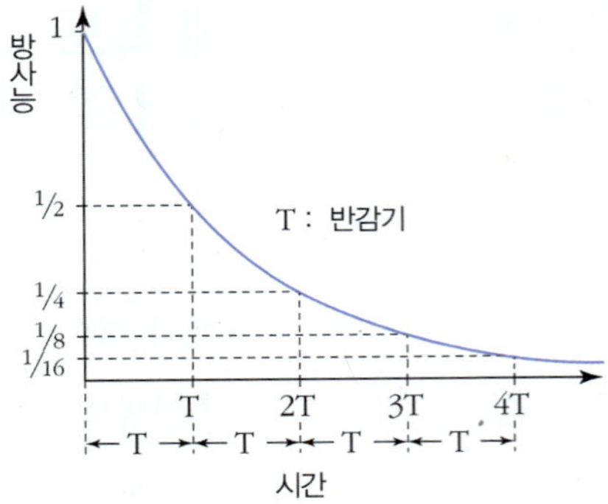

그림 1.6 **붕괴에 따른 방사능의 감소와 반감기 곡선**

$$\text{반감기}(t_{1/2} \text{ or } T) = \ln 2/\lambda = 0.693/\lambda$$

한편 체내에 치료용 또는 진단용으로 투여하는 방사성 물질은 동위원소 자체를 그대로 투여하기보다는, 체내 장기에 친화성이 있는 화합물의 원자를 방사성 동위원소로 치환하여(표지한다고 함) 투여하는 것이 일반적이다. 이 경우, 생체 내에 투여된 후, 방사성동위원소의 붕괴에 부가하여, 표지된 해당 화합물 역시 표지와 관계없이 독립적으로 그 자신의 대사와 배설 등의 소실과정을 거치게 되므로, 이는 평행반응으로 취급할 수 있으며, 결과적으로 체내의 방사선량의 감소속도는 해당분자의 생물학적 소실속도와 해당 방사성동위원소의 물리적 붕괴속도가 합해진 결과로 나타나게 된다. 따라서

$$\lambda_{eff} = \lambda_p + \lambda_b$$

(단, λ_{eff}: 체내 유효방사선량의 감소속도상수,

λ_p: 방사성동위원소의 붕괴속도상수,

λ_b: 투여된 화합물의 체내소실 속도상수)

로 표현될 수 있으며, 이를 반감기의 식에 대입하고 정리하면 다음과 같은 식을

얻는다.

$$T_{eff} = (T_p \times T_b)/(T_p + T_b)$$

(단, T_{eff}: 체내에서의 유효반감기,

T_p: 방사성동위원소의 물리적 반감기,

T_b: 투여된 화합물의 소실반감기)

이렇게 얻어진 값을 유효반감기라 하며, 유효반감기는 방사성동위원소의 물리적 반감기나, 투여된 화합물의 소실반감기의 어느 쪽보다도 더 짧아지므로, 진단 또는 치료에 적절한 시간을 얻기 위해서는 해당 방사성의약품의 유효반감기를 고려해두어야 한다.

CHAPTER 2

방사선과 물질의 상호작용

2.1 방사선과 물질의 상호작용

방사선은 에너지가 큰 입자(α선 또는 β선) 또는 전자기파(γ선 또는 X선)이다. 사람들은 방사선 또는 방사선을 만들어내는 방사성동위원소라 하면, 일단 두려워 한다. 이 두려움의 이유는 방사선이 인간의 오감으로서는 그 존재 여부조차 알 수 없다는 점과 방사선은 충돌하는 물질에 무언가 변화를 일으키는 힘이 있음을 사람들이 알기 때문일 것이다.

방사선은 사람들의 눈에 보이지 않지만, 실험을 통해 눈으로 관찰할 수도 있다. 예를 들어, 과포화된 물이나 알코올 증기가 들어있는 'Wilson의 안개상자(cloud chamber)'에 α선 또는 β선을 조사하면, 입자의 이동경로를 따라 상자 안의 증기가 이온화되고 응결되어 방사선 이동경로의 자취를 눈으로 관찰할 수 있다. 이와 같이 방사선이 물질을 통과할 때 방사선이 지나가는 길에 만들어지는 선상의 자취를 비적(track)이라 하고, 이때 방사선이 정지할 때까지 물질을 투과하는 평균거리를 비정(range)이라 한다.

방사선이 물질을 투과할 때 손실된 에너지의 양은 방사선이 물질 속을 통과할 때 잃어버린 평균에너지 손실을 나타내는 저지능(stopping power)의 함수로 나타낼 수 있다.

저지능의 함수: S = dT / dx

(dT: 입자의 운동에너지 감소량, dx: 입자의 이동거리 변화)

저지능이 높은 물질 내에서는 방사선의 비정이 짧아진다. 저지능은 물질이 입사되는 방사선의 에너지를 얼마나 효율적으로 감쇄시킬 수 있는지를 나타낼 수도 있기 때문에 높은 저지능을 갖는 물질일수록 방사선에 대한 차폐능이 좋다고 말할 수 있다.

의약학적으로 사용되는 방사선을 이해하기 위해서는 방사선과 물질의 상호작용, 즉 방사선의 흡수(absorption), 산란(scattering), 감쇠(attenuation)와 관련된 이론적 배경을 이해하는 것이 중요하다. 이 장에서는 방사선과 물질의 상호작용을 설명하기 위해 광자(photon) 또는 전자(energetic electron)와 물질의 상호작용에 대한 이론을 몇 가지 선택하여 이야기하고자 한다. 복잡한 식에 관련된 설명은 배제하거나 최소화하고 방사선과 물질의 상호작용에서 관찰되는 현상에 대한 이해를 목적으로 기술하였다.

2.1.1. 입자방사선과 물질의 상호작용

α선과 β선은 입자방사선이다. α선을 당구공의 흐름으로 본다면, β선은 탁구공의 흐름으로 생각해볼 수 있다. 분자나 원자의 크기에 비해서는 방사선 입자들의 크기는 매우 작으므로, 이들이 주위의 분자를 통과해 지나갈 경우 부딪히게 되는 것은 전자운이다. 속도가 빠른 당구공이나 탁구공이 원자핵의 주위를 돌고 있는 탁구공에 부딪히면 부딪힌 탁구공은 튕겨 나갈 수밖에 없다.

α선은 어미핵에서 방출되는 입자로, 질량결손에 따른 대단히 큰 운동에너지를 가지고 어미핵으로부터 튀어나오게 되는데, +2의 하전을 보유한 무거운 입자방사선이므로 방출된 후 근거리에 존재하는 물질들과 무작위로 충돌하면서(주로 전자운과 충돌, 원자핵은 원자의 크기에 비하여 대단히 작으므로 핵과 충돌할 확률은 극히 작음) 큰 에너지를 전달하여 이온화하거나 라디칼화 하는 효과를 보인다. α선은 주변물질들과의 충돌확률이 높기 때문에 어미핵에서 방출된 후의 진행거리(비정)가 매우 짧은 편이다(공기 중 수 cm). 질량수 4의 무거운 입자이므로 전자와의 충돌로 진행방향이 바뀌지 않으며 직진한다. 충돌로 가지고 있는 운동에너지를 모두 잃고 나면 정지하게 되고, 즉시 주위에서 유리전자를 흡수하여 불활성 기체인 He 원자(분자)가 된다. 이렇게 정지된 α선은 더 이상 방사선이 아니다. α선은 물질과의 충돌확률이 높고 비정이 대단히 짧으므로 종이 한 장으로도 완전히 차폐되며, 따라서 먹거나 피부에 직접 접촉하지 않는 이상 전혀 위험하지 않다.

β선은 고에너지 전자로, 입자가 작아 α 입자에 비해 주변물질과의 충돌확률이 작고 비정이 비교적 길다(공기 중 수 m 정도). 전자는 물질 속을 통과하면서 다른 전자와 충돌(collision)하여 에너지를 잃거나 핵 전자장(electric field of nuclei)과 상호작용에 의해 에너지를 잃는다. 둘 이상의 전자가 충돌한 후 다시 서로 거리가 멀어질 때 가장 많은 에너지를 갖고 있는 전자를 원입사 전자(original incident electron)로 간주하기 때문에, 개념적으로 잃어버린 에너지의 최대 크기는 본래 전자가 갖고 있던 에너지의 1/2을 넘지 않는다. 손실된 에너지는 물질을 구성하는 분자나 원자를 이온화시키거나 전자를 더 높은 에너지 준위로 여기 시키는 데 사용될 수 있다. β입자와 같이 하전된 고에너지 입자는 물질 속을 통과하면서 원자 또는 분자와의 충돌을 통해 다시 고에너지 전자를 만들어낼 수도 있다. 고에너지 전자는 전자기파인 γ선이나 X선과 물질의 상호작용을 통해(예, 내부전환) 생성되기도 한다.

입자방사선 중에는 중성자선도 있다. 중성자선은 다른 입자방사선과 달리 하전이 없어 반발력 없이 원자핵에 직접 진입할 수 있고 핵반응을 일으킬 수도 있다. 속도가 낮은 열중성자(단지 열운동 정도의 에너지만 가지고 있는 중성자)도 핵반응을 일으키기 쉬워, 새로운 핵종을 제조할 때 이용된다. 우리 몸에 입사하면 핵반응을 통해 우리 몸의 원자핵종을 쉽게 바꾸어 버릴 수 있으므로 중성자선은 대단히 위험하다.

[1] 이온화

하전된 입자인 전자가 원자 주변을 지나갈 때 입사 전자와 오비탈 전자가 충돌하고, 이 충돌이 오비탈 전자를 원자로부터 떼어낼 수 있을 만큼 충분히 강하다면 이온화가 일어날 것이다[그림 2.1]. 이때, 입사 전자와 오비탈 전자 사이의 충돌은 실체적 충돌이라기보다는 인력이나 척력과 같은 전기적 힘이 발생하는 것을 의미한다.

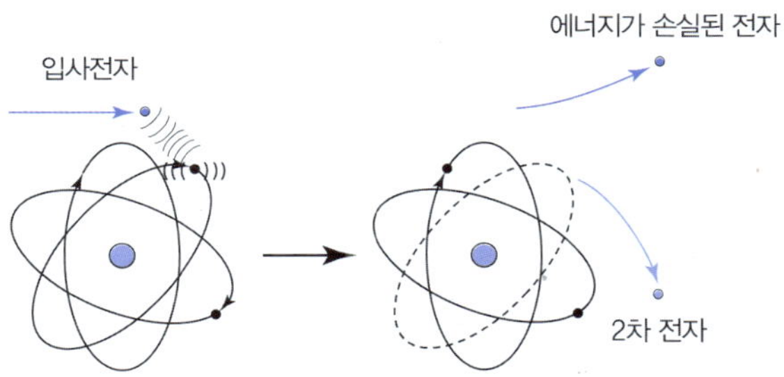

그림 2.1 **전자와 물질의 상호작용: 이온화**

충돌 후 입사 전자는 한꺼번에 많은 에너지를 잃어버리거나 일부 에너지를 잃어버리고 진행 방향이 크게 변화하기도 한다. 입사 전자가 충돌을 통해 오비탈 전자에 준 에너지의 일부는 원자 내 오비탈 전자의 결합에너지를 극복하는데 사용되고, 나머지는 이온화(ionization)되면서 방출된 전자(secondary electron)의 운동에너지로 전환된다. 이때, 방출된 전자가 충분한 에너지를 갖고 있어서 다시 물질과 상호작용하여 2차 이온화(secondary ionization)를 일으키면 높은 에너지를 가진 전자가 튀어나오는데, 이를 δ선(delta ray)이라 부르기도 한다.

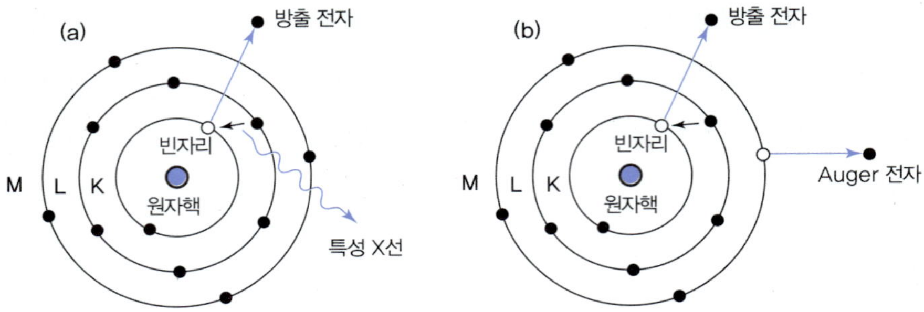

그림 2.2 **특성 X선과 Auger 전자**

전자의 충돌을 통한 이온화는 대부분 바깥쪽 껍질의 전자가 방출되지만 드문 경우 이온화될 때 안쪽 껍질의 전자가 방출되기도 하는 데, 이처럼 안쪽 껍질의 전자가 방출되면 원자는 불안정한 상태에 놓이게 된다. 그림 2.2와 같이 불안정한 상태의 원자껍질 내 방출된 전자의 빈자리는 더 높은 에너지 준위의 껍질에 위치한 전자에 의해 채워지고 그 결과 여분의 에너지로부터 전자기파인 특성 X선(characteristic X ray)이 방출되거나 바깥 껍질의 다른 전자가 여분의 에너지를 갖고 원자 밖으로 방출될 수 있다. 이렇게 방출되는 전자를 Auger 전자라 한다.

전자가 다른 전자와 충돌할 때, 충돌의 결과로 이온화 없이 오비탈 전자의 들뜸(excitation)이 일어날 수 있으며 이는 원자 또는 분자의 들뜸으로 이어질 수 있다. 들뜬 상태의 원자나 분자가 갖는 여분의 에너지는 분자 진동(molecular vibration), 적외선(atomic emission of infrared), 가시광선(visible), 자외선 방사(ultraviolet radiation) 등으로 소실된다. 이와 같은 물질의 들뜸은 이온화와 비교할 때 입사 전자의 에너지 손실이 더 적다.

[2] 제동방사

전자와 물질이 상호작용할 때, 방사(radiation)에 의해 에너지를 소실할 수도 있다. 하전입자인 전자가 오비탈 전자구름을 통과하여 원자핵의 전자장과 상호작용할 때, 강한 전기적 힘에 의해 전자의 진행방향이 꺾이면서 감속하고 전자가 감속

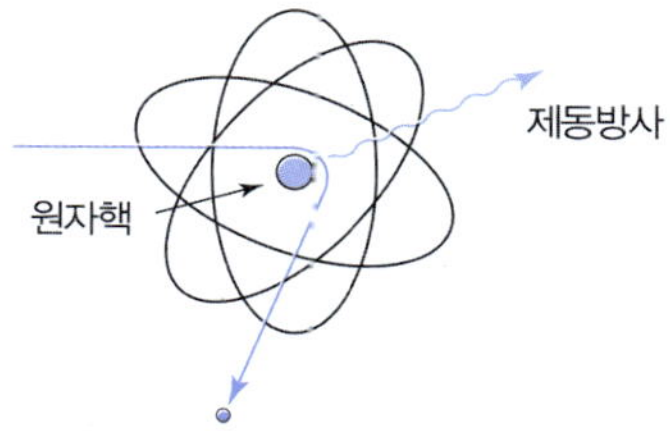

그림 2.3 **전자와 물질의 상호작용: 제동방사**

하는 과정에서 손실된 에너지의 일부분이 전자기파인 광자의 형태로 방출될 수 있다. 이를 제동방사(bremsstrahlung, 독일어로 braking radiation을 의미함)라 한다[그림 2.3].

의약학에서 통상적으로 사용되는 고에너지 전자는 제동방사보다는 충돌로 대부분의 에너지를 잃어버린다. 그럼에도 불구하고, β입자를 방출하는 대량의 고에너지 선원(예를 들면, 수백 MBq의 ^{32}P)을 보관할 때와 같은 특정 환경에서는 방사 손실이나 제동방사는 매우 중요한 의미가 있다. β입자는 수 밀리미터의 플라스틱, 유리 또는 납에 의해 쉽게 차폐되지만, 제동방사로 인한 방사선은 투과성이 훨씬 더 커서 부가적인 차폐장치가 필요하기 때문이다. 따라서 β입자를 방출하는 선원을 보관할 때에는 플라스틱과 같은 원자번호가 작은 물질(low-Z material)로 만든 용기로 β입자를 1차 차폐하여 제동방사가 발생할 가능성을 최소화한 후, 납과 같은 원자번호가 큰 물질(high-Z material)로 이를 둘러싸 제동방사로 발생한 방사선을 2차로 차폐할 필요가 있다[그림 2.4].

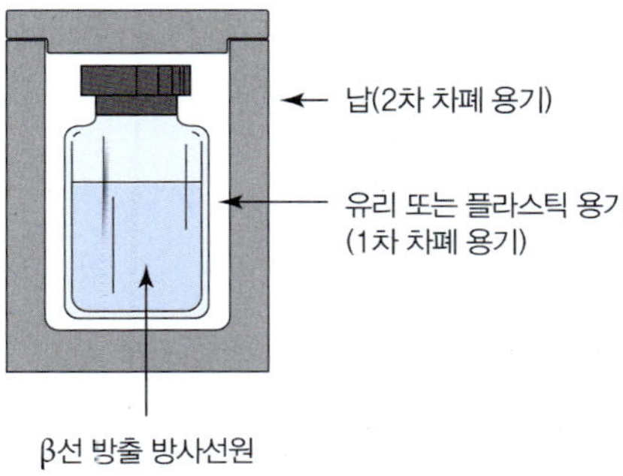

그림 2.4 **β입자 방출 선원의 바람직한 보관방법**

β선은 앞서 설명한 바와 같이 충돌에 의하여 주변물질(주로 전자운)에 에너지를 전달함으로서 이온화 또는 라디칼화를 유도하는데, β입자의 질량이 충돌대상(분자 내의 전자)과 같기 때문에, 매 충돌마다 진행방향이 바뀌어 지그재그의 운동을 할 수도 있고, 입사 방향에 대해 90° 이상의 각으로 꺾여 되돌아 올 수도 있다(동일질량의 탁구공이 충돌하여 튕기는 것으로 비유할 수 있음). 이와 같은 β입자의 운동 때문에 선원과 실험자 사이를 차폐물로 가리고 있어도 β선은 차폐물을 빙 돌아 실험자를 피폭할 수 있다. 이를 후방산란이라 한다. 따라서, 뚜껑이 열려있는 용기에서는 선원과 실험자 사이를 차폐제로 가려도 미량의 후방산란이 있을 수 있음을 기억하고 조심해야 한다.

제동방사 생성량은 입사 입자의 질량에 반비례하기 때문에, α입자 또는 전자보다 매우 무거운 하전된 입자의 경우 제동방사로 인한 에너지 손실은 무시할 수 있을 정도로 매우 작고 대부분의 경우 충돌로 에너지를 잃어버린다.

2.1.2. 전자기파 방사선과 물질의 상호작용

γ선이나 X선은 전자기파 방사선으로 광자로 볼 수 있다. γ선과 X선은 대체로 약 0.01～10 MeV의 정도의 단색에너지값을 가진다. 고에너지의 전자기파이므로 입자방사선과 마찬가지로 물질을 이온화시키는 능력이 있으나 주변물질과의 실효충돌확률은 낮은 편이다. 따라서 단위거리당 에너지 전달량이 적으며, 결과적으로 물질을 투과하는 능력이 대단히 커서 체외계측에 적당하다. 투과력이 좋은 γ선과 X선을 효과적으로 차폐하기 위해서는 납 등의 중원자로 이루어진 상당한 두께의 차폐제가 필요하다.

전자기파 방사선과 물질의 상호작용, 즉 광자와 물질의 상호작용은 그림 2.5와 같이 이해할 수 있다. 광자 하나가 물질의 한 면적 A를 통과할 때, 물질은 면적 A에 광자의 진행경로 상 물질과 상호작용할 수 있는 표적인 반응단면적(cross-section) σ를 갖는다. 이때, 하나의 광자가 물질과 상호작용할 확률은 σ/A에 비례

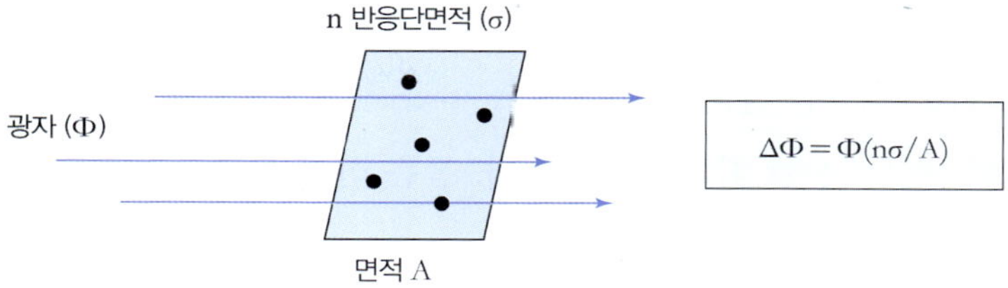

그림 2.5 광자와 물질의 상호작용

한다. 또한, 다수의 광자가 단면적 σ인 다수(n)의 표적을 갖는 면적 A를 통과할 때, 기대되는 광자와 물질과의 상호작용 수는 광자의 수와 표적의 수에 비례한다. 이때, 광자와 상호작용하는 표적을 원자라고 생각하면, 광자와 상호작용하는 원자의 반응단면적(atomic cross-section)이 있다고 생각할 수 있다. 이 원자의 반응단면적은 표적이 되는 원자의 실제단면적이 아니라 광자와 원자의 상호작용을 위한 일종의 실효면적(effective area)으로 각 원자마다의 광자에 대한 감수성을 의미한다. 고전물리학 뿐만 아니라 양자역학과 상대성 원리에 바탕을 둔 물질과 광자의 상호작용에 관한 해석이 이와 같은 개념으로부터 유도되었다.

[1] 톰슨 산란

톰슨 산란(Thomson scattering)은 그림 2 6과 같이 전자기파인 광자가 자유 전자에 의해 산란(scattering)되는 현상이다. 광자가 일정 부피요소 dV에 입사하여 각도 θ로 꺾어져 입체각(solid angle) 요소 dΩ로 산란할 확률은 dσ/dΩ에 비례하고 이를

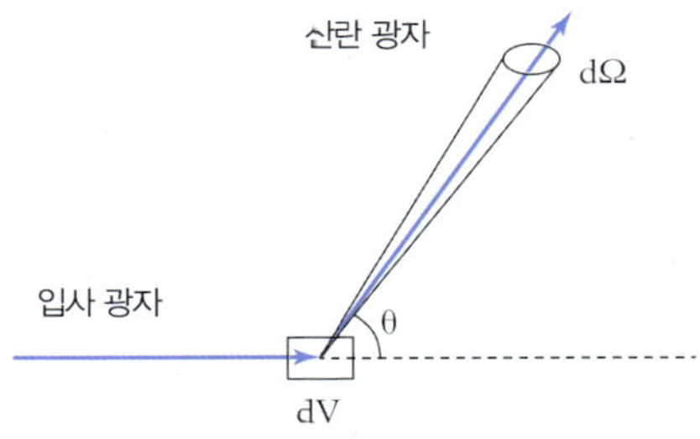

그림 2.6 톰슨 산란

미분 반응단면적(differential cross-section)이라 한다. 미분 반응단면적을 모든 입체각에 대해 적분하면 전 반응단면적(total cross-section)을 얻을 수 있는데, 이것은 광자가 물질과 상호작용할 확률을 의미한다. 톰슨 산란은 모든 방향(θ)으로 일어날 수 있다.

톰슨 산란은 입사 광자와 산란 이후의 광자가 동일한 양의 에너지를 갖는 완전 탄성 산란이다. 톰슨(Joseph John Thomson)은 전자를 안정 상태의 단일 자유 전자로 가정하고 미분 반응단면적을 더 단순화된 식으로 유도하였다. 톰슨 산란은 X선 회절분석의 회절과 같이 낮은 에너지(1 Å 파장의 X선 광자 에너지는 12.4 keV)를 갖는 광자의 산란에서 찾아볼 수 있다. 그런데 고전물리학에 기반한 톰슨의 유도식에는 양자역학적 광자의 개념이 들어 있지 않아서, 톰슨의 유도식으로부터 전 반응단면적은 상수로 계산된다. 즉, 톰슨의 유도식에 따르면 광자가 물질과의 상호작용을 통해 산란할 확률은 항상 일정하며, 전자기 방사선에너지와 무관하다는 결론에 도달한다. 이와 같은 톰슨의 유도식은 낮은 에너지의 광자가 산란되는 현상에서는 잘 맞지만, 일정 이상의 에너지를 갖는 광자의 산란과는 잘 맞지 않는다. 과학자들이 진행한 실험결과에서도 광자가 산란된 후, 빛의 파장이 입사 광자의 파장보다 더 길어진다는 사실이 확인되었다. 산란 이후 광자의 파장이 길어지는 이유는 입사 광자와 전자 사이에 에너지 교환 또는 손실이 존재하여 산란된 방사선의 에너지가 입사 광자의 에너지보다 작아졌기 때문이다. 콤프턴(Arthur Holly Compton)은 양자역학과 상대성 이론을 사용하여 이 현상을 설명하였고, 그 공로를 인정받아 1927년 노벨 물리학상을 수상하였다.

[2] 콤프턴 산란

콤프턴 산란(Compton scattering)에서는 톰슨 산란과 마찬가지로 전자기파인 광자가 자유 전자와 상호작용을 통해 산란한다는 가정을 전제로 한다. 톰슨 산란에서는 물질과 광자 사이의 에너지 교환이 없다고 가정하기 때문에 입사 광자와 산란된 광자의 에너지는 동일하여 산란 전후 빛의 파장에 변화가 없다. 그러나

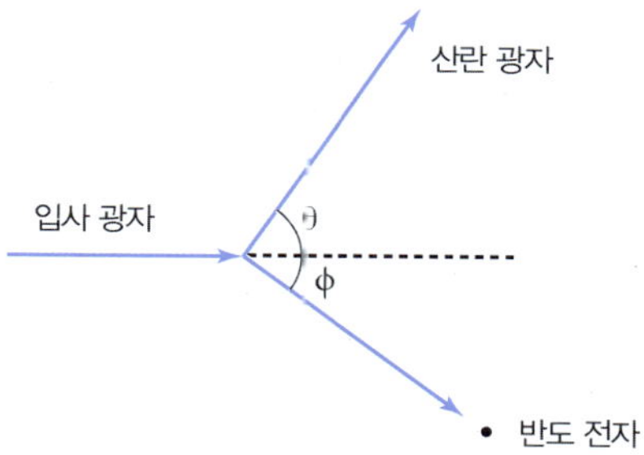

그림 2.7 **콤프턴 산란**

콤프턴 산란은 톰슨 산란과 달리 비탄성 산란으로 광자와 전자 사이의 에너지 교환이 존재한다. 이를 설명하기 위해서는, 광자와 전자는 입자로 고려되어야 한다. 입사 광자와 전자가 당구공이 충돌하듯이 충돌한 후, 입사 광자와 전자는 산란 광자와 반도 전자(recoiled electron)가 되어 제각기 운동한다[그림 2.7]. 반도 전자는 콤프턴 전자(Compton electron)라고도 한다.

실험적으로는 파장 λ인 X선을 흑연에 입사시키면 산란광의 방출 각도에 따라 파장 λ와 함께 장 파장 λ'이 함께 검출된다[그림 2.8(a)]. 산란광의 파장 λ'이 길어지는 이유는 광자와 전자 사이의 에너지 교환이 존재하여 광자의 에너지가 작아지기 때문이다[그림 2.8(b)]. 이때, 산란각 θ가 커질수록 에너지 교환은 크고 산란광의 파장은 길어진다. 콤프턴 산란 실험에서 산란광의 방출 각도와 무관하게 입사광과 동일한 파장 λ인 빛도 함께 관찰되는데 그 이유는 입사광인 X선의 회절(톰슨 산란)로 인한 것이다[그림 2.8(a)].

에너지를 갖는 광자는 물질과 여러 가지 상호작용을 할 수 있다. 가시광선이나 X선 영역에 해당하는 정도의 에너지(eV-keV)를 갖는 광자는 원자로부터 전자를 방출시킬 수도 있으며(광전효과, photoelectric effect), 이보다 훨씬 큰 에너지를 갖는 광자(1.022 MeV 이상)는 원자핵과 상호작용하여 전자와 양전자를 생성할 수도 있다(쌍 생성, pair production). 매우 높은 에너지(수백 MeV)의 광자가 전자 대신 원자핵에 산란하는 것을 핵 콤프턴 산란(nuclear Compton scattering)이라 부르기도 한다.

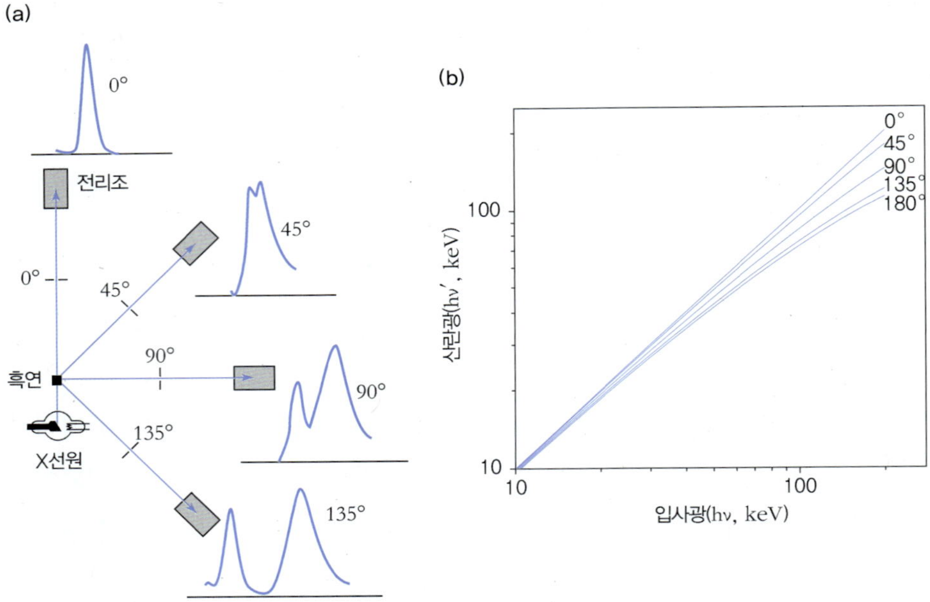

그림 2.8 콤프턴 산란 실험: X선 입사각에 따른 산란광의 (a) 파장 및 (b) 에너지 변화

[3] 광전효과

광전효과(photoelectric effect, 그림 2.9)란 입사 광자가 원자와 상호작용한 후 사라지면서 광전자(photoelectron)가 튀어나오는 현상을 말한다. 광전자는 광자에 의해 방출된 전자이기 때문에 붙여진 이름으로, 본질적으로 그 성질이 전자의 성질과 다르지 않다. 빛을 파동으로만 생각하였던 과거의 관점에서는 빛이 충돌하여 전자를 튀어나오게 하는 이 현상에 대해 만족스럽게 설명할 수 없었는데, 아인슈타

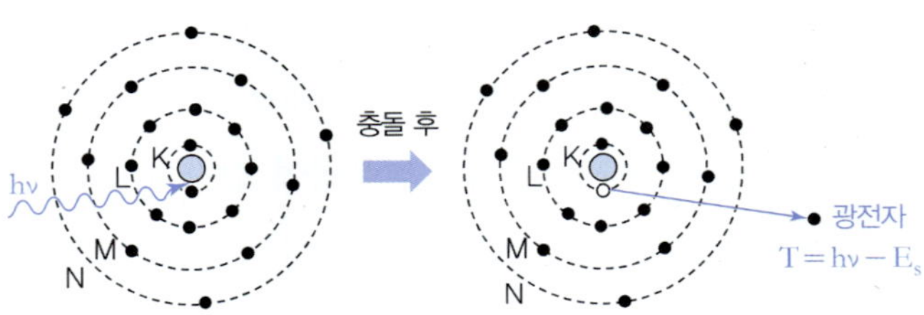

그림 2.9 광전효과

인(Albert Eistein)이 빛의 입자성을 가정하고 소개하여 광전효과를 설명할 수 있었다. 아인슈타인은 광전 효과에 관한 법칙을 발견한 공로를 인정받아 1921년 노벨 물리학상을 수상하였다.

광전효과는 광자의 에너지가 전자의 결합에너지(binding energy)보다 클 경우에 발생한다(hν > Es). 전자의 결합에너지는 전자가 탈출하는데 필요한 에너지인 일 함수(work function)로, 광자의 에너지에서 일 함수인 전자의 결합에너지들을 뺀 값이 전자의 최대운동에너지(T)가 된다. 광전효과가 나타날 확률은 광자의 에너지가 클수록 감소하고, 물질을 구성하는 원자의 원자번호가 커질수록 증가한다. 이는 납이나 열화우라늄(depleted uranium)과 같은 원자번호가 큰 물질(high Z material)을 γ선 차폐를 위해 사용하는 주된 이유 중 하나이기도 하다. 참고로, 열화우라늄은 U-235를 추출하고 남은 것으로 U-238이 구성성분의 대부분을 차지하여 핵분열이 거의 어렵고 방사능이 매우 낮다.

광전효과에서 입사 광자가 사라지고 광전자(photoelectron)가 방출되면 원자는 불안정한 상태에 놓이게 되고, 전자의 충돌로 안쪽 껍질의 전자가 방출되었을 때 그림 2.2와 마찬가지로 전자기파인 특성 X선(characteristic X ray)이 발생하거나 Auger 전자가 방출될 수 있다.

γ선이나 X선보다 파장이 긴 가시광선도 금속 중의 자유 전자를 충격하여 튕겨 내는 광전효과를 일으킬 수 있으며, 이러한 효과를 광량센서나 태양광전지 등에 응용하여 사용하고 있다. 가시광선보다 파장이 약간 짧은 자외선 조사에 의해서도 생체분자의 결합이 끊어질 수 있으며, 따라서 자외선을 많이 받는 것은 피부건강에 좋지 못하다. 가시광선이나 자외선보다 파장이 훨씬 더 짧은 γ선이나 X선은 상대적으로 그 에너지가 크고, 입자방사선처럼 분자 또는 원자 내의 결합 전자를 충격하여 튕겨 내보내는 일도 가능하고(이온화), 여기시켜 발광이나 형광을 유발하는 것도 가능하다. 단, γ선이나 X선은 전자기파이므로 주위의 분자 내의 전자들과 충돌할 확률이 입자방사선인 α선이나 β선에 비하여 훨씬 적다.

[4] 쌍 생성

쌍 생성(pair production, 그림 2.10(a))이란 광자가 원자핵 주변을 지나갈 때 일종의 정전기장인 핵 쿨롱장(nuclear Coulomb field)과 상호작용을 통해 기본입자와 그 반입자로 전환되는 것을 말한다. 광자의 운동량 에너지는 해당 질량의 입자로 전환되는데, 이때 발생된 입자는 모두 쌍으로만 생성되고 운동량 보존의 법칙에 위배되지 않기 위해 기본입자와 반입자는 각운동량, 전하 등 대다수의 물리적 특성이 모두 서로 대칭성을 갖게 된다.

쌍 생성 과정에서 높은 에너지의 광자가 원자핵과의 상호작용에 의해 전자와 양전자 한 쌍으로 전환되기 위해서는 충분한 양의 에너지가 광자로부터 공급되어야 되기 때문에, 광자의 에너지가 문턱값(threshold)인 전자의 정지질량에너지의 2배(1.022 MeV)가 넘는 경우에만 쌍 생성이 일어날 수 있다. 쌍 생성이 일어날 수

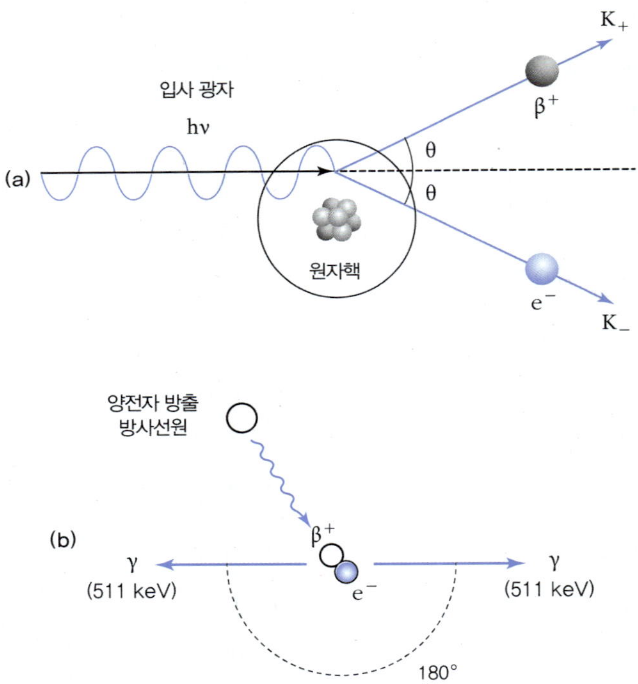

그림 2.10 (a) 쌍 생성과 (b) 쌍 소멸

있는 광자의 최소에너지에 상응하는 최대 파장은 1.2 pm(γ선)이다. 따라서 쌍 생성을 일으킬 수 있는 광자는 진단방사선으로 통상적으로 사용되는 광자의 에너지보다 훨씬 높은 에너지를 갖는다.

쌍 생성과 반대로 질량을 가진 입자가 에너지로 바뀌는 현상을 쌍 소멸(pair annihilation, 그림 2.10b)이라 한다. 전자와 양전자의 충돌로 전자-양전자의 쌍 소멸(electron-positron annihilation)이 일어나면 특정 에너지를 갖는 γ선이 생성되는데, 이때 하나의 γ선만 생성되지 않고 운동량과 에너지 보존을 위해 전자나 양전자의 정지질량에너지(511 keV)와 같은 2개의 γ선이 생성되어 서로 반대방향으로 방출된다. 이와 같은 물리현상은 방사성의약품학이나 진단방사선학에서 널리 사용되는 양전자단층촬영(positron emission tomography, PET)의 기본 원리로 이용되고 있다.

2.2 방사선이 상호작용에 의하여 물질에 주는 효과

[1] 전리효과

방사선이 입사하면 물질 중의 원자 또는 분자에서 전자가 이탈하고, 원자 또는 분자는 +이온과 − 전자로 전리된다. 전리된 이온과 전자는 적절한 전압을 걸어주면 검출할 수 있으며 이 효과는 방사선을 검출하는 전리함, GM 계수기(Geiger-Muller counter), 반도체검출기 등의 방사선 계측장비에 이용된다.

단백질 용액에 방사선이 입사하면 물 분자가 가장 먼저 반응한다. 물 분자는 전자 하나를 잃고 OH라디칼로 변화되며, 이 OH라디칼이 근처의 단백질 분자를 공격한다. 흉부 X선이나 CT (computed tomography) 촬영을 할 때도 우리 몸에 비슷한 일이 일어날 것이라 예측할 수 있다. 다행인 점은 우리 몸은 X선에 대체로 투명하여(골격을 제외하고) 대부분의 X선 광자들은 우리 몸과 상호작용하지 않고 그냥 통과한다는 점이다.

[2] 형광효과

1909년 Rutherford는 금 박막에 α선을 조사하는 실험을 진행한 후 원자의 구조를 태양계와 같은 모양으로 제안하여 노벨상을 수상하였다. 이 실험에서 α선을 검출하기 위해 사용한 것은 ZnS의 형광이었다. 즉 α선이 ZnS에 부딪혀서 발생하는 형광으로 α선의 진로를 확인할 수 있었던 것이다.

X선이 NaI 결정에 충격하거나 β선이 POPOP(1,4-bis(5-phenyloxazol-2-yl) benzene) 등의 액체섬광체에 충격하면 빛이 발생한다. 이는 이들 방사선이 해당물질을 여기시켜서 형광을 발생시키는 것이며, 이러한 특성 역시 여러 방사선의 검출기에 이용되고 있다. 특별히 방사선에 의하여 발생하는 빛을 섬광(scintillation)이라 한다. 방사선을 LiF, CaF_2, $CaSO_4$ 등의 분말에 조사한 후 가열하면 조사된 방사선량에 비례하여 빛이 방출된다. 이러한 현상을 열형광(thermoluminescence)이라 하며, 이를 개인피폭선량계에 이용하고 있다.

[3] 사진효과

Wilhelm Conrad Rontgen은 1895년 양극과 음극을 갖춘 진공유리관에서 나오는 X선을 발견하고, 자신의 부인인 Anna Bertha Ludwig의 손가락 뼈를 찍은 X선 사진을 세상에 공개하였다. 사진필름에는 AgBr이나 AgCl의 현탁제가 발라져 있는데, X선 역시 빛의 일종이므로 필름의 Ag^+를 환원되기 쉬운 상태로 여기시킬 수 있는 능력(사진필름의 AgBr 분자를 여기시킴으로서 은 이온이 환원되어 까만 은 입자로 돌아갈 수 있도록 해줄 수 있는 성질)이 있기에 가능한 일이었다.

오늘날에도 병원에서 사용되는 흉부 X선 사진 및 CT (computed tomograph) 등의 방사선 사진은 X선의 사진작용을 기본 원리로 이용하고 있다[그림 2.11]. X선 발생장치의 진공관 내에서 운동에너지를 갖는 열성 전자(thermic electron)가 음극의 금속판을 때리면 대부분의 에너지는 열의 형태로 방출되고 소량의 에너지가

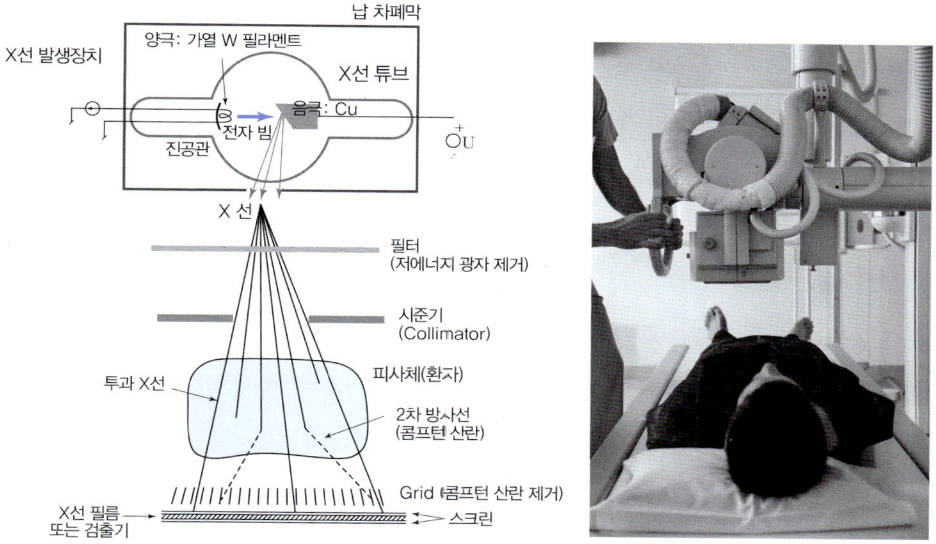

그림 2.11 **X선 진단 장비의 원리**

제동방사 또는 특성 X선의 형태로 변환되어 방출된다. 이때, 진공관에서 발생하는 X선은 모든 방향으로 방출될 수 있지만 차폐막을 이용해 사용 목적에 맞는 방향으로 방출되는 X선만 이용한다. X선 발생장치에서 만들어진 X선으로부터 투과성이 낮은 저에너지 방사선은 필터를 사용해 제거하고, 필터를 통과한 X선은 시준기를 이용해 국소에 정확하게 조사가 될 수 있도록 평행광선으로 조정하여 피사체(환자)에 조사한다. 피사체를 투과한 X선은 적합한 필름이나 검출기를 이용해 영상화된다. X선 영상화에 사용되는 Grid 장치는 X선과 피사체의 상호작용에 의해 발생한 2차 방사선을 제거하여 영상의 품질 저하를 방지한다.

[4] 화학효과

물질에 방사선을 조사하면 물질에 화학적 변화가 일어날 수 있다. 방사선은 분자를 충격하여 분자를 강제로 이온화하거나 라디칼로 변화시킬 수 있고, 이렇게 생성된 이온이나 라디칼은 안정하지 못하여 근처의 다른 분자와 화학반응을 일으킬 수 있다. 이와 같은 방사선의 화학효과는 여러 곳에 이용할 수 있다. 예를 들면, 방사선을 조사하여 합성수지를 가교화하거나 끊을 수 있어서, 작은 보트를 만들거나 전선피복재, 타이어용 고무시트, 도료의 경화 등에 방사선의 화학반응을 이용한 공정이 이용된다.

[5] 살균효과

고농도의 방사선을 생명체에 조사하면 생명체를 사멸시킬 수 있다. 이러한 성질을 이용하여 다른 방법으로 멸균하기 어려운 식품에 방사선을 조사하여 식품의 멸균과 발아억제를 동시에 달성하는 방법이 이용된다. 예를 들면, 감자를 수출할 때 부패나 발아를 막기 위해 선적 전에 강한 γ선으로 감자를 조사하면 표면에 붙어있는 세균이나 곰팡이 뿐 아니라 감자 내부의 씨눈까지 사멸하게 된다. 현재 우리나라에도 이러한 방사선 조사를 한 식품들이 허가되어 유통되고 있다.

식품 뿐만 아니라 수술용 칼, 주사기, 의복 등 다른 방법으로 멸균하기 곤란한 제품들의 멸균에 γ선 조사가 이용된다. γ선 조사는 다른 멸균법에 비해 투과도가 우수하고 멸균 효율이 좋으며 온도나 압력 변화가 없는 장점이 있다. γ선 조사는 세포막의 투과도를 증가시키고, 핵산을 손상시키며, 효소를 불활성화하고, 독소(radiotoxin)를 생성하여 살균 효과를 보인다. 특히 γ선 조사는 DNA 나선을 직접 파괴하거나 라디칼(free radical)을 생성하여 DNA의 화학결합을 파괴하는 것으로 알려져 있다.

또, γ선 조사는 기생충의 세포사멸을 유도하기도 하고 생활사를 방해하여 병원성을 떨어뜨린다. γ선 조사에 대한 미생물의 저항성도 알려져 있으며, 이는 미생물의 DNA 수복능력에 큰 영향을 받는다. 일반적으로, 바이러스는 세균성 포자(bacterial spore)에 비해 저항성이 크고, 영양형 세균(vegetative bacteria), 효모(yeast), 곰팡이(mold) 순으로 방사선에 대한 저항성이 약하다. 바이러스 중에서도 이중나선 DNA 바이러스가 단일나선 DNA 바이러스보다 방사선에 대한 저항성이 강하고 그람양성(Gram positive) 세균이 그람음성(Gram negative) 세균보다 방사선에 대한 저항성이 강하다.

γ선 조사를 통한 의료용구나 기기의 멸균에도 몇 가지 단점이 있다. 예를 들면, 의료기기(polymer medical device)의 경우 γ선 조사로 구조적 특성이 변화할 수 있다. 이와 같은 변화는 비가역적이면서 누적식이어서 여러번 γ선 조사로 멸균한 의료용 도구나 기기에서 종종 발견된다. PVC (polyvinyl chloride)와 실리콘 고무(silicon rubber), PMMA (polymethyl methacrylate), UHMWPE (ultra-high molecular weight polyethyene)는 특히 방사선 조사에 민감한 소재로 통상적인 γ선 조사 멸균(25 kGy)에도 비가역적 구조 변화가 유발될 수 있다. PC (polycarbonate)나 PP (polypropylene)는 방사선 조사에 특별히 민감한 소재는 아니지만 고용량(high dose) γ선 조사로 투명한 PC가 노랗게 변한다거나 PP의 형태, 점도, 녹는점이 변하는 경우가 가끔 있다. PU (polyurethane)의 경우 γ선 조사에 의한 멸균을 삼가야 한다. 발암성 물질인 4,4'-methylenedianiline이 생성되기 때문이다.

2.3 방사능과 방사선량의 단위

방사선과 관련되어 사용되는 단위는 다음과 같다.

2.3.1. 방사능의 단위

방사능(radioactivity)은 방사성 원자핵이 단위시간당 붕괴되는 수를 의미하며 사용되는 단위로는 dps (disintegration per second), Bq (becquerel), Ci (curie) 등이 있다.

[1] 베크렐(Becquerel): SI 단위

1베크렐(Bq) = 1초에 1개의 원자핵이 붕괴하면서 발생시키는 방사능의 양

1베크렐(Bq) = 1붕괴/1초 = 1 dps

원자핵 1개가 붕괴할 때 1개의 방사선을 생성하므로, 단위시간(1초) 동안 원자핵 붕괴가 많으면 방사능의 세기가 크게 되고, 많은 양의 방사선이 방출된다.

[2] 큐리(Curie): 비SI단위(과거에 널리 사용되었던 관용적 단위)

1큐리(Ci) = 1초에 3.7×10^{10}개의 원자핵이 붕괴하면서 발생시키는 방사능의 양

(= 1 g의 라듐이 내는 방사능의 세기에 해당된다)

1큐리(Ci) = 3.7×10^{10} Bq (= 370억 Bq) = 3.7×10^{10} dps (= 370억 dps)

1 mCi = 37 MBq

2.3.2. 방사선량의 단위

방사선은 방사성물질로부터 나오는 입자와 전자파를 의미하며, 방사선의 양을 나타내는 방사선량(radiation dose)의 단위로는 C/kg, Gy (Gray), Sv (sievert) 등이 있다.

[1] 조사선량

조사선량(exposure dose)은 어느 공간에 조사되는 방사선의 양(=방사선 조사의 세기)를 의미하며, 이것은 방사선에 의해서 공기를 전리(ionization)시키는 정도로 나타낸다.

조사선량의 단위는 SI 단위인 킬로그램당 쿨롱(C/kg)와 비SI 단위인 뢴트겐(Roentgen, 기호 R)이 있다.

1 C/kg = 건조한 공기 1 kg 중에 전리작용하여 1쿨롱(coulomb)의 전기량을 생성하게 하는 방사선의 양

1R = 건조한 공기 1 kg가 2.58×10^{-4} 쿨롱(C)의 전기량을 생성하게 하는 방사선(γ선 또는 X선)의 세기

R은 본래 X선 또는 γ선의 조사선량을 나타내기 위해 고안된 단위로 방사선이 특정 부피의 공기를 전리시킬 때 발생하는 전하량을 공기의 무게로 나눈 것이다.

1R = 1 statC/kg · 공기 = 2.58 × 10^{-4} C/kg · 공기

1 statC (=1 $dyn^{1/2}$ · cm)은 동일한 전하를 갖는 두 개의 고정된 물체가 서로 1 cm 떨어져 있을 때 1 dyn의 힘으로 전기적으로 반발할 때의 전하량이다. 즉, 두 개의 고정된 물체가 각각 1 statC의 전하를 가지고 있고 1 cm 떨어져 있으면 1 dyn의 힘으로 서로 전기적으로 반발한다.

[2] 흡수선량

흡수선량(absorbed dose)은 방사선 조사에 의해 물질이 단위질량당 흡수하는 에너지의 양으로서, 물질에 대한 방사선의 영향을 평가하기 위한 선량이다. 같은 조사선량의 방사선이라고 해도 대상 물질에 따라 흡수선량은 달라질 수 있고, 같은 양의 방사성물질이라 해도 방출하는 방사선의 종류에 따라 흡수선량은 달라질 수 있다.

조사선량의 단위는 SI 단위인 그레이(gray, 기호 Gy)와 비SI 단위인 라드(rad, radiation absorbed dose)가 있다.

1 Gy = 물질 1 kg당 1줄(joule)의 에너지가 흡수되었을 때의 선량 = 1 J/kg

1 rad = 0.01 J/kg = 0.01 Gy

1 rad는 본래 1 g의 물질이 100 erg의 에너지를 흡수하게 하는 방사선량으로 정의되었다. 1 erg (= 1 dyn cm)는 1 cm 길이에 1 dyn의 힘이 한 일의 양이다.

[3] 등가선량

등가선량(equivalent dose)은 인체에 대한 방사선의 영향을 평가하는 선량으로, 방사선의 종류와 에너지에 의해 동일한 흡수선량을 인체가 받더라도 인체에 작용하는 영향이 다르기에, 인체가 어느 정도의 방사선에 피폭되었고, 방사선이 인체에 어느 정도의 영향을 주었는지를 평가하기 위해 도입된 선량단위이다. 방사선의 종류가 다르더라도 등가선량이 같으면 방사선의 영향이 같다고 본다.

등가선량의 단위는 SI 단위인 시버트(sievert, 기호 Sv)와 비SI 단위인 렘(rem, roentgen equivalent man)이 있다.

등가선량은 흡수선량에 방사선 가중치(radiation weighting factor)를 반영하여 얻는다[표 2.1].

등가선량 = 흡수선량 × 방사선 가중치

1 Sv = 흡수선량(Gy) × 방사선 가중치

1 rem = 흡수선량(rad) × 방사선 가중치

1 Sv = 100 rem

표 2.1 방사선방호 등에 관한 기준고시 방사선 가중치

방사선 종류	방사선 가중치
β선, γ선, X선	1.0
중성자(< 10 kev)	5
중성자(10~100 kev)	10
중성자(100 kev ~ 2 Mev)	20
중성자(2~20 Mev)	10
중성자(> 20 Mev)	5
양성자	5
α입자, 중하전입자	20

[4] 유효선량

유효선량(effective dose)은 방사선 피폭에 의해서 인체의 각 조직에 미치는 정도를 평가하기 위해 도입된 선량단위이다. 유효선량의 단위는 등가선량과 같이 SI 단위인 시버트(sievert, 기호 Sv)와 비SI 단위인 렘(rem)이 있다.

유효선량은 등가선량에 조직의 감수성을 나타내는 조직 가중치(tissue weighting factor)를 반영하여 얻는다[표 2.2].

$$\text{유효선량} = \Sigma \ \text{등가선량} \times \text{조직 가중치}$$

표 2.2 방사선방호 등에 관한 기준고시 조직 가중치

조직명	조직 가중치	조직명	조직 가중치
생식선	0.2	유방	0.05
결장	0.12	간	0.05
폐	0.12	방광	0.05
위	0.12	피부	0.01
적색골수	0.12	뼈조직	0.01
갑상선	0.05	기타조직	0.05
식도	0.05		

[5] 집단선량

집단선량(collective effective dose)은 다수의 사람이 피폭되는 경우에 그 집단의 개인피폭방사선량의 총합을 말한다. 즉, 집단선량은 한 집단의 사람들이 일정시간이나 작업 중 방사선 피폭에 의해 개개인이 받은 유효선량의 합이다. 집단선량의 단위는 SI 단위인 man·Sv (man·sievert)와 비SI 단위인 person·rem이 있다.

$$\text{집단선량} = \Sigma \ (\text{집단 내 평균 유효선량}) \times (\text{집단 내 사람 수})$$

집단선량은 종종 특정집단의 방사선 피폭으로 인한 위해성을 평가하는 데 사용된다. 예를 들면, 핵 발전소 간 방사선 작업종사자들이 그 작업과정에서 받은 작업상 피폭(occupational exposure)을 비교하기 위해 집단선량이 사용된다. 국제적으로도, ISOE(information system on occupational exposure)와 같은 프로그램에서 핵 발전소 작업종사자들의 안전을 확보하기 위한 지표로 집단선량을 이용하여, 가압경수로 작업종사자들의 집단선량을 1992년 2.01 man · Sv에서 2001년 0.91 man · Sv로 감소시킨 적이 있다. 다만, 집단선량은 문턱값(threshold)이 반영되지 않은 단순한 계산값에 불과하여 환경 또는 직업적 방사선 위해성을 온전히 반영하는 데 한계가 있다. ICRP에서도 집단선량은 방사선 기술이나 방호를 양적으로 비교하거나 최적화하는데 유용하지만 역학적 위해성 평가나 예측에 사용하기에는 부적절하다고 이야기한 바 있다(ICRP Publication 103. Ann. ICRP 2007, 37 2-4).

[6] 예탁선량

외부피폭이란 사람의 신체 외부에 있는 방사선원으로부터 방출된 방사선에 의한 피폭을 말하며, 내부피폭이란 사람의 신체 내부에 유입되어 체내에 존재하는 방사성핵종으로부터 방출되는 방사선에 의한 피폭을 말한다. 체내에 존재하는 방사성핵종으로 인하여 한 사람이 일정기간 받게 되는 내부피폭방사선량을 나타내기 위해 예탁선량을 이용할 수 있다. 즉, 예탁선량(committed dose)은 방사성물질의 섭취로 내부피폭이 발생할 경우 섭취 이후 받게 될 방사선의 총 선량을 나타낸다. 예탁선량의 단위는 등가선량, 유효선량과 마찬가지로, SI단위로 시버트(sievert, Sv)와 비SI단위로 렘(rem)을 쓴다.

예탁선량은 방사성물질의 섭취로 인한 인체의 잠재적 위해성을 평가하는 데 사용될 수 있다. 예탁등가선량(committed equivalent dose, $H_T(\tau)$)은 방사성물질을 섭취한 이후 어느 조직이나 장기 T에 시간 τ동안 누적된 내부피폭선량을 뜻하며, 예탁유효선량(Committed effective dose, $E(\tau)$)은 개별 조직이나 장기에 대한 예탁등가선량 $H_T(\tau)$에 조직가중치 w_T를 곱한 총합이 된다. 예탁선량에서 시간 τ는 성인에 대해 50년, 어린이에 대해 70년을 적용한다.

예탁등가선량: $H_T(\tau) = \int_{t_0}^{t_0+\tau} H_T(t)dt$

예탁유효선량: $E(\tau) = \sum_T w_T \cdot H_T(\tau)$ (w_T: weighting factor)

연간섭취한도(annual limit on intake, ALI)란 흡입 또는 섭취에 의해 작업자의 몸에 들어가는 방사성물질의 양에 대한 연간 한도로, 예탁유효선량이 방사선 작업종사자의 연간 선량한도(dose limit)인 20 mSv에 이르게 되는 방사성물질의 양에 해당한다.

체내로 들어온 방사성물질은 방사성붕괴를 통해 방사능이 소멸하거나 생물학적 청소(biological clearance)를 통해 체외로 배출될 때까지 장기간에 걸쳐 방사선을 방출한다. ^3H의 방사성붕괴 반감기는 약 12년이지만, ^3H를 섭취할 경우 생물학적 반감기는 약 10일이기 때문에 ^3H는 수개월 이내에 대부분 체외로 배출된다.

CHAPTER 3

방사선 측정법

3.1 개요

방사성동위원소로 표지된 방사성의약품이 임상 혹은 실험실 내에서 이용되는 경우, 방사선은 인간의 오감으로 직접 감지할 수 없으므로, 방사성 화합물의 방사선을 정확히 탐지하여 측정이 가능한 신호로 변환시킬 수 있어야 한다. 방사선에는 α입자, 양전자와 음전자와 같은 입자의 형태로 된 방사선과 γ선이나 X선과 같은 전자기파 방사선이 있다. 방사선이 물질과 충돌하면 물질에 에너지를 전달하여 물리화학적으로 여러 복잡한 현상이 발생하는데 대표적인 것은 그림 3.1에서 보이는 전리작용과 여기작용을 들 수 있다. 방사선(radiation)이 원자와 충돌하여 궤도전자가 궤도로부터 방출되어 자유 전자와 양이온을 생성하는 현상을 전리(ionization)라고 하고, 방사선의 에너지를 흡수하여 에너지 준위가 낮은 궤도 전자가 에너지 준위가 높은 궤도로 옮겨 가는 현상을 여기(excitation) 혹은 들뜸이라 한다.

방사선의 측정은 일반적으로 방사선과 물질의 상호작용에 의한 전리와 여기

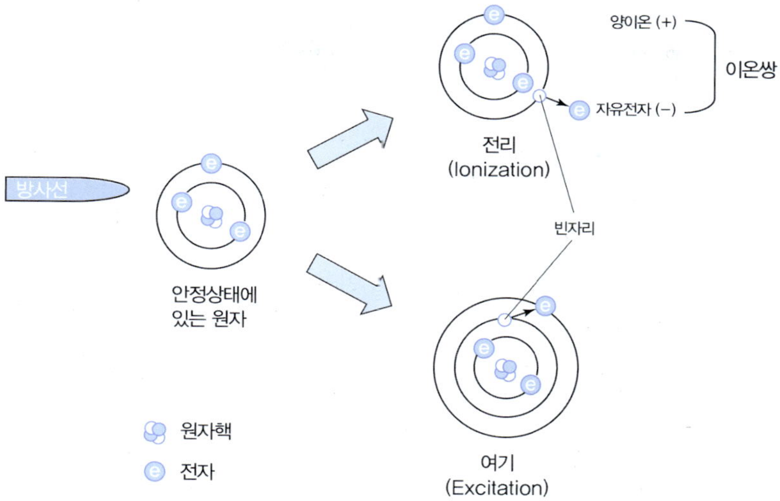

그림 3.1 **전리작용과 여기작용**

현상을 감지 가능한 신호로 변환하고, 변환된 신호를 증폭한 후 계측을 통하여 분석하는 과정으로 이루어진다. 방사선 측정기는 대략 검출기, 증폭기, 계수 및 분석 표시부로 구성되어 있는데, 측정기에 따라 증폭기와 파고선별기, 컴퓨터 등 일부가 생략된 것도 있다[그림 3.2].

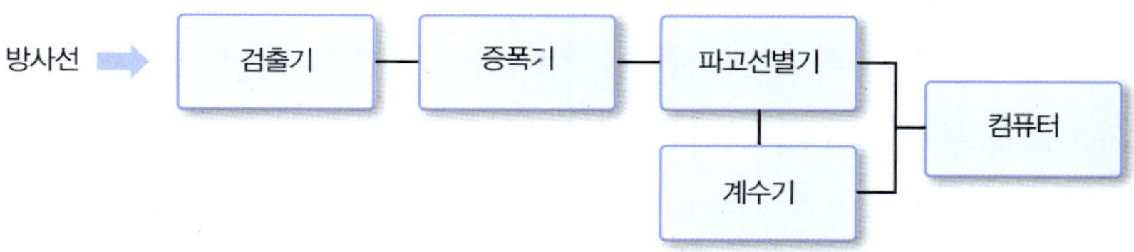

그림 3.2 **방사선 측정기의 개괄적인 구조**

검출기에서 방사선에 의한 신호가 검출되면 이를 증폭하여 파고선별기에서 에너지 차이를 구분하여 계수하고 연결된 컴퓨터에 전송하여 분석해서 표시한다.

3.2 전리작용을 이용한 방사선 측정기

방사선이 물질을 전리시켜서 생성되는 전하를 검출하는 방식으로, 기체의 전리작용을 이용한 전리함(ionization chamber), 비례계수관, 가이거-뮐러 계수기(Geiger-Müller, GM) 측정기와 고체의 전리작용을 이용한 반도체 검출기가 있다.

3.2.1. 기체의 전리현상을 이용한 방사선 측정기

방사선의 에너지는 선원의 종류에 따라 다르지만 대략 수백 keV~수 MeV이다. 반면 기체 분자들의 W치(분자가 1쌍의 이온쌍으로 분리될 때 소요되는 에너지)는 약 30~35 eV로서, 방사선이 기체 분자로 채워진 매질에 조사되어 통과하게 되면 기체 분자와 충돌하고 분자에 에너지를 전달하고 이온화시켜 전자와 양이온의 쌍을 생성하게 된다. 따라서 기체를 봉입한 검출기에 입사된 방사선에 의해 생성되는 1차 전자와 양이온 쌍의 숫자는 방사선이 가진 에너지의 크기와 검출기 내에서의 방사선과 기체 분자와의 충돌확률, 즉 에너지 전달량에 의하여 결정되기 때문에 에너지 전달량이 클수록 생성되는 이온쌍의 숫자가 많아진다.

예를 들어, 그림 3.3(a)와 같이 전극을 장치하고 기체를 넣어 밀봉한 상자에 입사 창(window)을 통해 방사선 하나를 입사시켰다고 하자. 전극에 전압이 걸려있지 않은 경우 생성된 이온쌍은 서로의 인력으로 다시 결합하여 원래의 분자로 돌아가게 되지만, 전극에 전압을 가하면 생성된 양이온과 전자는 각각 음극(cathode)과 양극(anode)에 끌려 이동하게 될 것이다. 전극 간의 전압이 낮으면 전극에 끌리는 인력이 충분치 못하여, 주위의 다른 양이온과 재결합을 함으로서 일부 전하가 전극에 도달하기 전에 소멸된다. 이 영역을 재결합 영역이라고 한다(그림 3.3(b) 참조). 전극 간의 전압을 서서히 올리면 재결합의 비율은 낮아지고 전극에 도달하는 전자의 수가 점차 많아져서 전극 사이에 흐르는 전류펄스의 크기가 증가하게 된

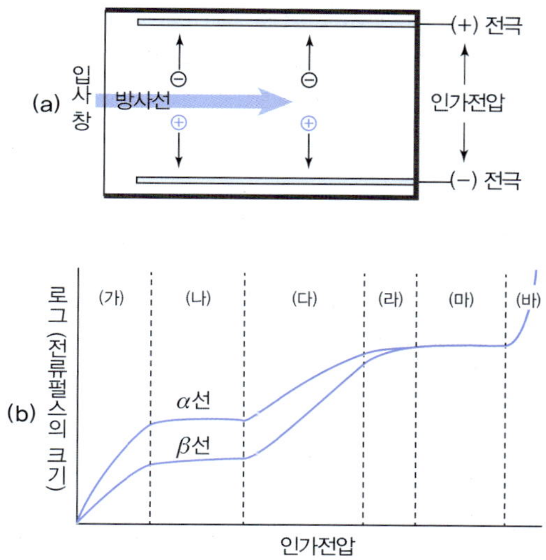

그림 3.3 (a) 전리함의 모식도와 (b) 입사된 방사선과 인가전압에 의해 얻어지는 전류펄스의 크기 간의 그래프(y축은 log scale임에 유의)이다. (가) 재결합 영역, (나) 전리함 영역, (다) 비례계수 영역, (라) 제한비례 영역, (마) GM 영역, (바) 연속방전 영역이다.

다. 입사된 방사선에 의해 생성된 1차 전자들이 모두 전극에 도달할 수 있는 전압에 이르면, 전압을 더 올려도 전류를 실어 나르는 이온쌍이 더 이상 존재하지 않기 때문에 인가전압이 높아져도 전류펄스의 크기가 변화하지 않는(즉, 1차 전자의 포화전류) 영역이 나타난다. 이 영역을 전리함 또는 이온화함 영역이라 하며 전리함 측정기는 이 영역을 이용한 검출기이다.

전압이 높아지면 전극에 끌리는 인력이 증가하므로, 이온은 점점 세게 가속된다. 인가전압을 더 높여 전리함 영역을 넘어서면 이제는 방사선에 의해 발생한 1차 전자의 운동에너지가 충분히 커서 전극에 채 도달하기 전에 다른 분자를 충격하여 새로운 이온쌍(2차 전자)을 만들 수 있는 영역에 도달한다. 전압이 높으면 높을수록 2차 전자를 만들 확률이 높아지고, 전압을 더 높이면 2차 전자가 다시 새로운 분자를 충격하여 3차 전자, n차 전자까지 만들 수 있기 때문에 전압을 높일수록 걸어준 전압에 비례하여 두 전극에 도달하는 전자의 수가 증가하고 결과적으로 전류펄스의 크기가 비례하여 커진다. 이 영역을 비례계수 영역이라 한다.

1차 전자의 수는 입사된 방사선에 의한 에너지 전달량에 의해 결정되므로, 전류펄스의 크기가 1차 전자의 수에 의해 결정되는 전리함 영역과 비례계수 영역에서는 생성된 1차 전자의 수, 즉 입사된 방사선의 에너지를 구별하여 측정할 수 있다.

전압을 계속 높여가면 방사선에 의해 생성된 1차 전자 하나에 의해 시작된 이온쌍들이 전극에 도달하는 동안 충격할 수 있는 모든 n차 분자들을 전부 충격하여 모두 이온화시키는 영역에 도달한다. 이 현상은 눈 덮인 산 꼭대기에서 시작된 눈뭉치 하나가 내려오면서 근처의 모든 눈을 밀고 내려오는 눈사태와 비슷하게 볼 수 있어 전자 눈사태(electron avalanche)라고 한다. 전자 눈사태가 일어나는 영역에서는 1차 전자 몇 개 만으로도 상자 내의 모든 분자들을 이온화시키기 때문에 얻어지는 전류가 대단히 커서 증폭기 없이 작은 스피커만으로도 민감하게 방사선의 존재를 검출해낼 수 있다. 이 영역을 가이거-뮐러(Geiger-Muller, GM) 영역이라 하고 이 영역의 전압을 이용한 방사선 측정기를 GM 계수기라고 한다. GM 계수기는 증폭기가 없어도 되기 때문에 소형으로 제작이 가능하여 손으로 가볍게 들고 다니며 측정할 수 있다. 다만 1차 전자가 아무리 더 많아도 더 이상 충격하여 이온화시킬 기체 분자가 남아있지 않아서 1차 전자의 수와 관계없는 완전 포화 상태의 전류펄스값이 얻어지기 때문에, GM 영역에서는 입사되는 방사선의 에너지를 구별할 수 없다. GM 영역을 넘어서는 전압을 가하면, 입사되는 방사선이 없어도 전극 사이에 방전이 계속 일어나는 연속방전 영역에 도달한다.

[1] 전리함

전리함(ionization chamber)은 가스충전형 검출기이다. 전리함은 전압이 조금 변화해도 출력(전류펄스의 크기)이 안정적으로 일정하고, 또한 입사된 방사선의 에너지를 확실히 구분할 수 있어 가스를 봉입한 형태의 검출기로서 많이 사용된다. 하지만 얻어지는 신호의 크기가 작은 단점이 있어서, 예민한 증폭기가 필요하기에 기기의 크기가 다소 크고 고가이다. 최근에는 전자공학의 발전으로 증폭기에

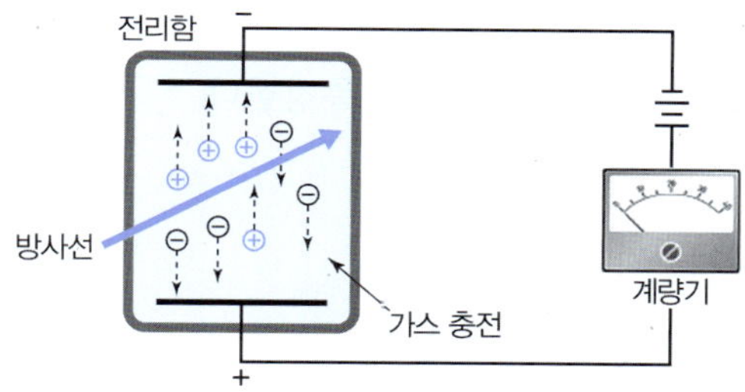

그림 3.4 전리함 원리

사용되는 전자부품의 크기가 작아져서 소형화되는 경향이 있다. 이론적으로 전리함은 α, β, γ선의 모든 종류의 방사선이 측정 가능하지만, 밀봉된 형태이기 때문에 방사선이 입사되는 입사 창(window)에 α선은 대부분 차단되며, β선도 상당량 차단되기 때문에 주로 γ선의 에너지와 선량 측정에 사용된다. 검출기 내부용적 600 cc 정도의 대형 검출기를 사용하면 방사선의 에너지 정밀측정이 가능하다.

[2] 비례계수기

비례계수기는 전리 방사선의 입자 개수를 세어 에너지의 크기를 측정하는 장치이다. 그림 3.3(b)에서 제시된 영역 중 비례계수 영역도 방사선의 에너지를 구별하여 측정이 가능하다. 전리함에 비하여 출력신호가 크다는 것이 장점이지만 인가전압이 조금만 변화해도 출력이 같이 변화하기 때문에 안정적인 전원장치와 안정적인 증폭기가 필요한 기기이다. 하지만 주변에 감마선이 존재하는 상태에서도 α입자를 β입자와 구분하여 동시 측정할 수 있어 핵연료 등을 취급하는 설비 등에서 요긴하게 사용된다.

(1) 기체봉입형 비례계수기

기체를 봉입하여 밀봉한 형태의 기체봉입형 검출기는 전리함과 마찬가지로 입사 창에서 α와 β의 입자 방사선이 차폐되어 검출효율이 급감하는 문제를 피할 수 없기 때문에, 기체봉입형의 비례계수기는 주로 γ선의 측정에 사용된다. 중성자는 입자이지만 하전이 없어 투과력이 좋아 입사 창을 통과해 들어갈 수 있기 때문에 기체봉입형 BF_3 비례계수관으로 측정한다.

(2) 기체유입형 비례계수기

α선이나 β선을 정밀하게 측정하고자 할 때에는 시료를 검출기 내부에 직접 넣어 측정하는 형태의 기체유입형 검출기를 사용한다. 이 경우 시료를 넣거나 꺼낼 때 검출기를 열어야 하므로 기체봉입형처럼 기체를 검출기 내부에 가두어 둘 수 없으며, 일정 조성의 기체를 검출기에 계속 흘려 넣어주면서 측정하는 방법을 통해 기체유입형(gas-flow type) 비례계수기를 사용한다. 기체유입형 계수기에 사용하는 검출기체로는 아르곤(Ar)이나 헬륨(He) 등이 있는데, 방사선이 아닌 자외선 등에 의해 아르곤이 여기(excitation)되어 잘못된 전자 눈사태가 발생하는 것을 방지하기 위한 목적으로 메탄가스를 소량 첨가하여 사용한다.

(3) 4π형, 2π형 비례계수기

방사성 시료는 모든 방향으로 방사선을 방출한다. 그러나 기체봉입형 등의 입사 창이 있는 검출기는 시료에서 나오는 모든 방사선을 검출할 수 없으며, 시료와 검출기 창의 상대적 위치와 입사 창의 면적 등에 의해 검출기에 도달하는 방

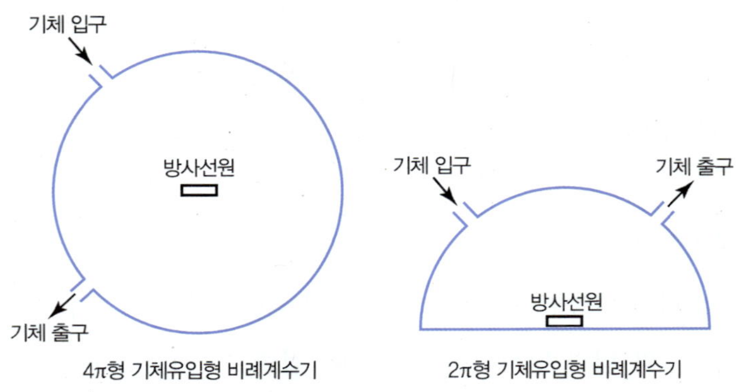

그림 3.5 **4π형과 2π형 기체유입형 비례계수기의 모식도(전극은 표시하지 않음).**

사선의 분율이 결정된다. 그런데 기체유입형 검출기는 시료를 검출기 내부에 넣는 것이므로 검출기를 구의 형태로 만들고 구의 원점에 시료를 놓으면 시료로부터 방사되는 모든 방사선이 검출기 내부를 통과하게 되어 검출효율을 극대화할 수 있다. 이를 4π형 비례계수기라 한다. 검출기를 반구의 형태로 만든 비례계수기도 사용되며 이를 2π형 비례계수기라 한다. 4π형, 2π형 비례계수기는 검출효율이 매우 우수하여 에너지가 낮은 β선(^{3}H, ^{14}C)의 측정에도 유리하다.

[3] GM 계수기

GM 계수기(Geiger Muller counter)는 1928년 가이거와 뮐러가 만든 전리 방사선을 감지하고 측정하는 가장 잘 알려진 방사선 검출장치이다. 방사선의 종류나 에너지에 관계없이 동일한 양상의 출력펄스를 제공한다. 전자 눈사태(electron avalanche)를 이용하는 GM 영역은 출력신호가 커서 증폭기가 없거나 간단한 증폭기로도 검출이 용이하기 때문에 소형으로 제작할 수 있어 휴대용으로 들고 다니는 측정기로 많이 이용된다. 방사선이 있으면 지지직거리는 휴대용 감지기를 TV나 영화 등에서 보았을 것이다. 이 기기가 바로 GM 계수기이다. GM 계수기는 방사선의 존재를 민감하게 검출할 수 있는 반면, 방사선의 에너지를 구별할 수 없고, 기체를 봉입한 검출기를 사용하기 때문에 입사 창에서의 차폐 문제가 존재하여 주로 γ선의 검출에 이용되며 β선도 부분적으로 검출되기는 하나 비효율적이다.

GM 계수기에 걸어주는 전압은 약 600~700 V로서 기체 전리를 이용하는 검출기들 중 가장 높고, 조금만 전압이 더 높아지면 방사선의 존재와 상관없이 전류가 계속 흐르는 연속 방전 영역에 도달하기 때문에 GM 계수관에는 고전압에 의한 연속방전을 방지하기 위해서 잘못된 전자 눈사태를 부분적으로 억제할 수 있는 염소 기체(Cl_2) 등의 소멸가스(quenching gas)를 검출기체인 He, Ar 등에 소량 첨가하여 사용한다.

GM 계수기는 전자 양이온이 이용하기 때문에 첫 번째 방사선으로 전자 눈사

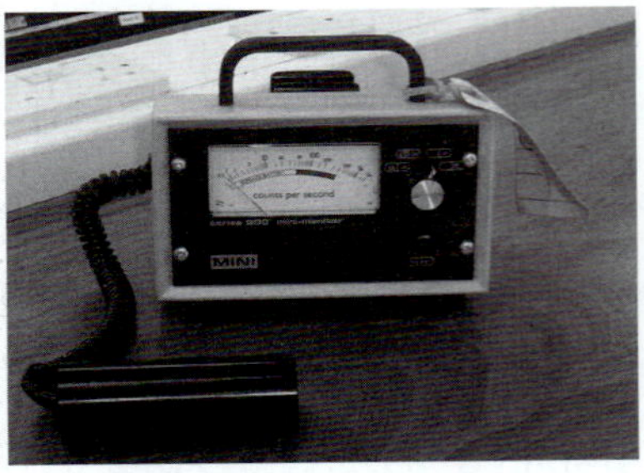

그림 3.6 GM 계수기

태가 발생한 영역의 양이온들이 음극에서 다시 전자를 받아 원래의 분자로 되돌아가는 시간 동안은 두 번째 방사선이 입사되어도 이온화될 수 있는 분자가 없어 두 번째 방사선에 반응하지 못한다. 첫 번째 방사선에 의한 신호가 나타난 후, 두 번째 방사선에 의한 신호가 검출될 수 있는 크기의 신호로 나타날 때까지의 시간을 분해시간이라 하며 대략 100～300 μsec 정도가 걸린다. 이 시간 내에 다시 입사되는 방사선은 검출되지 않으며, 따라서 GM 계수기는 계수관에 입사되는 모든 방사선을 다 검출하지는 못한다는 점을 기억할 필요가 있다.

3.2.2. 고체의 전리현상을 이용한 방사선 측정기

기체 대신에 반도체 고체의 전리현상을 이용한 방사선 측정기이다. 분자 하나를 이온쌍 한 쌍으로 전리시키는 데 소요되는 에너지(W치)가 기체에서는 30～35 eV인 반면, 규소(Si), 게르마늄(Ge) 등에서의 W치는 약 3 eV이기 때문에, 이러한 고체를 이용하면 에너지가 낮은 방사선으로도 쉽게 이온쌍을 만들 수 있어 검출효율이 훨씬 높아진다.

최외각 전자가 4개인 규소(Si)에 최외각 전자가 5개인 인(P)를 미량 첨가하여 결정화시키면 Si결정 사이에 끼어 있는 P원자는 주위 Si원자 4개와 결합 후 전자가 1개 남아 부분적으로 이동이 가능한 전자가 존재하는 반도체가 된다. 이를 N(negative)형 반도체라 한다. 반면 규소에 최외각 전자가 3개인 붕소(B)를 미량 첨가하여 결정화시키면 규소결정 사이의 붕소는 결합에 필요한 전자가 1개 부족하여 상대적으로 전자가 비어있는 구멍(정공이라 한다)이 존재하는 반도체가 되며, 이를 P(positive)형 반도체라 한다. 이 정공은 전자를 받아들일 수 있어서 전기장이 걸리면 바로 옆 결합(bond)의 전자가 이동하므로 정공은 전자의 반대쪽으로 이동하는 현상이 발생하기 때문에, 원자간 결합(bond)을 매개로 (+)하전처럼 이동할 수 있다.

P형 반도체와 N형 반도체를 접착하여 결합시킨 소자를 다이오드(diode)라고 한다. 다이오드의 P형 쪽에 (+), N형 쪽에 (−)의 전압을 걸어주면, P형의 정공은 (+)극의 전기장에 밀리고 N형 쪽의 (−)극에 끌려 N형과의 접합부위로 밀려가고, N형의 전자는 (−)극에서 유입되는 전자에 밀리고 P형 쪽의 (+)극에 끌려 P형과의 접합부위로 밀려간다. 접합부위에서는 전자와 정공이 만나 전자가 정공에 결합해 들어가면서 계속 소멸하기 때문에, 결과적으로 다이오드를 통하여 전자가 계속 이동하는 효과, 즉 전류가 통하는 결과가 된다. 이러한 연결 상태를 순방향 연결이라 한다. 반면 다이오드의 P형 쪽에는 거꾸로 (−), N형 쪽에는 (+)의 전압을 걸어주면, N형의 전자는 (+)극에 끌려 PN 접합부의 반대쪽으로 이동하고 P형의 정공도 (−)극에 끌려 접합부의 반대쪽으로 이동하기 때문에, 접합부위에서는 전자도 정공도 존재하지 않는 영역이 생긴다. 이를 공핍층이라 하며 공핍층이 존재하는 한 전자는 정공과 만날 수 없어 전류는 흐르지 않는다. 이러한 연결 상태를 역방향 연결이라 한다. 따라서 다이오드에 교류를 걸어주면 교류의 (+)영역은 통전시키고 (−)영역은 차단하기 때문에 다이오드는 교류를 직류로 바꾸는 정류기로 사용되고 있다.

그림 3.7과 같이 역방향 전압을 걸어준 다이오드가 있다고 하자. 역방향 연결이므로 당연히 전류는 통하지 않고 있으며 접합부 주위에 공핍층이 존재하는데, 양단에 전압이 걸려 있으므로 이 공핍층에는 전기장이 걸려있는 상태이다. 이러한 상태의 공핍층에 방사선이 입사된다면, 방사선의 에너지가 공핍층의 결합(bond) 전자를 충격하여 쫓아냄으로서 전자와 정공으로 분리, 즉 이온화를 시키게 된다.

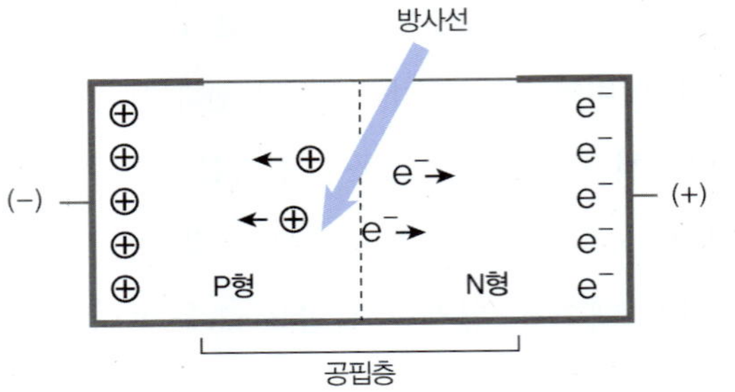

그림 3.7 반도체 검출기.
다이오드에 역방향 전압이 걸려 있어 정공과 전자는 모두 전극 쪽에 끌려 있는 상태이다. 공핍층에 입사된 방사선에 의해 생성된 이온쌍(전자와 정공)이 전기장에 끌려 양 끝단의 전극에 도달하는 순간 전류펄스가 얻어진다.

전기장이 걸려 있으므로 분리된 전자와 정공은 각각 반대방향으로 힘을 받아 이동하며 전자가 (+)극에, 정공이 (−)극에 도달하는 순간 이 다이오드에는 순간적으로 흐르는 전류, 즉 전류펄스가 발생한다. 방사선의 에너지가 크면 클수록 생성되는 전자와 정공의 수는 많을 것이므로 전류펄스의 크기도 그만큼 커진다. 바꾸어 말하면 역전압이 걸려있는 다이오드는 전압을 걸어준 기체 전리함과 비슷한 특성을 가지게 되는데, 이온쌍 하나를 만드는데 소요되는 에너지(W치)가 반도체는 기체의 약 1/10 밖에 되지 않아 저에너지 방사선에도 훨씬 민감한 방사선 검출기가 되는 것이다.

공핍층을 확대하기 위해 Li이 첨가된 Si(Li) 반도체 또는 Ge(Li) 반도체가 사용되며, 최근에는 고순도 Ge 반도체도 개발되어 사용되고 있다. 다이오드 내의 미량의 열전자가 이동하면서 유발하는 미세 전류의 의한 오차를 줄이고, Li 원자는 상온에서 Ge 결정 중에서 이동하기 때문에 Li의 분산성을 유지하기 위한 액체질소 등의 초저온 냉각장치가 필요해서, 반도체 검출기는 검출효율이 우수한 반면 상당한 가격과 유지비가 필요한 고가 장비이다.

3.3 섬광현상을 이용한 방사선 측정기

기체전리와 고체전리를 이용한 검출기는 방사선에 의한 물질의 이온화를 이용한 검출기이다. 물질 중에는 방사선에 의해 이온화되는 대신, 물질에 흡수된 에너지가 원자 또는 분자를 여기시킨 후, 여기된 원자나 분자가 원래의 상태로 돌아가면서 일부의 에너지를 형광으로 방출하는 경우도 있다. 이렇게 방사선에 의해 형광이 발생하는 현상을 섬광(scintillation)이라 하고, 방사선에 의해 형광을 발생시키는 물질을 신틸레이터(scintillator)라고 한다.

섬광을 이용하는 방사선 측정기는 고체 신틸레이터를 이용하는 감마카운터(γ-counter)와 액체 신틸레이터를 이용하는 베타카운터(β-counter 또는 liquid scintillation counter, LSC라고도 함)가 있다. 이들은 방사선으로부터 섬광을 얻는 섬광 발생부만 다르며, 섬광을 전기신호로 변환하는 장치는 감마카운터와 LSC 모두 광전자증배관을 사용한다. 광전자증배관(PMT, photomultiplier tube)은 광전효과(photoelectric effect)를 이용하는 장치로서 창(window)으로 들어오는 빛을 광전자로 변환하고 수백 수천 배 증폭시켜 전기신호로 측정하는 장치이다.

3.3.1. 고체결정 신틸레이션 계수기

0.1% 정도의 Tl (thallium)이 포함된 NaI(Tl)나 CsI(Tl) 결정은 방사선을 받으면 섬광을 발생시킨다. 그런데 NaI나 CsI는 수분을 흡습하여 녹기 때문에 공기 중의 수분에 노출되지 않아야 하며 외부의 빛이 들어가서 광전자증배관을 잘못 감광시키지 않아야 하기 때문에, 신틸레이터의 전면부와 측면부는 알루미늄 호일 등으로 차광하여 밀폐하고 광전자증배관과 연결된 후면은 섬광이 통과하도록 유리 등 투명한 재질의 물질로 밀폐한다. 전면부가 알루미늄 호일로 싸여 있기 때문에 호일을 통과하지 못하는 α선과 β선에는 사용하기 어렵고 호일을 통과하는 γ선

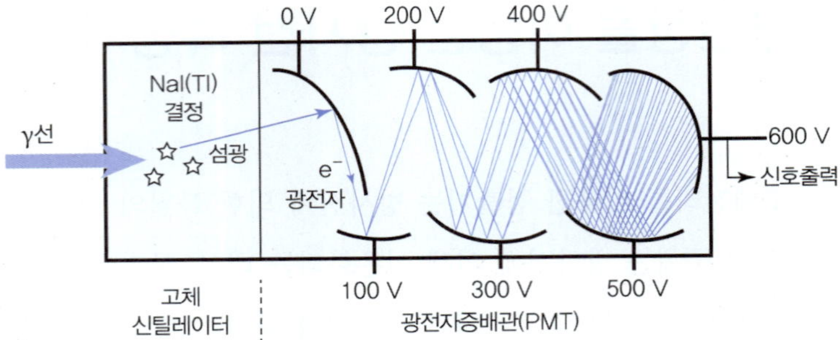

그림 3.8 **고체 섬광 검출기**

왼쪽의 고체 신틸레이터와 오른쪽의 광전자증배관이 투명한 유리창으로 밀접하게 연결되어 있다. 외면은 모두 차광시킨다.

측정에 주로 사용하기 때문에 감마카운터(γ-counter)라고 한다.

광전자증배관은 그림 3.8의 오른쪽 부분과 같이 여러 개의 접시모양의 전극이 들어 있는 진공관이다. 측면과 후면은 빛이 들어가지 못하도록 차광되어 있고 섬광이 들어오는 전면부는 투명한 유리로 되어 있는데, NaI(Tl) 신틸레이터의 투명한 후면과 밀착되어 있다. 접시모양의 전극에는 0 V, 100 V 등으로 약 600～700 Volt에 이르기까지 차례로 전압을 높여 걸어준다.

신틸레이터에 γ선이 들어오면 γ선은 NaI(Tl)를 여기(excitation)시켜 섬광이 발생하게 한다. 발생한 섬광 빛은 유리를 통하여 광전자증배관으로 입사되고 빛의 광자는 0 V의 첫 번째 금속 전극면에 충돌하여 광전효과를 일으킴으로서 금속의 자유 전자에 운동에너지를 유발하여 진공 중으로 탈출시킨다. 탈출한 전자는 100 V가 걸려 있는 2번째 전극으로부터의 전기장에 끌려 가속되면서 두 전극 사이의 전위차만큼 운동에너지가 증가하기 때문에 2번째 전극에 강하게 충돌하게 되는데, 운동에너지가 충분한 물방울이 조용한 수면에 떨어지면 여러 개의 물방울이 되튀듯이 가속된 광전자 하나는 2번째 전극에서 2～3개의 전자를 다시 튕겨내어 탈출시킨다. 이렇게 튕겨 나온 2차 전자들은 200 V가 걸려 있는 3번째 전극에 끌려 다시 가속되어 충돌하면서 2차 전자 1개당 2～3개의 3차 전자를 만들고 이들은 다시 4번째, 5번째, … 전극에의 가속과 충돌을 반복하면서, 각 충돌마다 전자의 수가 2∼3배씩 증가하게 된다. 광전자증배관에 설치한 전극의 수와 전자증배 효율, 걸어준 전압 등에 따라 다르지만, 대체로 γ선에 의한 섬광의 광자 하나가 수백∼수천 개의 전자들에 의한 큰 전류펄스로 증폭되는 효과를 나타낸다. 광전자증배관은 빛에 대단히 민감하여 UV/VIS 분광학(UV/VIS spectroscopy)의 검출기로도 많이 이용된다.

3.3.2. 액체 신틸레이션 계수기

에너지에 따라 다르지만 β선은 투과력이 약하여 공기 중에서 수 밀리미터 정도로 진행할 수 있으며, 알루미늄 호일이나 유리용기 등의 밀도가 높은 고체는 통과하지 못하고, 액체 중에서도 그리 멀리가지 못한다. 따라서 β선을, 특히 ^{3}H (E_{max}: 18.6 keV)나 ^{14}C (E_{max}: 156 keV) 등의 에너지가 낮은 β선을 손실없이 측정하기 위해서는 β선원과 신틸레이터를 액체 상태로 균질하게 녹여 두어 선원으로부터 나온 β선이 바로 옆에 존재하는 신틸레이터를 자극하여 섬광을 발생시키는 방법을 사용한다. 섬광은 유리나 플라스틱을 통과하기 때문에 유리용기나 섬광에 투명한 플라스틱용기에 선원이 포함된 시료와 신틸레이터가 녹아 있는 용매를 함께 넣어 섞은 뒤, 이 용기를 광전자증배관의 전면 유리창 앞에 놓고 용기 내에서 발생하는 섬광을 광전자증배관으로 받아 측정하는 기기를 액체 신틸레이션 계수기인 β-counter, 또는 LSC (liquid scintillation counter)라고 한다.

기기의 중요부품으로는 광전자증배관만 있으면 되지만, LSC의 광전자증배관의 유리창(window)은 열려 있고 외부의 미세한 빛에도 매우 민감하여 항상 완벽하게 차광되어 있어야 하므로, 시료용기를 넣는 측정실과 광전자증배관 연결부에는 차광셔터가 필요하며, 측정실도 완벽하게 차광되어 있다가 시료용기를 교체할 때만 외부에 열리는 구조로 되어 있다. 시료용기들은 벨트에 의해 하나씩 자동으로 측정실에 들어가고 나오도록 설계되어 있다.

신틸레이터로는 2,5-diphenyloxazole (PPO)과 2-(4-biphenyl)-5-(p-tertbutylphenyl)-

1,3,4-oxadiazole (Butyl PBD), 1,4-bis (5-phenyl-2-oxazolyl)benzene (POPOP), 1,4-bis (4-methyl-5-phenyl-2-oxazolyl)benzene (DMPOPOP) 등이 사용되는데, 모두 컨쥬게이트된 이중결합 시스템으로 여러 개의 방향족 고리가 연결된 구조의 유기물들로서 에너지의 흡수와 방출이 용이한 분자들이다. 친유성 분자들이라서 물에는 잘 녹지 않고 유기용매에 녹는다.

β선의 에너지는 선원에 따라 다르다. 어느 선원의 선량을 효율적으로 측정하고자 하는 경우, 신틸레이터는 측정하고자 하는 β선의 에너지로부터 용이하게 섬광을 발생시켜야 하고, 섬광의 파장은 광전자증배관에 가장 민감한 파장이어야 하므로, 측정하고자 하는 β선에 적절한 1차 신틸레이터와 1차 신틸레이터로부터 발생한 섬광을 받아 광전자증배관에 민감한 파장의 형광으로 바꾸어주는 2차 신틸레이터를 섞어서 사용하는 경우도 많다. 이렇게 2종 이상의 신틸레이터를 섞어 녹여 놓은 용액을 신틸레이션 칵테일(scintillation cocktail)이라 한다.

PPO, butyl PBD는 1차 신틸레이터(또는 제1용질이라고도 함)로 사용하고, POPOP, DMPOPOP는 2차 신틸레이터(또는 제2용질이라 함)로 사용한다. 1차 신틸레이터와 2차 신틸레이터의 특성을 표 3.1에 나타내었다. 최신의 광전자증배관은 넓은 파장영역에서의 감도가 우수하여 2차 신틸레이터가 필수적이지 않지만, 상업적으로 생산되는 혼합 칵테일은 보통 2차 신틸레이터를 포함하고 있다.

표 3.1 LSC에 사용되는 1차 신틸레이터와 2차 신틸레이터의 특성

용질	최대섬광파장(nm)	에너지 흡수 후 섬광발생시간 (ns)	퀀텀 수율	적정 농도
PPO	370	1.4	0.83	3~8 g/L
Butyl PBD	385	1.0	0.69	8~12 g/L
POPOP	415	1.5	0.93	0.05~0.2 g/L
DMPOPOP	427	1.5	0.93	0.1~0.5 g/L

액체 신틸레이션 검출기를 통해서 방사선을 측정할 때에는, 측정 시료와 용매

와 신틸레이터 및 기타 물질들이 용기 내에 혼재하고 있기 때문에 섬광 발생이 저해되는 현상이 발생할 수 있는데, 이를 소광(quenching) 현상이라고 한다. 화학 소광(chemical quenching)은 방사선의 에너지가 용매 또는 신틸레이터로 전이될 때, 혼합되어 있는 미량의 유기 화합물이 이 에너지의 일부를 뺏어가 섬광의 발생을 감소시키는 것을 말한다. 신틸레이터의 농도가 희석되어 섬광이 잘 발생하지 못하는 것을 희석 소광(dilution quenching)이라 하며, 색 소광(color quenching)은 시료에 섞여 있는 색깔이 있는 화합물이 섬광의 일부를 흡수해버리는 것을 말하는데, LSC를 이용하여 선량을 측정하고자 시료를 준비할 때 기억하고 주의해야 할 요인들이다. 소광은 원인 인자에 따라서 화학 소광, 희석 소광, 색 소광 등으로 분류할 수 있다. 고려해야 하는 소광 종류와 발생하기 쉬운 단계를 그림 3.9에 나타내었다.

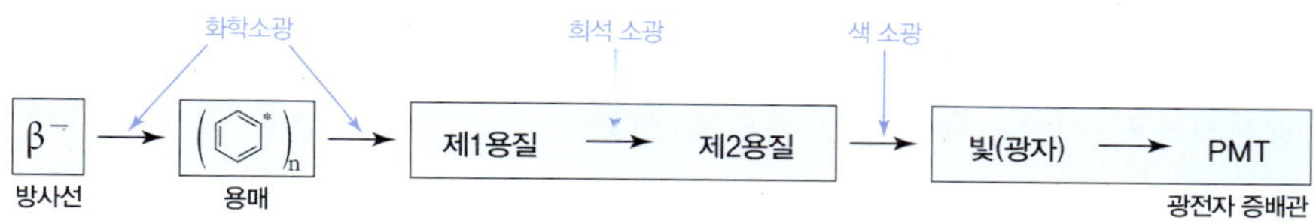

그림 3.9 액체 신틸레이션 측정기에서의 방사선에너지 전이과정과 소광현상

3.4 체렌코프 현상을 이용한 방사선 측정기

바다에서 고속정이 고속으로 항해할 때, 배가 진행하는 방향에서 약 30~50° 정도 비낀 각도로 높은 파도가 만들어져 선 모양으로 길게 뻗어나가는 것을 본 일이 있을 것이다. 배의 속도가 빠르지 않으면 수면은 출렁거리지만 이런 길다란 선 모양의 파도는 생기지 않는다. 이것은 수면파가 진행하는 속도보다 배의 속도가 빠를 때 뱃전에서 만들어진 파동의 마루들이 모두 서로 겹쳐지면서 진행하여 충

격파의 길다란 잔해를 만드는 현상이기 때문이다.

하전입자가 매질을 뚫고 진행하면 매질의 전자기장이 교란되어 미세한 전자기파의 파동이 만들어진다. 이 파동은 약해서 곧 산란되어 소멸하지만 고에너지의 하전입자가 매질 속에서 전자기파의 속도보다 빨리 진행하면 생성되는 전자기파들의 마루가 중첩되어 충격파를 형성하게 된다. 물 속에서의 빛의 속도는 약 0.75 c, 즉 진공 중의 속도의 3/4 정도이다. 물과 같이 투명한 매질에서 고에너지의 전자가 빛의 속도보다 빨리 진행하면 교란으로 발생한 전자기파가 고속정이 일으키는 파도와 같은 충격파가 되어 검출이 가능한 강도의 빛으로 나타난다. 원자로를 촬영한 사진에서 핵연료가 담긴 물이 푸르스름하게 빛나고 있는 것이 이런 현상의 예이다. 이런 현상을 체렌코프(chenrenkov) 현상이라 하며, 러시아 과학자 체렌코프(P. A. Cherenkov)가 이 현상을 발견하고 해석해서 노벨상을 받았다.

체렌코프 현상을 이용한 계수기는 액체신틸레이션에 사용되는 유기용매나 신틸레이터가 필요 없으며, 물 속에 들어있는 β선원에 의해 발생하는 체렌코프 빛을 광전자증배관으로 측정하는 것으로 선량을 측정할 수 있다. 광전자증배관으로 빛을 검출하면 되기 때문에 기기의 구성은 LSC와 거의 동일하며, 광전자증배관 앞의 시료와 신틸레이터 칵테일을 넣은 용기를 놓는 자리에 물과 시료를 넣은 용기를 놓는 것이 다를 뿐이다. 다만 물 속에서의 전자의 속도가 빛의 속도보다 빠르기 위해서는 에너지가 263 keV 이상인 β선이어야 하므로, E_{max}가 263 keV이상인 β선원을 측정하는 데 이용된다. DNA 분석 등 실험실에서 자주 사용하는 ^{32}P의 E_{max}는 1710 keV으로 매우 높아 체렌코프 계수기로 선량 측정이 가능하다. LSC에 비해 화학 소광이나 희석 소광의 영향이 없는 것도 장점이다.

3.5 방사선의 사진작용을 이용한 측정방법

3.5.1. X선 사진

X선 사진은 인체를 투과한 X선에 의해 감광한 필름을 이용한 측정 방법으로, 현재 임상에서 사용되는 X선 사진촬영(X-rays photograph)이 이에 해당된다. X선을 이용한 진단기기는 1895년 뢴트겐에 의해 X선이 처음 발견된 이후 평면영상을 제공하는 수단으로서 의학 분야에서 광범위하게 사용되어 왔다. 특히 인체 투과 시 물질의 밀도와 원자에 따라 투과율이 달라지므로 생체 내부를 촬영하는 의료장비로 널리 사용되고 있다.

예전에는 사진의 필름과 유사한 X선 필름을 사용하여 촬영하고 현상하여 판독하였으나, 현재는 X선 필름 대신에 브로모플루오로 바륨(barium bromofluoride, BaBrF) 결정 속에 유로피움(europium, Eu)을 섞은 입자를 도포한 필름 모양의 이미

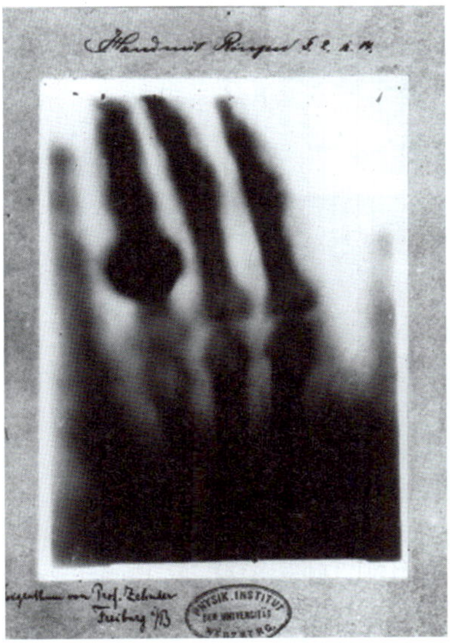

그림 3.10 의학용으로 최초 사용된 뢴트겐의 X선 사진(1895년)

지 평판(imaging plate)를 사용한다. 이미지 평판에 X선이 조사되면 X선의 에너지가 결정 내의 Eu 중심에 붙잡히게 되는데(사진의 감광에 해당), 감광된 평판(plate)에 낮은 에너지의 레이저를 조사하면 붙잡힌 에너지에 비례하여 400 nm의 빛을 발광한다. 이 400 nm의 빛을 광전자증배관으로 읽어 컴퓨터 영상으로 기록(사진의 현상에 해당)하는 방법을 사용한다. X선 필름은 한 번 밖에 사용하지 못하지만 이미지 평판은 감광된 영상을 레이저로 지우고 다시 촬영할 수 있어서 수천 번 반복할 수 있다.

3.5.2. 오토라디오그래피(Autoradiography)

X선 사진은 투과력이 강한 X선을 대상에 투과시켜 촬영함으로서 시료 내부의 상태를 보고자 하는 방법이기 때문에, 투과력이 좋지 않은 α, 또는 β선원은 X선 사진에 사용할 수 없다. 신약 개발과정에서 신약 후보물질을 투여한 후 실험동물의 체내 분포를 확인하는 방법이 있다. 그런데 방사성동위원소를 포함한 물질(hot

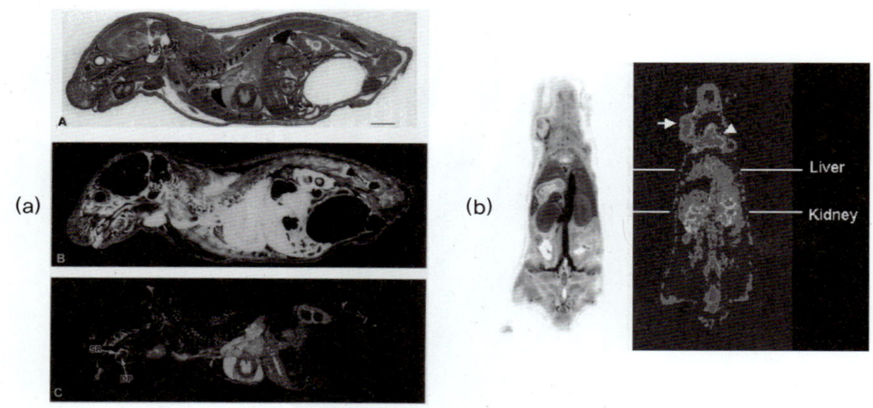

그림 3.11 (a) $^{45}CaCl_2$ 주사 후 획득한 소동물(랫트)의 오토라이오그래피(The Journal of Histochemistry and Cytochemistry, 1990, 38(12); 1805-1814). A: Hematoxylin과 eosin으로 염색된 조직 사진, B, C: 노출 시간에 따른 wholebody autoradiograph 결과(SR: stellate reticulum, DP: dental papilla, Bar = 5 mm). (b) C6 (rat glioma) 세포 피하이식 소동물 모델에서 [^{18}F]FDG를 이용하여 획득한 autoradiography 영상(화살표: C6 종양, 삼각형: 갈색지방조직) (J Nucl Med 2004, 45: 636-643).

compound)을 실험 동물에 투여하고 희생시킨 후, 냉동하여 고형화 시킨 시료의 절편을 X-선 필름에 밀착한 후 현상하여 방사성동위원소가 존재하고 있는 위치와 분포를 정확히 알아내는 방법이 있다. 이를 오토라디오그래피(autoradiography)라고 하는데 주로 β선원을 사용한다. β선은 고체나 액체 매질 중에서 멀리 가지 못하여 방사선원이 존재하는 정확한 위치의 필름에만 감광이 되기 때문에, 투여 후 장기 등 생체 내 분포를 정확히 알아낼 수 있다. 현재는 X선 필름이 아닌 이미지 평판을 사용하는 장비가 개발되어 있다. 오토라디오그래피는 전임상 동물실험 단계에서 방사성동위원소로 표지된 약물의 흡수, 분포, 대사 및 배설 등 체내 동태를 동정하는 것에도 이용되고 있다.

3.6 개인 피폭선량계

방사선 피폭이 예상되는 작업자의 피해 예방을 위하여 개인 피폭선량계를 사용하고 있다. 신체에 가까이 밀착하여 사용하기 위해 소형과 경량이면서도 민감하고 견고한 것이 필요하다.

3.6.1. 필름배지

필름배지(film badge)는 방사선 작용에 의한 필름의 감광현상을 이용하는 선량계이다. X선 필름 위의 면적을 몇 개로 분할한 후, 방사선 차폐제(예를 들어, 금속박막)를 각 필름의 분할면의 차폐제 두께가 각기 다르도록 덮어 차광한 기구를 만들어 실험자의 가슴에 차고 있다고 하자. 실험자의 가슴에 도달하는 방사선이 있다면 이 필름에 감광이 될 것인데, 차폐제가 얇은 분할면부터 감광이 일어나 누적 조사량이 높아질수록 두께가 두꺼운 분할면들을 차례로 감광시킬 것이다. 일

그림 3.12 필름배지 개인선량계

정기간 착용 후, 이 기구를 해체하여 필름을 현상해보면 몇 번째 분할면까지 감광되었는지 알 수 있고, 결과적으로 이 기구를 착용한 실험자에의 누적 조사량을 추정할 수 있다. 이 기구를 필름배지라 하며, 그동안 많이 사용해온 개인 선량계이다. 소형이고, 견고하며 각 분할면의 감광도의 차로부터 방사선의 종류, 에너지, 선량을 구할 수 있고 기록의 장기간 보존에 적합한 장점이 있으나 현상하여 볼 때까지는 결과를 알 수 없고 반복 사용이 불가능하다는 단점이 있다.

3.6.2. 열형광 선량계

열형광 선량계(thermoluminescence dosimeter, TLD)는 방사성에너지를 흡수하여 갖고 물질에 열을 전달하여 주게 되면 형광을 방출하는 성질을 갖는 형광작용 물질을 사용하는 선량계이다. 불순물로서 Mg, Ti 등이 미량 포함된 LiF의 결정이나, Dy (dysprosium)이 미량 포함된 CaF의 결정은 격자 결함에 의해 전자 또는 정공이 결함 위치에 준안정 상태로 장기간 붙잡혀 있을 수 있다(trap center라고 함). 이러한 결정에 방사선이 조사되면 결정 내에 전리가 일어나 전자 또는 정공이 만들어지는데 이들의 일부가 이 결함위치에 준안정 상태로 포획되어 잔존하게 된다. 이 결정을 300～400°C 정도로 가열하면 포획되어 있는 전자나 정공은 열에너지를 받아 자유로워지고 다시 재결합이 이루어지는데 재결합으로 내놓는 에너지가 형광의 형태로 발생한다. 이 형광은 흡수된 방사선의 선량에 비례하며, 이를 이용하여 제작한 개인 선량계를 열형광 선량계(TLD)라고 한다. 측정범위가 1 μSv ~ 수천 Sv 정도로 매우 넓고 반복 사용할 스 있어 많이 사용해 왔으나, 선량을 측정하기 위해 고온의 열을 가하는 과정에서의 변성에 의한 퇴행 현상에 대한 보정이 필요하여 측정수치의 신뢰도에 다소 논란이 있다.

그림 3.13 **열형광 선량계와 TLD 판독기**

3.6.3. 유리형광 선량계

은(Ag)은 빛에 민감하여 사진 필름에 사용되는 원소인데, 이런 은(Ag)을 인산유리에 첨가하여 제작한 선량계를 유리형광 선량계(radio-photoluminescence glass dosimeter, PLD)라 한다. 방사선이 조사되면 은(Ag)이 활성화 되는데 유리구조 내에 포획되어 안정된 활성 상태로 존재한다. 여기에 자외선을 조사하면 방사선량에 비례하는 형광을 방출하므로 그동안 조사받은 방사선량을 구할 수 있다. 이 형광 중심은 극히 안정하여 장기 보존되기 때문에 여러 번 다시 읽을 수 있고 방사선의 피폭기록이 계속하여 누적되어 보존되는 장점이 있어 단기간의 선량 뿐 아니라 연간 집적선량(1년간 누적하여 받은 선량의 총합)도 측정이 가능하다. 선량 측정에 열을 가하지 않으므로 변성이 없어 안정적이다. 간단히 유리배지(glass badge)라고도 부른다.

그림 3.14 (a) 유리 선량계 시스템, (b) 유리 선약계 소자.
자료: 치요다 테크놀

3.6.4. 광자극 형광 선량계

산화알루미늄(Al_2O_3)의 결정성 유리에 탄소(C)가 미량 함유된 물질에 방사선을 조사하면 방사선에 의해 이온화된 전자가 유리 결정에 포획되어 준안정 상태로 존재한다. 여기에 특정파장의 레이저를 조사하면 광자극(optical stimulation) 형광이 발생하는 것을 이용한 선량계이다. 형광이 발생하는 기전은 열형광 선량계(TLD)와 유사하나, 가열로는 발광하지 않는다. 5 keV ~ 40 MeV의 넓은 에너지 범위의 γ선을 10 μSv ~ 10 Sv 범위에서 정밀하게 측정할 수 있을 뿐 아니라, 40 keV ~ 10 MeV 범위의 β선과 중성자도 정밀한 측정이 가능한 광자극 형광 선량계(optically stimulated luminescence dosimeter, OSLD)이다. 줄여서 OSL이라고도 한다.

그림 3.15 광자극 형광 선량계(Landauer, Luxel)

3.7 서베이미터와 환경 모니터

3.7.1. 서베이미터

서베이미터(survey meter)는 방사성 물질을 다루는 취급자와 기구, 작업대 등의 방사성 물질이 오염될 수 있는 실험환경에서 방사성 물질의 오염을 찾거나 감지하는 측정기이다. 방사성 물질의 실험실에 고정 설비되어 실험 전후에 실험자의 손과 발 등의 신체 오염여부를 측정하는 고정형도 있으며, 실험대와 실험실 바닥, 기구 등의 오염을 측정하는 휴대용도 있다. 모니터링하려는 대상의 방사선의 유무와 선량을 측정하는데, 주로 분당 카운트(cpm, count per minute)의 계수율로 계측하며, 기기에 따라서는 조사선량률(mR/h)로 환산하여 표시한다. γ선과 비교적 에너지가 높은 β선의 검출이 가능한 GM 계수기가 서베이미터의 가장 일반적인 검출기로 사용되지만, 취급하는 선원의 종류에 따라 다른 검출기를 적용하기도 한다.

(a) (b) (c) (d)

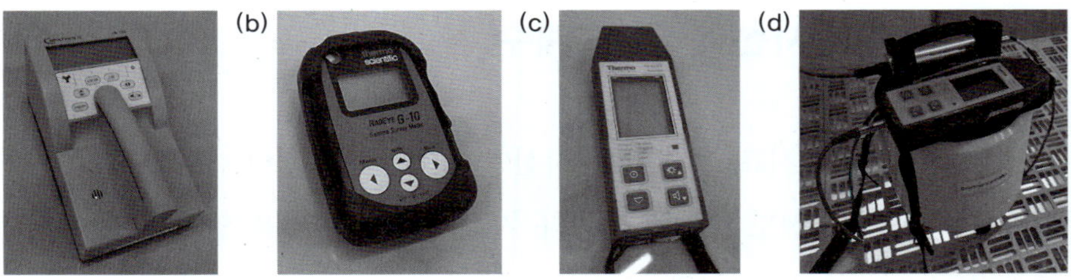

그림 3.16 서베이미터. (a) 방사능오염검사기, (b) 감마선 서베이미터, (c) 다목적 디지털 서베이미터, (d) 중성자 계측기.

3.7.2. 환경 모니터

방사성 물질을 취급하는 시설 내 작업장이나 주변 시설의 환경을 관리하기 위해 환경 모니터가 설치된다. 환경 모니터 종류로는 외부 방사선 모니터, 공기 및 표면 오염 모니터, 방사성 방출물의 모니터링, 관리구역의 작업자 및 선원 반출입 모니터링 등이 있다. 거치식 모니터에는 연속 감시 방법으로 작업 중의 γ감마선이나 중성자선 등의 준위를 감시하는 구역감시기와 공기 중 방사성 물질을 측정하는 공기오염 모니터 등이 있다. 서베이미터와 같은 휴대형 장치를 통한 정기적인 모니터 방법이 있다. 원자로 등 대형 원자력시설에서는 방사선 관리 집중감시 시스템에 의해 감시되고 있다.

3.8 방사선 측정에 대한 계수보정

방사선 측정에서 얻어진 값은 선원과 검출기 등의 여러 가지 원인으로 인해 참값을 얻지 못하는 경우가 있다. 따라서 여러 인자들의 영향을 고려하여 보정이 필요하다.

3.8.1. 자연방사선에 의한 계수

방사선 측정기에는 시료로부터의 방사선만이 측정되는 것이 아니라 주위 환경에 존재하는 자연방사선도 영향을 미친다. 시료 자체의 참값을 알기 위해서는 측정된 계수치에서 자연방사선에 의한 계수치를 제외해주어야 한다.

3.8.2. 측정기의 분해시간에 의한 계수 손실

방사선 측정기에는 방사선을 전기신호로 변환·처리하는 과정이 있다. 따라서 방사선을 검출한 후, 두 번째 입사되는 방사선을 검출·계수할 수 있게 될 때까지의 시간을 분해시간이라고 한다. 분해시간 내에 방사선이 다시 입사되면 두 번째 방사선이 계측되지 않아 누락이 생긴다. 있다. 방사선 측정기는 기기마다 고유한 분해시간을 갖기 때문에 계수치에 오차가 발생하며, 시료의 참 계수율을 얻기 위해서는 이를 보정해주어야 한다.

3.8.3. 계수 효율

방사선이 선원으로부터 발생하여 측정기에 들어가서 계수가 되기까지 선원과 측정기 내부 사이에서의 물체(공기층과 측정기의 창 등)에서 감쇄나 산란이 일어날 수 있다. 또한 4π형 계수기가 아닌 경우에는 측정기 창에 도달하지 못하는 방향으로 방사된 방사선은 계수되지 않으며, 계수기 내의 분자를 이온화시킬 때 요구되는 에너지의 크기(W치)에 따라서도 검출 효율이 달라진다. 즉 방사선 측정기는 선원으로부터 방출되는 방사선을 모두 검출하지는 못하여, 이들의 일부만을 검출하는 기기이기 때문에, 선원의 방사능을 제대로 계측하기 위해서는 선원(방사선)의 종류와 측정기의 측정방식에 적절한 계수 효율이 고려되어야 한다.

3.8.4. 계수값, 계수율, 측정의 정밀도 및 실험자가 보정해야 하는 사항

방사성 물질의 계수치를 측정하고자 할 때, 분해시간과 계수효율은 선원과 측정기에 의해서 결정되는 값이기 때문에 일반적으로 측정기에 내장된 프로그램이 보정해주고 있다. 그러나 자연방사선에 의한 오차는 공시험을 통해서 실험자가 보정하여야 하며, 방사성 물질의 존재량을 원하는 범위의 정밀도로 얻기 위해서는 실험자가 방사성 붕괴의 통계적 특성을 고려하여 시료 측정시간의 길이를 충분히 확보하여야 한다.

방사성 물질의 붕괴는 불규칙하게 일어나는 현상이기에 같은 시료를 같은 방사선 측정기로 반복 측정해도 얻어지는 측정값들은 동일할 수 없다. 따라서 계수치는 통계적 추정을 통해 보정한다. 방사성 물질은 포아송 분포(Poisson distribution, 단위시간당 사건이 몇 번 발생할 것인지를 표현하는 이산확률 분포의 하나)를 따른 확률로 붕괴된다.

어떤 방사성 시료를 t시간 동안 측정하여 N count의 계수값을 얻었다고 하자. t시간 동안 측정했으므로 계수율(n, 단위시간 당 계수값)은 $n = \frac{N}{t}$이 된다. 사건 발생이 포아송 분포를 따를 때 m회의 관찰값에 대한 표준편차($\sigma_{(m)}$)는 $\sqrt{m}$이므로, 계수값 N의 표준편차는 $\sigma_{(N)} = \sqrt{N}$이며, 계수율 n의 표준편차는

$$\sigma_{(n)} = \frac{\sqrt{N}}{t} = \sqrt{\frac{N}{t^2}} = \sqrt{(\frac{N}{t})\frac{1}{t}} = \sqrt{\frac{n}{t}}$$

이 된다. 그런데 방사성 물질의 존재량은 단위시간당 붕괴수(참고: Bq = 1초당 붕괴수)로 표현되는 값이기 때문에 이 시료에 존재하는 방사성 물질의 양을 나타내는 값은 계수값 N이 아니라 계수율 n이며, 계수율 n의 표준편차, 즉 측정의 정밀도는 측정시간 t에 따라 민감하게 달라진다.

예를 들어, 분당 100회 붕괴하는 방사성 시료가 있다고 하자. 이 시료를 1분 동안 측정하면 100 count의 계수값(N)을 얻으며, 100분 동안 측정하면 10,000 count의 계수값을 얻는다. 두 경우 모두 계수율(n)은

$$n = \frac{100}{1} = \frac{10000}{100} = 100 \text{ cpm}$$

이지만, 1분간 측정의 표준편차는

$$\sigma_{(1분)} = \frac{\sqrt{100}}{1} = \sqrt{\frac{100}{1}} = 10$$

으로, 측정 정밀도는

$$\frac{편차}{측정값} = \frac{10}{100} = 0.1 = 10\%$$

가 되는데 반하여 100분간 측정의 표준편차는

$$\sigma_{(100분)} = \frac{\sqrt{10000}}{100} = \sqrt{\frac{100}{100}} = 1$$

로서, 측정 정밀도는

$$\frac{편차}{측정값} = \frac{1}{100} = 0.01 \equiv 1\%$$

에 불과하다. 따라서 측정시간이 길수록 측정의 정밀도는 좋아지는데, 무한정 긴 시간 동안 측정할 수는 없으므로 시료의 계수값에 따라 적절한 측정시간을 선택하여야 한다.

시료의 선량이 낮을수록 자연방사선에 의한 오차가 커지기 때문에 자연방사선에 의한 오차 역시 보정되어야 한다. 그런데 공시험에 의한 자연방사선의 계수값과 시료의 계수값이 다르기 때문에 표준편차가 서로 다르다. 시료의 측정시간을 t_a, 시료의 계수율을 n_a, 자연방사선의 측정시간을 t_b, 계수율을 n_b라고 할 때, 시료의 참 계수율 n_s와 표준편차 σ_s는

$$n_s \pm \sigma_s = (n_a - n_b) \pm \sqrt{\frac{n_a}{t_a} + \frac{n_b}{t_b}}$$

로 산출한다.

CHAPTER 4

방사성동위원소의 제조

4.1 천연 방사성동위원소와 인공 방사성동위원소

지구 탄생의 비밀은 아직 베일에 싸여 있지만, 지구가 탄생한 시기부터 지구에는 방사성동위원소가 존재했다고 판단되고 있다. 방사성동위원소는 자발적인 붕괴에 의해 핵종이 변환되는데, β붕괴와 γ붕괴에 의해서는 질량수의 변화가 없지만, α붕괴에 의해서는 질량수가 4씩 감소하기 때문에, 일부 방사성동위원소는 출발핵종으로부터 질량수가 4씩 감소하는 원소들의 붕괴 계열을 이룬다.

토륨계열(4n 계열)	$^{232}Th \rightarrow {}^{208}Pb$
넵투늄계열(4n+1 계열)	$^{237}Np \rightarrow {}^{209}Pb$ (지구상에서 이미 소멸, 흔적만 남음)
우라늄계열(4n+2 계열)	$^{238}U \rightarrow {}^{206}Pb$
악티늄계열(4n+3 계열)	$^{235}U \rightarrow {}^{207}Pb$

방사성동위원소는 자발적으로 붕괴하여 시간이 경과함에 따라 소멸하여 간다. 비교적 반감기가 짧은 ^{237}Np (반감기 2.14백만 년) 및 4n+1 계열의 하위원소들은 지구상에서 소멸되었으나, 지구의 수명에 버금가는 긴 반감기를 가진 ^{232}Th (반감기 141억 년), ^{238}U (반감기 44.7억 년), ^{235}U (반감기 7.04억 년) 등에 의한 붕괴계열의 방사성동위원소들은 현재까지도 상당량 잔존하여 자연방사선으로 생물체에 영향을 주고 있으며, 한편 이들의 존재는 지구의 탄생의 비밀과 우주의 생성원리를 찾는 연구에 활용되고 있다.

한편 1회의 붕괴로 안정한 딸핵종으로 전환되는 방사성동위원소도 존재한다. 이러한 방사성동위원소 중 반감기가 비교적 짧은 원소들은 이미 소멸하였지만, ^{40}K (반감기 12.8억 년), ^{190}Pt (반감기 650억 년) 등 반감기가 대단히 긴 원소들은 아직 지구상에 잔존한다. 방사성인 ^{40}K은 안정동위원소인 ^{39}K, ^{41}K과 화학적 성질이 동일하므로 지구의 암석이나 인간이 섭취하는 음식물 뿐 아니라 인간의 몸속에도 함유되어 있어, 현재 인체 내에서 성인 기준으로 초당 약 4,000번(Bq)의 방사성 붕괴를 일으키고 있다.

태양은 핵융합 반응을 통해 열과 빛을 지구에 공급한다. 태양으로부터 방출된 에너지는 양성자, 중성자선이나 α선을 포함하고 있어 지구의 상공에서 대기성분과 핵반응을 일으켜 방사성동위원소를 생성하고 있다. 이러한 방사성동위원소를 자연유도 방사성 핵종이라 한다. ^{3}H, ^{14}C 등이 이에 속한다.

^{3}H의 생성: $^{14}N + n \rightarrow {}^{12}C + {}^{3}H$

^{14}C의 생성: $^{14}N + n \rightarrow {}^{14}C + {}^{1}H$

우주에서 유입되는 중성자가 지구 상공에서 안정동위원소인 ^{14}N를 충격하여 일정한 속도로 생성되는 ^{3}H, ^{14}C 등은 또한 자신의 고유한 반감기로 방사성 붕괴를 일으켜서 소멸해가므로, 지표에서의 이들의 농도는 생성속도와 붕괴속도에 따른 농도 균형을 이루는 정류상태(steady state)에 도달해 있다. 이들의 화학적 성질은 안정동위원소인 ^{1}H, ^{12}C와 동일하기 때문에, 이들은 지표에 존재하는 수소와 탄소에 항상 일정한 (정류상태의) 농도로 들어 있게 된다. 생물체는 외부와 물질을 교환하는 열린 계(open system)이므로, 생물체를 구성하고 있는 수소와 탄소에도 이들이 항상 일정한 비율로 섞여 있을 수 밖에 없으며, 생명체가 생명을 유지하고 있는 동안(생명체 외부와의 물질교류가 계속되는 동안)은 생명체 내부의 방사성탄소와 안정동위원소와의 혼합비율($^{14}C/^{12}C \fallingdotseq 1.35\times10^{-12}$)이 외부와 동일하다. 그런데 생명체가 사망하여 외부와의 물질교류가 종료되면 방사성탄소만 자신의 반감기(5730년)로 소멸하여 시간에 따라 방사성탄소와 안정동위원소와의 혼합비율이 감소해가므로, 고대 유물의 방사성탄소 연대측정법의 수단으로 이용되고 있다.

한편 입자가속기 등의 발전으로, 표적핵에 고에너지 입자를 충격시켜 유도하는 핵반응에 의한 인공 방사성동위원소들이 대단히 많이 제조되어 왔다. 현재 방사성동위원소는 약 2,600종 이상 확인되어 있으나, 그 중 천연 방사성동위원소는 약 70여 종에 불과하며 나머지는 인공적으로 제조된 인공 방사성동위원소이다. 핵의학/약학에서 진단 혹은 치료 목적으로 사용하는 대부분의 방사성동위원소는 핵반응(nuclear reaction) 혹은 핵분열(nuclear fission) 등을 이용하여 인공적으로 제조한다.

4.2 원자핵의 변환

4.2.1. 핵반응

일반적인 화학반응을 이용하여 어떤 원소를 다른 종류의 원소(핵종)으로 변환할 수 없다. 하지만 원자핵에 입사입자(충격입자, bombarding particle)를 충돌시키면 새로운 원자핵을 생성시킬 수 있다. 표적핵(target nucleus)에 충격입자를 충격시키면 불안정한 복합핵으로 여기된 후, 방출입자(emitted particle)를 방출하면서 새로운 생성핵(product nucleus)이 만들어지는 반응을 핵반응이라고 한다.

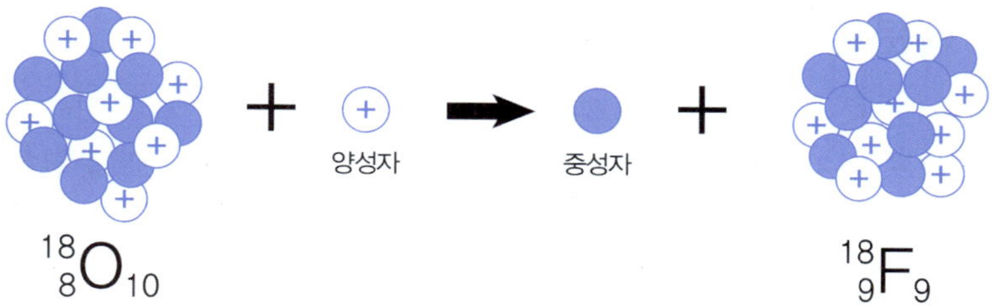

그림 4.1 안정동위원소인 O-18에 고속의 양성자를 충격하여 F-18 핵을 생성하는 $^{18}O(p,n)^{18}F$의 핵반응

핵반응을 식으로 표시하면

A + a → B + b 또는 A (a, b) B로 나타낸다. A는 표적핵, a는 충격입자를 뜻하며, B는 생성핵, b는 방출입자를 뜻한다.

핵반응식에서는 화학반응식과 마찬가지로 핵반응을 일으키기 전후의 질량수의 합과 전하의 합은 같아야 한다. 양전자단층촬영에 사용되는 ^{18}F나 ^{11}C 등은 다음의 핵반응을 통해 제조된다.

$$^{14}N + p \rightarrow {}^{11}C + \alpha \quad \text{또는} \quad {}^{14}N(p,\alpha){}^{11}C$$
$$^{18}O + p \rightarrow {}^{18}F + n \quad \text{또는} \quad {}^{18}O(p,n){}^{18}F$$

4.2.2. 방사성 붕괴

방사성 붕괴는 에너지 수준이 과도하게 높은 원자핵이 스스로 에너지를 버리면서 자신의 에너지 수준을 낮추는 과정이며, 방사성 붕괴에 의해서 원자핵은 다른 핵종으로 변환될 수 있다. 방사성 붕괴에 대해서는 2부 1장에 자세히 서술되었으므로 이 장에서는 설명을 생략한다.

4.2.3. 핵분열

원자번호가 큰 원자핵에 입사입자가 충돌하면 2개의 원자핵으로 분열하는 현상이 일어난다. 예를 들면, ^{235}U에 중성자를 충돌시키면 중간정도의 질량의 2개의 원자핵으로 분열하면서 2～3개의 중성자를 방출한다. ^{235}U의 핵분열반응은 복잡하여 에너지와 더불어 여러 가지 핵종이 생성되는 반응인데, 그 중의 하나를 핵반응식으로 표시하면 다음과 같다.

$$^{235}\text{U} + \text{n} \rightarrow {}^{137}\text{Cs} + {}^{97}\text{Rb} + 2\text{n} \ (+ \text{ 에너지})$$

핵분열에 소요되는 중성자의 수보다 분열에 의해 방출되는 중성자의 수가 2～3배 많기 때문에, 충격이 가능한 ^{235}U의 양이 충분하면 연쇄반응을 일으켜서 반응이

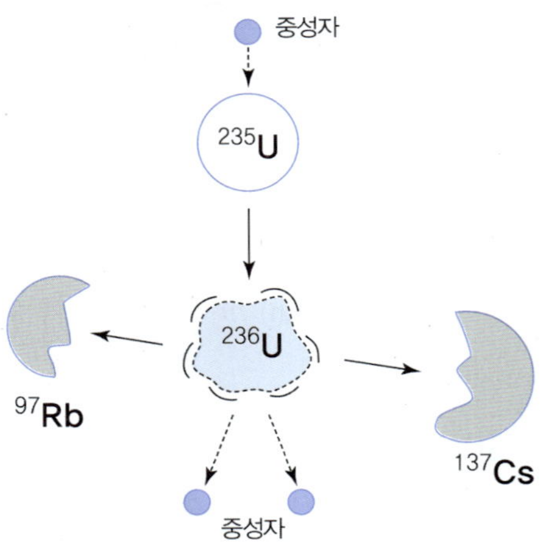

그림 4.2 중성자 충격에 의한 우라늄-235의 핵분열반응

진행될수록 핵분열이 일어나는 숫자가 기하급수적으로 증가하여 결과적으로 폭발을 일으키게 된다. 이 연쇄반응이 1:1로 진행되도록 한다면 폭발을 방지하면서 필요한 에너지를 얻을 수 있기 때문에, 원자로에서는 여분의 중성자를 흡수하여 제거하는 방식으로 핵분열의 속도를 제어하여 필요한 에너지를 얻는다. 원자력 발전은 이러한 핵분열 에너지를 전기에너지로 변환시키는 것이다. 핵분열에 의해 여러 가지의 딸핵종들이 생성되며 이 딸핵종을 분리하여 정제하면 원하는 방사성동위원소를 얻을 수 있다.

4.2.4. 핵융합

원자로에서는 필요한 에너지뿐만 아니라 수많은 방사성물질이 생성되므로 폐 연료의 처리가 매우 까다롭고 어려운 문제로 남아 있다. 반면 수소, 중수소, 삼중수소 등의 상호융합으로 헬륨 원자핵이 만들어지는 반응에서는 충분한 에너지가 나올 뿐만 아니라 생성핵종이 방사성 핵종이 아니므로 폐 연료 처리의 부담이 없어서 꿈의 에너지로 각광받는 방법이지만, 태양의 내부압력과 온도(1억°C 이상)에 해당하는 환경과 그러한 고에너지 상태를 유지시킬 수 있는 안정적인 용기가 아직 지구상에 개발되어 있지 못하여 많은 연구자들이 개발하고자 노력 중이다. 현재 프랑스 남부에 국제 핵융합 실험로(International Thermonuclear Experimental Reactor, ITER)가 건설되어 EU 회원국, 미국, 대한민국, 중국, 러시아 등 세계 36개국이 참여하여 핵융합 발전을 연구하고 있다.

$$^{2}H + {}^{3}H \rightarrow {}^{4}He + n + 17.6\ MeV$$

$$^{2}H + {}^{2}H \rightarrow {}^{3}H + p + 4.03\ MeV$$

$$^{2}H + {}^{2}H \rightarrow {}^{3}He + n + 3.27\ MeV$$

4.3 방사성동위원소의 제조

방사성동위원소를 인위적으로 제조하기 위해서는, 가속된 고에너지 하전입자를 표적핵에 충격시켜 핵반응을 유도하는 방법, 원자로에서 중성자를 유출시켜 표적핵에 충격하는 방법, 원자로의 핵분열 산물을 분리 정제하는 방법, 방사평형을 이용하여 generator에서 원하는 딸핵종을 선택적으로 추출해내는 방법 등이 이용되고 있다.

원하는 방사성동위원소가 얼마나 잘 제조되었는지를 평가하는 지표 중의 하나로 '방사성 핵종순도'가 쓰인다. 이는 핵반응으로 '얻어진 생성물들의 전체 방사능'중에서 '제조하고자 하는 특정 핵종의 방사능'의 존재 비율을 백분율로 표시한 값이다. 제조하고자 하는 핵종만 순수하게 얻은 경우에는 100%, 원하는 핵종이 전혀 얻어지지 않은 경우에는 0%가 된다.

방사성 핵종순도 = (특정 핵종의 방사능 / 전 방사능) × 100

4.3.1. 입자가속기를 이용하는 방법

전하를 가진 입자를 입사입자로 사용하는 방법으로 최근 임상에서 사용빈도가 높은 양전자단층촬영(positron emission tomography, PET)을 위한 방사성동위원소(^{11}C, ^{13}N, ^{15}O, ^{18}F)를 제조하는 데 사용된다. 핵반응이 일어나기 위해서는 전하를 지닌 입자가 고속으로 가속되어 충분한 에너지를 가져야 하므로 가속기라 불리는 장치가 요구된다. 방사성의약품은 반감기가 너무 길지 않아야 환자에의 피폭을 줄일 수 있다. β^+붕괴나 전자 포획(electron capture, EC)붕괴를 하는 방사성동위원소는 반감기가 짧아 진단용 방사성의약품에 적합한 반면, 이를 생산하기 위한 가속기(cyclotron, betatron, synchrotron)가 의료현장의 근거리에 위치해야 짧은 시간

내에 의료현장으로 공급할 수 있다는 단점이 있다.

양성자, 중양자, α입자 등의 하전 입자를 같은 (+)하전을 띠고 있는 원자핵에, 반발력을 이겨내고 충격시키기 위해서는 대단히 큰 운동에너지가 필요하며, 이들을 가속시키기 위해서 전자기력을 이용한 입자 가속기가 사용된다.

[1] 선형가속기(linear accelerator, LineAc)

하전 입자를 교대로 바뀌는 전기장을 이용해서 가속시키는 방법이다. 초기에는 진공 중에서 가운데가 뚫린 반지와 같은 동그란 전극을 순차적으로 배열한 다음, 전극 간의 전압을 순차적으로 높여 점차 더 강해져가는 전기장으로 하전 입자를 가속시키는 방법이 사용되었다. 이러한 선형가속기로 핵반응이 가능한 정도의 큰 운동에너지를 얻기 위해서는 가속기의 직선 길이, 즉 입자의 이동거리가 길어야 충분한 에너지의 입자를 얻을 수 있기 때문에 대단히 정밀하고 거대한 설비를 건설해야 했다[그림 4.3]. 현재는 고주파 교류(RF, radio frequency)를 이용하여 전극의 (+)(−)극을 고속으로 바꾸면서 연속적으로 하전 입자를 밀고 끌어당겨 가속하는 방법을 사용하여 선형가속기의 크기를 획기적으로 줄이고 있다[그림 4.4].

그림 4.3 길이 3.2 km의 스탠포드 선형가속기(Stanford Linear Accelerator, 미국).

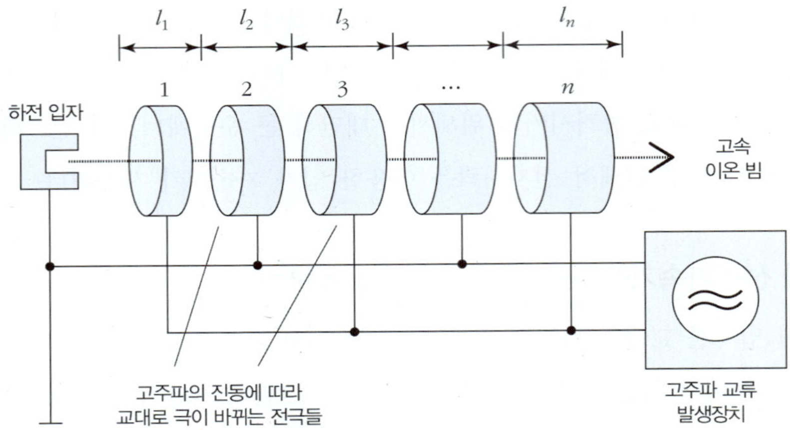

그림 4.4 **고주파 교류를 이용하는 선형가속기의 모식도**

진공 속에 그림 4.4의 1, 2, 3, …, n과 같이 가운데가 뚫린 전극을 배치하고 1번 전극의 앞에 하전 입자(예를 들어 +하전의 양성자)를 놓고 1, 3, 5, …의 홀수 전극은 (−), 2, 4, 6, …의 짝수전극은 (+)의 전압을 걸면 (+) 하전의 양성자는 (−)극의 1번 전극에 끌려 출발한다. 양성자가 전기장에 가속되면서 1번 전극에 도달하여 전극을 통과하는 순간 홀수 전극과 짝수 전극의 (+)(−)극을 맞바꾸면 운동 중인 양성자는 관성력과 1번 전극으로부터의 척력 및 2번 전극에서의 인력에 끌려 더욱 가속되게 된다. 마찬가지로 2번 전극을 통과하는 순간 홀수 전극과 짝수 전극의 극이 다시 바꾸어지도록 고주파 교류(RF)를 적용하면, 양성자는 진행하고 있는 방향의 뒤 쪽에는 항상 (+)극, 앞 쪽에는 항상 (−)을 만나게 되기 때문에, 계속 가속되면서 진행하여 고에너지의 빔(beam)으로 토출된다. 가속기에서 토출된 고에너지의 입자를 표적핵에 충격시키면 핵반응을 유도할 수 있다.

이렇게 고주파 교류를 이용하면 기기를 크지 않게 만들 수 있어서, 암조직의 양성자 치료에 필요한 정도의 에너지를 가진 입자는 의료용 소형 선형가속기로 가속이 가능하여 이러한 설비들이 현재 암 치료에 사용되고 있다[그림 4.5].

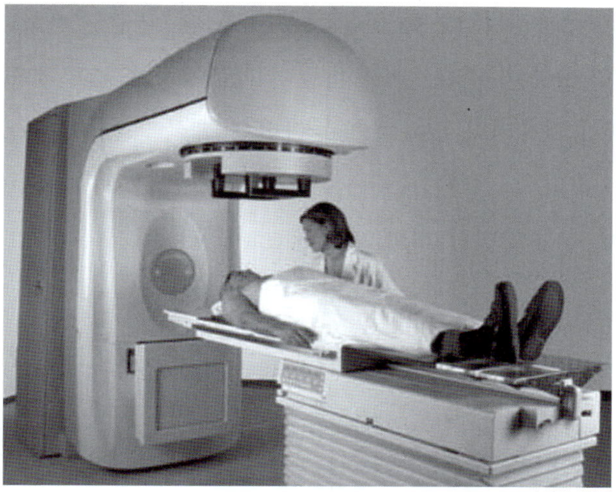

그림 4.5 양성자 치료를 위한 의료용 소형 선형가속기

[2] 나선형가속기(cyclotron)

가속기로 큰 운동에너지를 얻기 위해서는 하전 입자의 이동거리가 길수록 유리하다. 입자의 이동거리는 충분히 길게 하고, 장비의 크기는 줄이기 위한 아이디어로서 나선형가속기가 개발되었다. 운동 중인 하전 입자는 흐르고 있는 전류로 볼 수 있으며, 따라서 자기장 안에 입사된 입자는 입자의 운동방향에 수직인 방향의 힘을 받는다(플레밍의 왼손법칙)는 점에 착안하여, 입자의 운동거리는 충분히 길게 하면서 실제 기기의 크기는 줄이기 위해서 입자의 직선운동을 자기장을 이용해서 나선운동으로 바꾼 장치가 나선형가속기이다.

그림 4.6과 같이 속이 비어 있는 납작한 깡통을 반으로 자른 모양(영문자 D와 같은 모양이라서 dee라고 표현)의 두 전극을 진공 속에 놓고, 이 전극의 위 아래에 자기장을 건 다음 중심 위치에 양성자를 놓고 두 전극에 전압을 걸면 양성자는 (−)극으로 이끌리며 가속된다. 그런데 두 dee의 위 아래에 자기장이 걸려 있기 때문에 양성자는 운동 방향에 수직으로 계속 힘을 받아 진로가 휘어지며, 결과적으로 원운동을 시작하게 된다. 이 원운동에 의해 양성자가 다른 쪽 dee로 이동하

게 되는 순간 고주파 교류(RF)를 이용하여 두 dee의 극을 맞바꾸면 양성자는 다시 가속될 수 있으며, 자기장은 바뀌지 않기 때문에 원운동이 계속되면서 양성자는 점차 더 세게 가속되어 결과적으로 나선형 궤적을 이루면서 고에너지 선속(beam)으로 가속된다. 나선형가속기는 가로/세로/높이를 수 미터 이내의 크기로 제작할 수 있어서 종합병원 내의 웬만한 크기의 방이면 설비할 수 있다.

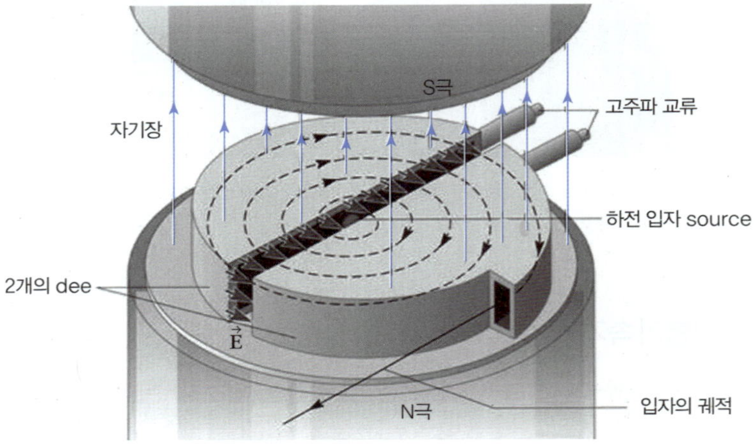

그림 4.6 사이클로트론의 하전 입자 가속 원리

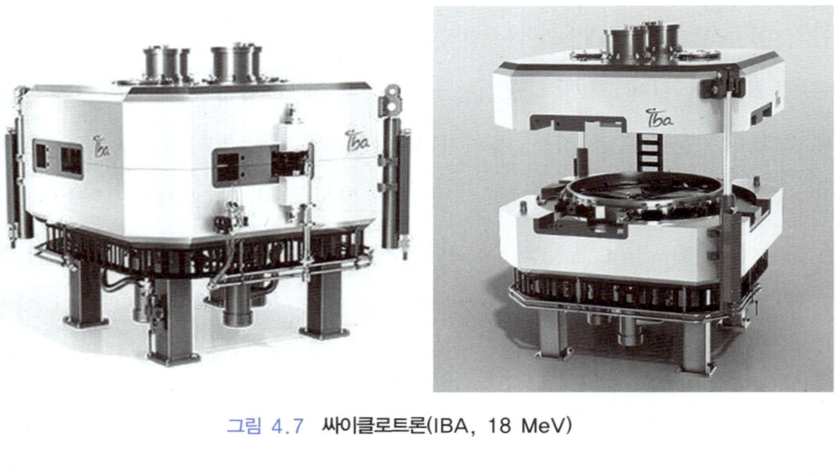

그림 4.7 싸이클로트론(IBA, 18 MeV)

[3] 방사광가속기(synchrotron)

방사광가속기는 고에너지 X선을 얻는데 많이 이용되기 때문에, 우리나라에서는 '방사광가속기'로 불리고 있으나, 정확하게는 광을 가속시키는 장치가 아니며, 하전 입자를 가속시켜 에너지 손실없이 고에너지 원운동을 계속하도록 하다가 필요에 따라 빔(beam)의 에너지를 이용할 수 있도록 고안된 설비이다. 나선형가속기는 일정한 크기의 전기장과 자기장을 이용하여 입자의 속도와 회전반경을 점차 키워가는 장치인데 반하여, 방사광가속기는 전기장과 자기장의 에너지를 입자의 에너지(즉 속도)에 맞추어 조절함으로서 고에너지의 입자를 일정한 반경으로 원운동시킨다. 고에너지 입자 빔이 원운동을 계속하고 있는 공간을 저장링(storage ring)

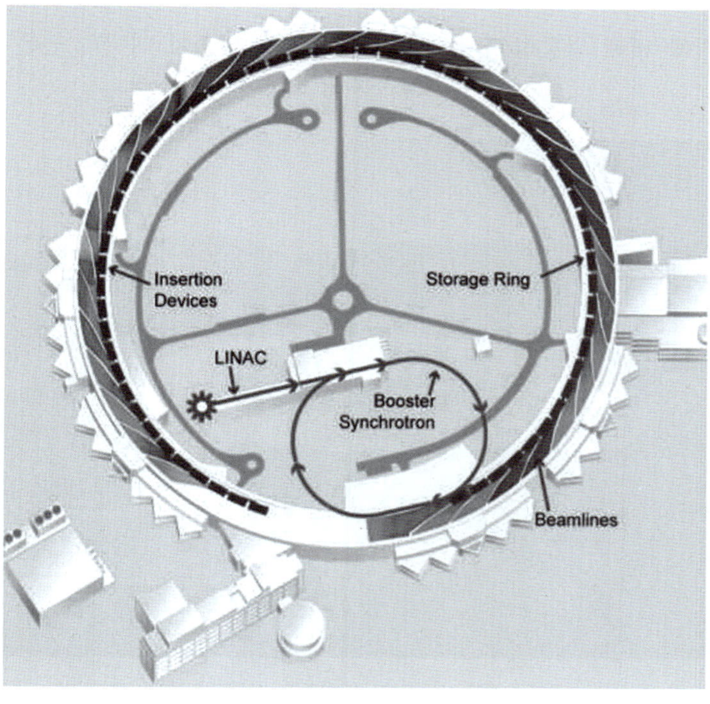

그림 4.8 시카고 APS (advanced photon source)의 방사광가속기의 구조도. 동그란 원형구조물이 저장링이며, 저장링에서 방사형으로 뻗은 삼각 구조물 하나하나가 저장링의 빔라인(beamline)의 에너지를 받아 이용하는 연구하는 실험실들이다. 저장링 안쪽에 선형가속기(LineAc)에 연결된 방사광가속기 증폭기(booster synchrotron)에서 입자의 에너지를 추가하고 조절하여 저장링에 고에너지 하전 입자를 주입시킨다.

이라고 하며, 우리나라의 포항에는 원주길이 300 m의 저장링이 있는 방사광가속기가 현재 사용되고 있고, 충북 오창에 원주길이 800 m의 방사광가속기를 추가 건설하고자 설계 중에 있다. 미국의 시카고에는 원주길이 1.1 km의 방사광가속기가 사용되고 있다.

방사광가속기의 저장링에 공급하는 하전 입자는 부대설비되어 있는 선형가속기로 가속한 후, 저장링으로 보내져서 회전 등으로 인한 에너지의 손실을 저장링의 각 위치에서 입자의 에너지에 맞추어 전자기력으로 보완한다. 저장링의 입자는 필요할 때 방사형으로 입자를 출력시켜 사용할 수 있으며, 하전 입자로서 전자를 이용하는 경우 전자의 에너지를 고에너지 X선으로 변환 출력시킬 수 있기 때문에 물질 구조분석 등 여러 연구들에 응용할 수 있다. 일정한 크기의 고에너지 빔을 연속적으로 얻을 수 있고, 에너지의 세밀한 조정이 가능하기 때문에 나선형가속기에 비해 월등히 우수하지만 소요되는 비용이 대단히 높은 설비이다.

그림 4.9 충북 오창에 건설하고자 설계 중인 방사광가속기의 외부 조감도

4.3.2. 중성자를 충격입자로 이용하여 제조하는 방법

중성자는 하전이 없어 원자핵에 근접해도 전기적인 반발을 받지 않기 때문에 원자핵에 입사시키는 것이 용이하여 핵반응을 비교적 쉽게 유도할 수 있다. 하지만 중성자는 하전이 없어 입자가속기를 이용하여 가속시킬 수 없기 때문에 원자로에서 핵분열을 일으킬 때 발생되는 중성자 일부를 유출시켜 사용한다.

이용되는 핵반응으로는 (n,γ), (n,p) 및 (n,α) 등이 있으며, 특히 (n,γ) 반응에 의한 방사성동위원소의 제조는 간단하고 표적핵과 생성핵의 원자번호도 변화하지 않는다. 이 경우 방사성동위원소를 무담체(no-carrier) 상태로 얻을 수는 없지만, 핵반응 단면적이 큰 것이 많고, 중성자와의 충돌 후에 복잡한 조작이 요구되지 않으므로 일반적으로 많이 사용되고 있다. (n,γ) 반응 후 생성된 핵종이 다시 β 붕괴 또는 EC붕괴를 통해 새로운 방사성동위원소가 생성된 경우, 원료로부터 방사성동위원소를 분리하는 것이 쉽고 이 경우에는 무담체로 얻을 수 있어 유리하다. 예를 들어, 임상에서 갑상선암의 치료와 진단에 사용되는 ^{131}I를 (n,γ) 반응을 통하여 ^{130}Te (Tellurium)으로부터 제조할 수 있다.

^{130}Te (n,γ) ^{131}Te → (β 붕괴) → ^{131}I

4.3.3. 핵분열 산물에서 얻는 방법

^{235}U에 중성자를 입사했을 때 핵분열에 의해 2가지의 새로운 원자핵종들이 만들어진다. 원자번호 30번인 Zn으로부터 원자번호 65번인 Tb에 달하는 중성자 과잉형의 핵분열 생성핵종이 만들어지며 대표적인 핵종으로는 ^{90}Sr, ^{137}Cs 및 ^{131}I인 있다. 이 핵종들은 최근의 원전 사고 및 누출로 인한 방사능 오염에 있어서 중요한 핵종들이다. ^{131}I에 의해 오염된 음식물은 인체로 흡수되어 갑상선에 특이적으로 축적되어 갑상선 기능에 손상을 주고, ^{90}Sr은 체내에 흡수되어 골수에 특이적으로

집적되어 조혈기관에 손상을 줄 수 있다. 알칼리 금속 족에 속하는 ^{137}Cs는 쉽게 물에 녹아서 환경오염 가능성이 높다. 특히 ^{90}Sr과 ^{137}Cs의 반감기는 28.7년과 30.2년으로 상당이 길고, 생체내 흡수율이 높아 방사선 피폭을 유발할 위험이 있다. 핵분열 생성물로부터 원하는 핵종을 의학/약학적으로 이용하기 위해서는 핵분열 생성 혼합물을 잠시 방치하여 반감기가 짧은 핵종을 소멸시킨 후, 증류, 용매추출, 이온교환 및 침전법을 사용하여 취출해낸다.

표 4.1 우라늄-235에 중성자를 충격하여 얻어지는 핵분열 산물들의 예

$^{235}U + n \rightarrow$	$^{94}Sr + ^{140}Xe + 2n$
	$^{131}I + ^{102}Y + 3n$
	$^{137}Cs + ^{97}Rb + 2n$
	$^{135}Sn + ^{99}Mo + 2n$
	$^{117}Pd + ^{117}Pd + 2n$
	$^{133}Xe + ^{101}Sr + 2n$
	$^{155}Sm + ^{78}Zn + 3n$
	$^{156}Sm + ^{77}Zn + 3n$
	....

4.3.4. 발생기(generator)를 이용한 방법

반감기가 긴 모핵종과 짧은 반감기의 딸핵종은 방사평형을 이룬다. 발생기(generator)는 반감기가 긴 모핵종이 방사성 붕괴를 일으킨 후 생성되는 딸핵종의 반감기가 짧고, 의약학적으로 효용 가치가 높을 경우에 병원 등 현장에서 직접 딸핵종을 얻어 사용하고자 할 때 이용되는 방법이다. 소에서 우유를 짜내는 것과 비슷하여 이렇게 방사성동위원소를 얻는 방법을 관용적으로 '밀킹(milking)'이라 불러왔으며, 동위원소를 생성하는 발생기를 (milk를 생산하는 의미로) '카우(cow)'라고 부르기도 한다.

[1] Technetium-99m generator

단일광자 방출 컴퓨터단층촬영(single photon emission computed tomography, SPECT) 진단에 사용빈도가 높은 ^{99m}Tc을 제조하는 데 이용되는 방법이다. ^{99m}Tc은 준안정동위원소로서, α선이나 β선의 입자방사선의 방출을 동반하지 않고 6시간의 반감기로 γ선만을 방출하기 때문에 γ선을 이용한 체외진단에 매우 유용하다. ^{235}U의 핵분열산물인 ^{99}Mo를 알루미나(Al_2O_3) 칼럼에 흡착시켜 두면 β 붕괴 후 딸핵종인 ^{99m}Tc으로 전환되며, ^{99}Mo와 방사평형 상태로 칼럼 내부에 존재하게 된다.

$$^{99}\text{Mo}\ (\beta\text{붕괴},\ t_{1/2}:\ 67\ \text{h}) \rightarrow\ ^{99m}\text{Tc}\ (\gamma\text{붕괴},\ t_{1/2}:\ 6\ \text{h})$$
$$\rightarrow\ ^{99}\text{Tc}\ (\beta\text{붕괴},\ t_{1/2}:\ 214{,}000\ \text{y}) \rightarrow\ ^{99}\text{Ru}$$

^{99m}Tc 필요할 경우, 이 generator의 취출 바늘에 감압되어 있는 바이알을 꽂아 0.9% 주사용 멸균 식염수(멸균등장용액, pyrogen-free)로 유출시키면, 알루미나에 흡착되어 있는 ^{99}Mo은 유출되지 않으나, ^{99m}Tc은 $(Na^+)(^{99m}TcO_4^-)$의 형태로 빠져나옴으로서 정맥주사, 경구투여 등이 가능한 용액을 얻을 수 있다. ^{99m}Tc은 γ붕괴 후 ^{99}Tc로 전환되는데, ^{99}Tc는 β붕괴를 하는 방사성동위원소이지만, 반감기가

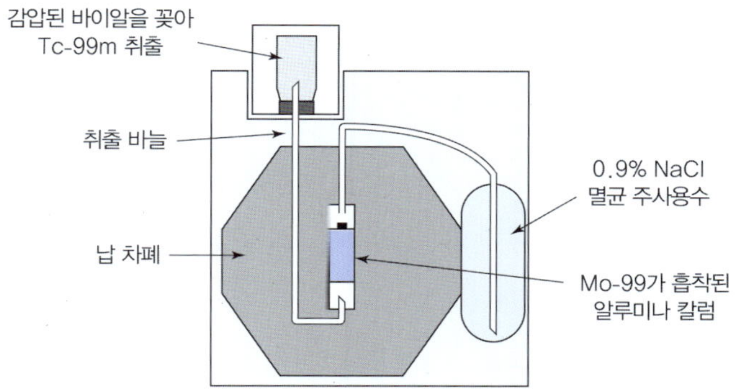

그림 4.10 Technet um-99m generator의 구조도

214,000년으로 대단히 길기 때문에 투여 후 체내에 잔존하는 동안의 (체내 유효반감기 상기) 방사능은 대단히 약하며 대부분 붕괴되지 않은 ^{99}Tc 상태로 배설된다.

[2] Gallium-68 generator

^{68}Ga은 반감기 68분의 양전자 방출체(positron emitter)로서 180도 방향의 소멸방사선을 방출하여 PET(positron emission tomography)에 이용된다. ^{68}Ga은 반감기가 271일인 ^{68}Ge(germanium-68)이 붕괴되면서 생성되는 딸핵종이기 때문에 technetium-99m generator와 같은 방식의 generator를 이용하여 병원 등 현장에서 직접 취출하여 사용한다.

^{68}Ge (전자포획, $t_{1/2}$: 271 d) → ^{68}Ga (양전자 붕괴, $t_{1/2}$: 68 m)
→ ^{68}Zn (안정동위원소)

^{68}Ga은 약 3%의 확률로 γ선도 방출하지만, 180 방향의 동시계측만을 계수하는 PET 측정에 문제되지 않는다. 이 밖에 ^{90}Y도 ^{90}Sr을 모핵종으로 하여 generator 방식으로 제조한다.

^{99m}Tc을 포함한 핵의학/약학 분야에서 이용 빈도가 높은 방사성동위원소의 붕괴형식, 반감기, 최대에너지, 동위원소 제조의 핵반응식, 실험실적 측정장치 및 임상에서의 응용분야를 표 4.2에 정리하였다.

표 4.2 핵의학/약학 분야에서 이용빈도가 높은 방사성동위원소의 특징, 측정, 제조법 및 분석법

동위원소	붕괴형식	반감기	E_{max} (MeV)	제조 핵반응	실험실 분석기기	임상적 응용
^{3}H	β	12.33 y	0.0186	^{6}Li (n,α) ^{3}H	LSC	Tracer 실험
^{14}C	β	5730 y	0.156	^{14}N (n,p) ^{14}C	LSC	Tracer 실험
^{32}P	β	14.26 d	1.711	^{33}S (n,p) ^{32}P	LSC 또는 체렌코프	Tracer 실험 & Therapy
^{35}S	β	25.34 d	0.167	^{35}Cl (n,p) ^{35}S	LSC	Tracer 실험
^{11}C	$β^{+}$	20.4 m	0.511	^{14}N (p,α) ^{11}C	γ-counter	PET
^{13}N	$β^{+}$	9.96 m	0.511	^{12}C (d,n) ^{13}N	γ-counter	PET
^{15}O	$β^{+}$	122 s	0.511	^{14}N (d,n) ^{15}O	γ-counter	PET
^{18}F	$β^{+}$	109.8 m	0.511	^{18}O (p,n) ^{18}F	γ-counter	PET
^{68}Ga	$β^{+}$	67.7 m	0.511	$^{68}Ge/^{68}Ga$ generator	γ-counter	PET
^{67}Ga	EC	78.3 h	0.185	^{68}Zn (p,2n) ^{67}Ga	γ-counter	SPECT
^{111}In	EC	2.80 d	0.245	^{112}Cd (p,2n) ^{111}In	γ-counter	SPECT
^{125}I	EC	59.40 d	0.0355	^{124}Xe (n,γ) ^{125}I ^{125}Xe (β,γ) ^{125}I	γ-counter	SPECT
^{131}I	β, γ	8.02 d	0.364	^{130}Te (n,γ) ^{131}I ^{131}Te (β,γ) ^{131}I	γ-counter	Therapy & SPECT
^{99m}Tc	IT	6.02 h	0.140	$^{99}Mo/^{99m}Tc$ generator	γ-counter	SPECT

CHAPTER 5

방사선이 생체에 미치는 영향

5.1 자연방사선 및 의료 피폭

지구가 생성될 때부터 현재까지 자연에는 미량의 방사선동위원소가 항상 존재하였으며 이들로부터 지속적으로 방사선이 방출되고 있다. 예를 들어, 지구상에 인류가 출현하기 전부터 지구를 구성하고 있는 다양한 종류의 방사선동위원소들은 자발적으로 붕괴하면서 방사선을 방출하고 안정된 원소로 되는 과정을 진행해왔다. 그러므로 자연에서 계속해서 새롭게 만들어지고 항상 존재하는 방사성동위원소들로 인하여 인간을 포함한 모든 생명체는 항상 일정량의 방사능에 노출되어 있다.

방사선은 일반적으로 두 가지로 분류할 수 있는 데, 하나는 자연 상태에서 존재하고 있는 방사선인 '자연방사선'이고, 다른 하나는 인간의 필요에 의해서 인위적으로 만들어낸 방사선인 '인공방사선'이다.

자연방사선에는 지각이나 대지로부터 나오는 지각방사선과 우주로부터 들어오는 우주방사선(cosmic radiation) 및 지구상공에 있는 공기 중에 존재하는 방사선 등이 있다. 인간이 한 해 동안 자연방사선에 노출되어 받는 1인당 피폭선량은 세계적으로 평균 2.4 mSv이다. 그러나 지역마다 자연방사선의 양이 달라서 개개인이 지역에 따라 각기 다른 양의 자연방사선에 의해 피폭되고 있다. 대한민국 국민의 경우 연간 3.1 mSv를 피폭받고 있는 데, 대한민국에서 자연방사선에 의한 피폭선량이 세계 평균보다 다소 높은 것은 화강암이 많기 때문이다(화강암은 다른 암석에 비하여 방사성동위원소를 많이 갖고 있다. 예를 들면, 화감암은 아르곤으로 붕괴되는 칼륨의 함량이 높으며, 또한 우라늄이나 토륨의 함량도 높다). 또한, 세계적으로 방사성물질이 대지에 많은 지역에서 자연방사선량이 높다. 예를 들어 이란의 람사르에서는 1인당 연간 평균 200 mSv, 브라질의 과라파리는 35 mSv, 인도의 케알라 해변은 3.8 mSv의 자연방사선에 피폭된다고 한다.

인간은 주로 우주선, 대지, 대기호흡, 음식물 등으로부터 자연방사선을 받고 있으며 이들의 값을 합하여 일반적으로 인간이 자연방사선에 의해서 받는 피폭양은 1인당 년간 2.4 mSv (의료행위에 의한 피폭 제외)이 된다.

(1) 우주로부터 오는 우주방사선: 우주선(cosmic ray)은 지속적으로 대지로 쪼여지고 있는데 대략 그 양은 0.4 mSv 정도이며 위로 올라갈수록 증가한다. 지상 1 km 부근에서는 지상보다 약 100배 정도에 달한다고 한다.

(2) 대지로부터 나오는 지각방사선: 지각이나 지표를 구성하는 광물로부터 지속적으로 방사선이 방출되고 있는데 이 양은 당연히 지역의 특성에 따라 많은 차이를 보이게 된다. 일반적으로 대지로부터의 방사선 피폭은 0.5 mSv 정도로 파악된다.

(3) 호흡을 통해 받는 방사선: 대기(또는 공기)에 포함된 방사성핵종(예, 라돈 등)으로부터 호흡을 통한 피폭이 있는데 보통 1.3 mSv 정도로서 비교적 큰 값을 보이고 있다.

(4) 음식물 섭취로부터 받는 방사선: 음식물에 포함되어 섭취되는 방사성동위원소로부터 받는 피폭으로 피폭량은 0.2 mSv 정도이다.

또한 인간에 의해 인위적으로 만들어진 방사선인 인공방사선도 인간의 방사선 피폭에 영향을 준다. 예를 들어, 국가가 핵실험을 하거나 원자력발전을 하는 과정에서도 피폭이 발생할 수 있다. 특히, 일반인은 자연방사선 이외에도 일상에서 이루어지는 의료행위에 의해서도 방사선 피폭을 받는다. 예를 들어, 일반인들은 흉부X선 촬영이나 CT 등의 의료행위로 인한 부가적인 방사선에도 노출되어 있다. 이런 영상기기를 이용한 의료행위로부터 받는 피폭량은 평균 0.3 mSv 정도로 알려져 있다. 그러나 영상진단의 빈도수가 증가하는 현대인의 경우 이보다 훨씬 더 많은 양의 방사선 피폭을 입는 것으로 믿어진다. 의료행위로 인한 피폭의 예를 들면, 흉부X선의 경우 약 0.06～0.3 mSv 정도이며, 일반적으로 X선을 포함한 소화기계 방사선 조영 진단의 경우 약 1～10 mSv 정도로 추산된다. 특히 방사선 치료의 경우 대상조직 부위에 1회당 2～3 Sv를 조사하게 되는데 이러한 치료를 10회 이상 진행할 경우 그 피폭 양은 수십 Sv에 이를 수 있으며 장기간의 치료 등을 감안하면 그 피폭 양을 추산하기는 쉽지 않은 실정이다.

결과적으로 지구에 존재하는 인간의 1인당 자연방사선 피폭(의료행위 제외)은 2.4 mSv이며, 의료행위에 의한 피폭 0.3 mSv를 합하여 년간 2.7 mSv의 평균피폭을 받는 것으로 판단된다.

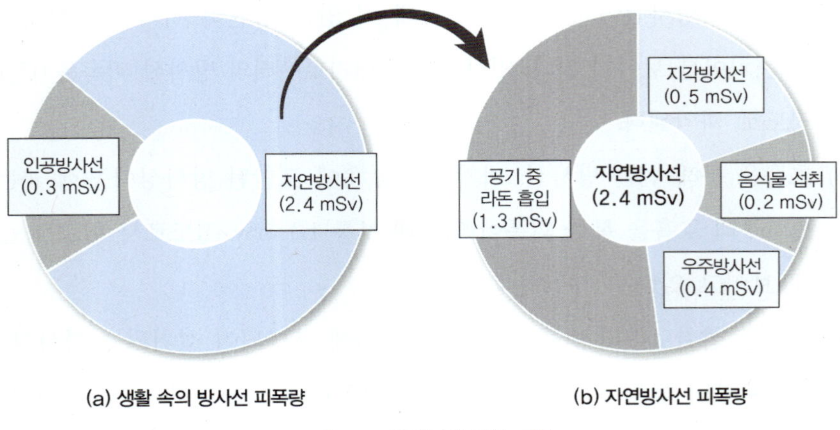

그림 5.1 방사선에 의한 피폭

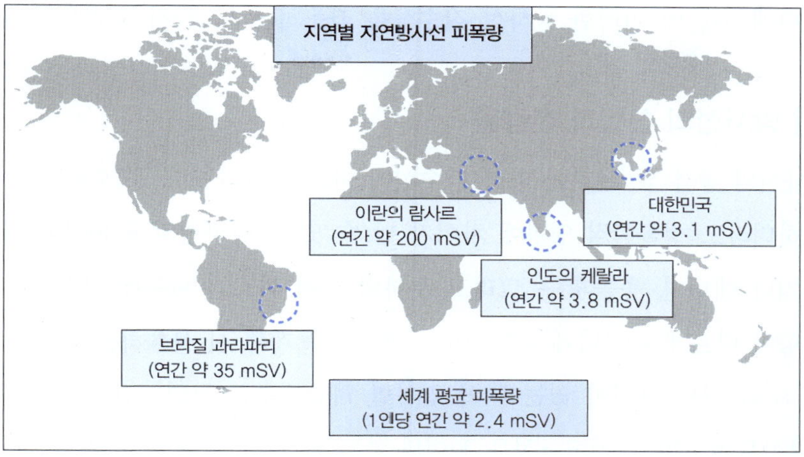

그림 5.2 **지역별 자연방사선 피폭량의 비교**

5.2 방사선의 생체에의 영향

X선이 발견된 이후 방사선이 생체에 영향을 준다는 사실은 지속적으로 확인되었다. 이 분야의 선구적 연구를 진행하였던 W. C. Roentgen, M. Curie, 그리고 H. Becquerel에 의하여 방사선에 장시간 근접 노출될 경우 손이나 복부 등에 홍반이나 가벼운 화상 등이 발생하는 것이 관찰되었다. 그 이후 원자력 발전이나 원자폭탄 등 비의료적 목적의 방사선에 의한 다양한 생체 영향 및 후유증이 보고되었고 동시에 생체영향에 대한 과학적 근거들이 밝혀지게 되었다.

5.2.1. 방사선 감수성의 특징

생체에서 받는 방사선의 영향은 방사선의 종류뿐만 아니라 생체조직의 특성 및 조사방법에 따라서도 좌우된다. 결과적으로 방사선에 대한 감수성(sensitivity)이 차이가 나게 되는데 이러한 방사선 감수성을 좌우하는 몇 가지 요인을 살펴보자.

[1] 방사선의 선질과 선량율

방사선의 종류 및 선질에 따라 감수성이 다르게 나타난다. 즉, 같은 방사선량이라 하더라도 생물학적 영향에 차이가 날 수 있다. 방사선의 종류에 따라 입자의 크기나 에너지, 충돌횟수, 그리고 투과력 등이 다르기 때문에 생체에 나타나는 영향이 다르게 나타나게 된다. 이는 선량당량 계측 시 사용하는 하중계수(QF, quality factor)와도 관련이 있는데 이 입자별 하중계수를 보면 α선, γ선, X선은 1, 중성자선은 5～20, 그리고 α선은 20이다. 이로써 알 수 있듯이 동일한 선량이라 하더라도 α선의 영향이 그 만큼 크게 나타나고 그래서 α선에 대한 관리와 규제가 더욱 엄격한 이유가 되기도 한다.

또한, 동일한 종류의 방사선을 같은 방사선량만큼 조사할 경우라도 방사선의 조사시간을 길게 하거나 분할하여 조사하면 되면 방사선량률이 작아지게 되어 생체에 대한 영향이 적어진다.

[2] 조사범위(전신조사 또는 국소조사)

방사선 조사 시 전신조사 또는 국소조사에 따라 그 감수성 내지 영향이 달라지게 된다. 쥐를 대상으로 한 연구에 의하면 한쪽다리 만을 납판으로 차폐해도 전신조사에 비해 두 배 정도의 방사선량에 견딜 수 있는 것으로 나타났다. 축적선량이 동일한 경우라 하더라도, 장시간 저선량보다는 단시간 고선량을 조사한 경우가 더욱 감수성이 크고 그에 따라 손상정도가 다르게 나타난다.

[3] 산소효과

이것은 방사선 감수성에 미치는 산소의 영향을 말한다. 산소가 충분히 높게 있는 상태가 산소가 적고 부족한 상태의 경우보다 방사선 감수성이 높게 나타난다. 이는 산소 분자들이 방사선에 의해 생기는 활성 분자들의 수를 증가시키기 때문이다. 산소 부족의 경우 방사선에 대한 저항력이 증가하는 현상이 나타난다. 방사선을 이용하여 종양을 치료하는 경우에 산소효과가 중요하게 작용한다. 예를 들어, 종양이 큰 경우에는 종양의 주변부가 저산소 상태가 되어 방사선 치료가 잘되지 않게 되는 원인이 된다. 일반 임상에서도 방사선 치료의 효과를 증대하기 위해 산소를 순간적으로 제공할 수 있는 과산화수소 등을 국소적으로 투여하면서 방사선 치료를 진행하는 것도 산소효과와 관련된다.

[4] 증감효과

증감효과는 방사선 감수성을 증가시키는 약물을 이용하여 방사선 치료효과를 증가시키는 것을 말한다. 앞에서 언급된 산소도 일종의 증감효과를 내는 물질로 볼 수 있다. 주로 라디칼이나 전자 친화성이 있는 화합물을 이용하여 방사선의 치료효과를 높이는 작용을 나타낸다. 예를 들면, deoxybromouridine 등 halogeno-pyrimidine 화합물은 DNA 사슬에 치환되어 들어가 방사선에 의한 사슬 절단율을 높인다. 또한 산소가 낮은 조건에서 방사성 감수성을 증가시키는 역할을 하는 물질들도 있다. 예를 들면, misonidazole 같은 저산소세포 증감제는 저산소세포(hypoxic cell)에서 방사선 치료효과를 증가시키게 돕는 역할을 한다. 이러한 증감효과를 이용한 방법은 암치료에 특히 많이 이용되는데 정상세포와 암세포 간의 차가 있어야 유용할 수 있다.

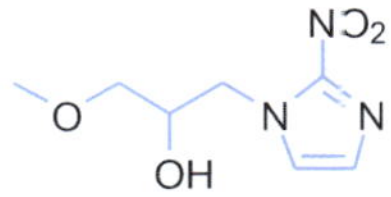

Misonidazole

그림 5.3 Misonidazole 구조

[5] 방호효과

이것은 앞의 증감효과와 반대로 어떤 화학물질을 사용하여 방사선의 영향을 약화시키는 효과를 말한다. 방호효과를 나타내는 방사선 방호(보호)물질에는 라디칼을 잘 제거할 수 있는 라디칼 소거제(radical scavenger)나, 생체내 disulfide 결합의 산화-환원 작용에 관여하는 thiol (-SH)기를 함유한 glutathione (GSH) 또는 cysteamine 유도체 등이 있는데 이러한 물질을 사용하면 방사선 저항력을 높일 수 있다.

그림 5.4 Glutathione와 Cysteamine 구조

[6] 온도효과

방사선의 생물학적인 효과는 일반적으로 온도가 낮아지면 감소되고, 온도가 높아지면 증가된다. 이것은 온도효과라고 한다. 이는 온도가 변화함에 따라서 활성분자의 반응성과 활동성이 바뀌기 때문이라고 여겨진다. 방사선 치료과정에서도 온도효과를 고려하여 치료를 진행하고 있다.

5.2.2. 방사선 작용으로 인한 생체 내 변화

생명체가 방사선의 부분적인 피폭을 받으면 그에 따른 여러 가지 변화가 나타날 수 있다. 물론 방사선의 종류나 특성에 따라 생체 내의 영향은 큰 차이가 있게 마련이다. 일반적으로 방사선이 생체 내를 통과하면서 생체 내의 여러 가지 물질과의 상호작용을 일으키게 되며 결과적으로 물리적 변화(충돌 및 에너지 전이 등), 그에 따른 화학적 변화(결합파괴 등)와 생물학적 변화(유전자나 단백질 구조변형 및 조직상해 등)를 일으키게 된다. 그 영향을 좀더 구체적으로 살펴보면, 먼저 방사선이 입사하여 생체 내 결합 전자를 충격하여 원자 간 결합을 변형하거나 파괴할 수 있으며 또한 비정상적인 이온이나 라디칼을 형성할 수 있다. 이러한 화학종들은 대개 불안정하여 다시 근처의 다른 분자를 공격할 수 있다.

방사선의 생체 내 작용은 크게 직접 작용과 간접 작용으로 나눌 수 있다.

(1) 직접 작용: 방사선이 생체 내의 표적대상 분자에 직접 작용하여, 그 표적 물질이 에너지를 흡수하여 여기, 전리가 되어 생물학적인 변화가 생기게 되는 경우 이를 직접 작용이라 한다.

(2) 간접 작용: 방사선이 일종의 매개물질(세포안의 물과 같은 다른 원자나 분자 등)에 작용하여 활성 화학종을 생성한 다음 이것이 표적대상 분자를 공격하여 변화시킬 경우 이를 간접 작용이라 한다.

방사선의 작용으로 인한 생체 내 변화에 대해 살펴보면 다음과 같다.

[1] 방사선에 의한 물의 변화

인체에 가장 높은 비율(약 60%)로 존재하는 물질이 물 분자이고, 이 물 분자는 방사선에 의해 이온이나 라디칼로 변화될 수 있다. 물에 방사선을 조사하면 주로 전리와 해리가 일어나고 뒤이어 2차 반응에 의하여 다양한 화학종이 생겨난다. 이 중 방사화학적으로 중요한 화학종을 보면, e^-, H_2O^+, H·, HO·, H_2O_2, HOO·, $O_2\cdot^-$ 등이 있는데 이들은 반응성이 크기 때문에 주변 분자들을 다시 공격하여 많은 후속 변화를 일으킨다.

[2] DNA 손상 및 염색체 이상

방사선이 조사되면 유전정보를 가진 DNA 역시 손상될 수 있다. 한 예로서 이중 나선형 구조를 가진 DNA에 위에서 언급된 활성종인 라디칼이 공격하여 염기간의 수소결합이 파괴되기도 하며, 또한 DNA로 부터 H·을 탈착시킴으로서 DNA에 새로운 라디칼이 형성되고 곧바로 후속반응을 통해 DNA의 나선절단(strand scission)과 염기탈착 및 염기장애 등이 유도되어 DNA가 변성되기도 한다. 방사선에 의한 이러한 DNA 손상은 세포분열기에서의 염색체 이상(예, 염색체의 단편화, 결실, 염색체 모양의 변화 등)을 초래하기도 하며 결국 세포분열을 방해하게 된다. 또한, 방사선은 세포분열 과정을 방해하는 것 외에도 세포상해나 돌연변이 등을 초래하기도 한다.

[3] 단백질의 변형

방사선이 조사되어 생기는 라디칼 반응 및 관련 산화-환원 반응에 의해 단백질 분자들의 구조변형 및 분해를 초래할 수 있고, 이러한 단백질들은 정상적 기능을 하지 못하며 활성을 잃게 된다. 여기에는 아미노산 잔기의 파괴, 수소결합 파괴에 의한 구조 변화, 다이술파이드(disulfide) 결합 변화 등에 의한 고차 구조 변화, 또한 그와 관련된 소단위체 해리 및 가교 등이 있다. 이 중 방사선에 의한 가장 일반적 변형은 바로 변성(denaturation)으로서 단백질의 고차 구조 변형이다. 단백질은 3차, 4차의 고차 구조가 갖추어져야 활성을 나타내는데, 이러한 고차 구조의 변형으로 단백질은 제 형태를 잃게 되어 정상기능을 상실하게 된다.

[4] 다당류 및 탄수화물의 변형

방사선이 조사되면 다당류 및 탄수화물에서 분해나 사슬절단 현상이 일어나게 된다. 탄수화물의 경우 방사선에 의해 배당체(glycoside) 결합이 선택적으로 절단되어 이런 현상이 유발하게 된다.

[5] 지질 및 생체막의 변형

지질은 지방조직에 많이 존재하면서 에너지를 저장하는 역할을 하는데 방사선에 의해 수소 및 탄산가스를 배출하며 불포화결합이 생성되면서 지방사슬이 절단되기도 한다. 또한 지질로 구성된 생체막의 경우도 분자 간 상호작용에 이상이 생겨 변성되고 지방산 분해, 막결합효소의 변형 등을 통해 막기능의 심각한 저하를 초래하기도 한다.

생체 내에서는 위에서 언급한 방사선에 의한 손상에 대해서 복구 또는 정상화하기 위해 여러 가지 장치들이 존재하여 방사선 피폭으로 인한 손상들은 어느 정도 스스로 치유될 수 있다. 그러나 복구하기에 충분치 않은 기간에 다시 피폭을 받거나, 피폭량이 너무 과대하여 복구가 불가능한 경우에는 세포사멸(apoptosis)에 의하여 세포 스스로 자멸하는 방법을 취한다. 간혹 자멸하는 기능을 손상받은 세포들이 가지게 되고 이들이 증식하면 이후에 암으로 진행될 수 있다.

5.2.3. 방사선의 세포에 대한 영향

방사선에 의한 세포의 영향을 살펴보던, 일반적으로 세포분열주기의 관점에서 휴지기보다는 핵분열 기간 내에 감수성이 높다. 세포주기의 M기, G1기, S기, G2기, M기 과정에서 G2기 말, M기, G1기 말 시기에는 방사선에 대한 감수성이 높고, S기 말기과 G1기 초반에는 방사선 감수성이 낮다. 같은 정도의 방사선량이 조사된다 하더라도 안정된 기간보다는 세포분열을 위한 과정들이 활발하게 일어나는 기간에 더 많은 영향을 받게 된다.

그리고 발생단계에서 초기단계에 있는 세포들이 영향을 많이 받게 되고, 특히 어린 세포주가 더 큰 영향을 받게 된다. 또한 분화정도가 낮은 세포들이 영향을 많이 받게 되며 후속분화에도 지속적인 손상을 가하게 된다. 요약하면, 세포분열이 빠를수록, 발생단계에서 초기단계일수록, 분화정도가 낮을수록, 방사선 감수성이 높게 나타난다. 즉, 생체 내에서의 성장주기(biological turn over)가 빠른 조직일수록 회복불능의 DNA 손상, 세포주기 변화 등에 의한 방사선 피폭의 영향이 크게 나타난다.

DNA 변형을 통한 염색체 이상으로 생기는 구체적인 세포기능 장애들은 다양한 형태로 발생할 수 있다.

(1) 세포분열 지연(mitotic delay): 저선량의 방사선에 피복되면 가역적 세포분열 과정이 지연된다. 이는 주로 G2 저해가 원인이 될 수 있으며, 그 외에 S기의 연장이나 G1 저해도 원인이 되기도 한다.

(2) 증식사(reproductive death): 수 Gy 이하의 방사선에 피복된 후 세포분열 과정 중 DNA 복제의 정확성에 문제가 생기게 되는 데, 몇 번의 세포주기를 거치면서 세포분열을 진행하고 나면 DNA 배수성에 이상이 생기게 되어 세포증식의 기능을 잃게 된다.

(3) 간기사(interphase death): 100 Gy 이상의 고선량의 방사선에 피복되면 세포 기능을 상실하여 더 이상 분열하지 않고, 세포사멸 하게 된다.

(4) 거대세포(giant cell) 형성: 방사선에 피복된 후 세포분열기능은 상실되었지만, 핵산이나 단백질의 합성작용기능은 크게 저하되지 않고 유지되어 세포가 커지는 현상이 생긴다.

5.2.4. 방사선의 조직에 대한 영향

각 조직 또는 장기에 따른 방사선의 영향을 살펴보면, 먼저 각 조직마다 영향의 정도(감수성)가 차이가 나게 되는데, 대체적으로 방사선 감수성은 조혈기관, 소화기관(소장 등), 생식기관 조직은 매우 높으며, 각종 선의 상피조직 등도 높게 나타난다. 피부, 위, 연골, 성장 중인 뼈 등은 중간정도이다. 뼈, 근육, 혈관, 지방조직 등은 비교적 낮게 나타나고, 뇌나 신경조직 등도 성장이 느려 방사선에 의한 영향이 상대적으로 낮은 것으로 여겨진다.

표 5.1 피폭선량과 급성장해

선량(mSv)	설명	
100000	전신피폭 시 중추신경계 증후군 - 사망	급성장해 (확정적 영향)의 영역
60000	암 치료 시 종양부위 괴사목적의 조사량	
50000	전신피폭 시 위장관계 증후군 - 사망	
30000	피부피폭 시 피지선 영구손상	
12000	중증 궤양(피부)	
8000	궤양(피부)	
5000	홍반, 탈모(피부)	
4000	골수 증후군(사망률 50%)	
3000	생식선 피폭 시 여성불임	
2000	생식선 피폭 시 남성불임(회복가능), 수정체 피폭 시 백내장	
1000	작업자 일생 피폭선량 예상 상한값	
500	급성영향 발단선량 하한값	
20	작업자 연간 피폭한도	만성장해 (확률적 영향)의 영역
15	위장투시진단 1회당 환자의 피폭량	
10	사고 시 주민 소개 고려 개시선	
5	항공기 승무원 연간 피폭량(우주의 입사선)	
4	작업자 연간 평균 피폭량	
2.7	연간 평균 방사선 피폭량(의료피폭 포함)	
2.4	연간 자연방사선 피폭량	
1.0	일반인의 연간 피폭한도(자연방사선 제외)	

5.2.5. 방사선 영향의 분류

방사선이 인체에 주는 영향을 다음 몇 가지로 분류할 수 있다.

[1] 신체적 영향 및 유전적 영향

(1) 신체적 영향: 방사선 피폭된 본인에게서 나타나는 영향

(2) 유전적 영향: 방사선의 영향이 피폭된 사람의 후손에게서 나타나는 영향

[2] 급성 영향 및 만성 영향(방사선이 인체에 영향을 주는 시간에 따른 분류)

(1) 급성 영향: 방사선 피폭된 이후 비교적 단기간에 나타나는 영향

(2) 만성 영향: 방사선 피폭된 이후 장기간이 경과한 이후에 나타나는 영향

[3] 확률적 영향 및 결정적 영향

방사선이 인체에 주는 영향(전신적 효과)을 국제방사선방호위원회(International Commission on Radiological Projection, ICRP) 규정에 따라 크게 확률적 영향과 결정적 영향(비확률적 영향)으로 구분한다.

(1) 확률적 영향

확률적인 영향은 피폭되는 방사선량에 비례하여 인체의 영향도 증가한다는 가정 하에서 방사선 작용에 의한 인체의 영향이 직선적으로 증가하다고 여기는 것이다. 확률적 영향에서는 문턱선량이라고 불리는 최소 선량값(역치)이 없으며 매우 낮은 선량에서도 인체의 장애가 발생할 수 있고, 장애가 발생할 확률은 피폭되지 않은 경우에 비하여 증가한다. 방사선에 의한 발암이나 유전적 장해 등의 만성질환은 장애가 발생할 확률이 피폭 받은 선량에 비례하므로 확률적 영향에 속한다. 확률적 영향으로 인한 인체의 장애는 선량이 증가하면 발생빈도가 증가하지만 증상의 중증도와는 무관하다. 즉, 발생확률과는 별도로 장애의 심각성은 피폭 선량과 무관하며, 일단 발생하면 대단히 심각한 상황을 초래하는 것이 특징이다.

(2) 결정적 영향(확정적 영향, 비확률적 영향)

결정적 영향은 확정적 영향 또는 비확률적 영향으로 불리는 영향으로, 결정적 영향은 문턱선량(최소발단선량)이라고 불리는 최소 선량값(역치)이 있고, 그 문턱선량값 이하의 선량을 피폭받은 경우에는 장애가 발생하지 않는다. 그러나 그 선량 문턱값을 넘어서 방사선 조사를 받아 피폭되는 경우에는 선량에 따라 인체의 영향이 나타난다. 그리고 문턱값을 넘은 선량값이 증가함에 따라 발생한 장애의 중증도가 증가하다가 포화점에 도달하게 된다. 즉, 방사선량에 비례하여 증가하는 것은 발생빈도가 아니라 장애의 심각성이다. 결정적 영향의 예로는 방사선에 의한 홍반이나 탈모, 괴사 등의 질환이 있다. 사람에 대한 방사선의 LD_{50}은 4 Sv

(400 rem, 전신조사의 경우 30일 이내 사망)로 추정된다. 일반적으로 결정적 영향은 방사선 피폭 후에 오래되지 않아 증상이 나타나고 일정선량 이상의 피폭을 받은 사람 대부분에서 질환이 발생하기에 인과관계가 명확하다. 또한 방사선 방호적인 면에서 보면 문턱선량이 존재하기에 그 이하의 선량값이 되도록 피폭량을 최소화하면 피폭으로 인한 인체의 변화 발생을 막을 수 있기에 안전한 환경을 유지하는 것이 중요하다.

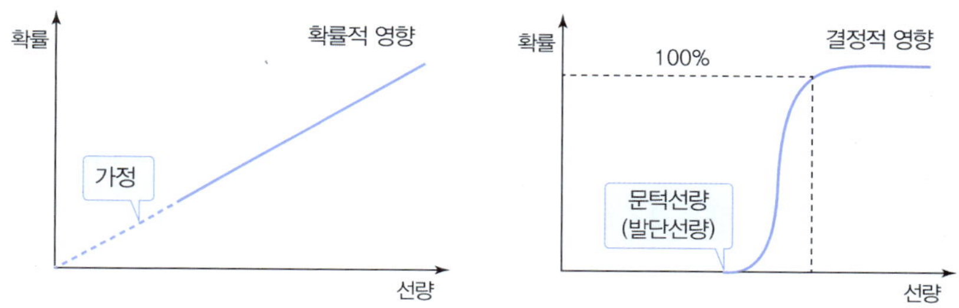

그림 5.5 피폭선량과 방사선 영향과의 관계

표 5.2 확률적 영향과 결정적 영향의 특징

구분	확률적 영향	결정적 영향
발생기전	세포의 돌연변이와 유전의 결과로 발생	급성 고선량 피폭으로 인한 세포사 또는 급성 반응에서 기인한 영향
인과관계	우연성이 지배적	피폭와 영향발현의 인과관계가 필연적
문턱선량	문턱선량이 없으며, 선량에 비례하는 위험이 있다고 가정함	문턱선량(최소 발단선량) 존재
발현시기	지발성 또는 만선	대체로 급성
임상적 특징	타원인의 영향과 구분 불가	증상의 특이성이 있음
방호개념	위험을 합리적인 범위에서 최소화	선량을 문턱값 이하로 유지하면 방지 가능
증상의 예	암, 백혈병, 유전결함 등	홍반, 백내장, 혈액상 변화, 불임, 치사, 사망

5.3 피폭의 안전관리

5.3.1. 선량당량 한도

방사선 장해를 방어하기 위하여, 작업자 또는 일반인(수시출입자)의 개인 피폭선량이 결정적 영향이 없는 상태인 문턱선량 이하로 유지되도록 하고, 확률적 영향의 발생확률을 최소화하는 방향으로 선량의 제한 체계를 설정하게 되어 있다. 현재 ICRP(국제방사선방호위원회) 규정에 따르면 일반인의 연간 피폭한도는 1.0 mSv (자연방사선 피폭 제외)로 규정하고 있으며 자연방사선 피폭량은 2.4 mSv (의료피폭 제외), 연간 평균 피폭량은 2.7 mSv (의료피폭 포함)로 정하고 있다. 작업자의 경우 연간 평균 피폭량은 4.0 mSv, 연간 피폭한도는 과거 5년 평균값인 20 mSv이면서 동시에 어느 한 해라도 연간 50 mSv를 초과하지 않아야 한다. 물론 의료목적으로 사용하는 환자의 피폭량은 방사선을 사용하는 의료행위의 이익이 크기에 이 선량한도의 제한을 적용하지 않는다.

5.3.2. 방사선 방호원칙

[1] ICRP의 3가지 방사선 방호원칙

ICRP의 규정에 의한 방사선 방호의 목적은 '유해한 확정적 영향을 방지하며 확률적 영향의 확률을 인정가능 수준까지 제한하는 것이며 또한 방사선 피폭을 수반하는 행위는 확실히 정당화 되도록 하는 것이다'라고 할 수 있다. 방사선 안전문제는 본질적으로 방사선에 있음을 기준하여 방사선의 발생 자체를 줄이고, 방사선으로부터 보호하며, 방사선이 외부로 유출되어 환경에 미치는 영향을 방지하는 것이다. 이에 기초하여 ICRP는 다음과 같은 3가지 방사선 방호체계(system of radiological protection) 원칙을 권고하고 있다.

(1) 방사선 작업의 정당화(justification): 피폭을 수반하는 어떠한 행위도 손실보다 이득이 초과하는 경우에만 수행 가능하다.

(2) 방사선 방호의 최적화(optimization): 정당한 행동의 결과가 가져오는 모든 피폭은 경제적 및 사회적 인자를 고려하여 합리적으로 달성 가능한 한 낮게 유지해야 한다(ALARA (As Low As Reasonably Achievable) 원칙이라 함).

(3) 선량 제한(dose limitation): 개인에 대한 총 피폭선량은 ICRP가 권고하는 한도를 초과하지 않아야 한다. 즉 개인이 받는 피폭선량을 항상 규제치 이내로 유지해야 한다.

방사선 작업의 정당화의 예로 의료행위(환자의 건강회복이 진단과 치료 중 받는 피폭보다 이익)와 교육연구분야의 방사성물질취급(연구결과로 인한 인류의 기여가 실험 중 피폭보다 이익) 등이 있다. 또한 선량제한의 예로 우리나라의 경우 방사선 작업 종사자는 연간 50 mSv를 초과하지 않으면서 5년간 100 mSv를 넘지 않아야 한다.

[2] 외부피폭 방호 3원칙과 내부피폭 방호 3원칙

방사선을 취급하는 데 있어, 수반되는 방사선 피폭으로부터 자신을 보호하기 위한 방어의 원칙이 있다. 피폭의 종류에는 방사선원에 의한 외부피폭과 인체내부에 들어온 방사성물질로부터의 내부피폭이 있다.

외부피폭으로부터 자신을 보호하기 위한 방어의 원칙은 다음과 같다(이를 위의 방사선 방호체계와 구분할 것).

(1) 외부피폭 방호 3원칙

① 시간: 작업시간을 최소화한다.

방사성 물질을 취급하는 시간에 비례하여 피폭선량이 증가하므로 작업하는 시간을 줄이면 그만큼 받게 되는 피폭선량이 줄어들게 된다. 그러므로 가능한 방사성물질을 취급하는 시간을 줄이는 것이 유리하다.

② 거리: 방사선 선원으로부터 거리를 가능한 멀리 한다.

거리의 경우, 방사선의 선량은 선원으로부터의 거리의 제곱에 반비례하여 줄어든다. 이 성질을 이용하여, 될 수 있으면 방사선원으로부터의 거리를 멀리하면 할수록 피폭선량은 줄어들게 된다.

③ 차폐: 방사선원과 작업종사자 사이에 차폐를 한다.

차폐의 경우는 방사선원과 작업자 사이에 차폐물을 두어 방사선 피폭량을 감소시키는 방법이다. 해당 방사선을 차폐할 수 있는 차폐물을 선원과 나 사이에 두어 신체의 일부분이라도 가리는 것이 방사선 방호에 훨씬 유리하다. 차폐물은 일정한 두께가 필요하지만 작업의 편리성을 지나치게 저하시키지 않아야 하고 방사선의 선질, 선량 그리고 차폐제의 특성 등을 고려해야 한다. 예를 들어, α선은 투과력이 약하여 공기중(약 5cm 이내)에서 차단되고, β선은 플라스틱이나 알루미늄으로 차폐된다. 또한, γ선은 납, 철 콘크리트 등으로 차폐되고, 중성자는 물 등으로 차폐된다. 후방산란이 가능한 경우는 차폐물이 있어도 후방산란에 의한 피폭도 주의해야 한다.

요약하자면, 외부피폭을 최소화하기 위해 방사선원과 거리를 최대한 멀리 하고, 사용시간을 최대한으로 단축하고, 차폐를 철저히 해야 한다.

방사성물질이 체내에 들어오면 내부피폭을 받게 된다. 내부피폭은 밀봉되지 않은 방사선동위원소(개봉선원)에 의한 공기(흡입, inhalation), 음식물(섭취, ingestion) 또는 손, 발 등의 신체(침투, injection) 등을 통해 발생한다. 내부피폭으로부터 자신을 보호하기 위한 방어의 원칙은 다음과 같다.

(2) 내부피폭 방호 3원칙

① 격리(격납)

격리의 경우, 방사성물질을 작업자의 주변 환경으로부터 격리시켜 방사성물질이 인체에 들어오는 것을 방지한다. 격리할 수 있는 시설이나 설비(예, 후드(hood), 글러브박스(glove box), 핫셀(hot cell) 등)을 이용하여 피폭을 막는다.

② 희석

희석의 경우, 방사성물질에서 나오는 방사능량을 적게 하거나 농도를 낮게 만든다. 공기정화, 필터링 후의 배기와 배수 등을 작용을 이용하여 주변 환경에서의 방사성물질의 농도를 낮게 유지한다.

③ 차단

차단의 경우, 주변 방사성 오염으로부터 방사성물질이 인체에 들어오는 경로를 막기 위하여 호흡방호장비(마스크), 작업복, 장갑 등을 착용한다.

[3] 안전처리

안전한 방사성물질의 처리는 매우 중요한 문제로서 그 규정을 철저히 준수해야 한다. 먼저 사용하지 않는 방사성물질은 잘 밀폐된 용기에 투입하여 정해진 장소 및 시설에 보관해야 하며 가능한 한 접근하지 않도록 한다. 방사성물질을 사용할 때는 안전한 취급법을 숙지한 후 사용해야 한다. 또한 오염방지에 최선을 다하고 만일 오염되었을 경우 규정이 따라 신속히 제거하도록 해야 하며 이를 위해 교육 및 관련 내용을 사전에 잘 숙지해야 한다. 그리고 오염 등 방사성물질 처리 시, 사용한 물건들 폐기 시 반드시 지정장소 및 지정시설을 이용하여 규정대로 처리해야 한다.

[4] 방호교육

방사선 관리구역에 출입하는 자는 정기적으로 방사선 방호교육을 이수해야 한다. 기존 종사자의 경우 매년 6시간 이상의 교육을 이수해야 한다. 신규 종사자의 경우 20시간 이상의 교육을 받아야 하고, 이를 통해 방사선 안전관리규정 및 비상 시의 행동지침에 대해 숙지해야 한다. 구체적으로는 방사성물질과 방사선의 특성, 관련 장비의 내용과 위험성 등을 잘 이해해야 하고, 특정 방사선 구역의 위치와 부착된 각종 표시 및 그 내용을 잘 숙지해야 된다. 그리고 방사성물질의 사용, 분배, 저장, 운반, 폐기, 보관 및 배출 등의 규정을 숙지해야 한다.

[5] 건강진단

방사선 작업종사자는 주기적으로 건강진단을 실시하고 그 결과를 보존해야 한다. 먼저 방사선 관리구역에 최초로 출입하는 종사자는 출입하기 전에 반드시 건강검진을 받아야 한다. 그리고 기존 방사선 작업에 종사중인 자는 매년마다 건강진단을 실시해야 하는데 다만 그 피폭량이 일반인의 연간 선량한도인 1 mSv를 초과하지 않은 경우에는 생략할 수 있다. 또한 선량한도를 초과하여 피폭을 받은 경우에는 그때마다 건강진단을 실시해야 한다. 이때는 규정에 있는 항목을 위주로 해야 하는데 특히 피폭의 특성을 잘 고려하여 방사선감수성이 높은 조혈기관, 생식기관, 임파선 그리고 흡입 시는 심폐기능 등을 잘 관리해야 한다.

5.4 방사성의약품 취급관련 법령

5.4.1. 취급관련 법령

원자력법과 원자력 관계법령은 핵물질의 사용, 방사성동위원소 및 방사선 발생장치의 사용, 이동사용, 생산, 판매, 방사성폐기물 등 분야에서 원자력 안전, 방사선 방호, 물리적 방호, 방사선 비상대응, 원자력 손해배상, 원자력 관련기관의 설치 등에 적용된다. 원자력법과 원자력법 시행령에 의하여 대한민국 내에서의 방사성동위원소, 또는 방사선 발생장치의 소지, 사용, 이동사용, 생산, 판매, 폐기 등의 제반 사항 및 이를 하고자 하는 사람은 원자력안전위원회의 허가를 받아야 한다. 또한, 방사성동위원소 등의 사용시설(방사성동위원소 등의 생산시설, 사용시설, 분배시설, 저장시설, 보관시설, 처리시설 및 배출시설 등)을 설치하거나 변경할 경우 시설검사 및 주기적인(매년, 매3년, 매5년) 정기검사와 필요에 따른 수시검사를 받아야 한다. 또한, 허가사용자와 그 종업원은 안전관리규정을 준수해야 한다. 그렇지 않을 경우 과태료가 부과된다.

방사성동위원소를 사용할 때는 장해방지법, 노동안전 위생법, 약사법, 의료법 및 그 시행령과 시행규칙 등의 적용을 받게 된다. 또한, 방사성의약품을 포함한 모든 의약품은 약사의 책임 하에 관리되어야 한다. 특히 방사성의약품도 2017년 9월부터 GMP 대상에 해당되어 필요한 생산시설을 갖춘 곳에서 생산해야 한다.

5.4.2. 면허제도 및 자격(전문담당자)

법에 의하여 원자력안전위원회의 면허를 받는 사람이나 국가기술자격법에 따른 방사선관리기술사의 자격이 있는 사람만이 방사성동위원소를 취급할 수 있다. 따라서 방사성동위원소를 취급하는 경우에는 전반적 감독을 위하여 취급 전문담당자 또는 그 대리자를 선임해야 한다. 관련 면허 및 자격에는 방사성동위원소 취급자 일반면허, 방사성동위원소 취급자 특수면허, 방사성취급 감독자면허, 방사선안전관리 기술자 자격 등이 있다. 또한 관련 면허는 방사성취급 전문담당자 제1종, 제2종, 제3종 면허로 분류된다. 이러한 면허를 소지한 자를 전문담당자로 임명할 수 있고, 또한 예외로서 관련 업무에 종사하는 의사 또는 약사를 선임할 수도 있다.

5.4.3. 방사선 장애방지조치

법은 원자력관계사업자에게 방사선 장애방지조치를 요구하고 있기에 방사선량 및 방사성오염의 측정, 건강진단, 피폭관리, 방사성물질의 방출량 및 피폭방사선량을 합리적으로 낮게 유지하기 위한 조치 등을 취해야 한다.

5.4.4. 의무위반에 대한 제재

원자력관계사업자가 일정한 의무를 이행하지 않을 경우 정부가 의무위반에 대해서 (1) 행정강제, (2) 행정벌(행정벌에는 징역, 금고, 벌금 등 형법상의 형을 부과하는 행정형벌과 과태료를 부과하는 행정질서벌이 있다), 및 (3) 인허가의 취소, 정지 등의 제제를 할 수 있다.

CHAPTER 6

방사성물질의 의약학적 이용

6.1 일반적 이용 및 의약학적 응용

일반적으로 방사선의 생물학적 효과를 이용한 적용 범위는 넓지 않으나 특정 목적에는 자주 사용되고 있다. 먼저 유전적 효과로서 돌연변이나 염색체 이상을 이용한 품종개량에 응용되고 식품보존에 관련하여 부패 미생물을 살균하여 식품의 보존기간을 연장하고 식품 이외의 대상물을 살균하는데도 사용된다. 또한 감자나 양파 등의 발아 방지를 위하여 사용되기도 한다. 그리고 해충구제 및 해충제어 목적으로 사용되는 경우도 있다. 그외 야광시계의 광원으로서, 화재경보기의 전류공급원으로서, 비파괴 검사 시의 투과광원으로서 사용되고 있다.

의약학 부분에 있어서는 방사선의 검출한계(limit of detection)가 현재 알려진 다른 어떤 검출방법보다 월등하게 우수($>10^{-2}$ pg)하고, 핵종에 따른 높은 에너지를 방출할 수 있는 점을 이용하여 생체물질 작용기전의 연구, 약물의 체내 대사연구, 진단 및 치료 신약의 개발, 의약물의 평가, 미량물질의 분석 등에 많이 이용되고 있다.

6.1.1. 추적자(Tracer)법

관심물질과 같은 거동을 하는 방사성동위원소로 표지된 물질을 첨가하고 이때 발생되는 방사능을 이용하여 관심물질의 거동을 추적하는 방법을 추적자(tracer)법이라고 한다. 경우에 따라 방사성이 표지되지 않은 과량의 관심물질과 표지된 미량의 관심물질을 함께 사용할 수도 있고, 경우에 따라 함께 사용하지 않을 수도 있으며 이때 방사성동위원소가 표지된 물질을 추적자(tracer)라고 한다. 이 과정에서 방출되는 방사선은 고감도로 신속하게 주기적으로 검출 및 측정이 가능하므로 여러 목적으로 매우 폭넓게 사용될 수 있다. 이러한 추적자법의 특징을 아래와 같이 정리할 수 있다.

- 측정감도가 매우 높고 정밀하여 기존 기타 분석법의 한계를 극복할 수 있다.
- 미량사용이므로 투여한 표지화합물에 의한 생체 내 약리효과가 발생할 가능성이 거의 없다.
- 관찰하고자 하는 관심물질을 다른 혼재물질로부터 분리하지 않고 정성, 정량 분석이 가능하다.
- 동위체의 질량이 상이하므로 거동에 미세한 물리적 차이가 발생할 수 있다(동위체 효과, isotope effect).
- 미량이지만 사용량에 따라서는 투여된 생체에 방사선의 영향이 나타날 수 있다(방사선 효과, radiation effect).

추적자법의 한 예로서 방사성동위원소 ^{18}F로 표지된 포도당(2-deoxy-2-[^{18}F]fluoro-D-glucose, [^{18}F]FDG)을 투여하여 시간에 따른 포도당의 체내분포의 추이를 사진으로 영상화하여 볼 수 있고 시간에 따른 변화를 관찰할 수도 있다. 참고로 방사성동위원소로 표지된 화합물을 hot compound라고 하며, 동일한 안정동위원소로 치환된 화합물을 cold compound라고 한다.

6.1.2. 연구/의료 목적의 방사성동위원소

[1] ^{3}H

삼중수소(^{3}H, tritium)는 자연에 존재하는 자연 방사성동위원소로서 상부 대기에 있는 질소 분자와 우주방사선(cosmic ray)의 충돌에 의해서 생성된다. ^{3}H은 하나의 양성자와 두 개의 중성자(질량수: 3)를 가지고 있으며, 물리적 반감기는 12.3년이다. 매우 약한 β선을 방출하면서 딸핵종으로 헬륨(helium)을 생성하지만, 이는 가이거 계수기(Geiger counter)로는 측정할 수 없다. 방출된 β선은 공기 중 5~6 mm의 정지비정을 가지며 피부조직을 투과하지 못하는 특징을 보인다. 하지만 액체 섬광 계수기(liquid scintillation counter)는 ^{3}H에서 방출된 β선을 매우 정확하게 측정할 수 있다. ^{3}H는 흡입하거나 섭취할 경우 인체에 위험할 수 있으며, 특히 산소와 결합하여 ^{3}H를 포함한 물이 생성되었을 경우 피부의 모공을 통해 흡수될 수 있다. ^{3}H의 최대 비방사능(specific activity)은 29.1 Ci/mmol이다.

[2] ^{14}C

탄소-14(^{14}C)는 여섯 개의 양성자와 여덟 개의 중성자를 가지고 있으며 5,730년의 물리적 반감기를 가지고 있는 방사성동위원소이다. 약한 β선을 방출하면서 딸핵종으로 질소를 생성하며 최대 비방사능은 62.4 mCi/mmol이다. 탄소-14는 액체 섬광 계수기 뿐만 아니라 가이거 계수기로도 측정이 가능하기 때문에 상대적으로 삼중수소에 비해 응용 폭이 넓다. 방출되는 β선의 공기중 정지비정은 22 mm이며 신체에서 정지비정은 0.27 mm이다.

[3] $^{32/33}P$

인-32(^{32}P) 또는 인-33(^{33}P)은 각각 14.3일과 25.6일의 반감기를 가지며 β선을 방출하는 방사성동위원소이다. 두 동위원소 모두 β붕괴를 통해 딸핵종으로 황(S)을 생성하며, 핵산 및 뉴클레오타이드의 표지에 자주 사용된다. 특히 ^{32}P는 최대 약

1.7 MeV의 높은 에너지의 β선을 방출하는 핵종이므로 취급시 손, 피부 등의 국부피폭의 위험이 있기 때문에 수 cm의 플라스틱 차폐체(poly(methyl methacrylate), PMMA 재질)를 사용해야 한다. 또한 제동 X선에 의한 전신피폭의 가능성도 있으므로 사용 시 주의가 필요하다.

[4] ^{35}S

황-35(^{35}S)는 최대 168 keV, 평균 49 keV의 에너지의 β선을 방출하는 방사성동위원소로써 87.5일의 반감기를 가진다. 황-35는 세포 내의 DNA 및 RNA에 표지하여 유전자 연구에 주로 이용되며, 매우 낮은 저에너지 β선을 방출하는 핵종이므로 직접 방사선에 의한 외부피폭의 우려는 거의 없다.

[5] ^{99m}Tc

테크네튬-99m(^{99m}Tc)은 6시간의 반감기를 가지며 141 keV 에너지의 γ선을 방출하는 핵종으로 몰리브덴-99(^{99}Mo)-^{99m}Tc 발생기(generator)에서 추출하여 사용한다. 체내 영상을 얻기 위한 적절한 에너지와 발생기로부터 값싸고 쉽게 얻을 수 있어 핵의학에서 가장 널리 사용되고 있는 핵종이다. γ선을 방출하는 핵종이기 때문에 차폐는 원자번호가 큰 납 또는 텅스텐으로 차폐하며 납으로 차폐 시 반가층(방사선의 진행방향에 어떤 물질이 놓여 있을 때 그 물질에 의해서 방사선량이 절반으로 줄어드는 물질의 두께, half-value layer)은 1 mm 이하이다. 특히, 외부피폭의 위험이 크기 때문에 차폐물을 잘 활용하여 외부피폭을 최소화하는 것이 필요하다. 몰리브덴-99 및 테크네튬-99m의 붕괴도는 그림 6.1(a)에 나타내었다.

[6] ^{18}F

불소-18(^{18}F)은 109.7분의 반감기 및 511 keV의 에너지를 가지며 양전자 방출을 통해 산소-18로 바뀌게 된다. 방출된 양전자는 2.4 mm의 거리 내에서(물 또는 체내) 전자를 만나 소멸하며 두 개의 γ선을 생성한다. 이를 양전자소멸(annihilation)

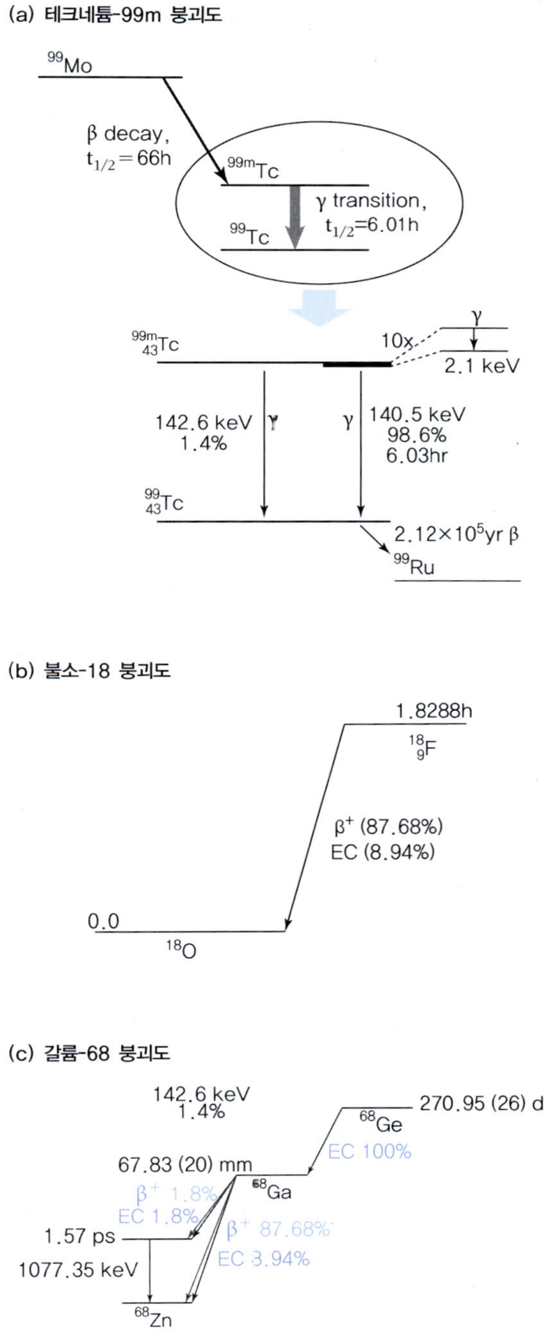

그림 6.1 방사성동위원소 테크네튬-99m, 불소-18 및 갈륨-68의 붕괴도

이라고 하며 이를 통해 생성된 두 개의 γ선은 PET의 검출기를 통해 진단영상으로 변환된다. γ선을 형성하기 때문에 차폐는 원자번호가 큰 납 또는 텅스텐으로 하며 납으로 차폐시 반가층은 6 mm이다. 의학에서는 진단목적으로 주로 사용되는 핵종이며 외부피폭의 위험이 크기 때문에 차폐물을 잘 활용해야 한다. 불소-18의 붕괴도는 그림 6.1(b)에 나타내었다.

[7] ^{11}C

탄소-11(^{11}C)은 20.4분의 반감기 및 최대 511 keV 에너지의 양전자를 방출하는 양전자 방출 방사성동위원소이다. 양전자 방출을 통해 붕소-11로 바뀌게 되며 불소-18과 함께 PET 영상에 주로 사용되는 핵종이다. γ선을 형성하기 때문에 차폐는 원자번호가 큰 납 또는 텅스텐으로 하며 납으로 차폐 시 반가층은 6 mm이다. 탄소-11 또한 외부피폭의 위험이 크기 때문에 차폐물을 잘 활용해야 한다.

[8] ^{123}I

요오드-123(^{123}I)은 반감기가 13.2시간이고 전자포획(electron capture)을 통해 텔루륨(tellurium)으로 붕괴한다. 이때, 159 keV의 γ선을 방출하는데, 방출에너지가 체내영상을 얻기에 적당해서 SPECT에 사용된다. 납으로 차폐 시 반가층은 1 mm이며, 외부피폭을 최소화 할 수 있는 차폐물을 잘 활용해야 한다.

[9] ^{125}I

요오드-125(^{125}I)는 반감기가 59.41일이며 35 keV의 저에너지 γ선을 방출하는 방사성동위원소이다. 반감기가 길어 체내 영상을 얻는 데는 적합하지 않으나, 항원이나 항체에 표지가 잘 되어 체외검사에 주로 사용되고 있다.

[10] ^{131}I

요오드-131(^{131}I)은 반감기가 8일이며 606 keV의 β선과 365 keV의 γ선을 방출하는 방사성동위원소이다. 특히 β선의 에너지가 치료 목적으로 적당하며, 갑상선으로의 섭취율이 타 장기에 비해 4,000~5,000배 높아 갑상선 치료에 효율적이다. 납으로 차폐 시 반가층은 3 mm이며, 외부피폭을 최소화 할 수 있는 차폐물을 잘 활용해야 한다.

[11] ^{68}Ga

게르마늄-68(^{68}Ge)이 붕괴되어 만들어지는 딸핵종으로써 ^{68}Ge/^{68}Ga 발생기에서 추출하여 사용한다. 갈륨-68(^{68}Ga)은 68분의 반감기를 가지며 양전자 방출을 통해 아연(^{68}Zn)으로 바뀌게 된다. 방출된 양전자는 양전자소멸을 통해 511 keV 에너지를 가진 두 개의 γ선을 생성하기 때문에 차폐는 원자번호가 큰 납 또는 텅스텐으로 해야 한다. 납으로 차폐시 반가층은 6 mm이다. 기존의 PET용 방사성동위원소들의 생산은 가속기를 통해서 가능하였는데, 갈륨-68은 발생기를 사용하기 때문에 가속기 생산 핵종을 대체할 수 있는 새로운 PET용 방사성 금속으로 주목받고 있다. 갈륨-68의 붕괴도는 그림 6.1(c)에 나타내었다.

[12] ^{177}Lu

루테튬-177(^{177}Lu)은 반감기가 6.7일이며 최대에너지 497 keV의 β선을 방출하는 방사성동위원소이다. 특히 펩타이드 수용체 방사성 핵종 치료(peptide receptor radionuclide therapy, PRRT)를 통한 신경내분비 종양 및 전립선암 치료의 성공으로 인해 현재 임상적 수요가 매우 높은 방사성 금속이다. 루테튬-177는 β선을 방출하며 이 β선은 짧은 범위의 조직(최대 2 mm)에 에너지를 축적한다. 이러한 특징은 전이암 치료에 적합할 뿐 아니라 정상 조직에 대한 독성 효과를 감소시킬 수 있다. 6.7일의 반감기는 분자량이 적은 펩타이드에서 큰 단백질 분자에 이르기까지 치료목적의 다양한 표적 제제에 적용할 수 있다. 소량의 γ선이 발생하기 때문에 납을 이용한 차폐도 필요하며 납으로 차폐시 반가층은 0.6 mm이다.

6.1.3. 대표적인 방사성의약품

화합물의 구성원소에 방사성동위원소를 함유하는 물질을 방사성표지화합물(radio-labeled compound) 또는 간단히 표지화합물(labeled compound)이라고 한다. 표지화합물에 이용되는 방사성 표지핵종은 여러 가지가 있으나 의약학적 용도가 큰 표지핵종들은 ^{3}H, ^{14}C, ^{32}P, ^{123}I, ^{125}I, ^{131}I, ^{35}S, ^{99m}Tc, ^{18}F, ^{11}C, ^{67}Ga, ^{68}Ga, ^{111}In, ^{177}Lu 등이다. 공유결합으로 방사성동위원소가 표지된 표지화합물의 표기는 [ ]를 사용하는데 [표지위치-표지핵종] 정보를 바로 표지부위 직전에 둔다. 예로서 C(1)위치에 표지된 glycine의 경우 다음과 같이 표기한다.

NH_2-CH_2-$^{14}CO_2H$: [1-^{14}C]glycine

반면, 착화합물로 구성된 방사성의약품은 대괄호가 아닌 –로 표기한다.

^{68}Ga-약물 또는 ^{99m}Tc-약물

[1] 표지화합물의 선택

해당 목적에 부합하는 표지화합물을 선택하고자 할 때는 여러 가지를 고려해야 한다. 먼저 표지핵종을 선택할 때는 그 핵종으로부터 나오는 방사선의 선질과 에너지 반감기 등을 적절히 고려해야 한다. 그리고 표지위치의 선택은 대사적, 화학적 안정성을 고려해야 하는데 이는 생체 내에서 대사나 화학반응에 의해 표지위치가 변형 내지 탈착되면 곤란하기 때문이다. 또한 표지화합물이 분해 또는 소실되지 않는 범위 내에서 비방사능이 적절히 높은 수준이 되어서 계측이 용이해야 한다. 그리고 방사화학적 순도가 높아야 한다. 또한 반감기 등을 고려하여 진단시간 동안에 필요한 최소량의 총방사능을 유지해야 한다. 물론 제조의 용이성, 구조안정성, 용해도, 생체 내 적합성 등을 고려하여 목적에 맞는 표지화합물을 선정해야 한다.

[2] 표지화합물의 합성

표지화합물의 합성에는 화학합성법, 동위체교환법, 생합성법 등이 있다. 화학합성법은 일반적인 유기합성기술이 적용되는데 반응시간, 수율 및 반응의 용이성 등을 고려해야 한다. 동위체교환법은 교환반응을 이용해 동위체를 직접적으로 교환하는 방법인데, 특히 교환이 잘 이루어지는 방사성 할로겐화물 등을 제조할 때 이용된다. 생합성법은 방사성 핵종이나 이를 포함한 단위체를 효소나 세포, 미생물 등에 투입하여 생합성을 유도하는 방법이다. 이 방법에서는 광학이성체를 손쉽게 제조할 수 있는 장점이 있다. 표지화합물의 합성 시 고려사항으로는 먼저, 이들은 순수방사능 물질이기 때문에 취급 시 방사능량이 높으므로 안전관리에 특히 유의해야 하고, 또한 비방사능이 높은 표지화합물인 경우 더욱 주의해야 하는데 취급량이 극미량이 될지라도 이의 취급 및 처리에 숙련된 기술이 필요하다.

[3] 2-Deoxy-2-[^{18}F]fluoro-D-glucose ([^{18}F]FDG)

^{18}F이 표지된 의약품을 합성을 위하서는 방사성동위원소 ^{18}F의 생산을 먼저 해야 한다. ^{18}F는 사이클로트론을 사용해 가속한 양성자(^{1}H)를 표적 산소(^{18}O)에 조사하여 생산한다. 이때 표적 산소가 $H_2{}^{18}O$이면 수용액상의 $^{18}F^-$ 이온이 만들어지며, $^{18}O_2$ 기체이면 [^{18}F]F_2 기체가 만들어진다. 생산된 $^{18}F^-$ 이온은 친핵체로서 작용하며 높은 비방사능값(10^2 GBq/μmol)을 가지는 반면, [^{18}F]F_2는 친전자체로 작용하며 상대적으로 낮은 비방사능값을 가진다(100~900 MBq/μmol). 따라서 현재의 대부분 ^{18}F가 표지된 방사성의약품들은 $^{18}F^-$ 이온을 이용한 친핵성 치환 반응으로 합성된다.

방사성의약품 중 가장 널리 알려지고 사용되는 의약품은 [^{18}F]FDG이다. 최초 FDG의 합성은 1968년도에 보고 되었지만, 방사성동위원소 ^{18}F이 표지된 [^{18}F]FDG

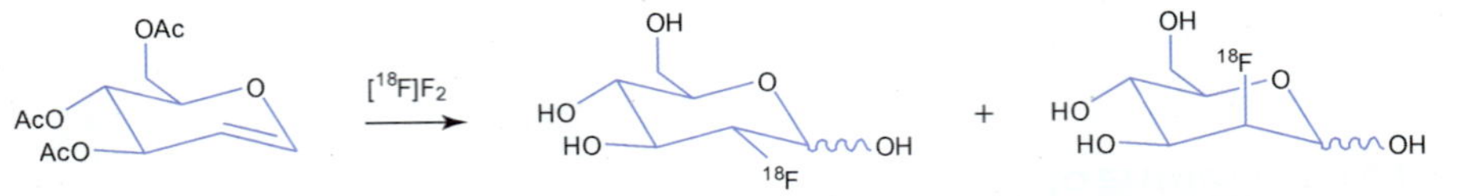

3 : 1

그림 6.2 $[^{18}F]F_2$를 이용한 $[^{18}F]$FDG의 표지 방법

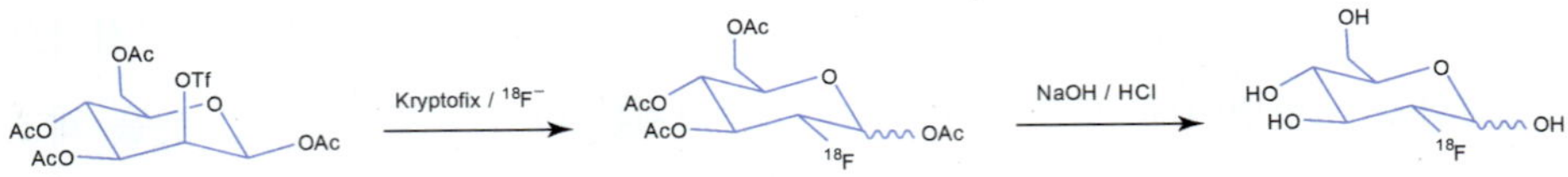

그림 6.3 $^{18}F^-$ 이온의 S_N2 친핵치환 반응을 이용한 $[^{18}F]$FDG의 표지 방법

는 1976년에 보고되었다. 첫 표지 $[^{18}F]$FDG는 $[^{18}F]F_2$를 이용해 표지되었기 때문에 선택성의 문제로 인해 방사화학적 수득율이 낮았다(약 8%, 그림 6.2). 그 후 mannose triflate의 도입으로 인해 $^{18}F^-$ 이온를 이용한 S_N2 친핵치환 반응을 적용할 수 있게 되어 현재는 약 70% 정도의 방사화학적 수득율을 확보하게 되었다[그림 6.3]. 여기서 수용액상의 $^{18}F^-$ 이온을 이용한 S_N2 반응을 수행할 때는 수분을 제거하는 절차를 반드시 거쳐야 한다. 이때 가장 편리한 방법은 이온교환수지를 이

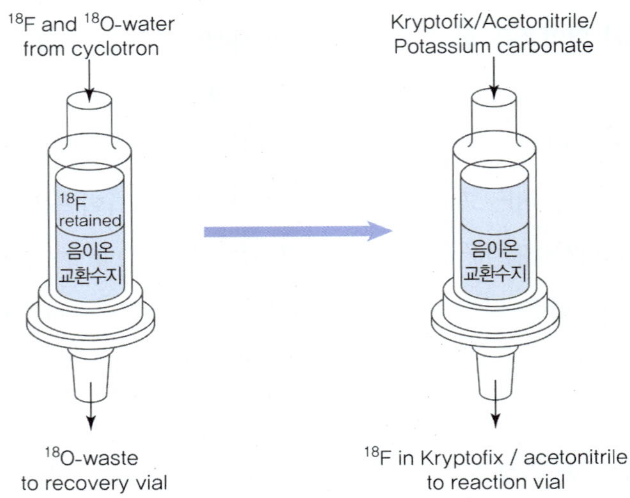

그림 6.4 이온교환수지를 이용한 $^{18}F^-$의 활성화

용하는 방법으로써, 음이온교환수지로 $^{18}F^{-}$ 이온을 분리한 다음 루비듐(rubidium), 세슘(caesium) 또는 칼륨(potassium)등의 금속 이온을 Kryptofix 2.2.2 (4,7,13,16,21,24-Hexaoxa-1,10-diazabicyclo[8.8.8]hexacosane, K. 2.2.2) 또는 tetrabutylammonium 염과 함께 착물로 만든 용액으로 용출시키는 것이다[그림 6.4].

[4] ^{99m}Tc-방사성의약품

전이금속 7B족인 ^{99m}Tc는 약산성이고 약염기성인 thiol, amine, isonitrile, carbon monoxide 등과 쉽게 착물을 형성하드로 이러한 잔기를 가진 리간드의 개발이 ^{99m}Tc표지 방사성의약품 연구에서 매우 중요하다. ^{99m}Tc 착체를 형성할 리간드는 다음과 같은 성격을 충족해야 한다. (1) 이온결합을 할 수 있는 이온화된 산소원자 함유, (2) 공유결합의 일종인 배위결합을 할 수 있는 질소와 유황원자 함유, (3) 배위결합을 할 수 있는 isonitrile 함유가 그것이다. 대표적으로 DTPA(diethylene triamine pentaacetic acid), MDP(methylenediphosphonic acid), MAG_3(mercaptoacetylglycy-

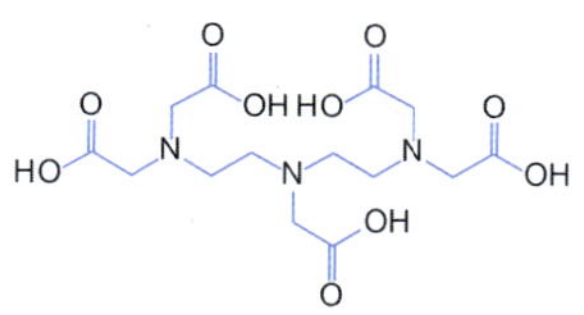

DTPA

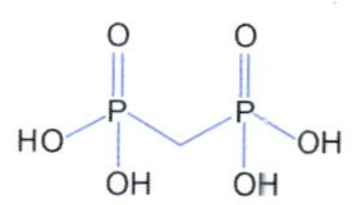

MDP

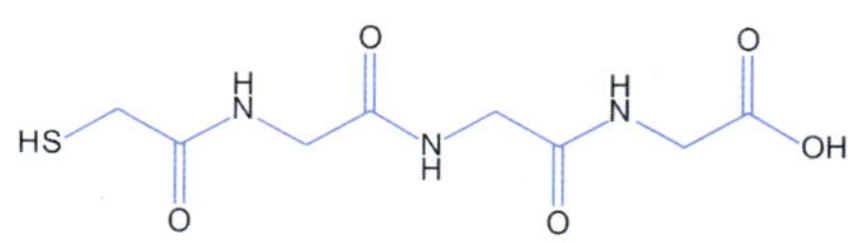

MAG_3

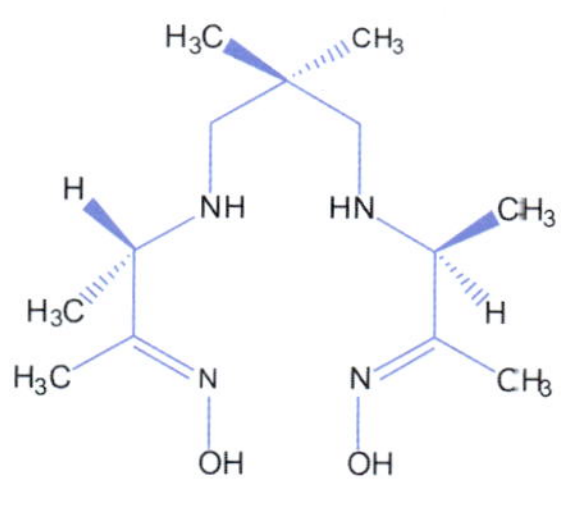

HMPAO

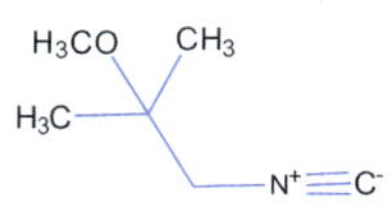

MIBI

그림 6.5 ^{99m}Tc을 사용하는 대표적인 방사성의약품 DTPA, MDP, MAG_3, HMPAO, MIBI의 화학적 구조

lglycylglycine), HMPAO(hexamethylpropylemeamine oxime), MIBI(methoxyisobutylisonitrile)가 이에 속한다[그림 6.5]. 최근에는 기존의 ^{99m}Tc 표지에 이용되는 착물보다 크기를 작게 만들 수 있으며, 보다 안정한 $[^{99m}Tc(CO)_3]^+$과 $[^{99m}Tc{\equiv}N]^{2+}$ 등이 개발되었다.

^{99m}Tc 착물을 합성하는 방법은 직접표지 방법과 교환표지 방법이 있다. 직접표지 방법은 리간드와 환원제를 키트에 넣고 발생기에서 얻어진 과테크네슘산($^{99m}TcO^{4-}$)넣어 적절한 온도에서 표지하는 방법이며, 교환표지 방법은 적절한 산화상태에 있는 ^{99m}Tc과 약한 결합력을 갖는 안정제 존재하에서 환원제를 통해 ^{99m}Tc을 환원하고 이것을 보다 더 강한 결합력을 갖는 리간드에 넣고 표지하는 두단계 반응이다. 교환표지 방법에는 $[^{99m}Tc(CO)_3]^+$과 $[^{99m}Tc{\equiv}N]^{2+}$이 사용되고 있다.

6.2 방사성의약품의 기본조건

의료용 방사성물질 중 진단 또는 치료목적으로 인체에 투여하는 방사성의약품의 경우 다음의 조건을 구비하는 것이 요구된다.

(1) 반감기가 가능한 한 짧아 환자에게 피폭을 최소로 하면서 동시에 영상정보를 획득하는 데 충분한 유효반감기를 가지는 방사성물질이 선호된다.

(2) 현대적 장비에 쉽게 측정되는 약 100~600 keV의 에너지를 가진 γ선 방출체나 또는 양전자 방출체가 선호된다.

(3) 원하는 국소장기에 집중적으로 모이는 동시에, 기타 장기에는 분포되지 않거나 쉽게 대사, 소실되는 물질이어야 한다.

(4) 임상병원에 쉽게 공급될 수 있으며, 비용이 저렴할수록 유리하다. 주로 주사제로 체내에 투여되는 의약품이기 때문에 멸균상태가 유지되어야 하며,

GMP, GLP 등 의약품의 생산기준에 적합하게 제조되어야 한다.

6.3 방사성의약품을 사용하는 의료용 진단기기

방사성의약품을 이용하여 질병을 진단할 수 있는 기기는 다음과 같다.

6.3.1. CT scanner

CT(computed tomography) scanner는 생체 내의 조직들이 그 구성물질과 밀도에 따라 X선을 흡수하여 감쇄하는 성질이 다르고, 병적 상태에 따라서도 감쇄 정도가 변화하는 원리를 이용하여 그 감쇄 및 흡수의 차이를 영상으로 형성하여 진단을 수행하는 기기이다. X선을 이용하여 의료영상을 얻는 장치는 일반적으로 (1) X선을 발생시키는 발생장치, (2) 생체를 투과하여 나온 X선을 검출하는 데 사용되는 검출기 및 (3) X선 투사정보를 영상으로 보여주는 장치로 구성된다. X선 투과정도 및 원리를 이용하여 의료용으로 사용되는 X선 CT scanner는 인체의 주변을 회전하면서 여러 방향에서 투과한 X선 정보를 얻고, 이를 바탕으로 투과한 X선을 재구성하여 인체의 단층면의 영상을 얻어 진단에 이용한다. 특히, X선 CT scanner를 이용한 경우는 장기와 조직의 분포에 따라서 X선의 흡수정도를 흑백의 진하고 엷은 정도의 영상으로 나타내어 측정할 수 있기에 체내의 해부학적인 분포를 정확하게 확인할 수 있다[그림 6.6].

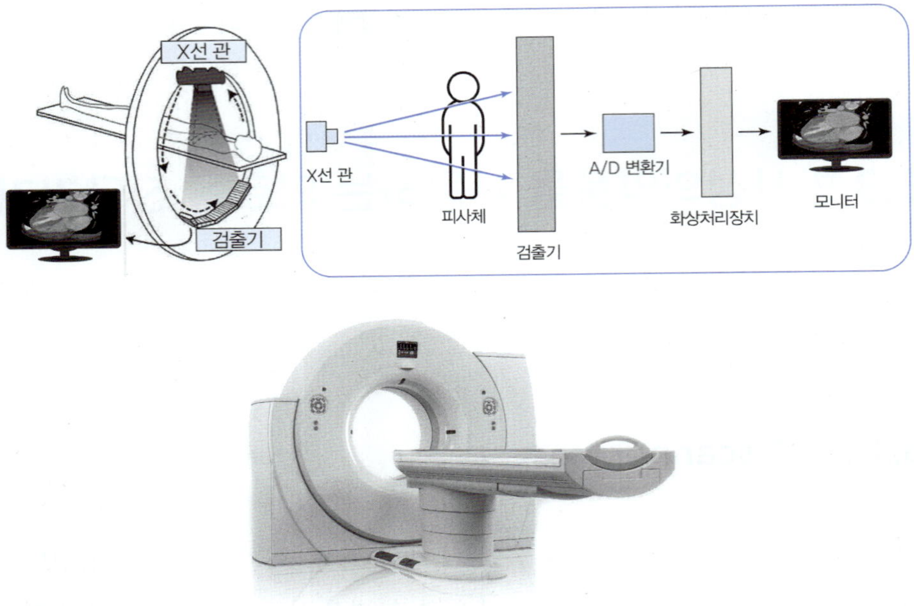

그림 6.6 X선 CT의 원리

6.3.2. 감마카메라

감마카메라(gamma camera)는 γ선을 방출하는 방사성의약품을 인체에 투여한 후 인체의 외부에 있는 검출기를 이용하여 체내의 분포를 측정하고 영상으로 변화시켜 화상정보를 얻는 장치이다. 감마카메라를 이용한 경우는 방사성의약품의 장기 및 조직 내에서의 분포 변화를 시간에 따라 영상으로 추적 가능하다. 일반적으로 검출기는 NaI(Tl) 섬광검출기(scintillation)를 사용하기에 섬광카메라(scintillation camera)라고도 한다[그림 6.7].

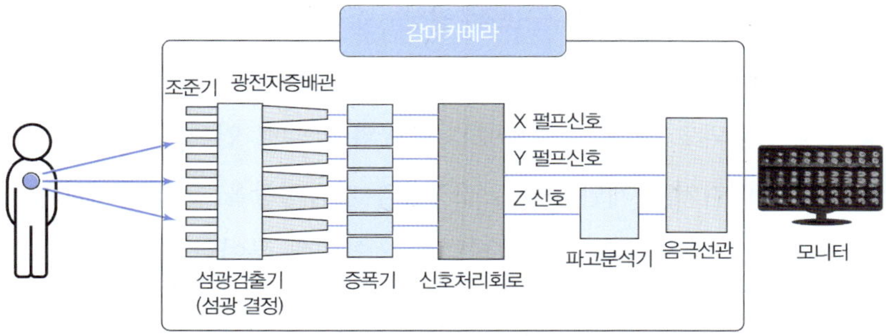

그림 6.7 감마카메라의 구성

6.3.3. 단일광자촬영

단일광자촬영(single photon emission computed tomography, SPECT)는 인제에 투여된 방사성의약품에서 방출되는 단일 γ선을 감마카메라가 회전하면서 측정하여 여러 방향에서 체내의 방사능 정보를 얻고, 이를 영상으로 재구성하여 단층영상(tomography)을 얻는 장치이다. 시간을 단축하고 영상 재구성을 위해 여러 개의 감마카메라를 동시에 부착하여 인체주위를 회전시켜서 촬영하는 다중헤드 카메라 기기가 개발되었으며 주로 2~3개의 감마카메라를 가진 다중헤드 카메라가 널리 사용되고 있다[그림 6.8].

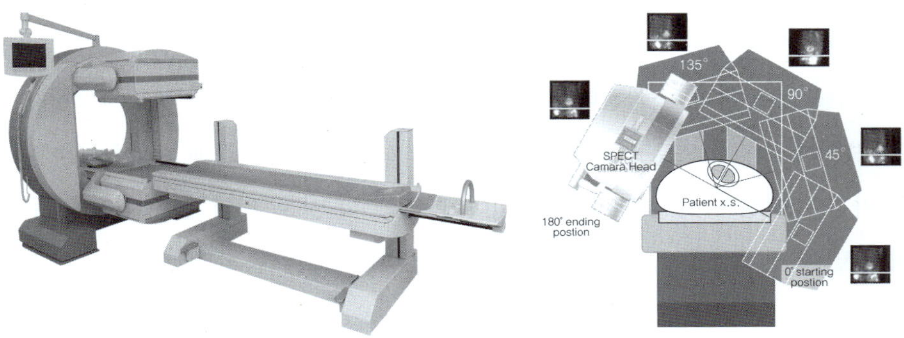

그림 6.8 SPECT 장비 및 원리. 각도에 따른 헤드의 영상을 획득한다.

CT가 주로 형태를 확인하는 구조적 영상(structural imaging)을 얻는 데 유용하다면, 반면에 SPECT는 생체 내에서 일어나는 기능적 영상(functional imaging)을 얻는 데 유용하게 사용되고 있다. 오늘날에는 기술의 발달로 인해 SPECT과 CT가 결합된 SPECT/CT 기기도 개발되어 구조영상과 기능영상을 함께 측정하여 사용되고 있다. SPECT/CT의 경우, 방사성의약품을 인체에 투여한 후 CT로 먼저 촬영하고, 그다음에 바로 이어서 SPECT으로 측정하여 영상을 얻는다. 대표적인 SPECT용으로 널리 사용되는 방사성동위원소에는 ^{99m}Tc, ^{131}I, ^{125}I, ^{111}In, ^{201}Tl 등이 있다.

6.3.4. 양전자단층촬영

양전자단층촬영(positron emission tomography, PET)은 양전자를 방출하는 방사성동위원소가 표지된 방사성의약품을 인체에 투여하고 양전자로 인해 발생한 γ선을 검출기로 측정하여 질병을 진단하는 장비이다. 인체 내의 분포나 조직의 상태를 실시간으로 측정하여 생리적 지표, 생화학현상 및 병리현상 등을 단층영상으로 나타낸다.

PET은 원자핵 내부의 양성자수가 중성자수보다 많아서 불안정한 상태로 존재하는 ^{11}C, ^{18}N, ^{15}O, ^{19}F 등의 양전자 방출 핵종들을 주로 사용한다. 양전자는 방사성동위원소가 안정화되기 위해 원자핵 내의 양성자가 중성자로 변화되는 과정인 β^+ 붕괴로 인해 방출된 β^+는 일정한 거리를 비행하고 음전자와 결합하면서 운동에너지를 잃은 후에 소실된다. 이때, 511 MeV의 에너지를 갖는 광전자 2개가 정반대방향(180° 방향)으로 방출하게 되고, 이때 2개의 전자 질량에 해당하는 에너지를 가진 소멸성 방사선(γ선)을 방출한다. PET에 있는 두 개의 검출기는 이 두 개의 소멸성 방사선을 측정하여 방사선이 방출되는 위치를 정확히 평가하여 영상을 얻는다[그림 6.9]. PET은 동시계수 기법을 사용하여 측정하여 체내 백그라운드 및 흡수성을 보정할 수 있기에 우수한 정량성을 보일 뿐 아니라 높은 영상해상도

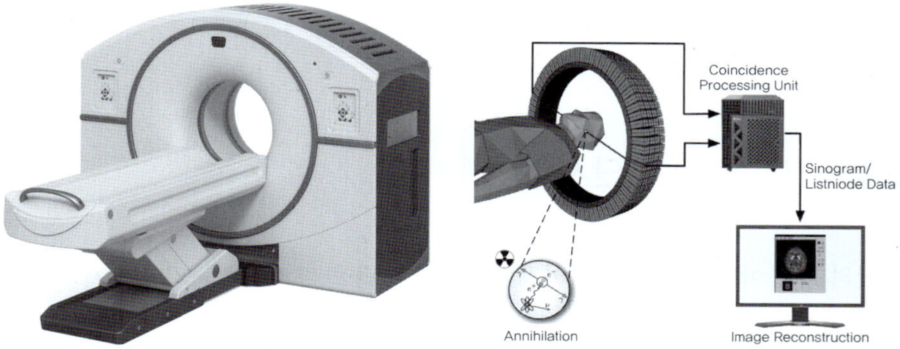

그림 6.9 **PET 장치 및 영상 구성의 원리**

를 가진다.

또한, PET 기기를 이용하면 장기 조직에서 방사성 핵종의 분석상을 단면상으로 측정이 가능하기에 여러 개의 다층 촬영을 하면, 다층 단면상을 얻을 수 있는 것이 특징이다.

PET은 신체조직을 영상을 통해서 보여주지 않기에 해부학적인 정보를 얻는 것은 부족하고 해상도도 높지 않은 면이 있으나, PET과 CT가 결합된 장치인 PET/CT가 개발되어 이런 약점들을 극복하였다. 따라서 현재는 PET를 통해 인체의 방사성의약품의 분포를 영상으로 얻고, 또한 CT를 통해 해부학적 정보인 신체 단층영상을 얻어서 이를 융합한 고화질의 우수한 영상을 얻을 수 있다. 특히, 방사성동위원소의 표지 기술의 발전으로 방사성의약품을 이용한 질병진단 기술이 빠른 속도로 발전되고 있다.

6.4 방사성동위원소의 용도별 분류

6.4.1. *In vitro* 진단시약

진단의학 분야에서 *in vitro* 방사성의약품을 이용한 진단방법은 최근 기하급수적으로 증가하고, 그 적용범위 및 대상물질도 매우 확대되고 있다. 그 검사 대상이 되는 생체물질은 peptide hormone, steroid hormone 등의 hormone 류, vitamin B_{12}, vitamin B_2 등의 비타민류, digitoxin, morphine 등의 의약품, cancer antigen, 바이러스, serotonin, IgE, 미량 혈청 단백질 등이며, *in vitro* 방사성의약품을 이용하여 많은 생체 미량물질의 증감을 측정할 수 있는 방법이 다양하게 개발되고 있다.

In vitro 방사성의약품에 사용되는 방사성 핵종은 ^{125}I, ^{131}I, ^{14}C 및 ^{3}H 등이 있다. 이외에 혈액 내의 철분 정량에 사용되는 ^{59}Fe, vitamin B_{12} 측정에 사용되는 ^{57}Co 등도 소량 사용된다. 표 6.1에는 *in vitro* 방사성의약품을 이용한 생체 진단물질을 정리하였다. 최근에는 radioimmunoassay (RIA)가 주로 사용되고 있다.

RIA는 방사능의 검출 한계가 극히 우수한 점을 이용한 분석방법으로, 동위원소가 표지된 항원을 이용한 면역화학 반응(immunochemical reaction)을 이용하여 대상 항체의 농도를 측정함으로써 정량 분석하는 방법이다. RIA에서 표지 대상이 항체일 경우 immunoradiometric assay (IRMA)라고도 명명하기도 한다[그림 6.10]. 그림 6.10(a)와 같이 동위원소로 표지된 항원을 사용하는 RIA는 항체에 대한 항원의 상경적(competitive) 면역반응을 이용한다. 즉, 동위원소로 표지되지 않은 미지의 항원을 정량하기 위해 제한된 양의 항체를 사용하면 정량해야 할 미표지 항원과 동위원소로 표지된 항원이 항체와 상경적으로 결합하게 되고 결합하지 못한 미표지 항원과 표지 항원으로부터 분리된다. 결과적으로 항체에 결합해 남아 있는 표지 항원의 양을 측정하면 미표지 항원의 양을 간접적으로 정량할 수 있으

표 6.1 *In vitro* 방사성의약품을 이용하여 진단 시 대상이 되는 물질

A. Radioimmuno assay을 이용하는 경우
  1. peptide hormone
    a. 시상하부호르몬: 갑상선자극호르몬-방출호르몬(TRH), 항체형성호르몬-방출호르몬(LH-RH), somatostatin(성장억제호르몬의 일종)
    b. 뇌하수체호르몬: 성장호르몬(GH), 부신피질호르몬(ACTH), prolactin(항체자극 호르몬의 일종), 색소포자극호르몬(MSH), 갑상선자극호르몬(TSH), 항체형성호르몬(LH), 난포자극호르몬(FSH) 등
    c. calcium 조절 호르몬: calcitonin 부갑상선호르몬(PTH)
    d. 췌장호르몬: insulin, proinsulin 등
    e. 소화관호르몬: gastrin, secretin 등
    f. 혈관에 작용하는 호르몬: angiotensin 1, Ⅱ
    g. 태반호르몬: 사람융모성 성선자극호르몬(HCG), 사람태반호르몬(HPL) 등

  2. 비 peptide 성 hormone
    a. 성호르몬: testosterone, estrogen, progesterone 등
    b. 부신피질호르몬: cortisol, deoxycortisol, deoxycorticosterone, aldosterone 등
    c. 갑상선호르몬: T4(tetraiodothyronine), T3(triiodothyronine)
    d. prostaglandin: prostaglandin A, E, F.

  3. Nucleotide: cyclic AMP, cyclic GMP, cyclic UMP
  4. 효소: 알칼리인산분해효소 등
  5. 종양 항원: α-fetoprotein(AFP), carcionembryonic antigen(암태아성항원, CEA), CA19-9(cancer antigen 19-9 혹은 sialylated Lewis antigen) 등
  6. 결합 단백질: TBG(tyroxine binding globulin), IgE 등
  7. 약제: digitoxin, morphine 등
  8. 그 외: folic acid, vitamin B_{12}, ferritin 등

B. Radio-receptor assay을 이용하는 경우: 성장호르몬, prolactin, ACTH, HCGLH, FSH, TSH, insulin 등

C. 경쟁적 단백질 결합측정(competitive protein binding assay, CPBA)를 이용하는 경우: TBG, vitamin B_{12}, vitamin D_2, cortisol, deoxycorticosterone 등

며, 미표지 항원의 양은 항체에 결합한 표지 항원의 양에 역비례한다.

RIA에서 동위원소의 표지는 생리화학적으로 안정하여 적어도 검사하는 동안 충분한 재현성을 보일 수 있을 정도는 되어야 하며, RIA 원리상 표지 항원이나 미표지 항원의 특성은 동일한 것으로 간주되어야 하기 때문에 동위원소의 표지가 대상 분자나 면역화학 반응 특성에 영향을 주어서는 안 된다. RIA는 항원-항체 반응을 이용하기 때문에 선택성과 민감도가 매우 높은 장점이 있는 반면 동위원소를 사용하기 때문에 방사선 노출의 위험이 있고 관련 면허가 필요하며 숙련된 인원이 필요한 단점이 있다. 그러나 이와 같은 단점에도 불구하고 RIA는

임상검사의 주요 측정법으로, 체내 호르몬, 비타민, 대사체, 진단 마커의 정량, barbiturate, morphine, digoxin 등 복용환자의 치료용 약물 혈중 농도 모니터링, 특정 남용 약물(abused drugs)의 혈중 농도 측정이나 수혈용 혈액의 B형 간염 항원 유무 판별, 전신홍반루푸스(systemic lupus erythematosus) 환자의 항-DNA 항체(anti-DNA antibody) 측정 등 다양한 임상 목적에 활용되고 있다.

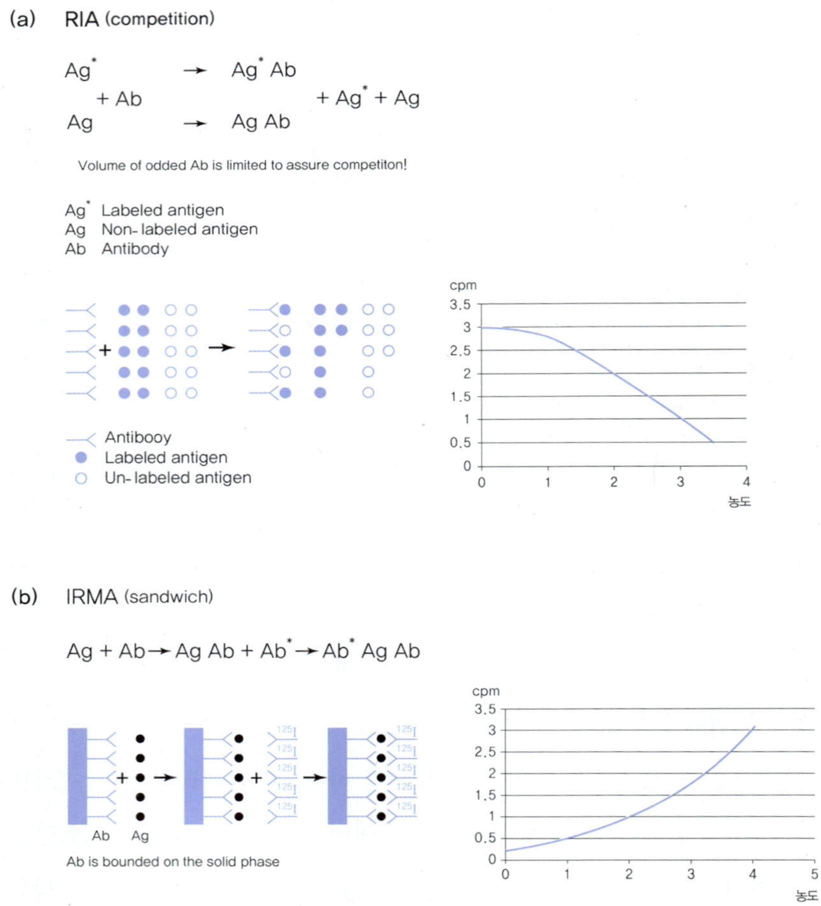

그림 6.10 (a) RIA, (b) IRMA의 면역화학반응 및 원리

6.4.2. *In vivo* 방사성의약품

진단의 목적으로 사용되는 *in vivo* 방사성의약품은 다양한 종류의 방사성동위원소를 표지한 여러 물질들을 사용하고 있다. 특정 장기에 선택성이 있는 화합물을 방사성동위원소로 표지하여 환자에게 투여하고 환자의 체외에서 계측함으로서 환자의 특정 장기를 영상화하고 질환 여부를 진단하는 방법이다. 환자에게 방사성동위원소를 직접 투여하게 되며, 환자의 체외로 투과되어 나오는 γ선이나 특성 X선을 포착하여 영상화한다. 이 경우 α선 또는 β선에 의한 체내피폭의 우려가 있으므로 가능한 한 α선 또는 β선을 동시에 방출하지 않는 순수한 γ선원이나 양전자 선원이 선호된다. 사용되는 양은 MBq부터 GBq까지 이용되며, 현재 *in vivo* 방사성의약품으로 많이 사용되는 핵종을 표 6.2에 정리하였다.

표 6.2 주된 *in vivo* 방사성의약품과 용도

핵종	방사성의약품	주된 용도
^{11}C	콜린(^{11}C) 주사액(Choline (^{11}C) injection)	전립선암, 뇌암, 폐암, 식도암의 진단
	아세트산(^{11}C) 주사액(Sodium acetate (^{11}C) injection)	간암의 진단
	메치오닌(^{11}C) 주사액(Methionine (^{11}C) injection)	뇌암의 진단
^{13}N	암모니아(^{13}N) 주사액(Ammonia(^{13}N) injection)	뇌, 심근의 혈류량 측정
^{18}F	2-데옥시-2-플루오로-*D*-글루코스 주사액 ([^{18}F]FDG)	뇌, 심근의 대사기능 진단 폐암, 두경부암, 유방암, 방관암, 갑상선암, 대장암, 간암, 뇌암, 림프종양, 근골격계암, 뇌암, 악성 흑색 종양 등 다양한 악성종양 및 암 전이의 진단
	Sodium fluoride (^{18}F)	뼈 영상
	^{18}F-Flortaucipir	알츠하이머 진단
	[^{18}F]Fluoroestradiol injection	유방암 진단
	3′-데옥시-3′-플루오로티미딘(^{18}F) 주사액([^{18}F]FLT)	폐암, 뇌암, 내장암, 림프종, 신경교종 등 다양한 악성종양 및 암전이 진단
	Fluorodopa fluorine-18 (^{18}F) injection	도파민 합성 기능 평가

(계속)

표 6.2 주된 *in vivo* 방사성의약품과 용도(계속)

핵종	방사성의약품	주된 용도
^{67}Ga, ^{68}Ga	Gallium citrate (^{67}Ga) injection	폐암, 간암, 유방암, 식도암, 기관지암, 유육종증 등 다양한 악성종양 및 감염 부위 진단
	^{68}Ga-PSMA-11	전립선암의 영상
	^{68}Ga-DOTATAE	신경내분비암 진단
^{32}P	Chromic phosphate P-32 suspension (^{32}P)	전이암의 치료
	인산나트륨(^{32}P) 액	진성적혈구증가증 및 전이성 골암의 치료
^{82}Rb	Rubidium-82 (^{82}Rb) chloride	심근관류 평가
^{89}Sr	염화스트론튬($^{89}SrCl_2$)	전이성 골암의 통증 완화
^{90}Y	Yttrium(^{90}Y) ibritumomab tiuxetan	비호지킨 림프종의 치료
^{99m}Tc	테크네튬대응집인혈청알부민(^{99m}Tc) 주사액	폐관류 영상
	^{99m}Tc-red blood cells (^{99m}Tc-RBCs)	심장기능 평가
	Technetium (^{99m}Tc) pyrophosphate injection	근골격계 영상
	^{99m}Tc-medronate disodium	근골격계 영상
	^{99m}Tc-oxidronate disodium	근골격계 영상
	^{99m}Tc-sestamibi	심장질환, 유방 및 부갑상선 평가
	^{99m}Tc-tetrofosmin	심근관류 평가
	^{99m}Tc-DTPA	폐 영상 획득, 신장 영상
	^{99m}Tc-exametazime (^{99m}Tc-HMPAO)	뇌관류 평가, 감염부위 진단
	과테크네튬산나트륨(^{99m}Tc) 주사액	갑상선 영상
	^{99m}Tc-disofenin (^{99m}Tc-DISIDA)	간담도 영상
	^{99m}Tc-mebrofenin (Choletec)	간담도 영상
	^{99m}Tc-sulfur colloid injection	간기능 조사
^{111}In, ^{113m}In	^{111}In 혹은 ^{113m}In-DTPA	뇌수종 또는 뇌척수액 유출 진단
	Indium In-111 pentetreotide injection	신경내분비암 진단
	Indium(^{111}In) capromab pendetide injection	전립선 암의 진단
	In-111 oxyquinoline soln. (^{111}In oxine)	감염부위 진단
	Yttrium(^{111}In) ibritumomab tiuxetan	비호지킨 림프종의 진단

(계속)

표 6.2 주된 *in vivo* 방사성의약품과 용도(계속)

핵종	방사성의약품	주된 용도
^{123}I, ^{125}I, ^{131}I	요오드화나트륨(^{123}I/^{131}I) 주사액	갑상선암 진단 및 치료
	3-요오도벤질구아니딘(^{131}I) 주사액	카테콜아민과 관련된 종양, 신경내분비암의 진단
	^{123}I-Ioflupane (^{123}I-DaTSCAN)	파킨슨병 진단
	Sodium iothalamate iodine-125 (^{125}I) injection (Glofil-125)	신장 영상
^{127}Xe, ^{133}Xe	^{127}Xe, ^{133}Xe-Xenon	폐 영상, 뇌혈류량 측정
^{153}Sm	사마륨(^{153}Sm) 렉시드로남	전이성 골암의 고통 완화
^{201}Tl	염화탈륨 (^{201}Tl) 주사액	심근경색 진단

6.4.3. 국소조사용 체내투여 치료제

특정 장기에 특별한 친화력이 있는 화합물에 치료용 방사성동위원소를 표지하여 환자에게 투여함으로서 해당 화합물이 특정 장기에 집중되도록 하고, 그로부터 방출된 방사선이 해당 장기를 국소적으로 집중 조사하여 선택적 괴사를 유도하는 방법으로 주로 암환자에게 이용된다. 대표적인 예로써, Na[^{131}I]I나 ^{177}Lu-DOTATATE는 갑상선 암이나 신경내분비암 치료에 사용되고 있다. 방사성동위원소가 축적된 부위의 조직만 괴사시켜야 하므로, 비정(방출된 후 물질의 투과거리)이 짧은 α선원 또는 β선원이 선호되지만, 현재까지는 β선원이 치료용으로 주로 사용되고 있다. 1.8 MeV 정도의 비교적 높은 에너지의 β선은 생체조직 내에서의 평균 비정은 2 mm 정도로서 약물과 함께 목적 장기에 도달 후, 표적하는 암조직만을 선택적으로 조사할 수 있다.

6.4.4. 체외조사

고형암 치료의 일반적 순서의 한 과정으로서, 강력한 γ선을 체외에서 특정위치에 조사하여 해당부위의 암조직을 괴사시키는 치료방법이다. 1회당 수 Sv의 강력한 γ선을 조사하게 되는 데(참고로 사람에 대한 LD_{50}가 4.0 Sv이다), 방사선이 지나가는 자리의 조직들이 모두 괴사되지 않도록 병소부위에 초점을 맞춘 방사선원을 체외에서 서서히 원회전시키면서 조사한다.

6.4.5. 신약 개발에서의 활용

마이크로도즈(microdosing) 시험은 제0상 임상시험(phase 0 study)이라고도 하며, 제1상 임상시험의 초기에 수행되며 매우 제한된 용량의 의약품을 인체에 투여해 치료나 진단의 목적을 갖지 않는 임상시험을 말한다. 특히, 극소량의 방사성동위원소가 표지된 신약개발 후보물질을 건강한 사람에게 투여하여 체내 동태를 관찰할 수 있기 때문에 임상시험 성공률을 높여주는 매우 현실적인 접근법이다. 신약개발 과정에서 비용과 시간을 줄이는 것은 제약산업의 성공과 신약의 임상적 가치를 높이는 데 있어서 가장 중요한 과제이다. 또한 신약개발의 실패율을 줄이는 것도 중요한 데, 이를 위한 핵심전략은 임상개발에 들어갈 후보물질을 사전에 충분하게 평가하여 질적 능력을 향상시키는 것이다. 따라서 신약개발의 실패율을 줄이고 시간과 비용을 단축하기 위한 일환으로 비임상 개발단계와 임상 제1상 단계 사이에 임상 제0상 단계라고 지칭하는 단계가 제안되었다. 후보 물질에 대한 데이터를 얻기 위해 마이크로도즈 시험은 치료 수준의 투여량과 비교하여 방사성동위원소로 표지된 약물을 극미량으로 투여(활성 용량의 1% 또는 100 μg 이하)한다. 극미량의 방사성동위원소를 쓰기 때문에 인체에 안전하며, 인체에서의 데이터를 직접 수집하기 때문에 동물모델에 의존하는 기존 방식과는 달리 불확실성이 제거되어 신약개발의 시간 및 비용을 획기적으로 절약할 수 있다[그림 6.11].

마이크로도즈 시험에서 약물 정량분석 수행하는 대표적인 장치로서 PET, 가속기 질량분석법(accelerator mass spectrometry, AMS), SPECT 등이 있으며, 이들 중 하나 또는 조합하여 사용한다. 이들의 특징은 표 6.3에 정리하였다. 일반적으로

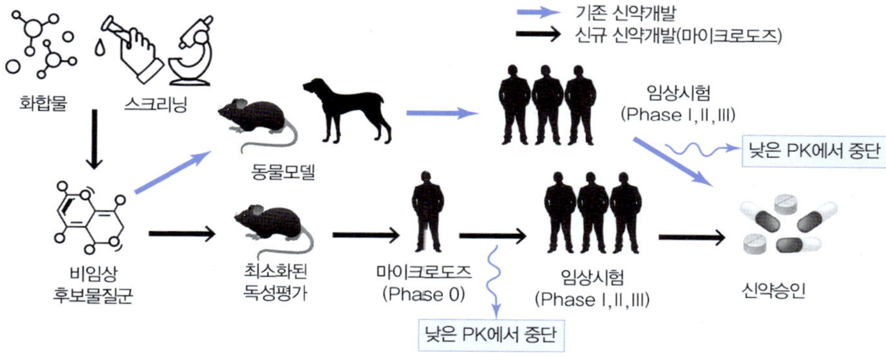

그림 6.11 종래 신약개발 방식과 마이크로도즈 시험에 의한 신약개발 방식의 비교

표 6.3 제0상 임상시험에서 사용되는 분석 기법의 특징

	AMS	PET	LC-MS/MS
감도	10^{-16}~10^{-18} g/mL	10^{-12}~10^{-14} g/mL	10^{-12} g/mL
시료 종류	대부분 혈장이지만, 모든 시료가 분석될 수 있음	실시간 이미징, 검사 조직에서 동적/동시 정보 수집함	대부분 혈장이지만, 모든 시료가 분석될 수 있음
시료 용량	25~50 μL, ^{14}C 분석을 위해 0.2~5 mg의 탄소가 필요	해당 없음	100 μL~2 mL
모 약물과 대사체 구분	HPLC를 수반하여 구분 가능	구분 불가능	구분 가능
방사성 동위원소 표지	주로 ^{14}C이지만 ^{3}H, ^{36}Cl, ^{41}Ca, ^{26}Al 및 ^{126}I도 사용됨	^{11}C, ^{13}N, ^{15}O, ^{18}F, ^{76}Br, ^{64}Cu 및 ^{124}I를 포함한 다양한 반감기와 화학적 특성을 갖는 여러 방사성 핵종	없음
약물 투여	경구 및 정맥	대부분 정맥, 그러나 경구로도 사용됨	경구 및 정맥
방사선 노출	매우 낮음	낮음	없음
접근성	제한된 접근성	전문의료시설에서 가능	일반적으로 사용 가능

제약 및 환경 분야에서 가장 지배적인 분석 장비인 LC-MS/MS는 상대적으로 민감도가 너무 낮아서 마이크로도즈 시험에 적용하지 않는다. PET 영상의 경우 비교적 높은 비방사능으로 표지된 약물이 일반적으로 사용되며, ^{14}C으로 표지된 의약품은 상대적인 민감도가 매우 높은 AMS를 사용한다. 특히, PET과 SPECT같

은 영상 장비는 특정 부위로의 분포, 결합부위에 대한 기능 관계, 제거율 등을 동시에 정량화할 수 있기 때문에 약력학(pharmacodynamic, PD) 자료를 얻기 위해서도 활용된다.

CHAPTER 7

방사성의약품 각론

현재 사용되고 있는 방사성의약품은 체내에 투여한 후 체외에서 영상을 얻고자 하는 진단용 방사성의약품과 특정 조직에 선택적으로 집적시켜 병소 조직을 선택적으로 사멸시키고자 하는 목적으르 투여하는 치료용 방사성의약품으로 크게 나눌 수 있다.

방사성의약품에 포함되는 방사선원은 해당 방사성의약품의 용도에 맞게 적절하게 선택해야 한다. 투과력이 낮아 조직 내 비정이 매우 짧은 α선이나 β선은 자신이 가진 에너지를 도달범위 이내의 조직에 모두 전달하여 피폭되는 조직에 위해가 큰 반면, 투과력이 높은 γ선은 조직을 통과하는 동안 잃어버리는 에너지 즉, 조직에 전달하는 에너지가 적어 환자에 대한 상대적인 위해도가 낮은 점을 고려하여 선택한다.

진단용 방사성의약품은 선원이 집적된 부위를 체외에서 검출하고자 하는 것이기 때문에 조직 투과력이 좋은 γ선원이나 소멸방사선을 방출하는 양전자 붕괴 선원을 사용한다. 조직 투과력이 낮은 β선이나 α선이 동반 방출되는 선원의 경우에는 환자에게 필요없는 피폭을 부가하는 결과가 되기 때문에 선호하지는 않으나 다른 선택이 없는 경우에는 사용한다. 치료용 방사성의약품은 의약품이 집적되는 부위의 조직만 선택적으로 괴사시켜야 하기 때문에 α선원이나 β선원이 선호되며 현재까지는 주로 β선원이 사용되고 있다. 조직의 종류와 β선의 에너지에 따라 다르지만 약 500 keV 정도의 에너지를 가진 β선의 조직 내 최대 비정은 대략 2 mm 정도이다. γ선이 동반 방출되는 선원의 경우, 환자에게 필요없는 피폭을 조금 부가하는 것이지만, 방사성의약품이 원하는 병소에 선택적으로 잘 집적되었는지를 체외에서 영상으로 확인할 수 있어 치료에 도움이 되기도 한다.

요오드와 같이 선원 자체가 특정 조직에 선택적인 친화력이 있는 경우는 해당 선원의 염의 형태를 직접 방사성의약품으로 사용한다. 방출하는 방사선의 특성은 적절하지만 원하는 조직에 선택성이 없는 선원은 조직에 선택성이 있는 유기분자와 결합시켜서 사용한다. 방사선원이 금속 이온인 경우에는 킬레이트 능력을 가지고 있으면서 착화합물로 전환된 형태가 원하는 조직에 선택성을 가지는 유기분자를 주로 이용한다. 이 경우에는 킬레이트 유기분자(용액)를 따로 생산 또는 구입하여 보관하다가 투약이 필요한 시점에 방사선원을 병원약국에서 첨가·혼합하여 사용하면 되므로 반감기가 짧은 선원을 어렵지 않게 사용할 수 있다는 장점이 있다. 비금속의 경우에는 카테콜아민 등의 신경전달 유사물질이나 포도당 등과 같이 원하는 조직에 친화성이 있는 분자에 방사선원을 직접 화학적으로 결합시킨 물질을 방사성의약품으로 사용한다. 이 경우 반감기가 짧은 선원을 이용하는 방사성의약품은 생산 후 투여할 때까지의 유통에 소요되는 시간이 매우 짧아야 한다는 제약이 있다.

7.1 심혈관 영상화 방사성의약품

심혈관 방사성의약품은 심근 영상화를 통해 심근관류에 대한 정보를 제공할 수 있는 의약품이다. 일반적으로 최고 심박출량에서 정보를 제공하기 위해 인위적으로 트레드밀(treadmill)을 이용한 스트레스 상황을 만들어 영상을 획득한다. 환자가 신체적으로 운동을 할 수 없는 경우에는 관상동맥 확장제(dipyridamole, adenosine, 또는 dobutamine)를 사용해 스트레스 상황을 만들기도 한다. 그리고 스트레스 상황 뿐 아니라 휴식기 상태일 때도 환자의 영상을 촬영하여 정보를 획득하여 분석한다.

[1] 염화탈륨(^{201}Tl)

(1) 명칭과 구조

염화탈륨(^{201}Tl) 주사액(KP)

Thallous chloride Tl 201 injection (USP)

^{201}Tl-Cl

(2) 용도와 투여량

^{201}Tl은 심근경색증의 진단 및 병소 파악을 위한 심근관류 영상에 사용된다. 급성 심근경색증이 있는 환자에서도 관류 결함의 부위와 크기를 평가하는 경우 생존예후에 대한 정보를 제공할 수 있다. 또한, ^{201}Tl은 허혈성 심장질환 진단에도 사용할 수 있다. ^{201}Tl은 혈청 칼슘 및 부갑상선 호르몬 수치가 상승된 환자에서 부갑상선 기능항진증 부위의 위치 파악에도 사용된다. 그리고 부갑상선 기능항진증의 갑상선 외 및 종격동 부위를 파악하기 위한 수술 전 선별검사와 수술 후 재검사에도 이용할 수 있다. 정맥주사로 투여하고 일반적으로 2～4 mCi (74～148 MBq)를 사용한다. 투여 후 30～40분 사이에 평면 신티그래피 또는 SPECT를 사용하여 최적의 영상을 획득할 수 있다.

(3) 작용 기전

^{201}Tl은 칼륨과 유사한 방식으로 심근에 축적된다. 세포막에 존재하는 Na^+/K^+-ATPase 펌프에 의해 세포 내의 칼륨 농도와 평형을 이룬다.

(4) ADME와 반감기

생체 분포는 일반적으로 심근, 신장, 갑상선, 간 및 위에 분포하며 체내에서의 제거율은 장기 혈류에 비례한다. 나머지는 신체의 나머지 부분에 균일하게 분포된다. 최종적으로는 소변과 대변을 통해 균등하게 배설된다. ^{201}Tl의 물리적 반감기(physical half-life)는 73시간, 유효 반감기(effective half-life)는 2.4일, 생물학적 반감기(biological half-life)는 11일이다.

[2] 세스타미비 테크네튬(^{99m}Tc)

(1) 명칭과 구조

세스타미비(^{99m}Tc) 주사액

Technetium Tc-99m sestamibi injection (USP)

^{99m}Tc-MIBI (hexakis-2-methoxyisobutylisonitrile)

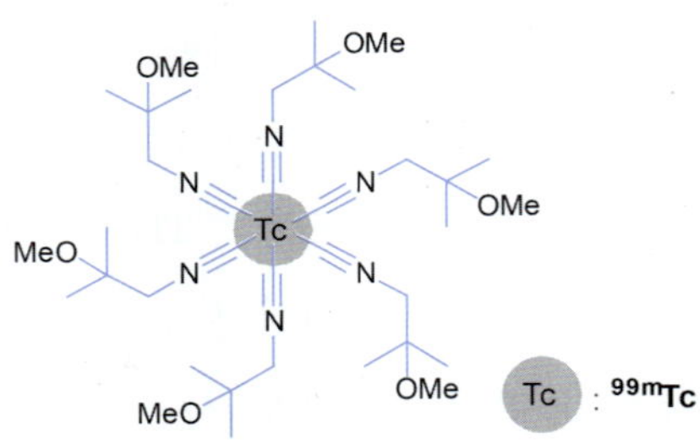

(2) 용도와 투여량

^{99m}Tc-MIBI는 심장, 유방 및 부갑상선 조직 내의 병리를 평가하는데 사용되는 방사성의약품이다. 정맥주사를 통해 투여하며, 10～30 mCi (370～1110 MBq)의 양을 사용한다.

(3) 작용 기전

양이온 형태의 지질 친화적인 구조로 세포 미토콘드리아의 큰 막전위차(음의

값)에 이끌려 세포 내로 섭취된다.

(4) ADME와 반감기

^{99m}Tc-MIBI의 제거는 주로 간담도계를 통해 이루어지며, 소변과 대변을 통해 몸 밖으로 배설된다. ^{99m}Tc-MIBI의 심근에서의 유효 반감기는 3시간, 생물학적 반감기는 6시간이다.

[3] 테트로포스민 테크네튬(^{99m}Tc)

(1) 명칭과 구조

테트로포스민 테크네튬(^{99m}Tc) 주사액(KP)

Technetium Tc 99m tetrofosmin injection (USP)

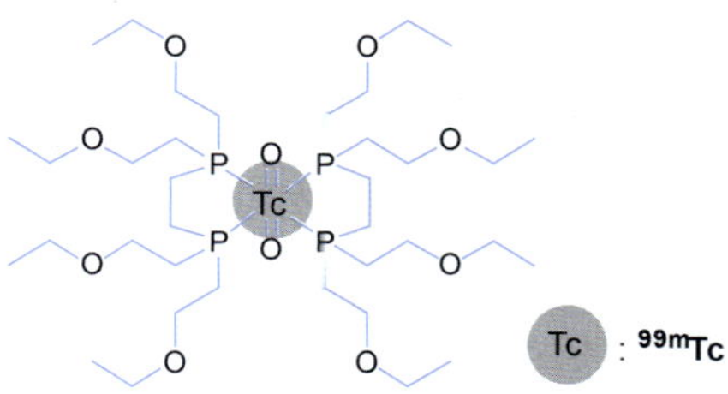

(2) 용도와 투여량

^{99m}Tc-tetrofosmin는 심근관류를 평가할 수 있는 방사성의약품이다. 정맥주사를 통해 투여하며, 5～8 mCi (185～296 MBq)의 양을 사용한다.

(3) 작용 기전

양이온 형태의 지질 친화적인 구조로써 세포 미토콘드리아의 큰 막전위차에 이끌려 세포 내로 섭취된다.

(4) ADME와 반감기

^{99m}Tc-tetrofosmin은 신장 및 간담도계를 통해 48시간 내에 투여 용량의 40%가 소변으로, 26%가 대변으로 배출된다. ^{99m}Tc-tetrofosmin의 심근에서의 생물학적 반감기는 4.5시간이다.

[4] 염화루비듐(^{82}Rb)

(1) 명칭과 구조

Rubidium chloride Rb 82 injection (USP)

^{82}Rb-Cl

(2) 용도와 투여량

^{82}Rb는 심근관류를 평가할 수 있는 방사성의약품이다. 정맥주사를 통해 투여하며, 30～60 mCi (1110～2220 MBq)의 양을 사용한다.

(3) 작용 기전

K^+와 유사한 방식으로 심근에 섭취된다.

(4) ADME와 반감기

정맥을 통해 주입 후, 혈액에서 매우 빨리 제거된다. 물리적 반감기는 75초이다.

[5] 암모니아(^{13}N)

(1) 명칭과 구조

Ammonia N 13 injection (USP)

$^{13}NH_3$

(2) 용도와 투여량

$^{13}NH_3$는 심근관류를 평가할 수 있는 방사성의약품이다. 정맥주사를 통해 투여하며, 15～20 mCi (555～740 MBq)의 양을 사용한다.

(3) 작용 기전

정맥으로 주입 후, 확산을 통해 심근세포에 섭취된다. 그 후 심근세포에서 ^{13}N-글루타민으로 대사되어 유지된다.

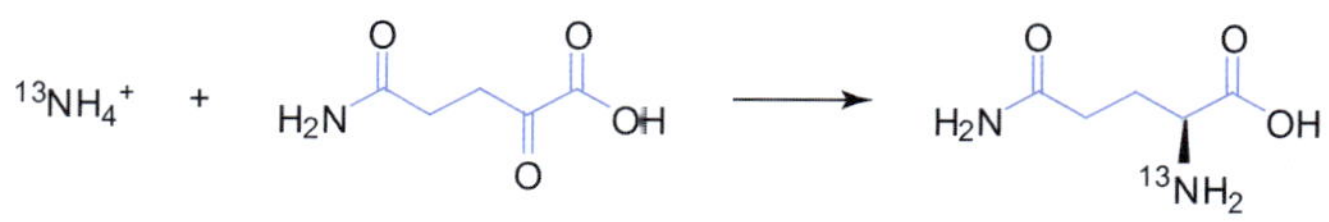

(4) ADME와 반감기

정맥으로 주입 후, 혈액에서 매우 빨리 제거된다. 주사 후 2% 미만은 5분 정도 혈액에 남아 있으며, 섭취된 장기에서는 ^{13}N-글루타민으로 대사된다. 또한, 주입량의 10～20%는 신장을 통해 체내에서 배출된다. $^{13}NH_3$의 물리적 반감기는 10분이다.

[6] ^{99m}Tc-labeled red blood cells

(1) 명칭과 구조

Technetium Tc 99m red blood cells injection (USP)

^{99m}Tc-RBCs

(2) 용도와 투여량

^{99m}Tc-RBCs는 심장 일차 통과 및 게이트 평형 영상(cardiac first-pass and gated equilibrium imaging) 및 영역 심장벽 운동(regional cardiac wall motion)을 포함한 혈액 풀 영상 획득에 사용된다. 정맥주사를 통해 투여하며, 10～20 mCi (370～740 MBq)

의 양을 사용한다.

(3) 작용 기전

환자 자신의 혈액으로부터 적혈구를 추출하여 ^{99m}Tc으로 표지한 후, 다시 환자의 혈액에 주입하면 혈액 중의 적혈구와 동일하게 심혈관계를 순환한다.

(4) ADME와 반감기

정맥으로 주입 후, 혈액에서 초기에는 2.5~2.7시간의 반감기로 급격히 감소하다가 후기에는 75~176시간의 반감기로 아주 천천히 소실되는 전형적인 bi-exponential 거동을 보이며 소변을 통해 배출된다.

7.2 근골격 영상화 방사성의약품

Na[^{18}F]F는 가장 오래된 방사성의약품 중 하나로 PET scanner가 이용되기 전인 1960년대부터 감마카메라를 이용한 뼈 영상화에 널리 사용되었다. 이 약은 1970년대에 ^{99m}Tc-표지 화합물로 많이 대체되었다. 그러다가 1990년대에 전신 PET scanner의 개발로 Na[^{18}F]F를 이용한 고해상도, 고대조도(high resolution, high contrast) 영상화가 가능해지면서 2000년대에 FDA 승인, PET/CT scanner의 보급, ^{99}Mo-^{99m}Tc generator의 품귀로 다시 주목받게 되었다.

^{99m}Tc로 표지된 근골격계 영상화의약품은 통상적인 X선 영상에서 이상이 발견되기 전에 전이성 종양, 대사성 질환, 감염 등과 같은 골격계 병변을 효율적으로 검출할 수 있다. ^{99m}Tc-표지 화합물은 Na[^{18}F]F에 비해 상대적으로 반감기가 길고(6시간 vs. 109.7분) 광자에너지가 낮은(140 keV vs. 511 keV) 장점이 있다.

[1] 플루오르화나트륨(^{18}F)

(1) 명칭과 구조

플루오르화나트륨(^{18}F) 주사액

Sodium Fluoride F 18 Injection (USP)

Na[^{18}F]F

(2) 용도와 투여량

이 약 주사 후 통상적으로 185～370 MBq (5～10 mCi)를 정맥 투여하여 30～45분 만에 뼈 영상을 얻을 수 있다. ^{99m}Tc-MDP와 비교하면 유효방사선량(effective radiation dose)이 높은데, 예를 들면, 10 mCi (370 MBq)의 Na[^{18}F]F는 성인의 경우 피폭량이 8.9 mSv에 달하며 이는 통상적인 투여량의 ^{99m}Tc-MDP (925 MBq, 25 mCi 투여시 5.3 mSv)와 비교할 때 약 70% 높은 수치이다.

이 약은 ^{18}F-FDG와 달리 환자가 금식할 필요없이 사용 가능하며, ^{18}F의 배출 및 고품질의 영상화를 위해 충분한 수분 섭취와 배뇨를 권장한다. 다른 방사성의약품과 마찬가지로 ^{18}F PET/CT scan은 임산부의 경우 방사선 위험에 비해 이익이 뚜렷이 큰 경우가 아니면 피하는 것이 좋다. 수유 중일 때는 모유수유 중단을 권할 정도는 아니다.

(3) 작용 기전

Na[^{18}F]F는 화학흡착(chemisorption: 그체 표면과 흡착되는 물질 사이에 화학결합이 일어나는 현상)을 통해 뼈 조직의 수산화인화석(hydroxyapatite)의 OH^-가 $^{18}F^-$와 교환되어 플루오르인회석(fluorapatite)이 만들어진다. Na[^{18}F]F가 뼈에 흡착되는 기전은 ^{99m}Tc-MDP와 비슷하지만, 약동학적 특성은 더 우수하다. Na[^{18}F]F는 단백질 결합률이 낮아서 초회통과 후 연조직 청소율(soft-tissue clearance)이 빠르다. 정맥 투여 후 약 50%가 뼈에 흡착되고 정상 뼈에 비해 재구성(remodeling)이 활발한 뼈에 10배 정도 더 많이 흡착된다.

(4) ADME와 반감기

^{99m}Tc-MDP가 정맥 투여 3～4시간 후 PET 영상을 얻을 수 있는 것에 비하여, Na[^{18}F]F는 정맥 투여 1시간 후 약 10% 정도만 혈청에 남을 정도로 빠르게 소실되어 신장을 통해 배출되기 때문에 정맥 투여 1시간 후 background가 충분히 낮아져 PET 영상을 얻을 수 있다. 이 약 투여시 뼈와 방광에 주로 분배되며, 방광, 조골세포(osteroblastic cells), 적색 골수(red marrow) 순으로 방사선량(radiation dose)를 많이 받는다. 방사선이 많이 검출되는 뼈일수록 새로운 뼈 형성 및 혈액순환이 빠른 조직이다. ^{18}F의 물리적 반감기는 109.7분으로 양전자 붕괴를 거쳐 ^{18}O가 된다.

(5) 기타사항

^{18}F는 나선형가속기(cyclotron)에서 ^{18}O로 표지된 물에 양성자를 충격하여 생산한다. Na[^{18}F]F는 무담체(carrier-free)의 ^{18}F를 0.9% 생리식염수와 섞어 주사제 제법에 따라 만든다.

[2] ^{99m}Tc 표지 근골격계 영상화제

(1) 명칭과 구조

- 피로인산테크네튬(^{99m}Tc) 주사액(KP)

  Technetium (^{99m}Tc) pyrophosphate injection (KP)

  Techentium Tc 99m pyrophosphate injection (USP)

  ^{99m}Tc-pyrophosphate

  ^{99m}Tc-PYP

- 메틸렌디포스폰산테크네튬(^{99m}Tc) 주사액(KP)

  Technetium (^{99m}Tc) methylenediphosphonic acid injection (KP)

  Techentium Tc 99m medronate injection (USP)

^{99m}Tc-medronate disodium

^{99m}Tc-methylene diphosphate

^{99m}Tc-MDP

• 히드록시메틸렌디포스폰산 테크네튬(^{99m}Tc) 주사액

Technetium (^{99m}Tc) hydroxymethylenediphosphonic acid injection (KP)

Techentium Tc 99m oxidronate injection (USP)

^{99m}Tc-oxidronate disodium

^{99m}Tc-hydroxymethylene diphosphonate

^{99m}Tc-HDP

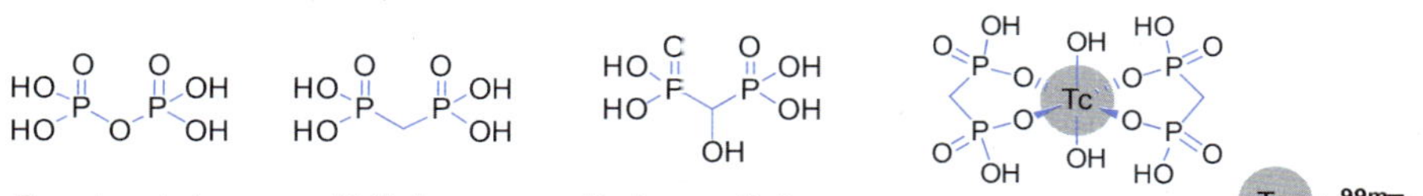

(2) 용도와 투여량

^{99m}Tc로 표지된 근골격계 영상화제들은 전이성 종양, 대사성 질환, 감염 등과 같은 골격계 병변을 통상적인 X선 영상에서 이상이 발견되기 전에 효율적으로 검출할 수 있는 장점이 있다. ^{99m}Tc-MDP는 통상적으로 10~20 mCi (370~740 MBq)을 정맥주사하고 3~4시간 후 뼈의 영상을 얻을 수 있다.

(3) 작용 기전

현재 사용되는 ^{99m}Tc 영상화제는 뼈 대사 활성 및 혈류에 의존적으로 hydroxyapatite mineral matrix에 화학적으로 흡착된다. 따라서 이 약물들은 수산화인회석 ($Ca_5(PO_4)_3(OH)$ or $Ca_{10}(PO_4)_6(OH)_2$) 구조의 뼈를 표적으로 하기 위해 ^{99m}Tc-pyrophosphate처럼 P-O-P 구조를 기반으로 설계되었거나 ^{99m}Tc-methylene diphosphate와 ^{99m}Tc-hydroxymethylene diphosphonate처럼 P-C-P 구조를 기반으로 설계되었다.

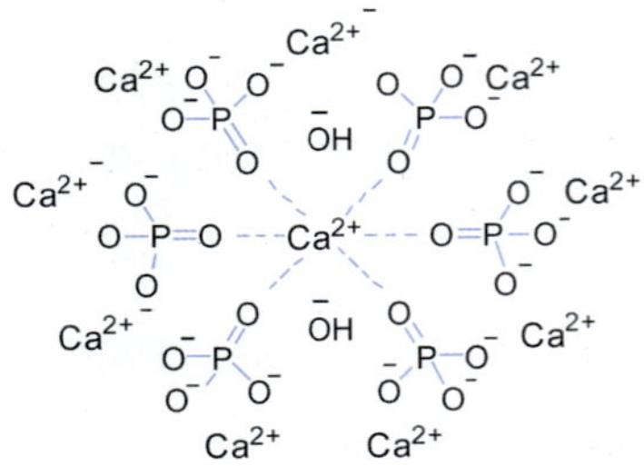

수산화인회석
(hydroxyapatite)

(4) ADME와 반감기

^{99m}Tc는 핵이성체 전이(isomeric transition)를 통해 γ선 (140 keV)을 방출하며 물리적 반감기는 6시간이다.

(5) 기타사항

근골격계 영상화제들은 통상적으로 과테크네튬산나트륨(Na^{+} $^{99m}TcO_4^{-}$)주사액과 염화주석(II)이수화물(Sn^{2+}) 및 피로인산나트륨 등의 리간드를 섞어 주사제의 제법에 따라 만든다. 이 약 제조시 방사성 붕괴나 ^{99m}Tc의 재산화에 주의하여야 하며, 아스코르브산(ascorbic acid)이나 겐티신산(gentisic acid)과 같은 산화방지제를 첨가하기도 한다.

[3] 황 콜로이드 테크네튬(^{99m}Tc)

(1) 명칭과 구조

Technetium Tc 99m sulfur colloid injection (USP)

^{99m}Tc-sulfur colloid

$^{99m}Tc_2S_7$

(2) 용도와 투여량

골수, 간, 비장(spleen)을 포함하는 세당내피계(reticuloendothielial system)의 영상화를 위해 0.1～3.0 μm 크기의 방사성 콜로이드를 사용한다. 골수 영상화를 위해 통상적으로 3～12 mCi (111～444 MBq)을 정맥주사 투여한다.

(3) 작용 기전

콜로이드 입자는 대사과정 없이 세망내피계에 오랫동안 머무른다.

(4) ADME와 반감기

방사성 콜로이드는 쿠퍼세포(Kupffer cell)의 식세포작용(phagocytosis)을 통해 제거되거나 쿠퍼세포와 polygonal hepatocyte 사이의 디세강(space of Disse)에 모인다. 정맥주사 투여 후 80～90%가 쿠퍼세포의 식세포작용을 통해 제거되거나 디세강에 모이고 5～10%가 비장, 나머지가 골수에 모인다. 혈중 청소반감기(clearance half life)는 약 2.5분이다.

(5) 기타사항

방사성 콜로이드인 $^{99m}Tc_2S_7$는 $^{99m}TcO_4^-$를 티오황산나트륨($Na_2S_2O_3$)와 100°C에서 산 촉매 하에 반응하여 제조하며, 가열시간 조절을 통해 지나치게 큰 입자가 형성되지 않도록 한다.

7.3 폐 영상화 방사성의약품

폐 영상화제는 폐 관류(perfusion) 및 환기(ventilation) 평가를 통해 폐 절제술 전에 폐 기능을 검사하거나 폐 색전증(pulmonary embolism)을 확인하기 위해 사용된다.

특히 방사성 가스나 에어로졸은 폐 환기 영상화를 위해 임상에서 사용하는 방사성의약품이다.

7.3.1. 폐 관류 영상화제

[1] 테크네튬대응집인혈청알부민(^{99m}Tc)

(1) 명칭과 구조

테크네튬대응집인혈청알부민(^{99m}Tc) 주사액(KP)

Technetium (^{99m}Tc) human albumin macroaggregated injection (KP)

Technetium Tc 99m albumin aggregated injection (USP)

^{99m}Tc-albumin aggregate

^{99m}Tc-labelled macroaggregated albumin

^{99m}Tc-MAA

(2) 용도와 투여량

폐 관류 영상화를 위해 통상적으로 1～4 mCi (37～148 MBq)을 정맥주사로 투여한다. 폐 모세혈관의 혈류 장애를 방지하기 위해 투여 입자수는 통상적으로 성인의 경우 200,000～700,000개, 신생아의 경우 125,000개를 넘지 않는다.

(3) 작용 기전

^{99m}Tc-MAA는 모세관의 크기(10～90 μm, 평균 30～50 μm)와 비슷하거나 커서 혈류를 따라 분포하여 모세관에 끼인다.

(4) ADME와 반감기

정맥주사로 투여한 ^{99m}Tc-MAA의 약 80%는 폐 혈류를 따라 모세혈관에 모이게 되고 작은 입자로 분해된 후 세망내피계(reticuloendothelial system)를 따라 폐로부터 빠져나가게 된다. 폐에서의 생물학적 반감기는 2～3시간이다.

(5) 제법

이 약은 과테크네튬산나트륨(Na^{+} $^{99m}TcO_4^{-}$)주사액과 염화주석이수화물 및 열변성(heat denaturation)을 통해 큰 입자로 뭉쳐진 인간 혈청 알부민을 섞어 주사제의 제법에 따라 만든다. ^{99m}Tc-MAA가 폐 모세혈관으로 잘 모이도록 하는 한편 큰 정맥은 막히지 않도록 하기 위해 이 약 제조시 입자의 크기를 10～90 μm로 조절하며 150 μm는 넘지 않도록 하고, 제조한 ^{99m}Tc-MAA는 밀폐용기에 담아 2～8°C에서 보관한다.

7.3.2. 폐 환기 영상화제

[1] 제논(^{133}Xe)

(1) 명칭과 구조

Xenon 133 Xe (USP)

(2) 용도와 투여량

^{133}Xe는 ^{235}U 핵분열 부산물로 만들어지는 방사성가스로 폐 환기 영상화를 위해 폐쇄 호흡장치(closed respiratory system)이나 폐활량계(spirometer)를 이용하여 통상적으로 2～30 mCi (74～1110 MBq)을 흡입 투여한다.

(3) 작용 기전

방사성물질인 ^{133}Xe 가스를 흡입하면 ^{133}Xe 가스가 폐의 공기흐름을 따라 이동하기 때문에 폐의 공기흐름을 영상화 할 수 있다.

(4) ADME와 반감기

^{133}Xe는 확산 속도가 빠르고 생체막을 통과하여 혈액과 조직 사이에 교환이 자유로우며 지방 조직에 축적되는 경향이 있다. 흡기를 통해 유입된 ^{133}Xe는 폐포와 폐 모세혈관을 통해 폐정맥 순환하게 되고 대부분 1회 정도 순환 후 호기를 통해 폐로부터 빠져나간다. 폐에서의 유효 반감기는 2분이다. ^{133}Xe는 β^- (100 keV) 및 γ 붕괴 (81 keV)를 거쳐 ^{133}Cs이 되며 물리적 반감기는 5.2일이다.

[2] 제논(^{127}Xe)

(1) 명칭과 구조

Xenon 127 Xe (USP)

(2) 용도와 투여량

^{127}Xe은 폐 환기 영상화를 위해 통상적으로 5～10 mCi를 흡입 투여한다.

(3) 작용 기전

방사성물질인 ^{127}Xe 가스를 흡입하면 ^{133}Xe 가스와 마찬가지로 ^{127}Xe 가스가 폐의 공기흐름을 따라 이동하기 때문에 폐의 공기흐름을 영상화 할 수 있다.

(4) ADME와 반감기

흡기를 통해 유입된 ^{127}Xe는 체내에서 ^{133}Xe과 비슷하게 거동한다. ^{127}Xe은 전자포획(electron capture)을 거쳐 ^{127}I이 되며 물리적 반감기는 36.3일이다.

[3] 펜테트산 테크네튬(^{99m}Tc)

(1) 명칭과 구조

펜테트산테크네튬(^{99m}Tc)

Technetium Tc 99m pentetate injection (USP)

^{99m}Tc-pentetate

^{99m}Tc-DTPA (diethylenetriaminepentaacetic acid)

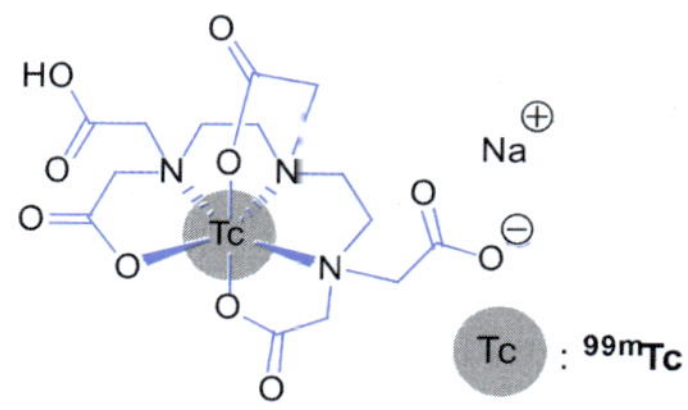

(2) 용도와 투여량

약물을 에어로졸로 만들어 기도에 약제를 투여하는 분무장치(nebulizer)의 개발로 일정한 크기의 에어로졸 입자의 생산이 가능해지면서 폐 영상화제로 사용이 점차 증가하고 있다. 폐 환기 영상화를 위해 통상적으로 약 0.25 μm의 질량중위지름(50%의 누적분포에 해당하는 입자크기, mass median aerodynamic diameter, MMAD)의 ^{99m}Tc-DTPA 방사성에어로졸을 30 mCi (1,110 MBq)를 흡입 투여한다. ^{99m}Tc-DTPA가 기도로부터 혈관으로 확산되어 가는 것을 감마카메라로 영상화할 수 있다.

(3) 작용 기전

에어로졸 방울이 기도와 폐포에 분포되는 것은 공기역학적 특성, 특히 에어로졸 방울의 MMAD에 따라 달라진다. MMAD < 1 μm일 경우 들숨으로 인해 폐포까지 도달했다가 날숨에 의해 다시 배출될 수 있고, 1~3 μm일 경우 폐포에 침착될 수 있다. MMAD > 5 μm일 경우 기도에 침착될 수 있다.

(4) ADME와 반감기

^{99m}Tc-DTPA 방사성에어로졸은 기도를 통해 흡수되어 폐 순환하다가 신장을 통해 배출되기 때문에 단회 투여만으로 수차례 폐 순환 영상을 얻을 수 있다. 사

람의 경우 ^{99m}Tc-DTPA가 폐로부터 소실되는 생물학적 반감기는 약 80분이나 다양한 요인에 따른 폐 상피(epithelium) 상태에 따라 청소율은 크게 변화할 수 있다.

7.4 간 영상화 방사성의약품

간장, 담도 기능을 핵의학적으로 진단하기 위해 세망내피계 및 간실질세포의 움직임과 담즙 배설기능의 평가가 실행된다. 간 영상은 간 기능을 담당하는 2가지 세포 유형을 평가하기 위해 2가지 다른 종류의 방사성의약품을 사용해야 한다.

(1) 망상내피(Reticuloendothelial) 시스템 영상: 간, 비장 및 골수는 입자 크기가 0.1～3.0 μm인 방사성 표지된 콜로이드 물질을 가지고 평가된다. 이 입자는 쿠퍼(Kupffer) 세포에 의한 식세포작용(phagocytosis)에 의해 혈중에서 빠르게 제거되거나 다각형 간세포(hepatocyte)와 쿠퍼세포 사이에서 있는 디세강에 갇히게 된다.

(2) 간 비장(Liver spleen) 영상: 방사성의약품은 농양, 낭종 및 외상으로 인한 간 손상과 간 조직을 차지하는 원발성 종양 및 전이성 신생물을 영상화하는데 유용하다.

(3) 골수(Bone marrow) 영상: 골수에 영향을 미치는 병리적인 평가에 유용하다.

(4) 간담도(Hepatobiliary) 영상: 간세포 기능은 분자량, 친유성, 화학 구조가 적절한 물질에 의해 평가되고, 진단 물질은 다각형(polygonal) 세포에서 간담도계로 배설된다. 간담도 영상의 방사성의약품은 급성 담낭염에서 낭성관 폐쇄 상태를 진단하고, 담낭절제술 후 해부학 및 생리학적인 판단에 유용하다.

7.4.1. 망상내피 조영제

[1] 황 콜로이드 테크네늄(^{99m}Tc)

(1) 명칭과 구조

^{99m}Tc-sulfur colloid

$^{99m}Tc_2S_7$

(2) 용도와 투여량

골수, 간, 비장을 포함하는 망상내피계(reticuloendothielial system)의 영상화를 위해 0.1～3.0 μm 크기의 방사성 콜로이드를 사용한다. 입자의 크기에 따라 0.1 μm 이하의 콜로이드는 주로 골수에 집적되고, 0.3～1 μm은 주로 간에 집적되고, 1～5 μm는 주로 비장에 모인다. 입자크기가 이보다 더 커지면 혈중 클리어런스가 증가한다. 간 영상에 사용하려면 방사성 콜로이드의 크기를 주의해야 한다. 주사에 사용되는 ^{99m}Tc-sulfur colloid의 평균적인 입자 크기는 0.1～1 μm이다. 간과 비장 영상화를 위해 통상적으로 1～8 mCi (37～296 MBq)을 정맥주사 투여한다.

(3) 작용 기전

방사성 콜로이드는 쿠퍼세포의 식세포작용을 통해 제거되거나 쿠퍼세포와 다각형 간세포 사이의 디세강에 모인다.

(4) ADME와 반감기

정맥주사 투여 후 80～90%가 쿠퍼세포의 식세포작용을 통해 제거되거나 디세강에 모이고 5～10%가 비장, 나머지가 골수에 모인다. 혈중 청소반감기는 약 2.5분이다. 콜로이드 입자는 대사과정 없이 망상내피계에 오랫동안 머무른다.

(5) 기타사항

방사성 콜로이드인 $^{99m}Tc_2S_7$는 $^{99m}TcO_4^-$를 sodium thiosulfate와 100°C에서 산촉매 하에 반응하여 얻고, 가열시간 조절을 통해 지나치게 큰 입자가 형성되지 않게 한다.

7.4.2. 간담도 조영제

간담도 영상에 사용되는 방사성의약품은 간세포에 특이적으로 섭취되어야 하며 담도로 배출되어야 한다. 간 기능이 저하되더라도 간 추출률이 높아야 하고 간담도 이행이 신속히 일어나야 한다. 빌리루빈 수치가 높더라도 간 흡수가 저하되지 않아야 한다. 1975년에 리도카인 기반의 이미노디아세트산(iminodiacetic acid, IDA) 유도체가 ^{99m}Tc과 결합하여 이용하게 되었다. IDA 유도체로 diisopropyl기와 bromotrimethyl기를 가진 ^{99m}Tc-DISIDA와 ^{99m}Tc-BrIDA가 가장 많이 사용된다. IDA는 친유성 때문에 간담도 영상화제로 유용하며, 담체 매개 간세포 대사 경로에 의해 선택적으로 제거될 수 있다. 이 약물은 빌리루빈과 동일한 배설 경로를 거치기 때문에 빌리루빈 수치가 증가한 환자는 간 클리어런스가 감소하고 신장 클리어런스가 증가한다. 영상에서 담낭이 보이지 않으면 급성 담낭염으로 소견된다.

[1] 디스페닌 테크네튬(^{99m}Tc)

(1) 명칭과 구조

^{99m}Tc-disofenin

^{99m}Tc-DISIDA (diisopropyliminodiacetate)

2-[carboxymethyl-[2-[2,6-di(propan-2-yl)anilino]-2-oxoethyl]amino]acetic acid; technetium-99

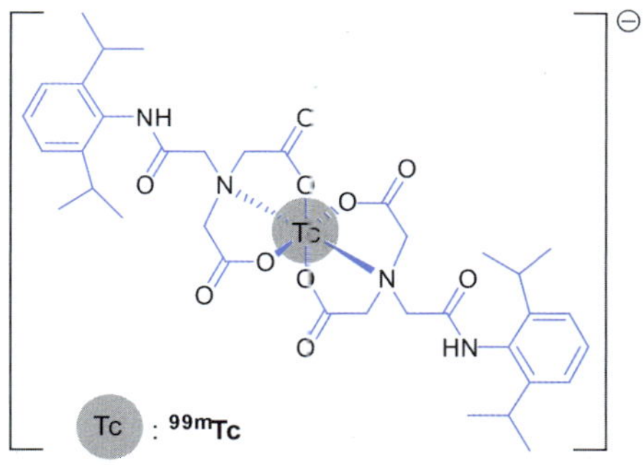

(2) 용도와 투여량

^{99m}Tc-DISIDA는 통상적으로 황달이 없는 환자에게는 1~5 mCi (37~185 MBq)을 정맥주사하고, 황달 환자에게는 3~8 mCi (111~296 MBq)을 정맥주사한다.

(3) 작용 기전

리도카인 기반의 이미노디아세트산 유도체로서 간담도 영상화제로 쓰인다.

(4) ADME와 반감기

담낭 및 장의 시각화는 투여 후 60분 이내에 발생한다. ^{99m}Tc-DISIDA는 혈중에 빠르게 제거되어 30분 후 8% 정도가 남는다. 투여된 방사 활성의 약 9%가 처음 2시간 동안 뇨로 배설되면서 사라진다. 방사 활성의 나머지는 간담도 시스템을 통해 제거된다. 최대 간 섭취는 10분 이내이고, 최대 담낭 섭취는 30~40분이다. 혈청 빌리루빈이 30 mg/dL 내에서는 간담도 영상이 가능하고, 비교적 신장으로 배설도 적다.

[2] 메브로페닌 테크네튬(^{99m}Tc)

(1) 명칭과 구조

^{99m}Tc-mebrofenin

2-[[2-(3-bromo-2,4,6-trimethylanilino)-2-oxoethyl]-(carboxymethyl)amino]acetic acid; technetium-99

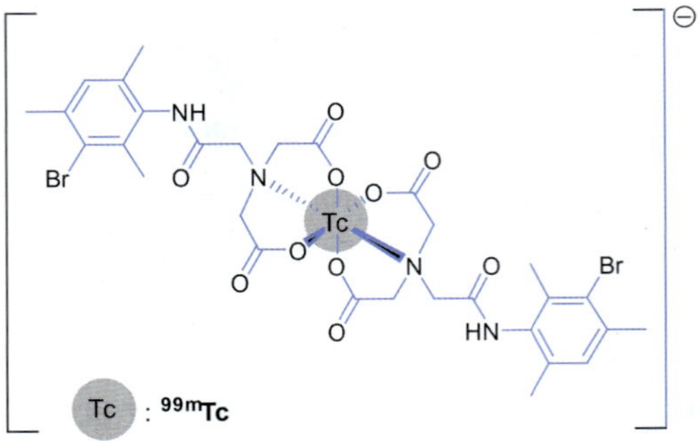

(2) 용도와 투여량

^{99m}Tc-mebrofenin는 황달 환자가 아닌 경우는 2～5 mCi (74～185 MBq)를 정맥주사하고, 황달 환자는 3～10 mCi (111～370 MBq)를 정맥주사한다.

(3) 작용 기전

리도카인 기반의 이미노디아세트산 유도체로서 간담도 영상화제로 쓰인다.

(4) ADME와 반감기

^{99m}Tc-DISIDA에 비해 약동학적으로 우수한 약물이다. ^{99m}Tc-mebrofenin은 10～15분 이내에 간관과 담낭의 시각화가 가능하다. 30～60분 이내에 장관에서 방사 활성을 지닌다. 혈액에서 빠르게 제거되어 10분 후에 17%가 남는다. 투여된 방사 활성 1%만이 처음 몇 시간 이내에 뇨로 배설된다. 방사 활성의 나머지는 간담도 시스템을 통해 제거된다. 최대 간 섭취는 10분 이내에 나타난다.

7.5 신장 영상화 방사성의약품

방사성의약품이 신장 기능, 신장 혈관 흐름, 신장 형태를 측정하기 위해 신장 영상에 사용된다. 신장 이식 후 폐쇄, 경색, 누출, 세뇨관 괴사 및 거부 반응 등의 합병증에 대한 환자의 신장 기능 평가에 유용하다. 신장 기능 또는 신장 형태를 측정하기 위한 방사성의약품의 사용은 배설을 담당하는 두 가지 생리학적 메커니즘인 사구체 여과 및 세뇨관 분비를 기반으로 한다.

7.5.1. 사구체 여과에 의해 배설된 약물

사구체 여과에 의해 배설되는 약물은 사구체 여과율(GFR), 신동맥 관류 및 집합관의 시각화를 결정하는 데 유용하다. 영상에 사용되는 약물은 추적자로서 GFR 측정을 위해 사구체 모세혈관을 자유롭게 통과하고 단백 결합이 없고 재흡수 및 대사가 일어나지 않아야 한다. ^{99m}Tc-DTPA은 단백 결합이 낮아 GFR 측정에 사용되나 단백 결합이 나타나는 ^{99m}Tc-MAG_3는 사용되지 않는다.

[1] 펜테트산 테크네튬(^{99m}Tc)

(1) 명칭과 구조

^{99m}Tc-pentetate

^{99m}Tc-DTPA (diethylenetriamine pentaacetic acid)

2-[bis[2-[bis(carboxylatomethyl)amino]ethyl]amino]acetate;technetium-99

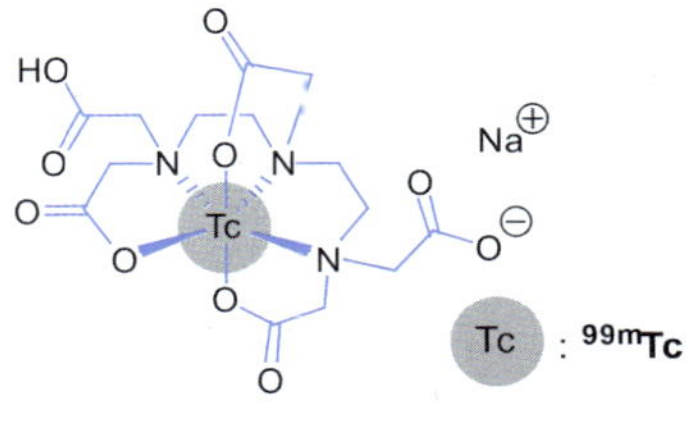

(2) 용도와 투여량

^{99m}Tc-DTPA는 통상적으로 10～20 mCi (370～740 MBq)을 정맥주사한다.

(3) ADME와 반감기

^{99m}Tc-DTPA은 투여 후 세포외액 공간 전체로 빠르게 분포하며, 사구체 여과에 의해서만 빠르게 배설된다. 보통의 경우 5% 미만의 단백 결합이 나타나지만, 최대 10%까지 단백 결합될 경우 측정된 GFR이 감소할 수 있다. 투여 후 2시간 이내에 용량의 50%가 신장에서 제거되고 24시간 이내에 최대 95%가 제거된다.

[2] Sodium iothalamate iodine-125(^{125}I)

(1) 명칭과 구조

Sodium iothalamate iodine-125 (^{125}I) injection

Diatrizoate sodium I-125

Sodium; 3-acetamido-2,4,6-tris(^{125}I)(iodanyl)-5-(methylcarbamoyl)benzoate

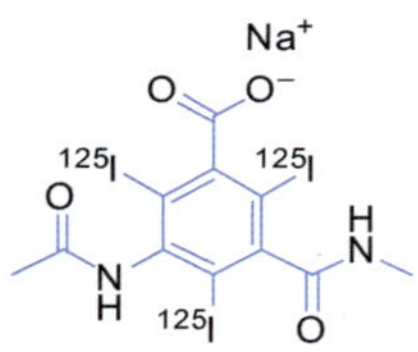

(2) 용도와 투여량

Sodium iothalamate iodine-125는 통상적으로 10～50 μCi (3.7～18.5 MBq)을 정맥주사한다.

(3) 작용 기전

Sodium iothalamate ^{125}I는 GFR 측정에 사용되지만 ^{125}I의 열악한 영상 방출 때문에 영상에는 사용되지 않는다. 경구 요오드화칼륨(KI)을 사용한 갑상선 차단이

추천된다.

(4) ADME와 반감기

물리적 반감기는 59일이고, 붕괴 방식은 전자포획에 의한다. 1차 방사선 방출은 35 keV 수준의 γ 에너지 광자 및 X선으로 나타난다.

(5) 기타사항

mL당 요오탈라메이트 나트륨 1 mg을 함유하며 멸균되고 발열물질(pyrogen) 없는 주사제 형태이다.

7.6 뇌 영상화 방사성의약품

뇌를 표적으로 하는 방사성의약품은 뇌기능을 진단하는 데 임상에서 사용된다. 국소적으로 뇌의 혈액량과 혈류량을 측정하고, 뇌에서의 에너지 대사 및 신경전달 기능을 측정한다. 또한, 뇌질환 환자에서 과발현되는 단백질 또는 응집물질을 측정한다. 뇌영상 방사성의약품은 외부 물질이 뇌로 들어가지 못하게 막는 역할을 하는 뇌혈관장벽(blood-brain barrier, BBB)을 통과해야 한다. 뇌영상 방사성의약품은 지용성에 기반한 수동확산(passive diffusion) 기전이나 아미노산 또는 글루코스 막수송체(membrane transporter)를 이용하여 BBB를 통과한다.

[1] 2-데옥시-2-플루오로-D-글루코스(^{18}F)

(1) 명칭과 구조

2-데옥시-2-플루오로-D-글루코스(^{18}F) 주사액 (KP)

2-Deoxy-2-fluoro-D-glucose (^{18}F) injection (KP)

Fludeoxyglucose F 18 injection(USP)

Fludeoxyglucose(^{18}F) injection(EP)

[^{18}F]FDG

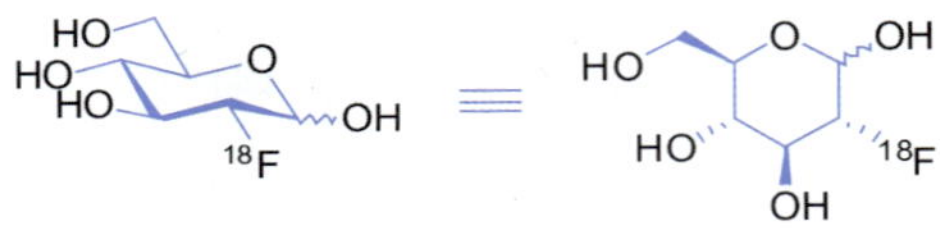

(2) 용도와 투여량

뇌에서 에너지원으로 사용하는 글루코스(glucose)의 2번 위치에 불소 원자를 도입한 플루데옥시글루코스([^{18}F]FDG)는 양전자 단층 촬영을 통해 뇌질환 진단과 관상동맥질환 진단에 사용한다. 또한, 좌심실 기능 부전 진단, 심근 관류 영상 조사, 좌심실 허혈성 심근질환 진단에 사용한다. 뇌의 정상 전기활동에 급격한 변화가 발생하는 발작(seizure)에서도 포도당의 대사는 증가하는 것으로 알려져 있다. 또한, 암세포가 정상세포에 비하여 글루코스 대사가 활발하므로 종양 진단에도 가장 많이 사용되는 PET 방사성의약품이다. 정맥주사로 투여하고 5～10 mCi (185～370 MBq)를 일반적으로 사용한다. 투여 후 30～40분 사이에 최적의 영상이 얻어진다.

(3) 작용 기전

^{18}F-FDG는 글루코스 대사가 활발한 조직으로 글루코스와 마찬가지로 포도당 수송체(glucose transporter, Glut)에 의해 흡수되어 분포된다. 흡수된 ^{18}F-FDG는 조직 내의 헥소키나아제(hexokinase, HK)에 의하여 6번 위치에 인산화가 일어나 ^{18}F-FDG-6-phosphate가 만들어진다. ^{18}F-FDG-6-phosphate는 glucose-6-phosphate와는 다르게 해당과정(glycolysis) 대사의 기질이 되지 않고 축적되므로 HK의 활성이 높거나 Glut를 과발현하는 조직의 영상을 효과적으로 측정한다.

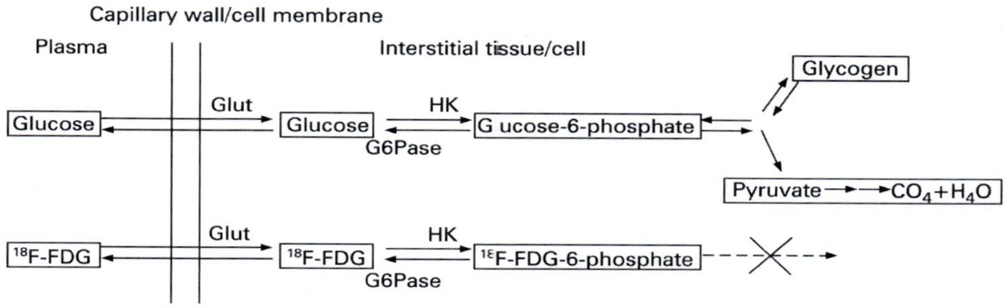

(4) ADME와 반감기

^{18}F-FDG는 Glut를 이용하여 뇌혈관장벽(BBB)을 통과한다. 주요 대사는 ^{18}F-FDG의 6번 위치에 인산화가 진행되어 ^{18}F-FDG-6-phosphate이다. ^{18}F-FDG-6-phosphate는 2번 위치에 불소원자를 포함하고 있어 더 이상의 해당과정 대사는 진행되지 않아 뇌에 축적되어 PET 영상을 얻게 된다. ^{18}F-FDG는 심장 이외의 조직에서는 투여 후 24시간 이내에 제거된다. 하지만 심장 조직의 배설은 96시간 이상이 소요된다. ^{18}F의 물리적 반감기는 109.7분이다.

[2] 에프도파(^{18}F)

(1) 명칭과 구조

에프도파 F18 주사액

Fluorodopa F 18 injection (USP)

L-6-[^{18}F]Fluoro-3,4-dihydroxyphenylalanine (^{18}F-DOPA)

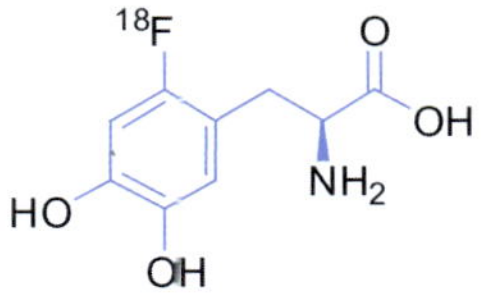

(2) 용도와 투여량

대뇌 신경 전달물질의 생체 내 합성을 에프도파 ^{18}F 주사제로 평가할 수 있다. 투여 후 에프도파 ^{18}F의 대뇌에서의 분포는 파킨슨증후군과 같은 퇴행성 신경질환의 평가에 사용된다. 정맥주사를 통해 일반적으로 10～20 mCi (370～740 MBq)를 투여한다. 전신 영상이 필요하지 않은 신경학적 검사를 위해서는 2 MBq/kg (0.05 mCi/kg)가 사용될 수 있다.

(3) 작용 기전

DOPA는 신경 전달물질인 도파민(dopamine)의 전구체로, 뇌에서 ^{18}F-DOPA의 축적 정도는 시냅스전 도파민 합성의 기능을 반영한다. ^{18}F-DOPA는 DOPA decarboxylase에 의해 대사되어 ^{18}F-dopamine으로 대사되어 시냅스전 소포(presynaptic visicle)에 저장되어 축적된다.

(4) ADME와 반감기

정맥주사 투여 후 혈장에서의 활성은 5분 이내에 투여 용량의 10%까지 감소한다. 에프도파 ^{18}F 주사는 주로 Dopa decarboxylase와 catechol-*O*-methyltransferase를 통해 말초에서 대사된다. 뇌 흡수를 최대화하기 위해 카르비도파(carbidopa)를 같이 사용할 수 있다. 도파민 대사산물의 형태로 신장 시스템을 통하여 빠르게 배설된다.

(5) 기타사항

^{18}F-DOPA 투여 최소 60분 이전에 카르비도파(carbidopa)를 경구로 150 mg 투여한다. Carbidopa는 ^{18}F-DOPA의 탈탄산화를 저해한다.

[3] 엑사메타짐 테크네튬(^{99m}Tc)

(1) 명칭과 구조

Technetium Tc 99m exametazime injection (USP)

^{99m}Tc-HMPAO (hexamethylpropyleneamine oxime)

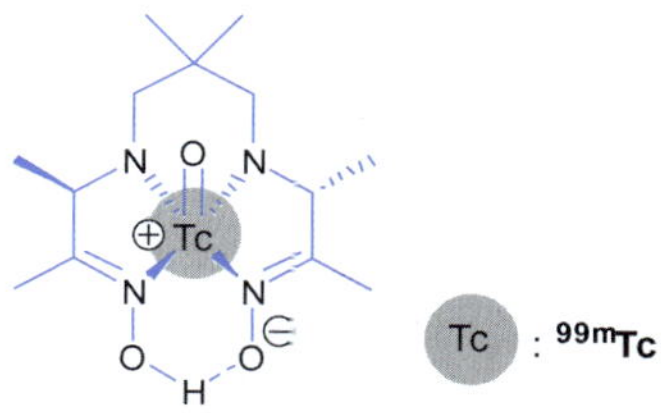

(2) 용도와 투여량

뇌관류(brain perfusion)를 평가하기 위한 방사성의약품이다. 약물의 분포는 뇌혈류량과 비례하므로 뇌졸중과 같은 질환의 국부 뇌혈류 이상의 진단에 사용된다. 뇌졸중의 국소 부위에서 CT 또는 MRI 영상의 보조 역할로 사용되는 SPECT 영상제이다. 정맥주사로 투여하며 일반적으로 10～20 mCi (370～740 MBq)를 사용한다. 복강 내 감염 및 염증성 장질환에서 백혈구 표지의 보조제로도 사용된다.

(3) 작용 기전

^{99m}Tc-exametazime은 중성의 지용성 복합체로 BBB를 용이하게 통과할 수 있지만, 불안정한 복합체이므로 친수성인 증가된 형태로 빠르게 바뀌게 되면 BBB를 통과하지 못하게 된다.

(4) ADME와 반감기

^{99m}Tc-exametazime은 최대 뇌 섭취가 3.5～7.0%이고 24시간 후에도 2.5% 정도 유지되지만 혈액에서는 빠르게 소실된다. 48시간 이내에 투여량의 40%가 요를 통해 배설된다.

[4] 비시세이트 테크네튬(^{99m}Tc)

(1) 명칭과 구조

Technetium Tc 99m bicisate injection (USP)

^{99m}Tc-ECD (*N,N*-1,2-ethylenediylbis-L-cysteine diethylester)

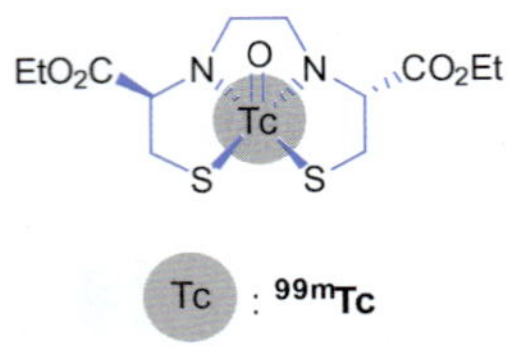

(2) 용도와 투여량

뇌관류(brain perfusion)를 평가하기 위한 방사성의약품이다. 뇌졸중으로 이미 진단된 환자에서 뇌졸중의 국소 부위에서 CT 또는 MRI 영상의 보조 역할로 사용되는 SPECT 영상제이다. 정맥주사로 투여하며 일반적으로 10～30 mCi (370～1110 MBq)를 사용한다.

(3) 작용 기전

지용성인 ^{99m}Tc-bicisate 복합체는 수동확산을 통해 BBB를 통과한다. 일단 뇌세포 안으로 섭취되면 ^{99m}Tc-bicisate는 내인성 효소에 의해 대사된 후 뇌세포 밖으로 확산되지 않는 극성 화합물로 변하게 된다.

(4) ADME와 반감기

^{99m}Tc-bicisate 복합체는 혈액에서 빠르게 제거된다. 투여 1시간 후에 투여량의 최대 6.5%가 뇌에 분포되어 있고, 5.0%가 혈액에 남아 있다. ^{99m}Tc-bicisate는 주로 신장을 통해 제거되고, 2시간 이내에 50% 24시간 이내에 74%까지 배설된다.

[5] 디티피에이 인듐(^{111}In)

(1) 명칭과 구조

Indium In 111 pentetate injection (USP)

^{111}In-DTPA (diethylenetriaminepentaacetic acid)

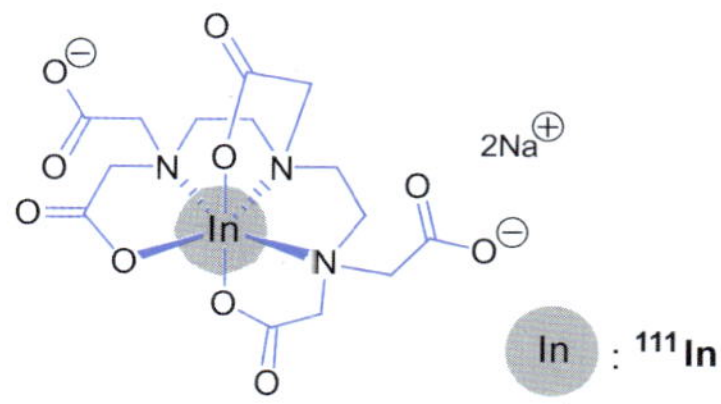

(2) 용도와 투여량

뇌수종이나 뇌척수액(cerebrospinal f.uid, CSF)의 유출을 진단하는 데 사용한다. 수막강내 주사(intrathecal injection)로 투여하며 일반적으로 500 μCi (18.5 MBq)를 사용한다.

(3) 작용 기전

척수강 내 투여 후에 약물은 뇌척수액과 함께 척추관을 통해 후방 및 중두개저조(basal cistern)으로 침투한다.

(4) ADME와 반감기

혈류로 흡수된 후 주요 배설은 신장으로 이루어진다. 투여 용량의 65%는 48시간 이내에, 85%는 72시간 이내에 배설된다. 물리적 반감기는 67시간, CSF 생물학적 반감기는 12시간으로 유효 반감기는 10시간이다.

[6] *N*-이소프로필-4-요오도암페타민(^{123}I)

(1) 명칭과 구조

N-이소프로필-4-요오도암페타민(^{123}I) 염산염 주사액 (KP)

N-Isopropyl-4-iodoamphetamine (^{123}I) hydrochloride injection (USP)

Iofetamine hydrochlordie I-123

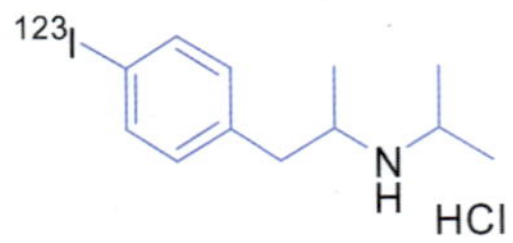

(2) 용도와 투여량

뇌졸중과 부분발작(partial seizure)의 평가와 알츠하이머 조기 진단의 보조제로 사용된다. SPECT제로 뇌혈류관류(cerebral blood flow) 영상화에 사용되는 방사성 의약품이다. 일반적으로 정맥주사로 102～140 MBq을 투여한다.

(3) 작용 기전

암페타민(amphetamine)의 유도체로 지용성이 높아서 뇌혈관 장벽을 통과한다. 세로토닌(serotonin)과 노르에피네프린(norepinephrine)의 재흡수를 억제하고 도파민(dopamine) 방출을 유도하는 등 암페타민과 유사한 작용 기전을 갖는다.

(4) ADME와 반감기

체내에서 약물의 재분배는 상당히 빠르므로 주사 후 1시간 이내에 뇌 영상을 진행해야 한다. ^{123}I의 물리적 반감기는 13.2시간이다.

[7] 아이오플루판(^{123}I)

(1) 명칭과 구조

^{123}I-ioflupane

^{123}I-DaTSCAN

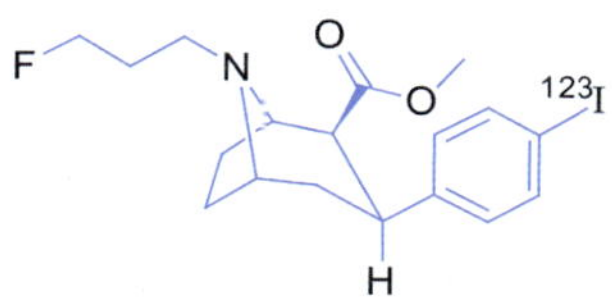

(2) **용도와 투여량**

뇌에서의 도파민성 뉴런이 감소한 뇌질환 진단에 사용된다.

(3) **작용 기전**

Presynaptic 도파민 수용체에 대한 강한 결합력을 갖는 코카인(cocaine) 유도체이다. 뇌에서의 도파민성 뉴런의 기능이 감소한 파킨슨병(Parkinson disease)이나 다계통 위축증(multiple system atrophy)의 진단에 사용된다.

(4) **ADME와 반감기**

정맥 주사 후 10분 이내에 뇌 흡수는 약 7%에 도달하고 5시간 후에는 3%로 감소한다. 투여 48시간 후에 투여 용량의 60%는 배설된다. 물리적 반감기는 13.2시간, 생물학적 반감기는 3.5일이다.

[8] Flortaucipir(^{18}F)

(1) **명칭과 구조**

Flortaucipir F 18 injection (USP)

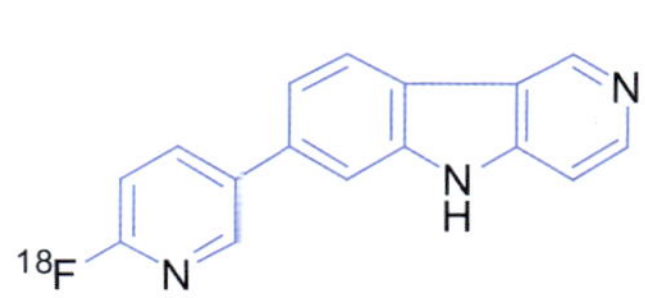

(2) 용도와 투여량

인지장애를 가진 알츠하이머 환자에서 응집된 tau neurofibrillary tangles (NFTs)의 밀도와 분포를 측정하는 데 사용되는 PET 영상 방사성의약품이다. 응집된 타우 단백질을 표적으로 하여 영상화하는 최초의 방사성의약품으로 2020년에 미국 FDA 승인을 획득하였다. 추천 용량은 10 mCi (370 MBq)이다.

(3) 작용 기전

^{18}F-Flortaucipir는 BBB를 통과한 후 응집된 타우(tau) 단백질에 결합한다. 타우 단백질의 이중나선 섬유(paired helical filament)에 대한 K_d 값은 0.57 nM이다.

(4) ADME와 반감기

물리적 반감기는 109.7분이고, 혈장 반감기는 약 17분이다. 투여 5분 후에 투여 방사능은 10% 이하로 혈액에 존재한다. 주로 간담도 및 신장을 통해서 배설된다.

7.7 갑상선 영상화 방사성의약품

갑상선은 갑상선 호르몬을 생성하기 위하여 요오드를 필요로 하므로 인체에 요오드를 경구나 주사로 투여하면 갑상선에 능동적으로 집적된다. 갑상선염증(inflammation), 갑상선기능항진증(hyperthroidism), 갑상선기능저하증(hypothyroidism) 등의 갑상선 기능과 관련한 문제가 의심되거나, 소결절(nodule)이나 소괴(lump) 등 갑상선암이 의심되는 경우, 방사성 요오드인 ^{123}I를 경구나 주사로 투여하여 방사성 요오드 집적검사(RAIU, radiactive iodine uptake)를 수행한다. 환자의 식이나 영양제에 방사성이 아닌 요오드가 함유되어 있을 때는 갑상선에 상경하여 방사성 요오드의 갑상선 집적을 방해하므로 섭취를 제한할 필요가 있다. $^{99m}TcO_4^-$ 이온도 요오드와 같은 기전으로 갑상선에 집적되므로 요오드 대신 $^{99m}TcO_4^-$을 사용하기도 한다. ^{131}I도 진단 목적으로 사용할 수 있지만, ^{123}I은 전자포획으로 γ선만 방출하는 데 반해 ^{131}I은 β선을 같이 방출하기 때문에 ^{131}I가 집적된 조직에 상해를 줄 수 있어 진단보다는 갑상선암의 치료 목적으로 주로 사용된다.

[1] 요오드화나트륨(^{123}I)

(1) 명칭과 구조

요오드화나트륨(^{123}I) 주사액 (KP)

Sodium iodide I-123 (USP)

$Na^{123}I$

(2) 용도와 투여량

갑상선 집적검사에는 100～200 μCi (3.7～7.4 MBq)를 경구로 투여하거나 주사하고, 갑상선 조영에는 100～500 μCi (3.7～18.5 MBq)를 투여한다.

(3) 작용 기전

경구로 투여된 요오드는 위장관에서 빠르게 흡수되어 몇 분 내에 갑상선에 집적되기 시작한다. 주사제로 투여한 경우에도 갑상선에 선택적으로 집적되어 갑상선 기능을 검사하거나, 갑상선을 조영하는 데 사용된다.

(4) ADME와 반감기

생물학적 반감기는 3.5일이지만 물리적 반감기는 13.2시간으로, 유효반감기는 11.4시간이다. 전자포획 방식으로 붕괴되어 159 keV, 27 keV, 529 keV의 에너지를 가진 γ선을 방출한다.

[2] 요오드화나트륨(^{131}I)

(1) 명칭과 구조

요오드화나트륨(^{131}I) 액, 요오드화나트륨(^{131}I) 캡슐 (KP)

Sodium iodide I-131 (USP)

$Na^{131}I$

(2) 용도와 투여량

갑상선 집적검사에는 2~15 μCi (0.074~0.555 MBq)를 경구로 투여하고, 갑상선 조영에는 30~50 μCi (1.11~1.85 MBq)를 투여하는데, 유효 반감기가 길고 고에너지의 β선이 동반 방출되므로 검사나 조영에는 선호되지 않고, 이상 증식된 조직을 사멸시키는 치료용으로 주로 사용된다. 갑상선기능항진증의 치료에는 10~30 mCi (370~1110 MBq), 갑상선암의 치료에는 50~200 mCi (1850~7400 MBq)의 고용량을 투여한다.

(3) 작용기전

경구로 투여된 요오드는 위장관에서 빠르게 흡수되어 몇 분 내에 갑상선에 집적되기 시작한다.

(4) ADME와 반감기

생물학적 반감기는 3.5일이고, 물리적 반감기는 8.08일로, 유효 반감기는 2.44일이다. 606 keV, 333 keV의 β선과, 364 keV, 637 keV, 284 keV의 에너지를 가진 γ선을 동반 방출한다.

[3] 과테크네튬산나트륨(^{99m}Tc)

(1) 명칭과 구조

과테크네튬산나트륨(^{99m}Tc) 주사액 (KP)

Sodium pertechnetate Tc-99m injection (USP)

$Na^{99m}TcO_4$ in 0.9% NaCl solution

(2) 용도와 투여량

제너레이터에서 생리식염수로 추출되는 pH 4.5~7.0의 깨끗하고 투명한 용액이다. 멸균 등장이며 비발열성(pyrogen free)인 방사성의약품으로 정맥주사로 사용되며 경구 투여도 가능하다. 갑상선 조영에는 1~10 mCi(37~370 MBq)를 투여한다.

(3) 작용 기전

$^{99m}TcO_4^-$ 이온이 생체에서 요오드와 비슷한 거동을 하기 때문에 갑상선 영상을 얻는데 이용된다. 정맥주사로 투여 후 $^{99m}TcO_4^-$는 맥락총(choroid plexus), 갑상선(thyroid gland), 타액선(salivary gland), 위(stomach) 등에 주로 집적되나 혈액 내에도 충분한 시간 동안 잔류하여 여러 기관의 조영술을 하기에 좋다.

(4) ADME와 반감기

정맥투여 후 대사되지 않은 형태로 신장에서 소변으로 배설되며 24시간까지 15~50%가 요로 배출된다. 투여 용량의 10~55%가 3일 이내에 대변으로 배설된다. ^{99m}Tc는 6시간의 물리적 반감기로 핵이성체 전이에 의해 붕괴된다. 140 keV γ선을 방출한다.

7.8 종양 영상 방사성의약품

7.8.1. 유방암 영상 방사성의약품

유방에 존재하는 종양을 진단하는 데 사용되는 방사성의약품이다. 일반적으로 유방암에 작용하는 물질을 통해 영상을 획득한다.

[1] 세스타미비 테크네튬(^{99m}Tc)

(1) 명칭과 구조

세스타미비(^{99m}Tc) 주사액

Technetium Tc 99m sestamibi injection (USP)

^{99m}Tc-MIBI (hexakis-2-methoxyisobutylisonitrile)

(2) 용도와 투여량

심혈관계 영상 진단과 유방암 영상 진단에 주로 사용되고, 폐암, 뼈암, 갑상선 수질암, 뇌암 등의 영상 진단에도 사용된다. 특히, ^{99m}Tc-MIBI은 유방조영술에서 비정상적인 환자나 유방 종양이 있는 환자의 유방 병변을 평가하는 2차적인 방법으로서 평면 영상화를 위해 사용된다. ^{99m}Tc-MIBI은 일반적으로 10～30 mCi (370～1110 MBq)가 정맥주사로 투여된다.

(3) 작용 기전

^{99m}Tc-MIBI은 수동적 확산에 의하여 세포 속에 들어간 뒤 세포 안에서 미토콘드리아 막전위에 의하여 생성되어 있는 음전하와 상호작용하여 미토콘드리아 막에 강하게 결합하기 때문에 미토콘드리아의 활동이 활발한 심근에 많이 축적된다. ^{99m}Tc-MIBI가 수동적 확산으로 세포 속에 잘 들어갈 수 있는 이유는

^{99m}Tc-MIBI가 양전하를 띠고 있지만, 지용성 또한 크기 때문이며, 몇몇 암세포에서는 미토콘드리아의 활성이 높은 것으로 보고되었기에, 유방암의 영상 등에 ^{99m}Tc-MIBI를 사용할 수 있는 것으로 알려져 있다.

(4) ADME와 반감기

^{99m}Tc-MIBI은 간담도계(hepatobiliary system)에 의해 제거되는 데, 소변이나 대변의 대사 작용 없이 배설된다. ^{99m}Tc-MIBI의 심근(myocardium)에서의 유효반감기는 3시간, 생물학적 반감기는 6시간이다. 또한, ^{99m}Tc의 물리적 반감기는 6시간이고, ^{99m}Tc은 140 keV의 γ선을 방출한다.

(5) 기타사항

^{99m}Tc-MIBI은 ^{99m}Tc이 6개의 2-methoxy isobutyl isonitrile과 정팔면체형으로 결합하고 있는 형태이며, 전체적으로 +1가의 양전하를 띠고 있는 양이온 복합체이다. 이 약은 무색의 맑은 액이고, pH는 5.0～6.0이다.

[2] 플루오로에스트라디올(^{18}F)

(1) 명칭과 구조

플루오로에스트라디올(^{18}F) 주사액

Fluoroestradiol F 18 injection (USP)

[^{18}F]FES

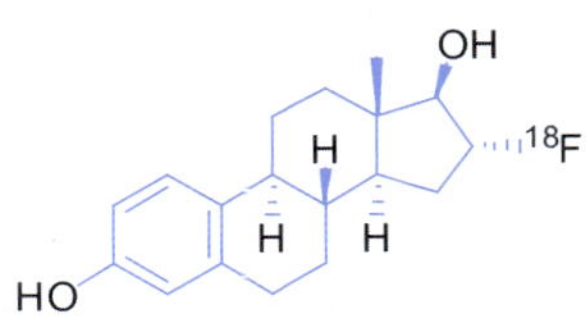

(2) 용도와 투여량

$[^{18}F]$FES는 에스트로겐 유도체로 유방암 환자의 병소 진단 및 에스트로겐 수용체(estrogen receptor, ER)의 양성 병변 진단에 사용된다. 또한 $[^{18}F]$FES을 사용하면 원위 전이뿐만 아니라 액와림프절을 관측할 수 있다. $[^{18}F]$FES은 일반적으로 3~6 mCi (111~222 MBq)가 정맥주사로 투여된다.

(3) 작용 기전

스테로이드호르몬인 에스트로겐 수용체 및 프로게스테론 수용체(progesterone receptor, PR) 등은 2/3 이상의 유방암에서 발견되기에 이 수용체들을 측정하여 유방암의 진단 및 예후를 예측하거나 치료하는 데 유용하게 사용된다. $[^{18}F]$FES는 ^{18}F으로 치환된 에스트로겐 호르몬의 유사체로서 유방암세포 표면에 있는 에스트로겐 수용체에 강하게 결합한다. 에스트로겐 수용체에 결합한 $[^{18}F]$FES은 ^{18}F의 붕괴로부터 생성되는 양전자를 통해서 에스트로겐 수용체(ER) 양성 유방암을 진단하는 데 사용된다.

$[^{18}F]$FES는 우수한 체외 결합친화력을 가질 뿐만 아니라, 인체에 존재하는 종양의 에스트로겐 수용체 양과 관련되어 나타나는 원발성 유방암에도 잘 집적된다.

(4) ADME와 반감기

$[^{18}F]$FES이 투여되면 95%는 혈장 단백질에 결합된다. $[^{18}F]$FES은 주로 간담도계에 분포하고, 그이외 소장 및 대장, 심장벽, 혈액, 신장, 자궁 및 방광에 분포한다. $[^{18}F]$FES의 대사는 에스트라디올(estradiol)과 유사하게 간에서 대사가 일어난다. 제거는 담즙과 요로배설에 의해 이루어진다. ^{18}F은 511 keV의 γ선을 방출하고, ^{18}F의 물리적 반감기는 109.7분이다.

(5) 기타사항

이 약은 무색의 맑은 액이고, pH는 4.5~8.0이다.

7.8.2. 전립선암 영상 방사성의약품

전립선 영상 방사성의약품은 전립선에 존재하는 종양을 진단하는 데 사용되는 유용한 의약품이다. 일반적으로 전립선암에 존재하는 전립선특이막항원(prostate-specific membrane antigen, PSMA)에 작용하는 물질을 통해 영상을 획득한다.

[1] 갈륨 전립선특이막항원-11(^{68}Ga)

(1) 명칭과 구조

갈륨 Ga-68 전립선특이막항원-11 주사액

Gallium Ga 68 PSMA-11 injection (USP)

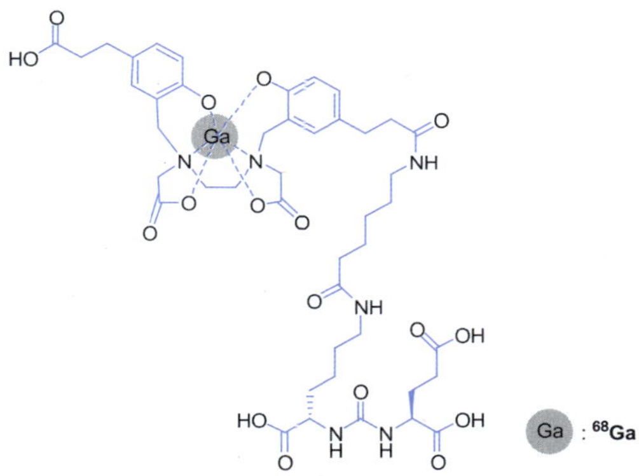

(2) 용도와 투여량

Gallium (^{68}Ga) PSMA-11는 전립선암 환자의 진단 및 전립선특이막항원(prostate-specific membrane antigen, PSMA)의 양성 병변 진단에 사용된다. Gallium (^{68}Ga) PSMA-11은 보통 3~7 mCi (111~259 MBq)가 정맥주사로 투여된다.

(3) 작용 기전

전립선특이막항원(PSMA)은 전립선암에서 과발현되는 type II 막단백질이다.

Gallium (^{68}Ga) PSMA-11은 전립선암 표적단백질인 PSMA에 대한 높은 결합친화도를 갖는 약물로서 (IC_{50}: 7.5 nM), 인체에 투여되면 전립선특이막항원에 강하게 결합한다. PSMA와 결합된 gallium (^{68}Ga) PSMA-11의 ^{68}Ga의 붕괴로부터 나오는 γ선을 통해 암전이와 암의 진행 여부를 영상을 통해 측정하게 해준다.

(4) ADME와 반감기

Gallium (^{68}Ga) PSMA-11이 투여되면 혈액으로부터 나와 15%는 간, 7%는 신장, 2%는 비장, 0.5%는 침샘에 축적된다. Gallium (^{68}Ga) PSMA-11은 부신과 전립선에 흡수되고 폐에는 흡수율이 낮다. 그러나 gallium (^{68}Ga) PSMA-11은 대뇌피질이나 심장에는 흡수되지 않는다. 투여된 gallium (^{68}Ga) PSMA-11의 14%는 처음 2시간 동안 소변으로 배설된다. ^{68}Ga은 511 keV, 1022 keV, 1077 keV, 1899 keV의 γ선을 방출한다. ^{68}Ga의 물리적 반감기는 68분이다.

(5) 기타사항

이 약은 무색의 맑은 액이고, pH는 4.0～8.0이다.

[2] 인듐 카프로맵 펜디타이드(^{111}In)

(1) 명칭과 구조

인듐(^{111}In) 카프로맵 펜디타이드 주사액

Indium In 111 capromab pendetide injection (USP)

Indium(^{111}In) capromab pendetide injection

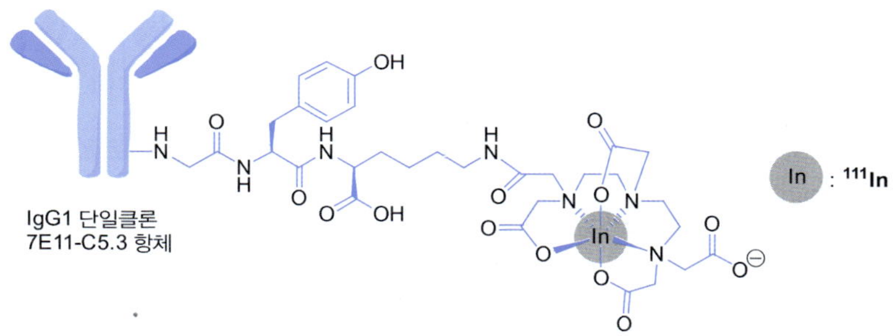

(2) 용도와 투여량

인듐(^{111}In)으로 표지화한 단일클론항체(monoclonal antibody)로 전립선특이막항원(PSMA)을 인식하여 전립선암 진단에 사용되고 있다. ^{111}In을 이용한 immuno-scintigraphy 검사로 전립선암 진단, 골반강 내 전이 검사, 증상이 나타나지 않는 전립선암 재발 검사에 사용한다. 인듐(^{111}In) 카프로맵펜디타이드 주사액은 일반적으로 5 mCi (185 MBq)가 정맥주사로 투여된다.

(3) 작용 기전

인듐(^{111}In) 카프로맵펜디타이드는 전립선암에 발현하는 PSMA의 세포질 에피토프(cytoplasmic epitope)에 카프로 구조를 사용하여 결합하고, 세포 내부로 들어간다. 그리고 인듐(^{111}In)카프로맵펜디타이드에 있는 ^{111}In의 붕괴로부터 나오는 γ선을 통해 암전이와 암의 진행 여부를 영상을 통해 측정하게 해준다.

(4) ADME와 반감기

인듐(^{111}In)카프로맵펜디타이드 주사액은 간, 비장, 골수에 주로 집적화된다. 혈장제거 반감기는 67시간이고, 소변 배설은 72시간에 10%이다. ^{111}In은 전자 포획의 방식으로 171 keV, 245 keV의 γ선을 방출한다. ^{111}In의 물리적 반감기는 67시간이다.

(5) 기타사항

이 약은 무색의 맑은 액이다.

7.8.3. 신경내분비종양 영상 방사성의약품

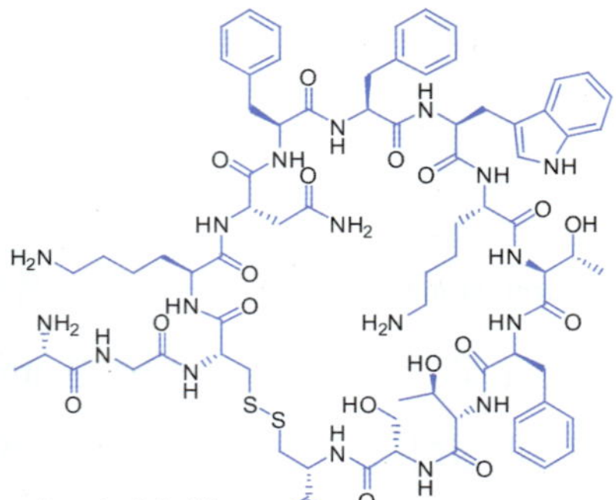

Somatostatin-14

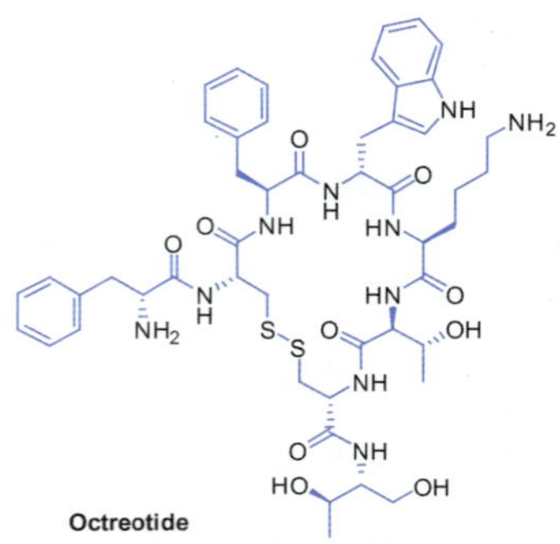

Octreotide

소마토스타틴은 억제 호르몬(inhibitory hormone)에 속한다. 뇌하수체 전엽(anterior pituitary gland)에 작용하여 성장호르몬(growth hormone, GH), 갑상선자극호르몬(thyroid stimulating hormone, TSH), 프로락틴(prolactin) 등의 분비를 억제하며, 위장관에서는 위장관관련호르몬(gastrointestinal hormone)의 분비를 억제하고 이자(pancreas)에서는 인슐린과 글루카곤의 분비를 억제하는 등, 여러 조직에 수용체가 존재한다. 14개의 아미노산으로 이루어진 somatostatin-14와 28개의 아미노산으로 이루어진 somatostatin-28의 두 가지 형태가 존재한다.

한편 옥트레오타이드(octreotide)는 소마토스타틴 유사물질로 수용체에의 결합력이 소마토스타틴보다 강하여 카르시노이드증후군(carcinoid syndrome) 또는 말단비대증(acromegaly) 등에 증식 억제제로 사용되는 약물이다. 소마토스타틴 수용체를 가지고 있는 조직을 검사하기 위해서는 octreotide에 킬레이트 분자를 연결하고 방사성동위원소를 결합시켜 검사에 이용한다.

[1] 인듐 펜테트레오타이드(^{111}In)

(1) 명칭과 구조

인듐(^{111}In) 펜테트레오타이드 주사액

Indium In-111 pentetreotide injection (USP)

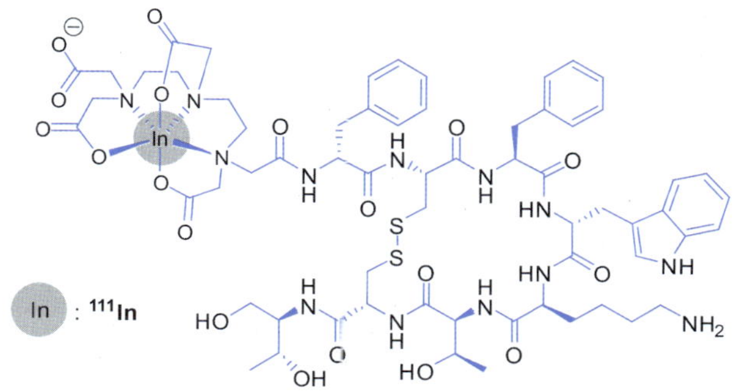

(2) 용도와 투여량

Indium(^{111}In) pentetreotide injection은 소마토스타틴 수용체를 발현하는 신경내분비종양(neuroendocrine tumor)의 진단용으로 사용된다. indium(^{111}In)pentetreotide 주사액은 일반적으로 3~6 mCi (111~222 MBq)가 정맥주사로 투여된다.

(3) 작용 기전

Pentetreotide는 pentetate와 octreotide(소마토스타틴 유도체)의 결합체로 여러 조직에 있는 소마토스타틴 수용체와 결합하여 발현한다. Indium(^{111}In) pentetreotide 주사액은 정상적인 뇌하수체, 갑상선, 간, 비장 및 방광 등 소마토스타틴 수용체를 갖는 기관과 소마토스타틴 수용체의 높은 발현을 하는 종양 조직에서 높은 밀도로 집적화된다.

(4) ADME와 반감기

Indium(^{111}In)pentetreotide 주사액이 투여되면 1시간 이내에 혈장에서 혈관외 공간으로 제거되어 분포한다. 투여된 이후 10분 동안에 투여된 양의 1/3 미만은 혈장에 남는다. 투여된 후 6시간에는 50%가, 24시간에는 85%가, 48시간에는 90%가 신장을 통해 배설된다. 투여된 양의 2% 미만은 투여 72시간 이내에 대변을 통해서 배출된다. ^{111}In은 전자 포획(electron capture, EC)의 방식으로 171 keV, 245 keV의 γ선을 방출한다. ^{111}In의 물리적 반감기는 67시간이다.

(5) 기타사항

이 약은 무색의 맑은 액이다. 이 약은 ^{111}In/Fe-chloride solution과 pentetreotide을 반응시켜 생성한 다음 주사제의 제법에 따라 만든다.

[2] 도타테이트 갈륨(^{68}Ga)

(1) 명칭과 구조

Gallium 68-Ga DOTA-TATE (DOTA-octreotate) (USP)

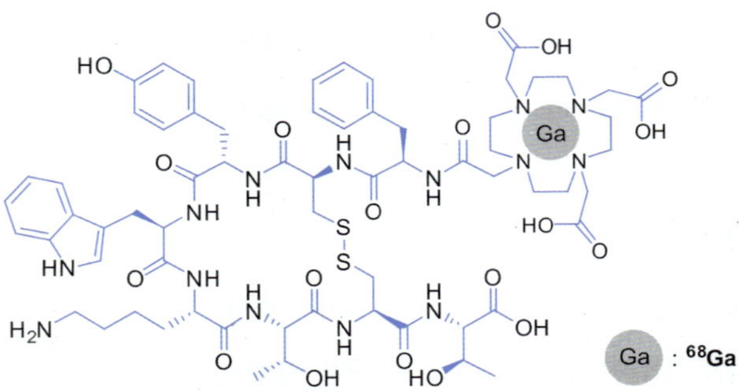

(2) 용도와 투여량

소마토스타틴 수용체를 발현하는 신경내분비종양을 진단하기 위해 0.054 mCi/kg (2 MBq/kg)를 정맥주사로 투여한다.

(3) 작용 기전

DOTA-TATE는 소마토스타틴 유사치로서 octreotide를 킬레이트제로서 DOTA (tetraxetan)에 화학적으로 결합시킨 물질이다. 사용 직전에 Ge-68/Ga-68 generator에서 유출시킨 Ga-68 용액을 혼합하여 gallium(^{68}Ga) DOTATATE 주사액을 제조한다. Indium(^{111}In)pentetreotide 주사액과 같은 용도로 사용되나 Ga-68은 양전자 방출체로서 소멸방사선을 PET로 측정하기 때문에 In-111보다 감도와 해상도가 더 우수하다.

(4) ADME와 반감기

Ga-68의 물리적 반감기는 68분으로 In-111보다 훨씬 짧아 환자에의 피폭이 적은 것도 장점이다.

7.8.4. 기타 종양 영상 방사성의약품

[1] 시트르산 갈륨(^{67}Ga)

(1) 명칭과 구조

시트르산 갈륨(^{67}Ga) 주사액 (KP)

Gallium citrate(^{67}Ga) injection (KP)

Gallium citrate Ga-67 injection (USP)

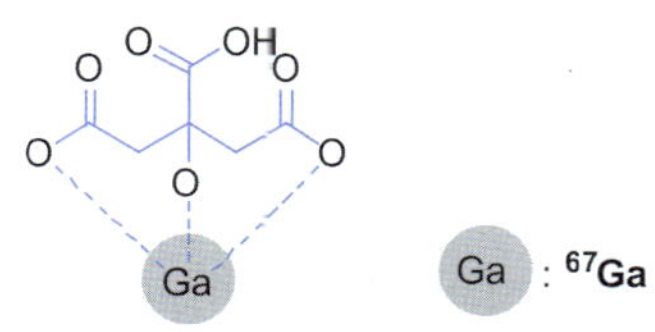

(2) 용도와 투여량

폐암, 간암, 유방암, 식도암, 기관지암, 유육종증 등 다양한 악성종양에 이용된다. 시트르산 갈륨(^{67}Ga) 주사액은 종양 진단의 경우 일반적으로 10 mCi (370 MBq)가 정맥주사로 투여된다.

(3) 작용 기전

^{67}Ga이 주사로 투여되면 혈액의 트랜스페린(transferrin)과 결합하여 ^{67}Ga-트랜스페린 복합체를 만들고, 종양세포 표면의 수용체(철분 이송체)와 결합한다. 이후 천천히 종양조직 안으로 선택적으로 들어가서 암세포에 저장되고, 문제가 되는 종양조직을 집중적으로 영상화한다. Gallium citrate(^{67}Ga)은 악성종양에 반드시 특이적이지는 않으며, 양성종양이나 염증 개소에도 집적하고, 또한 호지킨병(Hodgkin disease), 림프종(lymphoma) 및 기관지암 (bronchogenic carcinoma)도 감지한다. 정맥주사로 투여된 후 48시간과 72시간에 영상을 측정한다.

(4) ADME와 반감기

Gallium citrate(^{67}Ga)이 투여되면 초기에는 감염부위 및 종양 조직, 신장피질에 집적되고, 24시간 후에는 뼈와 림프절로 이동한다. 그러나 1주 후에는 간과 비장에 모인다. Gallium citrate(^{67}Ga)은 몸으로부터 느리게 배설된다. 주사 후 24시간까지는 주로 신장을 통해 배출되고, 그 이후에는 주로 장을 통하여 배출된다. 7일이 지난 후에는 26%는 소변으로 배출되고, 9%는 대변으로 배설되고, 65%는 몸에 잔류한다. ^{67}Ga은 93 keV, 185 keV, 300 keV, 393 keV의 γ선을 방출한다. ^{67}Ga의 물리적 반감기는 78시간이다

(5) 기타사항

이 약은 무색 또는 연한 빨간색의 맑은 액이고, pH는 6.0～8.0이다. 이 약은 염화갈륨(^{67}Ga)과 시트르산 나트륨 용액을 반응시켜 시트르산 갈륨(^{67}Ga)을 생성한 다음 주사제의 제법에 따라 만든다.

[2] 3-요오도벤질구아니딘(^{131}I)

(1) 명칭과 구조

3-요오도벤질구아니딘(^{131}I) 주사액 (KP)

Iobenguane I-131 injection (USP)

^{131}I-MIBG (meta-iodobenzylguanidine)

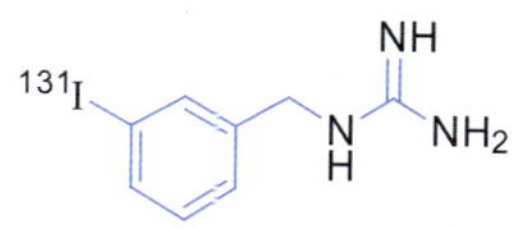

(2) 용도와 투여량

신경내분비종양(neuroendocrine tumor)과 갈색세포증(pheochromocytomas), 신경모세포종(neuroblastomas), 신경절신경모세포체(ganglioneuroblastomes), 카르시노이드(carcinoide), 갑상선 수질암(medullary thyroid carcinomas)등 다양한 악성종양에 이용된다. ^{131}I-MIBG 주사액은 일반적으로 0.5~1.0 mCi (18.5~37.0 MBq)가 정맥주사로 투여된다.

(3) 작용 기전

^{131}I-MIBG은 guanethidine의 유사체로 노르에피네프린(norepinephrine)과 구조적으로 유사하기에 능동수송 기전에 의해 부신수질(adrenal medulla)로 들어가서 집적된다. 이런 과정을 통해 노르에피네프린이 세포에 들어간 이후 특이적인 흡수에 의해 신경내분비종양(neuroendocrine tumors)의 진단에 사용된다.

노르에피네프린과 유사하기 때문에, 카테콜아민(cathecolamine, 수송 및 작용)과 관련된 종양들은 ^{131}I-MIBG와 연관되어 있다.

(4) ADME와 반감기

투여 후 빠르게 간에 집적되고, 폐, 심장, 비장에는 적게 축적된다. 정상적인 부신(normal adrenal gland)에서의 흡수는 낮고, 갈색세포증(pheochromocytomas) 및 신경모세요종(neuroblastomas) 같은 종양에서는 높게 흡수된다. 제거는 신장을 통해서 이루어 지며, 투여 후 24 시간내 40~50%가, 4일 이내에 70~90%가 신장으로 배설된다. ^{131}I은 606 keV, 333 keV의 β선과 364 keV, 637 keV, 284 keV의 γ선을 방출한다. ^{131}I의 물리적 반감기는 8일이다,

(5) 기타사항

이 약은 무색의 맑은 액이고, pH는 3.5~8.0이다. 이 약은 3-요오도벤질구아니딘의 요오드 원자를 ^{131}I로 치환하고, 미반응의 ^{131}I 및 유리한 요오드(I)를 제거하여 정제한 다음 주사제의 제법에 따라 만든다.

[3] 2-데옥시-2-플루오로-D-글루코스(^{18}F)

(1) 명칭과 구조

2-데옥시-2-플루오로-D-글루코스(^{18}F) 주사액 (KP)

Fludeoxyglucose F-18 injection (USP)

[^{18}F]FDG

(2) 용도와 투여량

[^{18}F]FDG은 암세포와 같이 포도당의 수요가 높은 조직에 집적되기에 폐암, 두경부암, 유방암, 방관암, 갑상선암, 대장암, 간암뇌암, 림프종양, 근골격계암, 뇌암, 악성흑색종양 등 다양한 악성종양 및 암 전이의 진단에 이용된다. 또한, [^{18}F]FDG은 재발성 종양 및 악성의 정도 평가와 치료효과의 정량적 평가에 이용되고 있으며, 그 이외 뇌질환 진단 관상동맥질환 진단 및 허혈성 조직에서 나타나는 좌심실 기능부전 진단, 심근관류 영상 조사, 좌심실 허혈성 심근질환 진단에도 사용되고 있으며. 또한, 포도당 대사 평가를 통해 전신의 악성 질환 영상 진단에도 사용한다. [^{18}F]FDG은 일반적으로 10~15 mCi (370~555 MBq)가 정맥주사로 투여된다.

(3) 작용 기전

암세포에서는 정상적인 세포에 비해 빠른 분열 과정을 통해 증식하여 성장하기에, 암세포의 성장속도와 암세포에서의 증가된 대사가 일치하다는 내용에 근거하여 종양 진단을 할 수 있다. 예를 들어, 암세포에서는 생체의 에너지원으로 사용되는 포도당의 양이 많이 필요로 하기에, 포도당 대사가 정상세포보다 더 활발하게 이루어진다. 따라서 암세포조직에서는 다량의 포도당 수요를 채우기 위하며, 암세포조직에서의 포도당 흡수를 증가시킨다. 이를 위해 암세포에서는 포도당이 세포 내로 들어가게 하는 운반체인 Glut의 발현이 증가되어 있으며, 또한 암세포에서는 헥소키나아제(hexokinase)와 같은 포도당 분해효소도 증가되어 있다. $[^{18}F]FDG$은 포도당의 2번 위치에 OH기 대신에 ^{18}F를 가진 유도체로서 Glut에 의해 포도당 대사활동이 활발한 세포조직(예, 뇌, 심근 등)에 들어간다. 이후 헥소키나아제(hexokinase)의 작용에 의해 6번 위치에 인산화가 진행되고 $[^{18}F]FDG$-6-phosphate가 생성된다. 그러나 포도당의 2번 위치의 ^{18}F를 보유하고 있기에 일반적인 포도당처럼 더 이상 포도당 대사과정이 진행되지 못하게 되고 들어간 세포 내에 축적된다. 이렇게 세포에 축적된 인산화된 $[^{18}F]FDG$-6-phosphate에 의해 암세포와 주변 일반 세포와의 포도당 대사 정도의 차이가 나타나게 되고, $[^{18}F]FDG$의 흡수 정도에 따라서 암세포의 정도를 측정할 수 있다. 또한 영상을 만드는 데 충분한 시간 동안에 $[^{18}F]FDG$가 세포에 들어가서 대사적으로 세포 속에 축적되기 때문에 이들 세포조직에서의 상태를 영상으로 나타내어 진단하는 데 사용된다.

(4) ADME와 반감기

$[^{18}F]FDG$는 투여 후 빠르게 종양에 집적된다. $[^{18}F]FDG$는 투여 후 대부분의 조직에서 24시간 이내에 제거된다. 그러나 심장조직에서의 배설은 96시간 이상 소요된다. ^{18}F의 물리적 반감기는 109.7분이다.

(5) 기타사항

이 약은 무색의 맑은 액이고, pH는 4.5～8.5이다. ^{18}F은 511 keV의 γ선을 방출한다. ^{18}O에 양성자를 조사하여 얻거나 또는 유사한 방법(^{20}Ne에 이중수소핵(deutrium)을 쪼이는 등)을 사용하여 ^{18}F을 얻은 다음, 이온형 ^{18}F를 탄산칼륨 또는 탄산나트륨과 크립토픽스(Krytofix 2.2.2.) 또는 탄산칼륨 혹은 탄산나트륨과 테트라알킬암모늄염 또는 활성성분을 함유하는 수지 중 한가지 촉매를 써서 1,3,4,6-테트라아세틸-2-O-트리플루오로메탄설포닐-β-D-만노피라노스와 친핵치환반응으로 1,3,4,6-테트라아세틸-2-데옥시-2-플루오로-β-D-글루코스(^{18}F)를 합성하고 가수분해하여 아세틸기를 제거하고 정제한 다음 주사제의 제법에 따라 만든다.

[4] 3′-데옥시-3′-플루오로티미딘(^{18}F)

(1) 명칭과 구조

3'-데옥시-3'-플루오로티미딘(^{18}F) 주사액

3'-Deoxy-3'-(F-18)fluorothymidine injection (USP)

[^{18}F]FLT

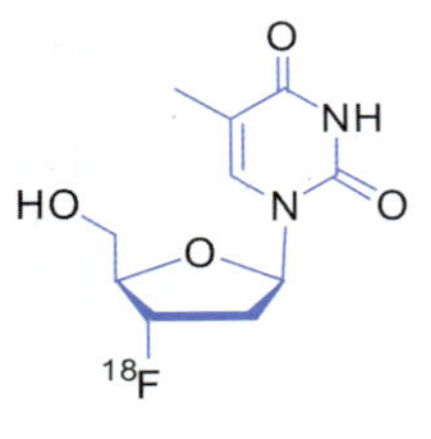

(2) 용도와 투여량

티미딘(thymidine)은 DNA 합성과 관련되어 있기에 암세포와 같이 DNA 합성의 수요가 높은 조직에 집적되기에 폐암, 뇌암, 내장암, 림프종, 신경교종 등 다양한 악성종양 및 암 전이의 진단에 이용된다. [^{18}F]FLT 주사액은 일반적으로 10～15 mCi (370～555 MBq)가 정맥주사로 투여된다.

(3) 작용 기전

암세포는 정상적인 세포에 비해 빠른 분열 과정을 통해 빠르게 증식을 한다. 이런 암세포에서의 빠른 성장은 증가된 DNA 합성 대사와 일치하기에, 이를 근거하여 종양 진단을 할 수 있다. [^{18}F]FLT은 DNA 구성요소인 thymidine의 구조적인 유사체로서 증식하는 세포에서의 [^{18}F]FLT의 섭취는 DNA 복제 및 합성과 연관되어 있다. [^{18}F]FLT은 DNA 합성하는 세포에 들어가서, 세포증식과정에서 thymidine kinase 1(TK1)의 작용에 의해 인산화가 되고, 이후 thymidine의 3번 위치에 있는 OH기 대신에 ^{18}F를 가진 구조 때문에 DNA 복제과정에 더 이상 흡수되지 않고, 증식하는 세포 내에서 축적이 된다. 따라서 DNA 합성이 활발한 암세포와 주변 일반세포에서의 [^{18}F]FLT 섭취 정도의 차이가 높은 대조 영상으로 나타나게 되어, 암세포의 정도를 측정할 수 있다.

(4) ADME와 반감기

^{18}F은 511 keV의 γ선을 방출하고, ^{18}F의 물리적 반감기는 109.7분이다.

(5) 기타사항

이 약은 무색의 맑은 액이고, pH는 4.5～8.5이다.

[5] 메치오닌(^{11}C)

(1) 명칭과 구조

메치오닌(^{11}C) 주사액

Methionine C-11 injection (USP)

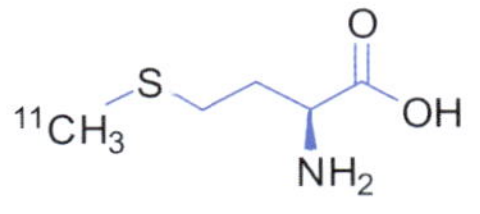

(2) 용도와 투여량

아미노산의 구조를 가진 메치오닌에 ^{11}C이 표지된 메치오닌(^{11}C)은 양전자 단층촬영(MET-PET)을 통해 원발성 및 전이성 뇌종양의 진단 및 식별, 종양 제거 후 모니터링과 대뇌 신경교종 진단에 사용된다. 또한, 췌장암, 간암 등의 각종 암과 심근 진단 및 아미노산 대사의 측정에 사용한다. 메치오닌(^{11}C) 주사액은 일반적으로 5～20 mCi (185～740 MBq)가 정맥주사로 투여된다.

(3) 작용 기전

암세포에서는 정상적인 세포에 비해 빠른 분열 과정을 통해 증식하여 성장하기에, 암세포의 빠른 성장과정에서는 정상 조직에서보다 단백질의 합성과정을 통한 다량의 세포를 빠르게 생산하게 된다. 따라서 암세포는 다량의 새로운 세포의 생산을 위해 많은 양의 단백질을 필요로 한다. 따라서 단백질 합성에 사용되는 아미노산 구조를 가진 메치오닌(^{11}C)을 투여하면 단백질 합성 등 생명현상이 활발한 암세포 등의 조직에서 많이 섭취되므로, 그 조직에서의 현상을 영상으로 얻을 수 있다.

(4) 반감기

^{11}C은 511 keV의 γ선을 방출한다. ^{11}C의 물리적 반감기는 20.38분이다.

(5) 기타사항

이 약은 무색의 맑은 액이고, pH는 4.5～8.5이다.

[6] 아세트산(^{11}C)

(1) 명칭과 구조

아세트산(^{11}C) 주사액

Sodium acetate C-11 injection (USP)

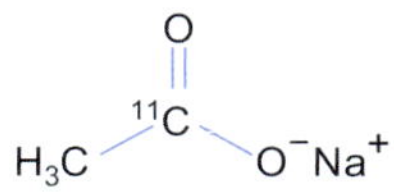

(2) 용도와 투여량

심장, 신장암, 췌장암, 전립선암, 간암, 뇌암 등의 각종 암과 심근 진단의 측정에 사용한다. 아세트산(^{11}C) 주사액은 일반적으로 5～20 mCi (185～740 MBq)가 정맥주사로 투여된다.

(3) 작용 기전

암세포에서는 정상적인 세포에 비해 빠른 분열과정을 통해 활발한 대사활동을 하여 빠르게 증식하는 데, 암세포에서의 빠른 성장과정은 활발한 지질합성 대사와 연관되어 있다. 예를 들어, 아세트산은 세포막의 지질 합성의 전구체 물질로서 세포막 지질 합성과 밀접하게 관련되어 있으며, 암세포에서의 지질 합성의 대사에 이용되고 있는 아세트산를 이용하면 암진단을 할 수 있다. 또한, 아세트산은 포도당이나 지방산이 분해되어 나오는 산물로서 TCA 회로에 들어가서 산화되어 이산화탄소가 된다. 따라서 심장이나 뇌에서 산소의 소모를 측정할 수 있다. 아세트산(^{11}C)을 투여하면 심근의 산화적 대사(oxidative metabolism) 과정의 현상 및 극소 심근혈류의 측정 및 뇌의 성상세포 등을 영상으로 나타낼 수 있다.

(4) 반감기

^{11}C은 511 keV의 γ선을 방출하고, ^{11}C의 물리적 반감기는 20.38분이다.

(5) 기타사항

이 약은 무색의 맑은 액이고, pH는 4.5～8.5이다.

[7] 콜린(^{11}C)

(1) 명칭과 구조

콜린(^{11}C) 주사액

Choline C-11 injection(USP)

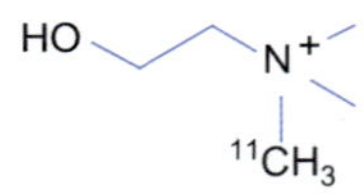

(2) 용도와 투여량

전립선암, 뇌암, 폐암, 식도암 등의 각종 암진단에 사용한다. 콜린(^{11}C) 주사액은 일반적으로 10～20 mCi (370～740 MBq)가 정맥주사로 투여된다.

(3) 작용 기전

암세포에서는 정상적인 세포에 비해 높은 대사활동을 통해 빠르게 증식을 하는 데 암세포의 빠른 성장은 암세포에서의 활발한 인지질 합성 대사활동과 연관되어 있기에, 이를 근거하여 종양 진단을 진행할 수 있다. 예를 들어, 콜린(choline)은 세포막의 인지질(phospholipid)의 전구물질로서, 콜린은 투여되면 세포로 이동한 후, 인산화되어 세포막에서의 구조적인 구성요소의 합성에 사용된다. 또한 막횡단 신호(transmembrane signal)의 변조(modulation) 작용도 한다. 악성 종양세포에서는 높은 콜린 섭취와 콜린키나아제 활성(choline kinase activity)의 상향조절(up-regulation)를 보이고 있기에, 증가된 콜린의 섭취 및 증가된 인지질의 합성은 암세포의 세포증식 및 변형과정과 관련되어 있다. 따라서 콜린(^{11}C)을 투여하면 세포막 합성 등 생명현상이 활발한 암세포 등의 조직에서의 현상을 영상으로 얻을 수 있다.

(4) ADME와 반감기

^{11}C은 투여 후, 전립선암, 췌장암, 신장, 간, 비장, 대장 등 생체 내에서 주로 분포된다. ^{11}C은 511 keV의 γ선을 방출하고, ^{11}C의 물리적 반감기는 20.38분이다,

(5) 기타사항

이 약은 무색의 맑은 액이고, pH는 4.5～7.5이다.

[8] 염화탈륨(^{201}Tl)

(1) 명칭과 구조

염화탈륨 (^{201}Tl) 주사액 (KP)

Thallium (^{201}Tl) chloride injection (KP)

Thallous chloride thallium-201 (^{201}Tl) injection (USP)

^{201}Tl-Cl

(2) 용도와 투여량

염화탈륨(^{201}Tl) 주사액은 암세포의 대사가 빠른 조직에 집적되기에 뇌암, 골암, 유방암, 갑상선 수질암, 부갑상선암 등 다양한 악성종양에 이용된다. 또한, 염화탈륨(^{201}Tl) 주사액은 관상동맥질환(coronary artery disease), 협십증(angina pectoris), 심근경색(myocardial infarction) 등을 측정하는 심근관류 영상진단에 이용된다. 또한, 심근에 있어서의 경시적인 ^{201}Tl의 분포변화는 정상 심근과 비교하였을 때 허혈유발 부위, 경색소(梗塞巢)와 다르므로 허혈유발 부위, 경색소의 감별에 이용되고 있다. 염화탈륨(^{201}Tl) 주사액은 일반적으로 1.5～3.0 mCi (55～111 MBq)가 정맥주사로 투여된다.

(3) 작용 기전

^{201}Tl은 생체 내에서 K^+ 등의 알칼리금속 원소와 유사한 성질을 나타내다. 즉,

Tl^+은 K^+의 특징인 혈중에서의 빠른 소실과 높은 심장모취 효율, Cs^+의 특징인 비교적 장시간의 심근 저류위 양쪽 성질을 구비하고 있다. ^{201}Tl은 Na/K ATPase에 의해서 능동수송 과정을 통해 심근에 흡수되어 집적된다.

(4) ADME와 반감기

^{201}Tl은 투여될 때, 심근, 신장, 갑상선, 간, 위 등에서의 혈액 제거 정도 및 이들 조직에서의 혈류량에 비례하여 체내에서 분포된다. 그 이외의 조직에서는 균등하게 분포된다. ^{201}Tl은 소변과 대변으로 느리고 균등하게 배설된다.

^{201}Tl은 68 keV, 80 keV의 X선 및 135 keV, 167 keV의 γ선을 방출한다. ^{201}Tl의 반감기는 물리적 반감기는 73시간, 유효반감기는 2.4일, 생물학적 반감기는 11일이다.

(5) 기타사항

이 약은 무색의 맑은 액이고, pH는 4.0～7.0이다. 이 약은 탈륨에 가속입자를 조사하여 생성되는 ^{201}Pb이 붕괴하여 얻어지는 ^{201}Ti을 분리하고 염화탈륨(^{201}Tl) 액을 정제한 다음 주사제의 제법에 따라 만든다.

7.9 감염 진단용 방사성의약품

7.9.1. 감염 진단용

[1] 시트르산 갈륨(^{67}Ga)

(1) 명칭과 구조

시트르산 갈륨(^{67}Ga) 주사액 (KP)

Gallium citrate Ga-67 injection (USP)

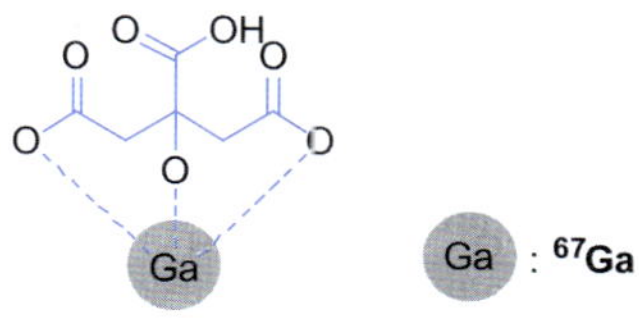

(2) 용도와 투여량

백혈구가 있는 곳에 집적되므로 감염부위를 확인하는데 사용되며, 점차 폐암, 간암, 유방암, 식도암, 기관지암, 유육종증 등 다양한 악성종양에도 선택적으로 집적된다. 감염진단의 경우 3～8 mCi (111～296 MBq)를 정맥주사로 투여하고, 종양진단의 경우 보통 10 mCi (370 MBq)를 투여한다.

(3) 작용 기전

^{67}Ga은 혈액 내에서 트랜스페린(transferrin)과 착화합물을 형성하여 감염과 염증반응이 있는 부위의 트랜스페린 수용체와 결합한다.

(4) ADME와 반감기

^{67}Ga은 물리적 반감기 78시간으로 전자 포획으로 붕괴되어 93 keV, 185 keV, 300 keV, 393 keV의 에너지를 가지는 γ선을 방출한다. 투여 초기에는 감염 부위 및 종양 조직, 신장피질에 집적되고, 24시간 후에는 뼈와 림프절로 이행한다. 1주 후에는 간과 비장에 잔류한다. 배설이 늦으며 소변으로 투여량의 26%, 대변으로 9% 배설되는데, 1주 후에도 65%는 몸에 잔류한다.

7.9.2. 방사성동위원소 표지 백혈구

환자의 혈액에서 백혈구를 추출하여 방사성동위원소로 백혈구를 표지한 다음,

표지된 백혈구를 환자에게 다시 주입하고 영상을 촬영하여 백혈구가 모이는 위치를 확인하는 방법으로, 복강내 농양(intra-abdominal abscesses), 염증성 장증후군(inflammatory bowel syndrome), 충수돌기염(appendicitis), 원인불명 열(fever of unknown origin), 골수염(osteomyelitis) 등의 진단에 사용된다. 표지물질로는 ^{111}In oxine 또는 ^{99m}Tc-HMPAO을 사용한다.

[1] Indium oxyquinoline(^{111}In)

(1) 명칭과 구조

인듐(^{111}In)옥신 액

In-111 oxyquinoline soln. (^{111}In oxine) (USP)

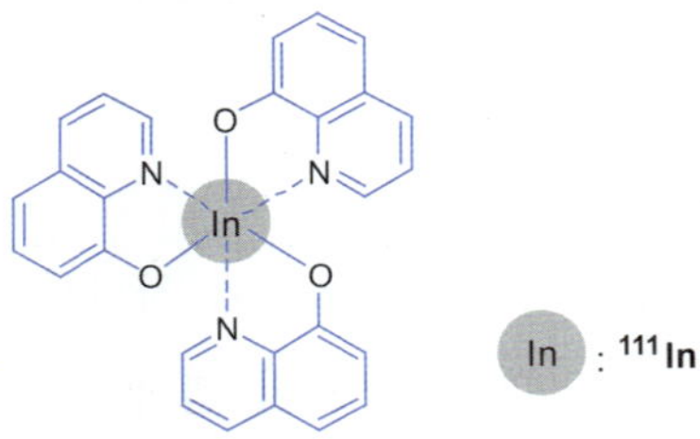

(2) 용도와 투여량

백혈구를 추적하여 감염부위를 확인하는데 사용되며, 표지된 백혈구의 형태로 200～500 μCi (7.4～8.5 MBq)를 정맥으로 투여한다.

(3) 작용 기전

인듐(^{111}In)옥신은 인듐 원자에 3분자의 oxyquinoline이 착화합물의 형태로 결합되어 있는 구조로서 분자의 바깥쪽이 친유성이라서 세포막을 통과하기 때문에 백혈구와 섞어 두면 백혈구에 표지된다. 표지된 백혈구를 투여하면 투여 후 2～4시간 후 30%는 비장(spleen)에, 30%는 간(liver)에 집적되는데, 감염이 있는 경우 감염부위에도 집적된다.

(4) ADME와 반감기

세포 내에서 oxyquinoline 분자는 탈탁하고 인듐-111은 세포의 성분과 강하게 결합하는 것으로 보이며, 투여량의 9～24%는 초기 반감기 2～5시간으로 비교적 빨리 소실되나, 13～18%는 64～116시간의 긴 반감기를 가지는 bi-exponential blood clearance를 보인다. 투여 후 24시간 이내에 1% 미만이 대변으로 배설되어, 체내에서의 소실은 대체로 물리적 반감기의 67시간의 방사성 붕괴에 의하여 소실되는 것으로 보인다. 전자 포획의 방식으로 171 keV, 245 keV의 γ선을 방출한다.

[2] 엑사메타짐 테크네슘(^{99m}Tc)

(1) 명칭과 구조

^{99m}Tc-HMPAO (hexamethylpropyleneamine oxime) (USP)

Tc-99m exametazime

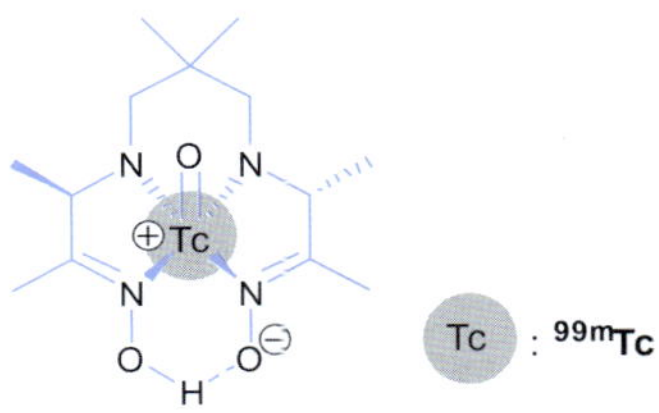

(2) 용도와 투여량

백혈구를 추적하여 감염부위를 확인하는 데는 표지된 백혈구의 형태로 7～25 mCi (260～925 MBq)를 정맥으로 투여한다.

(3) 작용 기전

엑사메타짐은 hexamethylpropyleneamine oxime의 분자로서 generator에서 얻은 Tc-99m과 혼합하면 착화합물의 형태로 결합된다. 분자의 바깥쪽이 친유성이라서 세포막을 통과하기 때문에 백혈구와 섞어 두면 백혈구에 표지된다.

(4) ADME와 반감기

표지된 백혈구는 혈액에 다시 투여된 후 폐와 간, 비장, 골수, 방광 등에 집적되며, 간을 통해 소실된다.

7.10 치료용 방사성의약품

β선원으로 특정 조직에 선택적인 친화력을 가진 물질의 구성 원소를 치환하거나, 선택성이 있는 화합물에 결합시켜 투여하면, β선은 조직에서의 비정이 대단히 짧기 때문에 해당 조직만 방사능 피폭을 시킬 수 있고 선택적으로 사멸시킬 수 있다. 전이되어 여러 곳에 흩어진 암이나, 수술 제거가 어려운 위치에 암 조직이 있을 경우, 치료용 방사성의약품을 전신적으로 투여하거나 암 조직에 직접 주입해 넣는 방법으로 사용된다.

[1] 인산크롬(^{32}P)

(1) 명칭과 구조

Chromic phosphate P-32 suspension (^{32}P)

$Cr^{32}PO_4$

(2) 용도와 투여량

전이된 암을 치료하기 위한 목적으로 10～20 mCi (370～740 MBq)을 복강에 투여하거나, 6～12 mCi (222～444 MBq)을 흉막강 내 주사로 투여하거나, 암 조직의 세포간질에 0.1～0.5 mCi (3.7～18.5 MBq)을 직접 주입한다.

(3) 작용 기전

^{32}P 현탁액은 투여된 강 내의 대식세포에 의해 빠르게 탐식되어 주위의 조직을 β선으로 피폭하고 사멸시킨다. ^{32}P는 695 keV의 고에너지 β선을 방출한다.

(4) ADME와 반감기

^{32}P의 물리적 반감기는 14.3일이고 투여 후, 주로 신장을 통해 소실된다.

[2] 인산나트륨(^{32}P)

(1) 명칭과 구조

인산나트륨(^{32}P) 액 (KP)

Sodium phosphate ^{32}P solution (USP)

$NaH_2{}^{32}PO_4$ + $Na_2H^{32}PO_4$ 용액 (pH 5～7)

(2) 용도와 투여량

진성적혈구증가증(polycythemia vera)에는 3～5 mCi (111～185 MBq)를 정맥주사하고, 전이성 골암(metastatic bone cancer)에는 10～21 mCi (370～777 MBq)를 정맥주사로 투여한다.

(3) 작용 기전

인산(^{32}P) 이온은 혈액에 투여된 뒤 빠르게 증식하는 혈구 줄기세포에 흡수되어 DNA의 인산기에 들어가게 됨으로서 진성적혈구증가증의 치료에 사용된다. 뼈 조직이 빠르게 증식하고 있는 경우, 증식하고 있는 뼈의 구성성분으로 끼어들어가 주위 조직을 사멸시킬 수 있어서 전이성 골암의 치료에도 사용된다.

(4) ADME와 반감기

투여 후 혈액과 조직에 빠르게 확산되어 골수와 비장, 간 등에 축적되고 신장을 통해 배설된다. 투여 후 24시간 이내에 5～10%가 소변으로 배설되며, 1주일 내에 20%가 배설된다. ^{32}P의 물리적 반감기는 14.3일지만, 인산나트륨의 생물학적 반감기는 39일이다.

[3] 요오드화나트륨(^{131}I)

(1) 명칭과 구조

요오드화나트륨(^{131}I) 액, 요오드화나트륨(^{131}I) 캡슐 (KP)

Sodium iodide I-131 (USP)

$Na^{131}I$

(2) 용도와 투여량

고에너지의 β선과 γ선이 동반 방출되므로 검사나 조영에는 선호되지 않고, 이상 증식되는 갑상선 조직을 사멸시키는 치료용으로 사용된다. 갑상선기능항진증의 치료에는 10～30 mCi (370～1110 MBq), 갑상선암의 치료에는 50～200 mCi (1850～7400 MBq)의 고용량을 경구 투여한다.

(3) 작용 기전

경구로 투여된 요오드는 위장관에서 빠르게 흡수되어 몇 분 내에 갑상선에 집적되기 시작한다.

(4) ADME와 반감기

생물학적 반감기는 3.5일이고, 물리적 반감기는 8.08일로, 유효반감기는 2.44일이다. 606 keV, 333 keV의 β선과, 364 keV, 637 keV, 284 keV의 에너지를 가진 γ선을 방출한다.

[4] 염화스트론튬(^{89}Sr)

(1) 명칭과 구조

Strontium Sr-89 chloride (USP)

$^{89}SrCl_2$

(2) 용도와 투여량

전이성 골암의 증식이 빨라 환자의 고통이 심할 때, 고통을 줄이기 위한 목적으로 4 mCi (148 MBq)를 정맥주사로 투여한다.

(3) 작용 기전

스트론튬은 칼슘을 대신하여 뼈의 구성하는 성분으로 끼어들어갈 수 있는데, 빠르게 증식되는 뼈에 선택적으로 침착된다. 투여 환자의 약 75%에서 진통효과를 보이는데, 투여 후 1∼3주 후부터 고통이 줄어들며, 6주 후 최대 진통효과를 나타내고 평균적으로 약 6개월 간 효과를 지속한다. 하지만 약 25%의 환자에서는 진통효과가 나타나지 않는다.

(4) ADME와 반감기

정상적인 생물학적 반감기는 14일이지만, 전이성 골암 부위에서는 더 길어져서 투여 후 3개월까지 투여량의 12∼90%가 잔존한다. ^{89}Sr는 β붕괴를 하며 50.5일의 물리적 반감기로 1.46 MeV의 고에너지 β선을 방출한다.

[5] 렉시드로남 사마륨(^{153}Sm)

(1) 명칭과 구조

Samarium Sm-153 lexidronam (USP)

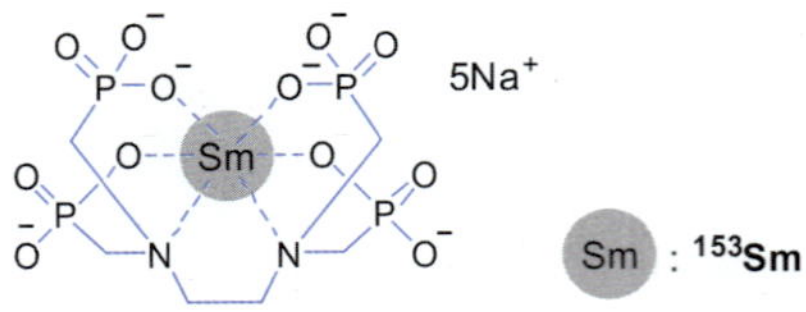

(2) 용도와 투여량

전이성 골암의 증식이 빨라 환자의 고통이 심할 때, 고통을 줄이기 위한 목적으로 1 mCi/kg (37 MBq/kg)를 정맥주사로 투여한다.

(3) 작용 기전

Sm-153은 뼈에 침착되며, 빠르게 증식되는 골암에 선택성이 높아 정상적인 뼈에 침착하는 양의 5배 높게 골암 부위에 침착된다. 투여 1주 후부터 진통 효과가 나타난다.

(4) ADME와 반감기

Sm-153은 46.3시간의 물리적 반감기로 640 keV, 710 keV, 840 keV의 β선과 103 keV의 γ선을 방출한다. 마약성 진통제의 사용량을 줄이고자 하는 목적이 크다.

[6] Yttrium(^{90}Y) ibritumomab tiuxetan과 indium(^{111}In) ibritumomab tiuxetan

(1) 명칭과 구조

Yttrium-90 (^{90}Y) ibritumomab tiuxetan and ^{111}In ibritumomab tiuxetan (USP)

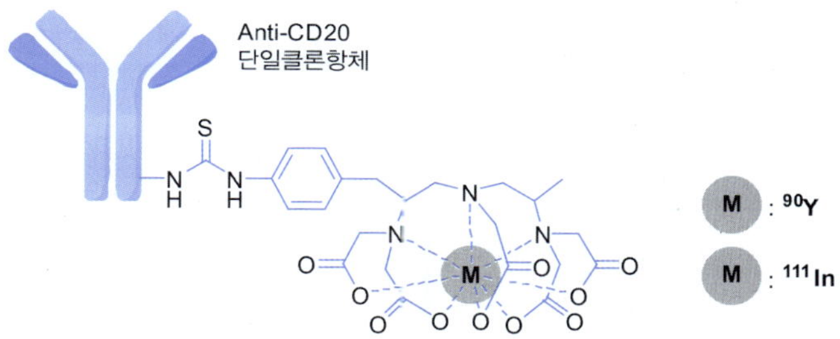

(2) 용도와 투여량

Ibritumomab는 CD20 항원에 대한 항체인데, ^{90}Y ibritumomab tiuxetan은 CD20 항원을 발현하고 있으면서 재발하거나 리툭시맙(rituximab)에 저항성 높은 비호지킨 림프종(non-Hodgikin's lymphoma)에 사용한다. 이 약은 부작용을 줄이기 위하여 두 단계로 사용되는 약이다. 먼저 γ선만을 방출하는 ^{111}In ibritumomab tiuxetan을 투여하여 환자의 ibritumomab 체내 분포 영상을 확인한 후, 약 7~9일 후 β선 방출체인 ^{90}Y ibritumomab tiuxetan의 용량을 조절하여 치료 목적으로 투여한다.

(3) 작용 기전

CD20 항원에 대한 항체인 ibritumomab에 킬레이트제로서 tiuxetan를 공유결합시키고, ^{90}Y 또는 ^{111}In를 착화합물로 결합시킨 약물이다.

(4) ADME와 반감기

^{90}Y ibritumomab tiuxetan의 생물학적 반감기는 48시간이며 투여량의 약 7.8%가 7일 동안 소변으로 배설된다. ^{90}Y은 물리적 반감기 64.1시간으로 935 keV의 β선을 방출한다. Tositumomab도 CD20 항원에 대한 항체인데, 재발하거나 rituximab에 저항성 높은 비호지킨 림프종에 사용하는 같은 기전의 약물로서 ^{131}I tositumomab도 있다.

부록

의약품의 올바른 사용을 위해 의약품에 대한 용어와 체계를 통일하여 일관성을 확보하고, 서로 다른 의약품의 명칭으로 인한 혼란을 방지해야 한다. 세계적으로도 세계보건기구(World Health Organization, WHO)에서 국제일반명(International Nonproprietary Name, INN)을 제정하여 사용하고 있으며, 국제의약품규제조화회의(International Council for Harmonisation of Technical Requirements for Pharmaceuticals for Human Use, ICH)를 통해 의약품의 명칭 및 규격에 대한 가이드라인을 제공하고 있다. 세계 각국에서도 의약품 명칭에 관한 일관성을 확보하기 위해 약전을 발행하고 의약품의 명칭이나 명명법에 대한 가이드라인을 제시하는 등 노력하고 있다. 예를 들면, 미국의 경우 USP-NF(United States Pharmacopeia와 국제처방의약품집을 결합한 것)를 발행하고 USAN(United States Adopted Names)을 사용하고 있으며, 일본의 경우 일본약국방(日本藥局方, Japanese Pharmacopoeia)을 발행하고 JAN(Japanese Accepted Names)를 사용하고 있다. 우리나라의 경우에도 대한약전을 발행하고 식품의약품안전처의 가이드라인을 통해 의약품의 명칭과 명명법에 대한 기준을 제시하고 있다. 대한민국약전(KP12)에 따르면, 의약품의 "명칭"은 의약품각조에 기재된 한글명 또는 한글별명으로 영문명 및 화학명을 함께 기재하되, 화학명은 국제순수응용화학연합(International Union of Pure and Applied Chemistry, IUPAC) 명명법을 따른다. 대한약전(Korean Pharmacopia 12, KP12)에 표기된 방사성의약품의 경우, 방사성표지가 되어 있는 경우 방사성동위원소는 ( ) 안에 표기한다[예: 우레아(^{13}C): Urea(^{13}C), 제논(^{133}Xe): Xenon (^{133}Xe)].

의약품의 명칭은 화학명이거나 어느 정도 화학명을 반영할 수 밖에 없기 때문에, 의약품의 명칭과 명명법에 대해 이해하기 위해서는 화학명의 체계에 대해 알 필요가 있다. 따라서 부록에서 무기의약품 및 방사성의약품의 명칭의 이해를 위해 무기화합물의 명명법에 대해 소개한다.

1. 원소(Elements)

1.1 원소와 원소기호

원소기호 및 원소의 이름은 다음 표와 같고, 표 안의 원소명 뒤의 ( )로 나타낸 이름은 Latin명으로서 원소명에 유도된 이름을 부를 때 쓰인다. 예컨대, 금산염(金酸鹽, aurate), 철산염(鐵酸鹽, ferrate), 텅스텐산염(wolframate), 구리산염(cuprate), 주석산염(stannate) 등으로, goldate, ironate, tungstate 등은 아니다. 또한, 원소명의 머리자리와 그 기호가 일치하지 않는 수은(Hg, mercury)만은 그 이름을 그대로 어간(語幹)으로 한다. 즉, 수은산염은 mercurate이다. 또, 니켈은 원소기호와 부합되지만, 이의 분해는 관용명으로서 여러 다른 언어들에서 niquel, nikkel 등과 같이 그 철자가 다르므로, 라틴명인 niccolum에서 유도된 이름을 쓰는 것을 권장하고 있다. 즉, nickelate 대신에 niccolate를 권장하고 있다. 새로운 금속원소는 모두 '-ium'으로 그치는 이름을 붙이고, 또 기호는 두 문자로 된 원소기호를 쓴다.

단, 수소의 동위원소인 ^{2}H, ^{3}H에서는 명명 deuterium, tritium 등으로 부르고,

D 및 T로 표시한다. 그러나 다른 원소의 동위원소에서는 질량수 이외의 이름을 붙여서는 안 된다. 예컨대 질량수를 써서 '산소-17', '산소-18' 등과 같게 한다.

부표 1.1 각 원소의 기호 및 이름

원자 번호	원소 기호	국어명	영어명	원자 번호	원소 기호	국어명	영어명
1	H	수소	Hydrogen	34	Se	셀레늄/셀렌	Selenium
1	D	중수소	Deuterium	35	Br	브로민/브롬	Bromine
1	T	삼중수소	Tritium	36	Kr	크립톤	Krypton
2	He	헬륨	Helium	37	Rb	루비듐	Rubidium
3	Li	리튬	Lithium	38	Sr	스트론튬	Strontium
4	Be	베릴륨	Beryllium	39	Y	이트륨	Yttrium
5	B	붕소	Boron	40	Zr	지르코늄	Zirconium
6	C	탄소	Carbon	41	Nb	나이오븀/니오븀	Niobium
7	N	질소	Nitrogen	42	Mo	몰리브데넘	Molybdenum
8	O	산소	Oxygen	43	Tc	테크네튬	Technetium
9	F	플루오린	Fluorine	44	Ru	루테늄	Ruthenium
10	Ne	네온	Neon	45	Rh	로듐	Rhodium
11	Na	소듐/나트륨	Sodium	46	Pd	팔라듐	Palladium
12	Mg	마그네슘	Magnesium	47	Ag	은	Silver(Argentum)
13	Al	알루미늄	Aluminum	48	Cd	카드뮴	Cadmium
14	Si	규소	Silicon	49	In	인듐	Indium
15	P	인	Phosphorus	50	Sn	주석	Tin(Stannum)
16	S	황	Sulfur	51	Sb	안티모니/안티몬	Antimony
17	Cl	염소	Chlorine	52	Tc	텔루륨	Tellurium
18	Ar	아르곤	Argon	53	I	아이오딘/요오드	Iodine
19	K	포타슘/칼륨	Potassium	54	Xe	제논/크세논	Xenon
20	Ca	칼슘	Calcium	55	Cs	세슘	Cesium
21	Sc	스칸듐	Scandium	56	Ba	바륨	Barium
22	Ti	타이타늄	Titanium	57	La	란타넘/란탄	Lanthanum
23	V	바나듐	Vanadium	58	Ce	세륨	Cerium
24	Cr	크롬/크로뮴	Chromium	59	Pr	프라세오디뮴	Praseodymium
25	Mn	망간/망가니즈	Manganese	60	Nd	네오디뮴	Neodymium
26	Fe	철	Iron(Ferrum)	61	Pm	프로메튬	Promethium
27	Co	코발트	Cobalt	62	Sm	사마륨	Smarium
28	Ni	니켈	Nickel(Niccolium)	63	Eu	유로퓸	Europium
29	Cu	구리	Copper(Cuprum)	64	Gd	가돌리늄	Gadolinium
30	Zn	아연	Zinc	65	Tb	터븀/테르븀	Terbium
31	Ca	칼륨	Gallium	66	Dy	디스프로슘	Dysprosium
32	Ge	게르마늄/저마늄	Germanium	67	Ho	홀뮴	Holmium
33	As	비소	Arsenic	68	Er	어븀/에르븀	Erbium

(계속)

부표 1.1 각 원소의 기호 및 이름(계속)

원자 번호	원소 기호	국어명	영어명	원자 번호	원소 기호	국어명	영어명
69	Tm	툴륨	Thulium	94	Pu	플루토늄	Plutonium
70	Yb	이터븀/이테르븀	Ytterbium	95	Am	아메리슘	Americium
71	Lu	루테튬	Lutetium	96	Cm	퀴륨	Curium
72	Hf	하프늄	Hafnium	97	Bk	버클륨	Berkelium
73	Ta	탄탈럼	Tantalum	98	Cf	캘리포늄	Californium
74	W	텅스텐	Tungsten(Wolfram)	99	Es	아인슈타이늄	Einsteinium
75	Re	레늄	Rhenium	100	Fm	페르뮴	Fermium
76	Os	오스뮴	Osmium	101	Md	멘델레븀	Mendelevium
77	Ir	이리듐	Iridium	102	No	노벨륨	Nobelium
78	Pt	백금	Platinum	103	Lr	로렌슘	Lawrencium
79	Au	금	Gold(Aurum)	104	Rf	러더포듐	Rutherfordium
80	Hg	수은	Mercury	105	Db	두브늄	Dubnium
81	Tl	탈륨	Thallium	106	Sg	시보귬	Seaborgium
82	Pb	납	Lead(Plumbum)	107	Bh	보륨	Bohrium
83	Bi	비스무트	Bismuth	108	Hs	하슘	Hassium
84	Po	폴로늄	Polonium	109	Mt	마이트너륨	Meitnerium
85	At	아스타틴	Astatin	110	Ds	다름슈타튬	Darmstadtium
86	Rn	라돈	Radon	111	Rg	뢴트게늄	Roentgenium
87	Fr	프랑슘	Francium	112	Cn	코페르니슘	Copernicium
88	Ra	라듐	Radium	113	Nh	니호늄	Nihonium
89	Ac	악티늄	Actinium	114	Fl	플레로븀	Flerovium
90	Th	토륨	Thorium	115	Mc	모스코븀	Moscovium
91	Pa	프로트악티늄	Protactinium	116	Lv	리버모륨	Livermorium
92	U	우라늄	Uranium	117	Ts	테네신	Tennessine
93	Np	넵투늄	Neptunium	118	Og	오가네손	Oganesson

1.2 원소의 족과 아족의 이름

원소는 금속(metal), 준금속(semimetal) 및 비금속(nonmetal)으로 분류된다.

할로젠(halogen) (F, Cl, Br, I, At)

칼코젠(chalcogen) (O, S, Se, Te, Po)

알칼리 금속(alkali metals) (Li, Na, K, Rb, Cs, Fr)

알칼리 토금속(alkali-earth metals) (Be, Mg, Ca, Sr, Ba, Ra까지)

희토류 금속(rare-earth metals)이란 ^{21}Sc, ^{39}Y 및 ^{57}La에서 ^{71}Lu까지의 원소를 가리키고, 희토류 금속 중 57~71번까지의 원소(La~Lu)는 란타넘족(lanthanoid)이라 부른다. 89~103번까지의 원소(Ac~Lr)는 악티늄족(actinoid)이라고 부르고, 그 중 92~103번까지의 원소(U~Lr)를 우라늄족(uranoides)이라 부른다.

전이원소(transition element)란 완전히 전자가 채워지지 않는 d 부껍질을 가졌거나, 완전히 채워지지 않은 d 부껍질을 가진 양이온이 될 수 있는 원소를 말한다.

1.3 원소기호에 질량, 하전 등을 나타내는 방법

질량수, 원자번호, 원자의 수, 이온가 등은 원소 기호의 주위에다 붙인 첨자로 나타낸다.

왼쪽 위는 질량수, 왼쪽 아래는 원자번호, 오른쪽 아래는 원자의 수, 오른쪽 위는 이온가(이온의 전하 A^{+n}이 아니고 A^{n+})이다.

예 $^{3Z}_{16}S^{Z+}_{Z}$은 원자번호 16, 질량수 32의 황원자 2개로 된 +2가의 이온화된 분자라는 뜻이다. 동위원소로 표시한 화합물의 이름은 화합물의 이름 다음에 동위원소를 ( ) 안에 넣어 부기한다.

예 $^{32}PCl_3$ 삼염화인(^{32}P), phosphorus trichloride(^{32}P)
$^{15}NH_3$ 암모니아(^{15}N), ammonia(^{15}N)

표시한 원자의 위치를 나타내기 위해서는

예 $H_2{}^{35}SO_4$ 황(^{35}S)산 sulfuric(^{35}S) acid

이러한 경우에 그 이름이 오해되기 쉽고 또 발음하기 곤란한 경우에는 표지한 원자를 포함하고 있는 원자단 전부를 부기해도 좋다.

예 $^{15}NO_2NH_2$ 아미드화니트릴($^{15}NO_2$), Nitry($^{15}NO_2$)amid $NO{}_2^{15}NH_2$, 아미드($^{15}NH_2$)화니트릴

1.4 동소체(同素體, allotrope)

기체 또는 액체 동소체의 조직적(화학양적)인 이름을 부를 필요가 있을 때는 분자의 크기를 그리스어의 수를 나타내는 접두어를 붙여서 표시하고, 만일 원자의 수가 많고 더욱 그 수를 알지 못할 때에는 'poly-'를 붙인다. 그리고 고리장과 사슬장의 구조를 나타내기 위해서는 각각 'cyclo-', 'catena-'를 붙여서 불러도 좋다.

예

기호		통속일반적인 이름	조직적인 이름
H	원자수소	Atomic hydrogen	일수소 Monohydrogen
O_2	산소	Oxygen	이산소 Dioxygen
O_3	오존	Ozone	삼산소 Trioxygen
P_4	황인	Yellow phosphorus	사인 Tetraphorus
S_8	α-황	α-Sulfur	고리팔황 Cycloctasulfur
S_x	μ-황	μ-Sulfur	사슬 다중황 Catenapolysulfur

2. 2성분 화합물(Binary Compounds)

2.1 금속(양성)과 비금속(음성) 원소로 된 화합물

금속의 이름을 먼저 부르고 비금속의 이름 어미 대신에 '-ide'를 붙인다. 우리말로 부를 때는 비금속 원소의 이름 다음에 '화'를 붙인 다음 금속 원소의 이름을 부른

다. 단, '산소'처럼 비금속 원소의 이름이 '소'로 그치는 경우에는 그 '소'를 생략할 수 있다.

예		
NaCl	염화나트륨(염화소듐)	Sodium chloride
PbS	황화납	Lead sulfide
Al_2O_3	산화알루미늄	Aluminum oxide

2.2 비금속 원소끼리의 화합물

비금속이 약한 것을 먼저 부르고, 비금속성이 강한 것을 다음에 부르되, 그 어미 대신에 '-ide'를 붙인다. 우리말로 부를 때는 위 금속과 비금속으로 된 화합물의 경우에 준한다. 비금속성이 약한 것부터 그 순서를 표시하면 다음과 같다.

Rn, Xe, Kr, Ar, Ne, He, B, Si, C, Sb, As, P, N, H, Te, Se, S, At, I, Br, Cl, O, F

예		
BN	질화붕소	Boron nitride
SiC	탄화규소	Silicon carbide
OF_2	플루오린화산소	Oxygen fluoride
H_2S	황화수소	Hydrogen sulfide

위의 각 음성원소가 들어 있는 2성분 화합물을 총칭해서 '-화물'(예: 플루오린화물, 황화물)이라 부른다.

2.3 금속간 화합물

금속끼리의 화합물에서는 그 화학식의 순서는 다음과 같다.

Fr, Cs, Rb, K, Na, Li

Ra, Ba, Sr, Ca, Mg, Be

Lr, No, Md, Fm, Es, Cf, Bk, Cm, A, Pu, Np

U, Pa, Th, Ac, Lu~La, Y, Sc

Hf, Zr, Ti

Ta, Nb, V

W, Mo, Cr

Re, Tc, Mn

Pt, Ir, Os, Pd, Rh, Ru, Ni, Co, Fe

Au, Ag, Cu

Hg, Cd, Zn

Tl, In, Ga, Al

Pb, Sn, Ge

Bi, Sb

Po

그러나 특별한 경우에는 예외를 인정할 수 있다. 예컨대, "AgZn과 AgMg"와 같이 비슷한 구조 화합물을 비교할 때 예외를 인정할 수 있다.

2.4 수소를 포함한 2성분 화합물

(1) 양성이 강한 원소(주로 금속)와의 화합물은 금속의 이름을 먼저 부르고, 그 다음에 'hydride'라고 부른다.

예		
LiH	수소화리튬	Lithium hydride
NaH	수소화소듐	Sodium hydride

(2) 음성이 강한 원소(주로 비금속)와의 화합물은 수소의 이름을 먼저 부르고, 음성이 강한 원소의 어미 대신어 '-ide'를 붙인다.

예 H_2S 황화수소 Hydrogen sulfide
HCl 염화수소 Hydrogen chloride

(3) 다음과 같은 수소화합물은 통속적인 이름을 그대로 부른다.

예 H_2O 물 Water, N_2H_4 히드라진 Hydrazine, NH_3 암모니아 Ammonia, B_2H_6 이보란 Diboran, GeH_4 저메인 Germane, Ge_2H_6 이저메인 Digermane, CH_4 메탄 Methane, SnH_4 스타난 Stannan, SiH_4 실레인 Silane, Si_2H_6 이실레인 Disilane, PH_3 포스핀 Phosphine, P_2H_4 이포스핀 Diphosphine, AsH_3 아르신 Arsine, SbH_3 스티빈 Stibine

2.5 2성분 화합물이 여러 개 있을 때

(1) 양성(금속) 원소와 음성(비금속) 원소로 된 화합물이 두 가지 있을 때는, 높은 산화상 태의 화합물의 양성(금속) 원소의 어미 대신에 '-ic', 낮은 산화상태의 화합물의 양성(금속) 원소의 어미 대신에 '-ous'를 붙여서 부르는 방법과, 양성(금속) 원소의 이름 뒤에 그 산화 상태를 I, II 등의 숫자로 ( ) 안에 부기하여 2성분 화합물이 하나만 있을 때와 같이 부르는 방법이 있다(Stock의 방식). 이 경우에 우리말로 부를 때는 제일, 제이는 Fe, Hg, Sn, Cu에 한해서만 관용어로서 허용한다.

예 $FeCl_2$ 염화제일철 Ferrous chloride, Iron(II) chloride, HgCl
$FeCl_3$ 염화제이철 Ferric chloride, Iron(III) chloride, $HgCl_2$
CuCl 염화제일동 Coperous chloride, Cupper(I) chloride $SnCl_2$
$CuCl_2$ 염화제이동 Coperic chloride, Cupper(II) ch;oride $SnCl_4$

(2) 음성(비금속) 원소끼리의 화합물이 여러 개 있을 때는, 다음 예에서와 같이 화학양적 또는 기능적으로 명명할 수 있지만, 가급적 화학양적으로 명명하는 것이 좋다.

화학양적인 비율은 그리스어의 수사로 음역되는 말의 앞에 붙인다.

mono 1, di 2, tri 3, tetra 4, penta 5, hexa 6, hepta 7, octa 8, nona(or ennea) 9, deca 10, hendeca(or undeca) 11, dodeca 12, eicosa 20, heneicosa 21, docosa 22, tricosa 23, triaconta 30, hecta 100, dotriacontahecta 132, hemi 1/2, sesqui (라틴어) 3/2

일(一)을 나타내는 접두어 'mono'도 혼용을 피하기 위해서 생략하지 않고 붙여서 부르되, 우려가 없을 때는 일, 이를 나타내는 접두어를 생략해도 무방하다.

예

	화학량적인 방법		기능적인 방법
N_2O	일산화이질소	Dinitrogen monoxide	
NO	(일)산화질소	Nitrogen (mono)oxide	
N_2O_3	삼산화이질소	(di)nitrogen trioxide	아질산무수물 Nitrous anhydride
NO_2	이산화질소	Nitrogen dioxide	
N_2O_4	사산화이질소	Dinitrogen tetraoxide	
N_2O_5	오산화이질소	(di)nitrogen pentoxide	아산무기물 Phosphorous anhydride
P_2O_3	삼산화인	(di)phosphorus trioxide	아인산무기물 Phosphorous anhydride
P_2O_5	오산화인	(di)phosphorus pentoxide	인산무기물 Phosphoric anhydride

3. 이온 및 라디칼(Ions & Radicals)

3.1 양 이온

(1) **한 원자 양이온:** 원소의 이름 뒤에 '이온(ion)'을 붙인다. 혼동의 우려가 있을 때는 '– 양이온'이라고 한다.

예		
H^+	수소 이온	Hydrogen ion
I^+	아이오딘 (양)이온	Iodine ion

(2) **염기분자에 하나 또는 그 이상의 proton이 첨가되어 형성된 양이온:** 원소의 라틴명이나 분자의 이름 어미 대신에 '-ium'을 붙인다.

예		
NH_4^+	암모늄 이온	Ammonium ion(Nitronium ion은 아님)
H_3O^+	옥소늄 이온	Oxonium ion(Hydronium ion은 아님)
PH_4^+	포스포늄 이온	Phosphonium ion
$HONH_3^+$	하이드로옥실암모늄 이온	Hydroxylammonium ion

(3) **다른 다원자 양이온:** 해당 라디칼 이름에 '양이온'을 붙인다.

예		
NO^+	니트로실 양이온	Nitrosyl cation
NO_2^+	니트릴 양이온	Nitryl cation

3.2 음 이온

(1) **한 원자 음이온:** 원소의 이름 어미 대신에 '-ide ion'을 붙인다. 우리말로 부

를 때는 원소의 이름 뒤에 '화 이온'을 붙인다. 단, 수소 이외의 이름이 '소'로 그치는 것은 '소'를 생략할 수 있다.

'－음이온' 또는 '－이온'이라고 널리 불리는 경우 이를 관용어로서 허용한다.

예

H^-	수소화 이온	Hydride ion,	D^-	중수소화 이온	Deuteride ion
F^-	플루오린화 이온	Fluoride ion,			
	다른 Halogen도 동일				
O^{2-}	산화 이온	Oxide ion,	S^{2-}	황화 이온	Sulfide ion
Se^{2-}	셀렌화 이온	Selenide ion,	Te^{2-}	텔루르화 이온	Telluride ion
N^{3-}	질소화 이온	Nitride ion,	P^{3-}	인화 이온	Phosphideion
As^{3-}	비소화 이온	Arsenide ion,	Sb^{3-}	안티몬화 이온	Antimonide ion
C^{4-}	탄소화 이온	Carbide ion,	Si^{4-}	규소화 이온	Silicide ion
B^{3-}	붕소화 이온	Boride ion			

(2) **산소산 및 그의 치환산의 음이온을 제외한 다원자 음이온:** 이 경우에도 어미에 '-ide'를 붙여서 부르고 우리말로 부를 때는 '－화 이온'이라고 부른다. 단, '－음이온' 또는 '－이온'이라고 널리 불리는 경우 이를 관용어로서 허용한다.

예

OH^-	수산화 이온	Hydroxide ion
O_2^{2-}	과산화 이온	Peroxide ion
HS^-	황화수소 이온	Hydrogen sulfide ion
O_2^-	초과산화 이온	Superperoxide ion
I_3^-	삼아이오딘화 이온	Triiodide ion
O_3^-	오존화 이온	Ozonide ion
NH_2^-	이미드화 이온	Imide ion
N_3^-	아지드화 이온	Azide ion
$HONH^-$	히드로옥실아미드 이온	Hydroxylamide ion

NH_2^-	이미드화 이온	Amide ion
CN^-	시안화 이온	Cyanide ion
$N_2H_3^-$	히드라지드화 이온	Hydrazide ion
C_2^{2-}	아세틸렌화 이온	Acetylide ion
CN_2^{2-}	시안아미드 이온	Cyanamide ion

다음 음이온들은 음이온이라 부른다.

HO_2^-	과산화수소 음이온	Hydrogen peroxide ion
HS^-	황화수소 음이온	Hydrogen sulfide ion
HF_2^-	플루오린화수소 음이온	Hydrogen fluoride ion

OH^- 이온은 hydroxyl ion이라고 불러서는 안 되며, hydroxyl이라고 부르는 경우는 OH 라디칼이 중성 또는 양성일 때 한한다.

3.3 기(基, Radical)

다음과 같이 기 중에 산소를 포함하고 있는 것은, 중심원자의 어미 대신에 '-yl'을 붙여서 부른다.

예	HO	수산	Hydroxyl
	CO	카르보닐카보닐	Carbonyl
	NO	니트로실	Nitrosyl
	NO_2	니트릴	Nitryl(니토로라고 하지 않음)
	SO	설피닐	Sulfinyl(티오싸이오닐, Thionyl)
	SO_2	설포닐	Sulfonyl(설푸릴, Sulfuryl)
	S_2O_5	이중설푸릴	Disulfuryl

SeO	셀레니닐	Seleninyl
SeO_2	셀레노닐	Selenonyl
CrO_2	크로밀	Chromyl
UO_2	우라닐	Uranyl
NpO_2	넵투닐	Neptunyl(다른 Uranoids도 동일)
ClO	클로로실	Chlorosyl(다른 Halogen도 동일)
ClO_2	클로릴	Chloryl(다른 Halogen도 동일)
ClO_3	과클로릴	Perchloryl(다른 Halogen도 동일)

vanadyl, phosphoryl, bismuthyl, antimonyl 등은 쓰지 않는다.

위에서 산소 대신에 다른 산소족 원소, 즉 O, Se 등을 포함하고 있는 유사 라디칼은 'thioseleno－' 등의 접두어를 붙여서 부른다.

예 CS	싸이오카보닐	Thiocarbonyl
CSe	셀레노카보닐	Selenocarbonyl

같은 조성의 라디칼이 각각 다른 전하를 가질 때는 특성원소의 산화상태를 Stock의 방식으로 나타낸다.

예 UO_2^{2+}	우라닐(VI)	Uranyl(VI)
UO_2^{+}	우라닐(V)	Uranyl(V)

일반적으로 위와 같은 라디칼은 화합물 중에 양성부분으로 취급한다.

예 $COCl_2$	염화카보닐	Carbonyl chloride
NOS	황화니트로실	Nitrosyl sulfide

CO가 중성분자로서 금속원자와 결합한 화합물은 카보닐(carbonyl) 화합물이라 부른다.

예 $Ni(CO)_4$ 사카보닐니켈 Nickel tetracarbonyl

4. 산과 그 염(Acid and its salt)

4.1 수소산 및 그 염

'－화 이온'이라는 음이온을 생성하는 산으로서 여기에는 수소와 단원자 음이온으로 된 2 원산과 수소와 단원자 음이온 이외의 '－화이온'으로 된 2원산이 있는데, 이들의 이름은 그 어두에 'Hydro-', 어미에 '-ic acid'를 붙여서 부르고, 우리말로 부를 때는 화합물의 이름 뒤에 산을 붙여서 부른다. 그 염은 보통의 금속과 비금속의 2원소로 된 화합물과 같이 부른다.

예

산			염			
HCl	염(화수소)산	Hydrochloric acid	－chloride	NaCl	KCl	$CaCl_2$
HCN	시안화수소산	Hydrocyanic acid	－cyanide	NaCN	KCN	
H_2S	황화수소산	Hydrosulfuric acid	－sulfide	Na_2	FeS	CaS
HN_3	아지드화수소산	Hydroazidic acid	－azide	NaN_3	KN_3	
HBr	브롬화수소산	Hydrobromic acid	－bromide	NaBr	KBr	$CaBr_2$

4.2 산소산 및 그 염

(1) **중심원자의 산화상태가 다른 산소산:** 원소 주기율표족의 번호와 같은 산화상

태 또는 가장 안정한 상태에 있는 산소산은 그 어미에 '-산(-ic acid)', 그 염은 '-산염(-ate)', 한 단계 낮은 것에서는 '아-산(ous acid)', rm 염은 '아-산염(-ite)', 두 단계 낮은 것에서는 '하이포아-산(Hypo-ous acide)', 그 염은 '하이포아-산(Hypo-ite)', 또 한 단계 높은 것에서는 '과-산(per-ic acid)', rm 염은 '과-산염(per-ate)'을 붙여서 부른다.

예

2단계	1단계	기준	1단계
Hypo-ous	-ous	-ic	Per-ic
Hypo-ite	-ite	Hypo-ate	Per-ate

예

화학식	산		염	
$H_2N_2O_2$	하이포아질산	Hyponitrous acid	하이포 아질산염	Hyponitrite
HNO_2	아질산	Nitrous acid	아질산염	Nitrite
HNO_3	질산	Nitric acid(-nitrate)	질산염	Nitrate
HPH_2O_2	하이포아인산	Hypophosphorous acid	하이포아인산염	Hypophosphite
H_2PHO_3	아인산	Phosphorous acid	아인산염	Phosphite
H_3PO_4	인산	Phosphoric acid	인산염	Phosphate
$HClO$	하이포아염소산	Hypochlorous acid	하이포아염소산염	Hypochlorite
$HClO_2$	아염소산	Chlorous acid	아염소산염	Chlorite
$HClO_3$	염소산	Chloric acid	염소산염	Chlorate
$HClO_4$	과염소산	Perchloric acid	과염소산염	Perchlorate

기준산과 아산의 중간에 또 산이 존재하는 경우에는 그 산은 '하이포-산(hypo-ic acid)', 그 염은 '하이포-산염(hypo-ate)'이라고 부른다.

예

$H_4B_2O_4$	하이포붕산	Hypoboric acid	하이포붕산염	Hypoborate
$H_4P_2O_6$	하이포인산	Hypophosphoric acid	하이포인산염	Hypophosphate

산소산의 분자 내에 '-O-O-' 결합이 있는 것은 '과산화-산(peroxo-ic acid)', 그 염은 '과산화-산염(peroxo-ate)'이라고 부른다.

예			
	H_2SO_5	과산화일황산	Peroxo(mono)sulfuric acid,
		과산화일황산염	Peroxo(mono)sulfate
	$H_2S_2O_8$	과산화이황산	Peroxodisulfuric acid,
		과산화이황산염	Peroxodisulfate

(2) 산소염은 산성 산화물과 물이 작용해서 된 것이라고 볼 수 있는데, 이 때에 작용한 물의 양에 따라 산소수는 같으면서 산이 둘 또는 그 이상 있을 때가 있다. 이 때에는 중심 원자 1개당의 −OH의 수효에 따라 큰 것부터 차례로 'holo-(홀로)', 'ortho-(오쏘)', 'meta-(메타)'를 앞세워 쓴다. 홀로, 오쏘 및 메타는 해당 산이 가장 안정한 경우에는 생략해도 무방하다.

예			
	H_5PO_5	홀로인산	Holo-phosphoric acid
	H_3PO_4	오쏘인산	ortho-phosphoric acid
	HPO_3	메타인산	Meta-phosphoric acid
	H_4SiO_4	오쏘규산	ortho-silicic acid
	H_2SiO_3	메타규산	Meta-silicic acid

홀로산과 오쏘산이 같은 경우는 오쏘를 쓴다. ortho-, (ortho-)

예			
	H_4SiO_4	오쏘규산	Orthosilicic acid,
	H_3AsO_3	(오쏘)비소산	(Ortho)arsenous acid

'pyro-'는 두 분자의 ortho−산으로부터 한 분자의 물이 빠져서 된 산을 부르는 데 사용된다.

예 $H_4P_2O_7$

(3) 산소산에서 산소 대신에 다른 원소가 치환된 것은 그 치환된 원소를 앞세워서 부른다.

① 싸이오산은 산소산의 산소를 황으로 치환한 것이다.

예 $H_2S_2O_3$	싸이오황산	Thiosulfuric acid
$H_2S_2O_2$	싸이오아황산	Thiosulfurous acid
HSCN	싸이오시안한	Thiocyanic acid

이때에 2개 이상 산소를 황으로 치환할 수 있을 때는 원칙적으로 황원자의 수를 나타낸다.

예 H_3PO_3S	(일)싸이오인산	(Mono)thiophosphoric acid,
$H_3PO_2S_2$	이싸이오인산	Dithiophosphoric acid
H_2CS_3	삼싸이오탄산	Trithiocarbonic acid
H_3AsS_4	사싸이오비산	Tetrathioarsenic acid

마찬가지로 산소가 Se, Te 등으로 치환된 것은 '셀레노(seleno-)', '텔루로(telluro-)' 등을 앞세워서 부른다.

② 염소 등 할로젠 산소산의 산소를 치환했다고 볼 수 있는 것은 '클로로' 등을 앞세워서 부른다.

예 H_2SnCl_6	육클로로석산	Hexachlorostannic acid
$HAuCl_4$	사클로로금산	Tetrachloroauric acid

(4) **산소산의 기능 유도체:** 산의 OH(어떤 경우에는 O도)를 다른 원자 또는 원자단으로 치환해서 된 화합물이다.

① 산의 할로젠화물: 이 경우에는 해당하는 산기(라디칼)에 이름이 있을 때는, 그것으로부터 유도한다.

예 SO_2Cl_2 염화설포닐 Sulfonyl chloride

$SO_2(NH_2)_2$ 아미드화설포닐 Sulfonyl amide

$SOCl_2$ 염화설피닐 Sulfinyl chloride

CrO_2Cl_2 염화크로밀 Chromyl chloride

해당하는 라디칼에 이름이 없을 때는 산화물·할로젠화물 등과 같이 명명한다.

예 $MoOCl_2$ 염화산화몰리브덴(IV) Molybdenum(IV) oxide chloride

OH의 전부가 치환되지 않았을 때에는 해당 산의 이름 앞에 '오' 음을 넣어 치환을 표시한다.

예

HSO_3Cl 클로로황산(클로로설폰산) Chlorosulfuric acid (Chlorosulfonic acid)

NH_2SO_3H 아미도황산(아미도설폰산) Amidosulfuric acid (Amidosulfonic acid)

$NH_2PO(OH)_2$ 아미도인산 Amidophosphoric acid

② 산무기물: 두 가지 원소로 된 비금속 화합물인데, 기능적으로보다는 조직적(화학 양적)으로 부르는 것이 좋다.

예 N_2O_5 질산무기물(Nitric anhydride)보다 오산화질소(Nitrogen pentoxide)라고 부른 것이 좋다. 특히, 무기질산이라고는 부르지 않는다.

③ 에스테르: 무기산의 Ester는 염과 마찬가지로 부른다.

예 $(CH_3)_2SO_4$ 황산이메틸 Dimethyl sulfate

$(CH_3)_2HPO_4$ 인산수소이메틸 Dimethyl hydrogen phosphate

④ 산아미드: 산아미드는 'acid'를 'amide'로 대치(우리 말에서는 산의 이름에 아미드를 붙이거나)하거나 또는 산기의 이름으로부터 유도해서 부른다.

예

$SO_2(NH_2)_2$의 황산디아미드(Sulfuric diamide) 또는 아미드화설포닐(Sulfonyl amide

$PO(NH_2)_3$)의 인산트라이아미드(Phosphoric triamide) 또는 삼아미드화포스포릴 (Phosphoryl triamide)

산의 OH 전부가 NH_2로 바뀌지 않은 것은 '아미드산(−amide acid)'으로 끝나는 이름을 쓸 수 있다.

예

NH_2SO_3H	아미도설폰산	Amidosulfunic acid (Sulfamidic acid)
$NH_2PO(OH)_2$	아미도인산	Amidophosphoric acid (Phosphoramidic acid)
$(NH_2)_2PO(OH)$	이아미도인산	Diamidophosphoric acid (Phosphordiamidic acid)

4.3 수소를 포함하는 염(산성염)과 산화물 또는 수산화물염(염기성염)

(1) 산성염의 이름은 그 음이온의 이름 앞에 '수소(hydrogen)'를 부기하여 금속(또는 양성기)과 바꿀 수 있는 수소가 있다는 것을 나타낸다. 또는 '제일, 제이, 제삼 등'을 앞세워 산성 수소원자가 치환된 수를 나타내기도 한다. 이온적으로 결합하지 않고 있는 수소, 예컨대 아인산 이온 중의 수소는 그 존재가 이미 그 통속명 중에 고려되어 있으므로 특히 그것을 나타낼 필요가 없다.

즉, Na_2HPO_3의 아인산소듐(Sodium phosphite)은 다음 예와 같다.

예		
$NaHCO_3$	탄산수소소듐	Sodium hydrogen carbonate
NaH_2PO_4	인산이수소소듐	Sodium dihydrogen phosphate
$NaH(HPO_3)$	아인산수소소듐	Sodium hydrogen phosphite

(2) 산화물이나 수산화물염(염기성염)의 이름은 그 음이온의 이름 앞에 '산화(Oxide)', '수산화(Hydroxide)'를 나타내서 역시 음성기와 바꿀 수 있다는 것을 나타낸다.

예		
$Mg(OH)Cl$	수산화염화마그네슘	Magnesium hydroxide chloride
$BiOCl$	수산염화비스무트(III)	Bismuth(III) oxide chloride

4.4 복염(겹염), 3중염(세겹염) 및 복산화물(겹산화물), 복수산화물(겹수산화물)

(1) 복염(겹염)과 3중염(세겹염)

① 양이온: 화학식에 있어서 양이온을 먼저, 음이온을 뒤에 쓰는 것은 일반염과 마찬가지며, 양이온은 원자가가 적은 것을 먼저 쓰고, 큰 것을 뒤의 순으로 쓴다. 단, 수소는 원자가에 관계없이 양이온의 가장 뒤에 쓰고, 똑같은 원자가의 양이온에 있어서는 원자번호가 큰 것을 먼저, 작은 것을 뒤의 순으로 나타낸다. ammonium과 같은 다원자로 된 원자단은 같은 원자가의 군에서는 맨 뒤에 나타낸다.

예	
$KMgF_3$	Potassium magnesium fluoride
$TlNa(NO_3)_2$	Thallium(I) sodium nitrate
$KNaCO_3$	Potassium sodium carbonate
NH_4MgPO_4	Ammonium magnesium phosphate

② 음이온: 음이온은 다음과 같은 군의 순으로 나타낸다.

i) H^-

ii) O_2^-과 OH^-(이 순서대로)

iii) 단음이온(H^-과 O^{2-}은 제외): 같은 단음 이온군에서는 비금속성이 약한 것부터 순으로 하되, 여기서 O(산소)에 해당하는 것은 O^{2-} 이외의 산소 음이온(예컨대 O_2^{2-}) 전부가 이 순서에 들어간다.

iv) 두 가지 이상의 원소로 된 무기음 이온(단, OH^-는 제외): 이 군에서 원자수가 가장 작은 것부터 나타내고, 두 가지 이온이 같은 수의 원자를 포함할 때는 중 심원자의 원자번호가 큰 것을 앞세운다. 예컨대, CO_3^{2-}보다 앞에, 또 SO_4^{2-} 뒤에 나타낸다.

v) 유기산 및 산성을 나타내는 유기물의 음이온: 유기 음이온은 명명 ABC순으로 나타낸다. 이 때에 한 배우자의 이름이 한 단위로 취급된다. 따라서, 'diamine'은 a에 속하고 'dimethylamine'은 d에 속한다. 성분의 비율을 나타내기 위해서 는 화학 양론적인 방법이 가장 편리하다. 전부의 양이온의 원자가를 알고 있거나 또는 표시되어 있을 때는, 음이온 수를 구태여 전부 나타낼 필요가 없다.

예 $NaCl \cdot NaF \cdot 2Na_2SO_4$ 또는

$Na_6ClF(SO_4)_2$ (Hexa)sodium chloride fluoride bissulfate

$Ca_5F(PO_4)_3$ (Penta)calcium fluoride triphosphate

여기서 hexa나 penta 등은 생략해도 무방하지만, 다원자 음이온의 수를 나타내는 수 bissulfate와 trisphosphate의 'bis', 'tris'를 'di (2)', 'tri (3)'로 나타내서는 안 된다. 만일, disulfate, triphosphate라고 하면 $H_2S_2O_7$, $H_5P_3O_{10}$의 염이 되기 때문이다. 위의 규칙을 쓰는 대신에 모든 음이온을 명명의 ABC 순으로 적는 것도 허용된다.

(2) 복산화물(겹산화물)과 복수 산화물(겹수산화물)

여기서 금속의 순서는 복염의 경우와 같다. 또한, 필요한 경우에는 구조형식을 ( ) 안에 넣어서 이름의 뒤에 나타내도 좋지만, 형식의 이름이 그 광물자체일 때에는 형(type)이 글자를 나타내지 않는다.

예 $NaNbO_3$ 산화니오브소듐(티탄석형)

Sodium niobium oxide(Perovskite type)

$MgTiO_3$ 산화티탄마그네슘(티탄 철광형)

Magnesium titanium oxide(Ilmenite type)

5. 배위 화합물(Coordinate compounds)

5.1 배위 화합물의 명명

(1) 만일에 화합물이 염이라면 그것이 착염이건 간단한 이온이건 간에 양이온을 먼저 부른다.

(2) 착이온 중에서는 배위자(ligands)를 먼저 부르되, 착물 중의 배위자 이름은 i) 음성 ii) 중성, iii) 양성(알파벳 순)의 순으로 부르며, 하이픈으로 떼지 않고 중심 금속 이온 이름을 붙인다.

(3) 음이온 배위자의 어미는 －O로, 중성은 변화없이 부르나, 예외로 H_2O는 'aquo', NH_3는 'ammine', CO는 'carbonyl', 그리고 NO는 'nitrosyl'이라 부른다.

그리고 양성 배위자의 어미는 '－ium'으로 부른다.

예

$[Pt(NH_3)_4 \cdot (NO_2)Cl]SO_4$ Chloronitrotetraammine platinum(IV)

$NH_4[Cr(NH_3)_2 \cdot (CNS)_4]$ Ammoniumtetracyanatodiammine chromate(III)

$NH_2NH_3^+$ Hydrazinium

PH_4^+ Phophonium

NH_4^+ Ammonium

(4) 배위자의 수자는 그리스어의 접두사 'di-, tri-, tetra-, penta-'로 부르고, 배위자가 복잡한 분자일 때에는 접두사 'bis, tris, tetrakis, pentakis'가 사용된다.

예 $[Cu(en)_2]^{2+}$: bis(ethylenediammine) copper(II) ion

(5) 만일에 착염이 양성이나 중성 분자이면, 중심 금속원자의 이름은 어미변화 없이 쓰고 이어서 괄호 속에 로마숫자로 산화상태를 나타낸다.

(6) 착염이 음성이면 중심금속의 이름 끝에 '-ate'를 붙이고, 괄호 속에 로마숫자로 산화상태를 나타낸다.

$[Fe(CN)_6]_4^-$; hexacyanoferrate(II) ion

(7) 기하학적 이성체는 "*cis*"와 "*trans*"로 나타낸다.

Trans－Chloronitro－trans－bromoiodoammine pyridin platinum(IV)

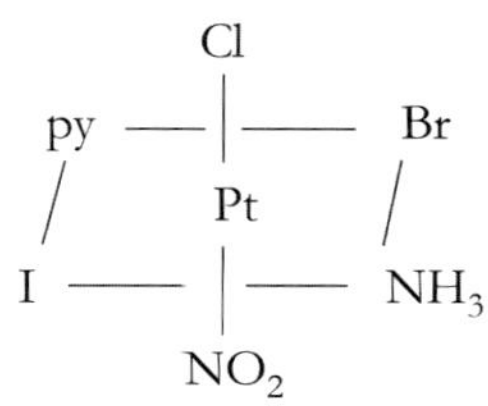

Example : $[Co(en)_2(CN)_2] \cdot ClO_3$: Dicyanobis(ethylenediammine) cobalt(III) chlorate

$K_4[Co(CN)_6]$: Potassium hexacyanocobaltate(II)

$[Ni(NH_3)_6]_3 \cdot [Co(NO_2)_6]_2$: Hexamminenikel(II)hexanitrocobaltate(III)

$[Pt(NH_3)_2\ Cl_2]$: Dichlorodiammineplatinum(II)

$[Cu(CH_3COCHCOCH_3)_2]$: Bisacetyl(acetonato)copper(II)

5.2 배위자 이름(Name of Ligands)

(1) 음이온성 배위자

F^-	fluoro	OH^-	hydroxo
Cl^-	chloro	CN^-	cyano
Br^-	bromo	HS^-	mercapto
O_2^{2-}	peroxo	CH_3O^-	methoxo
S_2^-	thio, sufido	SO_3^{2-}	sulfito
NO_2^-	nitro	$C_2H_4^{2-}$	oxalato
SO_4^{2-}	sulfato		

찾아보기

ㅇ

A

C

D

E

F

G

H

I

K

L

M

N

O

P

R

S

T

W

Y

Z

기타